21世纪高等学校物联网专业规划教材

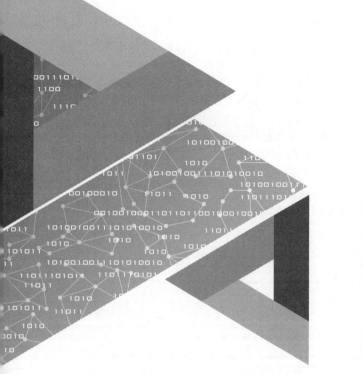

RFID 原理与应用（第2版）

◎ 许毅 陈建军 编著

清华大学出版社

北京

内 容 简 介

本书根据新的物联网工程本科专业的发展方向和教学需要,结合射频识别技术的最新发展及其应用现状编写而成。本书主要介绍射频识别技术的基本工作原理、设计技术基础、天线技术、射频前端、电子标签、读写器、标准体系、中间件及系统集成技术、应用系统的构建、测试与分析技术。

本书内容简单明了、浅显易懂,侧重基本概念和基础技术,强调基本原理和方法,力求概念准确、图文并茂。

本书既可作为普通高等院校本科生的物联网工程、计算机和自动化等信息技术类专业的教材,又可作为普通高校硕士生、博士生的辅导书,还可供工程技术开发人员、RFID技术爱好者参考。

图书在版编目(CIP)数据

RFID原理与应用/许毅,陈建军编著. —2版. —北京: 清华大学出版社,2020(2025.1重印)

21世纪高等学校物联网专业规划教材

ISBN 978-7-302-53535-5

Ⅰ. ①R… Ⅱ. ①许… ②陈… Ⅲ. ①无线电信号-射频-信号识别-高等学校-教材 Ⅳ. ①TN911.23

中国版本图书馆 CIP 数据核字(2019)第 180082 号

策划编辑:魏江江
责任编辑:王冰飞
封面设计:刘 键
责任校对:时翠兰
责任印制:丛怀宇

出版发行:清华大学出版社

　网　　　址:https://www.tup.com.cn,https://www.wqxuetang.com
　地　　　址:北京清华大学学研大厦 A 座　　　　　　邮　　编:100084
　社 总 机:010-83470000　　　　　　　　　　　　　邮　　购:010-62786544
　投稿与读者服务:010-62776969, c-service@tup.tsinghua.edu.cn
　质量反馈:010-62772015, zhiliang@tup.tsinghua.edu.cn
　课件下载:https://www.tup.com.cn,010-83470236

印 装 者:三河市人民印务有限公司

经　　销:全国新华书店

开　　本:185mm×260mm　　　印　张:24.5　　　字　数:592 千字

版　　次:2013 年 1 月第 1 版　 2020 年 7 月第 2 版　　印　次:2025 年 1 月第13次印刷

印　　数:58501～60500

定　　价:59.80 元

产品编号:075649-01

前言
FOREWORD

党的二十大报告中指出：教育、科技、人才是全面建设社会主义现代化国家的基础性、战略性支撑。必须坚持科技是第一生产力、人才是第一资源、创新是第一动力，深入实施科教兴国战略、人才强国战略、创新驱动发展战略，这三大战略共同服务于创新型国家的建设。高等教育与经济社会发展紧密相连，对促进就业创业、助力经济社会发展、增进人民福祉具有重要意义。

物联网被称为继计算机、互联网之后世界信息产业的第三次浪潮，物联网上升为国家战略，成为 IT 产业的新兴热点。在物联网时代，人类在信息与通信的世界中将获得一个新的沟通维度，从任何时间、任何地点人与人之间的沟通和连接，扩展到任何时间、任何地点人与物、物与物之间的沟通和连接。

射频识别是通过无线射频方式获取物体的相关数据，并对物体加以识别，是一种非接触式的自动识别技术。RFID 通过射频信号自动识别目标对象并获取相关数据，识别工作无须人工干预。RFID 可以识别高速运动的物体，可以同时识别多个目标，实现远程读取，并可工作于各种恶劣环境。RFID 技术无须与被识别物体直接接触，即可完成信息的输入和处理，能快速、实时、准确地采集和处理信息，是 21 世纪十大重要技术之一。

在物联网中，RFID 技术是实现物联网的关键技术。RFID 技术与互联网、移动通信等技术相结合，可以实现全球范围内物体的跟踪与信息的共享，从而给物体赋予智能，实现人与物体以及物体与物体的沟通和对话，最终构成连通万事万物的物联网。

RFID 技术将无所不在并深远地影响经济、社会、政治、军事、安全等诸多方面，被认为是 21 世纪最有发展前途的信息技术之一。RFID 的应用领域众多，如票务、身份证、门禁、电子钱包、物流、动物识别等，已经渗透到人们日常生活和工作的各个方面，给人们的社会活动、生产活动、行为方法和思维观念带来了巨大的变革。本书正是为了适应形势发展的迫切需要，为关注 RFID 技术发展的读者而编写的。本书介绍射频识别技术的历史发展、工作原理、关键部件、涉及的协议、实现的标准、应用系统等内容，重点在于通过由浅入深的介绍，使读者能够系统地掌握射频识别技术。

本书有以下几个特点：一是以理论作为基础，按照由浅入深的顺序介绍射频识别技术，重点介绍它的工作原理及其应用，尽量避免过多的理论推导；二是理论与实践相结合，在介绍射频识别技术的基础之上，对射频识别应用系统的构建与测试、中间件进行了介绍，努力做到理论深刻而又浅显易懂,使读者不但能够掌握 RFID 技术,而且能够设计和搭建实际的射频识别应用系统;三是内容全面,逻辑清晰。射频识别技术涉及电路、数字通信原理、微波技术、密码学等多学科专业知识,介绍详略得当,力求做到由浅入深、由简到繁、叙述准确,各章既自成体系,又有所兼顾,避免重复。为了适合教学需要,各章均附有习题。

本书共 10 章,第 1 章介绍射频识别技术及其工作原理,第 2 章介绍射频识别设计技术基础,第 3 章介绍射频识别技术中的天线技术,第 4 章介绍射频识别技术的射频前端,第 5 章介绍射频识别的电子标签,第 6 章介绍射频识别的读写器,第 7 章介绍射频识别的标准体系,第 8 章介绍射频识别中间件及系统集成技术,第 9 章介绍射频识别应用系统的构建,第 10 章介绍射频识别的测试与分析技术。

本书依据物联网工程专业教学大纲编写,课时数约为 50 学时。通过本书的学习,学生主要可掌握 RFID 设计与开发的基本技术,为今后从事 RFID 的设计开发打下良好的基础。

本书提供教学大纲、教学课件、电子教案、习题答案和教学进度表,扫描封底的课件二维码可以下载。

本书由许毅、陈建军编写,其中许毅编写第 1、3、5、7 和 9 章,陈建军编写第 2、4、6、8 和 10 章。同时本书得到了国家自然科学基金项目、湖北省自然科学基金项目、湖北省教研项目和武汉理工大学教研项目的支持和资助,在此致谢。感谢武汉理工大学计算机学院副院长徐东平教授为本书的审阅;感谢武汉理工大学计算机学院物联网工程系伍新华教授对书稿编写给予的支持。研究生崔梅、刘荣兰、秦敏、聂中伟、颜俊杰、曾伟伟、刘姣姣、李兆祥、杨威、张佳珂、许永强、高玉、毛楚阳、张明宝、黄武荣等人为本书的完成也做出了贡献。在本书编写过程中得到武汉理工大学各级领导的大力支持,在此表示感谢。

在本书的编写过程中参考了大量文献和资料,包括互联网上的许多资料,在此对原作者深表谢意。

RFID 技术发展非常快,目前正处在迅速发展时期,新思想、新技术、新观点不断提出。本书力求比较全面地介绍 RFID 的主要技术,由于作者水平所限,书中难免存在不足之处,希望广大读者批评指正。

作　者

2020 年 4 月

目录
CONTENTS

第 1 章
CHAPTER 1 | RFID 技术概述

学习导航

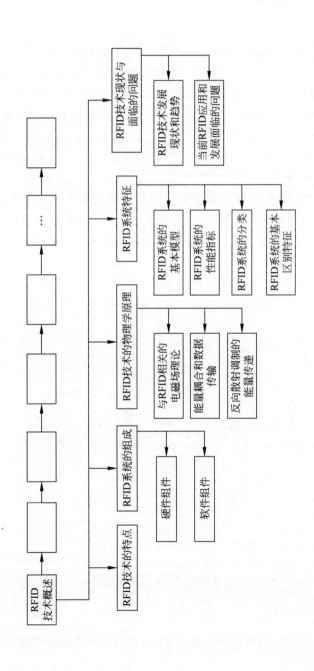

学习目标

- 了解 RFID 技术的特点
- 掌握 RFID 系统的组成
- 了解 RFID 技术的物理学原理
- 掌握 RFID 系统特征
- 了解 RFID 技术现状与趋势

1.1　RFID 技术的特点

射频识别技术(Radio Frequency Identification,RFID)作为一种快速、实时、准确采集与处理信息的高新技术和信息标准化的基础,被列为 21 世纪十大重要技术之一。RFID 技术通过对实体对象(包括零售商品、物流单元、集装箱、货运包装、生产零部件等)的唯一有效标识,被广泛应用于生产、零售、物流、交通等各个行业。RFID 技术已逐渐成为企业提高物流供应链管理水平、降低成本、企业管理信息化、参与国际经济大循环、增强企业核心竞争力不可缺少的技术工具和手段。RFID 技术的兴起并不是因为它是一项新技术,而是因为这项技术已经开始成熟并逐渐具备了走向实际应用的能力。

RFID 技术是从 20 世纪 90 年代兴起的一项自动识别技术。它是通过磁场或电磁场,利用无线射频方式进行非接触双向通信,以达到识别目的并交换数据,可识别高速运动物体并可同时识别多个目标。与传统识别方式相比,RFID 技术无须直接接触、无须光学可视、无须人工干预即可完成信息输入和处理,操作方便快捷。RFID 技术广泛用于生产、物流、交通运输、医疗、防伪、跟踪、设备和资产管理等需要收集和处理数据的应用领域,被认为是条形码标签的未来替代品。自动识别的方法有多种,每种方法各有其特点和应用领域,如图1-1 所示。

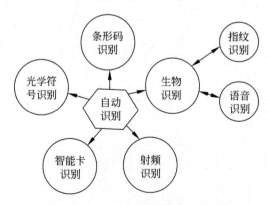

图 1-1　自动识别方法综合示意图

RFID 自动识别的优势及特点主要表现在以下几个方面。

1. 快速扫描

条形码一次只能有一个条形码受到扫描;RFID 读写器可同时辨识读取多个 RFID 标签。

2. 体积小型化、形状多样化

RFID 在读取上不受尺寸大小与形状限制,不需为了读取精确度而配合纸张的固定尺寸和印刷品质。此外,RFID 标签可向小型化与多样形态发展,以应用于不同产品。

3. 抗污染能力和耐久性

传统条形码的载体是纸张,因此容易受到污染,但 RFID 对水、油和化学药品等物质具有很强的抵抗性。此外,由于条形码是附着在塑料袋或外包装纸箱上,所以特别容易受到折损;RFID 标签是将数据存在芯片中,因此可以免受污损。

4. 可重复使用

条形码印刷在塑料袋或外包装纸箱上之后就无法更改,RFID 标签则可以重复地新增、修改和删除。RFID 标签内储存的数据,可方便信息的更新。

5. 穿透性和无屏障阅读

在被覆盖的情况下,RFID 能穿透纸张、木材和塑料等非金属或非透明的材质,并能进行穿透性通信。条形码扫描机必须在近距离而且没有物体阻挡的情况下,才可识读条形码。

6. 数据的记忆容量大

一维条形码的容量是 50B,二维条形码(PDF417 条码)的容量可以容纳 1848 个字母字符或 2729 个数字字符,约 500 个汉字信息,RFID 最大的容量则有数兆字节。随着记忆载体的发展,数据容量也有不断扩大的趋势。未来物品所需携带的资料量会越来越大,对标签所能扩充容量的需求也相应增加。

7. 安全性

RFID 承载的是电子式信息,其数据内容可经由密码保护,使其内容不易被伪造及更改。近年来,RFID 因其所具备的远距离读取、高储存量等特性而备受瞩目。它不仅可以帮助企业大幅提高货物信息管理的效率,还可以使销售企业和制造企业信息互联,从而更加准确地接收反馈信息,控制需求信息,优化整个供应链。在统一的标准平台上,RFID 标签在整条供应链内任何时候都可提供产品的流向信息,让每个产品信息有了共同的沟通语言。通过计算机互联网就能实现物品的自动识别和信息交换与共享,进而实现对物品的透明化管理,实现真正意义上的"物联网"。

RFID 的历史可算"老兵新姿",RFID 并不是一个崭新的技术,RFID 在历史上的首次应用可以追溯到第二次世界大战期间(20 世纪 40 年代),其当时的功能是用于分辨敌方飞机与我方飞机。20 世纪 70 年代末期,美国政府通过 Los Alamos 科学实验室将 RFID 技术转移到民间。RFID 技术最早在商业上的应用是在牲畜身上。20 世纪 80 年代,美国与欧洲的几家公司开始生产 RFID 标签。当前,RFID 技术已经被广泛应用于各个领域,从门禁管制、牲畜管理,到物流管理,都可以见到其踪迹。RFID 技术发展历程如表 1-1 所示。

表 1-1 RFID 技术发展历程

时　间	RFID 技术发展
1941—1950 年	雷达的改进和应用催生了 RFID 技术,1948 年奠定了 RFID 技术的理论基础。早期 RFID 技术的探索阶段,主要处于实验室实验阶段
1951—1960 年	RFID 技术理论得到了发展,开始一些应用尝试
1961—1970 年	RFID 技术与产品研发处于大发展时期,各种 RFID 测试技术得到加速发展
1971—1980 年	出现了一些最早的 RFID 应用,RFID 产品进入商业应用阶段,各种封闭应用系统开始出现
1981—1990 年	RFID 技术标准化问题受到重视,产品得到广泛采用
1991—2000 年	标准化问题日趋为人们所重视,RFID 产品种类更加丰富
2001 年至今	有源电子标签,无源电子标签及半无源电子标签均得到发展,电子标签成本不断降低

从分类上看,经过多年的发展,13.56MHz 以下的 RFID 技术已相对成熟,目前业界最关注的是位于中高频段的 RFID 技术,特别是 860～960MHz(UHF 频段)的远距离 RFID 技术发展得最快;而 2.45GHz 和 5.8GHz 频段由于产品拥挤,易受干扰,技术相对复杂,故相关研究和应用仍处于探索阶段。

1.2 RFID 系统的组成

典型的 RFID 系统主要由阅读器、电子标签、RFID 中间件和应用系统软件四部分构成,一般把中间件和应用系统软件统称为应用系统,如图 1-2 所示。

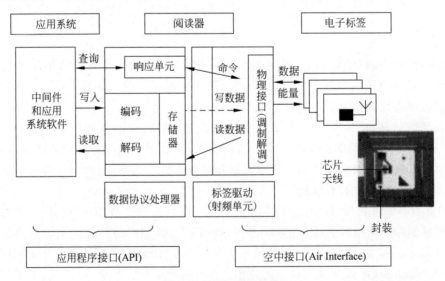

图 1-2 RFID 系统结构

1.2.1 硬件组件

1. 阅读器

阅读器(reader)又称读头、读写器等,在 RFID 系统中扮演着重要的角色。它主要负责与电子标签的双向通信,同时接受来自主机系统的控制指令。阅读器的频率决定了 RFID 系统工作的频段,其功率决定了射频识别的有效距离。阅读器根据使用的结构和技术不同可以是读或读写装置,它是 RFID 系统信息控制和处理中心。阅读器通常由射频接口、逻辑控制单元和天线三部分组成,其内部结构如图 1-3 所示。

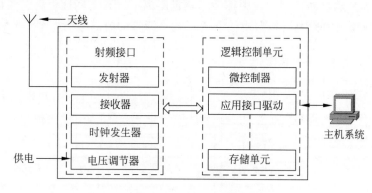

图 1-3　RFID 阅读器

1) 射频接口

射频接口模块的主要任务如下。

(1) 产生高频发射能量,激活电子标签并为其提供能量。

(2) 对发射信号进行调制,将数据传输给电子标签。

(3) 接收并调制来自电子标签的射频信号。

射频接口中有两个分隔开的信号通道,分别用于来往于电子标签与阅读器两个方向的数据传输。送往电子标签的数据通过发射器分支通道发射,而来自电子标签的数据则通过接收器分支通道接收。

2) 逻辑控制单元

逻辑控制单元也称读写模块,其主要任务如下。

(1) 与应用系统软件进行通信,并执行从应用系统软件发送的指令。

(2) 控制阅读器与电子标签的通信过程。

(3) 信号的编码与解码。

(4) 对阅读器和标签之间传输的数据进行加密和解密。

(5) 执行防碰撞算法。

(6) 对阅读器和标签的身份进行验证。

3) 天线

天线是一种能将接收到的电磁波转换为电流信号,或将电流信号转换成电磁波发射出去的装置。在 RFID 系统中,阅读器必须通过天线发射能量,形成电磁场,通过电磁场对电子标签进行识别。因此,阅读器上的天线所形成的电磁场范围就是阅读器的可读区域。

2. 电子标签

电子标签(electronic tag)也称智能标签(smart label),是指由 IC 芯片和无线通信天线组成的超微型标签,其内置的射频天线用于和阅读器进行通信。系统工作时,阅读器发出查询(能量)信号,标签(无源)在收到查询(能量)信号后将其一部分整流为直流电源供电子标签内的电路工作;另一部分能量信号被电子标签内保存的数据信息调制后反射回阅读器。电子标签是射频识别系统真正的数据载体,根据其应用场合不同表现为不同的应用形态。例如,在动物跟踪和追踪领域中称为动物标签或动物追踪标签、电子狗牌;在不停车收费或车辆出入管理等车辆自动识别领域中称为车辆远距离 IC 卡、车辆远距离射频标签或电子牌照;在访问控制领域中称为门禁卡或一卡通。电子标签的内部结构如图 1-4 所示。

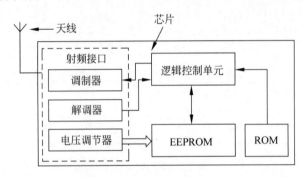

图 1-4   电子标签

电子标签内部各模块功能描述如下。

(1) 天线:用来接收阅读器送来的信号,并把要求的数据送回阅读器。

(2) 电压调节器:把阅读器送来的射频信号转换为直流电源,并经大电容储存能量,再经稳压电路以提供稳定的电源。

(3) 调制器:逻辑控制电路送出的数据经调制电路调制后加载到天线送给阅读器。

(4) 解调器:把载波去除以取出真正的调制信号。

(5) 逻辑控制单元:用来译码阅读器送来的信号,并依其要求回送数据给阅读器。

(6) 存储单元:包括 EEPROM 与 ROM,作为系统运行及存放识别数据的位置。

1.2.2   软件组件

1. 中间件

中间件是一种独立的系统软件或服务程序,分布式应用软件借助这种软件在不同的技术之间共享资源。中间件位于客户机、服务器的操作系统之上,管理计算资源和网络通信。

如图 1-5 所示,RFID 中间件扮演着电子标签和应用程序之间的中介角色,从应用程序端使用中间件提供的一组通用的应用程序编程接口(Application Programming Interface,API),即能连到 RFID 阅读器,读取电子标签数据。这样,即使存储电子标签信息的数据库软件或后端应用程序增加或改由其他软件取代,或者 RFID 阅读器种类增加等情况发生时,应用端不需修改也能处理,解决了多对多连接的维护复杂性问题。

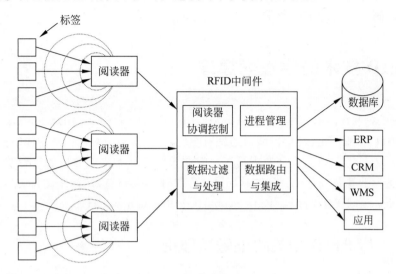

图 1-5　RFID 中间件

RFID 中间件主要包括以下 4 个功能。

1) 阅读器协调控制

终端用户可以通过 RFID 中间件接口直接配置、监控以及发送指令给阅读器。例如,终端用户可以配置阅读器,当频率碰撞发生时,阅读器自动关闭。一些 RFID 中间件开发商还提供了支持阅读器即插即用的功能,终端用户新添加不同类型的阅读器时不需要增加额外的程序代码。

2) 数据过滤与处理

当标签信息传输发生错误或有冗余数据产生时,RFID 中间件可以通过一定的算法纠正错误并过滤掉冗余数据。RFID 中间件可以避免不同的阅读器读取同一电子标签的碰撞,确保了高于阅读器水平的数据准确性。

3) 数据路由与集成

RFID 中间件能够决定将采集到的数据传递给哪一个应用。RFID 中间件可以与企业现有的企业资源计划(Enterprise Resource Planning,ERP)、客户关系管理(Customer Relationship Management,CRM)、仓储管理系统(Warehouse Management System,WMS)等软件集成在一起,提供数据的路由与集成,同时中间件还可以保存数据,分批向各个应用提交数据。

4) 进程管理

在进程管理中,RFID 中间件根据客户定制的任务负责数据的监控与事件的触发。例如,在仓储管理中,设置中间件来监控产品库存的数量,当库存量低于设置的标准时,RFID 中间件会触发事件,通知相应的应用软件。

2. RFID 应用系统软件

RFID 应用系统软件是针对不同行业的特定需求开发的应用软件,可以有效地控制阅读器对电子标签信息进行读写,并且对收集到的目标信息进行集中的统计与处理。RFID

应用系统软件可以集成到现有的电子商务和电子政务平台中,与 ERP、CRM 以及 WMS 等系统结合以提高各行业的生产效率。

1.3　RFID 技术的物理学原理

RFID 是一种易于操控、简单实用且特别适用于自动化控制的应用技术,其基本原理是利用射频信号耦合(电感或电磁耦合)或雷达反射的传输特性,实现对被识别物体的自动识别。

射频(Radio Frequency,RF)专指具有一定波长可用于无线电通信的电磁波。电磁波可由其频率表述为千赫兹(kHz)、兆赫兹(MHz)及吉赫兹(GHz),其频率范围为甚低频(Very Low Frequency,VLF)至极高频(Extremely High Frequency,EHF)。

1.3.1　与 RFID 相关的电磁场理论

了解电磁传播规律有助于更好地理解和应用射频识别系统。

1. 天线场的概念

射频标签和读写器通过各自的天线构建起二者之间的非接触信息传输通道,这种空间信息传输通道的性能完全由天线周围的场区特性决定,是电磁传播的基本规律。射频信号加载到天线之后,在紧邻天线的空间中,除了辐射场之外,还有一个非辐射场。该场与距离的高次幂成反比,随着离开天线的距离增大迅速减小。在这个区域,由于电抗场占优势,因而将此区域称为电抗近场区,它的外界约为一个波长。超过电抗近场区就到了辐射场区,按照与天线距离的远近,又把辐射场区分为辐射近场区和辐射远场区。因而,根据观测点与天线的距离的不同,天线周围的场呈现出的性质也不同。通常,可以根据观测点与天线的距离将天线周围的场划分为无功近场区、辐射近场区与辐射远场区 3 个区域。

1) 无功近场区

无功近场区又称电抗近场区,是天线辐射场中紧邻天线口径的一个近场区域。在该区域中,电抗性储能场占支配地位,该区域的界限通常取为距天线口径表面 $\lambda/2\pi$ 处。从物理概念上讲,无功近场区是一个储能场,其中的电场与磁场的转换类似于变压器中的电场与磁场之间的转换。如果在无功近场区附近还有其他金属物体,这些物体将会以类似电容、电感耦合的方式影响储能场,因而也可将这些金属物体看作组合天线(原天线与这些金属物体组成的新天线)的一部分。在该区域中,束缚于天线的电磁场未曾做功(只是进行相互转换),因而将该区域称为无功近场区。

2) 辐射近场区

超过电抗近场区就到了辐射场区,辐射场区的电磁场已经脱离了天线的束缚,并作为电磁波进入空间。在辐射近场区中,辐射场占优势,并且辐射场的角度分布与距离天线口径的距离有关。对于通常的天线,此区域也称菲涅尔区。由于大型天线的远场测试距离很难满足,因此研究该区域中场的角度分布对大型天线的测试非常重要。

3）辐射远场区

辐射远场区即通常所说的远区，又称夫朗荷费区。在该区域中，辐射场的角分布与距离无关。严格地讲，只有离天线无穷远处才能到达天线的远场区。在某个距离上，辐射场的角度分布与无穷远时的角度分布误差在允许的范围内时，即把该点至无穷远的区域称为天线远场区。

2. 天线的方向性图

天线的方向性图是指该辐射区域中辐射场的角度分布，因而远场区是天线辐射场区中最重要的一个。公认的辐射近场区与远场区的分界距离 R 为

$$R = \frac{2D^2}{\lambda}$$

式中，D 为天线直径；λ 为天线波长，$D \gg \lambda$。

对于天线而言，当天线的最大尺寸 L 小于波长 λ 时，天线周围只存在无功近场区与辐射远场区，没有辐射近场区。无功近场区的外界约为 $\lambda/2\pi$，超过了这个距离，辐射场就占主要优势。通常将满足 $L/\lambda \ll 1$ 的天线称为小天线。

对标签和射频识别系统而言，由于对标签尺寸的限制，以及读写器天线应用时的尺寸限制，绝大多数情况下，采用 $L/\lambda \ll 1$ 或 $L/\lambda < 1$ 的天线结构模式，因而天线的无功近场区和远场的距离可以根据波长进行估算。

对于给定的工作频率，无功近场区的外界基本上由波长决定，辐射远场区的内界应满足大于无功近场区外界的条件。当天线尺寸（D 或 L）与波长可比或大于波长时，其辐射近场的区域大致在无功近场区外界与辐射远场区内界之间。

有关天线场区的划分，一方面表示了天线周围场的分布特点，即辐射场中的能量以电磁波的形式向外传播，无功近场中的射频能量以磁场、电场的形式相互转换并不向外传播；另一方面表示了天线周围场强的分布情况，距离天线越近，场强越强。

1.3.2　能量耦合和数据传输

射频识别系统中射频标签与读写器之间的作用距离是射频识别系统应用中的一个重要问题，通常情况下这种作用距离定义为射频标签与读写器之间能够可靠交换数据的距离。射频识别系统的作用距离是一项综合指标，与射频标签和读写器的配合情况密切相关。

1. 耦合类型

根据射频识别系统作用距离的远近情况，标签天线与读写器天线之间的耦合可以分为密耦合系统、遥耦合系统和远距离系统三类。

1）密耦合系统

密耦合系统，又称紧密耦合系统，是具有很小作用距离的射频识别系统，其典型作用距离范围为 0～1cm。在实际应用中，通常需要将射频标签插入读写器中，或将其放置在读写器天线的表面。密耦合系统是利用射频标签与读写器天线的无功近场区之间的电感耦合（闭合磁路）构成的无接触空间信息传输射频通道进行工作的。密耦合系统的工作频率一般局限于 30MHz 以下的频率。

密耦合系统可以使用介于直流和 30MHz 交流之间的任意频率进行工作，且标签工作时不必发射电磁波。数据载体与读写器之间的紧密耦合能够提供较大能量，甚至可供电流消耗较大的微处理器进行工作。由于密耦合方式的电磁泄漏很小，耦合获得的能量较大，因而适用于安全性要求较高、作用距离无要求的应用系统，如电子门锁系统或带有计数功能的非接触 IC 卡系统。目前，密耦合标签只作为 ID-1 格式的非接触 IC 卡使用。

2）遥耦合系统

遥耦合系统的典型作用距离可以达 1m，所有遥耦合系统在读写器与标签之间都是电感（磁）耦合，因此也将这些系统称为电感无线电装置。目前所用的射频识别系统的 90%～95% 都属于电感（磁）耦合系统。

遥耦合系统的发送频率通常使用 135kHz 以下的频率，或使用 6.75MHz、13.56MHz 以及 27.125MHz 的频率。根据标签和读写器的距离估算，通过电感耦合可传输的能量是很小的，以致往往只使用耗电很少的只读数据载体。使用微处理器的高档标签也属于电感耦合系统。

遥耦合系统又可细分为近耦合系统（典型的作用距离为 15cm）与疏耦合系统（典型的作用距离为 1m）两类，如图 1-6 所示。近耦合系统利用射频标签与读写器天线的无功近场区之间的电感耦合（闭合磁路）构成的无接触空间信息传播射频通道进行工作。遥耦合系统的典型工作频率为 13.56MHz，也有其他频率（如 6.75MHz、27.125MHz 等）。遥耦合系统目前是低成本射频识别系统的主流。

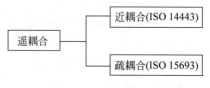

图 1-6　遥耦合系统的分类

3）远距离系统

远距离系统的典型作用距离为 1～10m，个别系统具有更远的作用距离。所有的远距离系统均是利用标签与读写器天线辐射远场区之间的电磁场耦合（电磁波的发射与反射，也称反向散射耦合）所构成的无接触空间信息传输通道进行工作的。远距离系统的典型工作频率为 915MHz（在欧洲是不允许的）、2.45GHz 和 5.8GHz，此外，还有一些其他频率，如 433MHz 等。

远距离系统的射频标签根据其中是否包含电池分为无源射频标签（不含电池）和半无源射频标签（内含电池）。一般情况下，内含电池的射频标签的作用距离较无电池的射频标签的作用距离要远一些。

为使微型芯片进行工作，必须对标签供应足够的能量，光靠传输的能量是绝对不够用的。因此，远距离系统（从表面波标签来看）具有一个辅助电池。这个辅助电池并不是为标签和读写器之间的数据传输提供能量，而只是为微型芯片提供能量，为读写存储数据服务的。

为建立标签和读写器之间的联系，只能使用高频能量，该能量由读写器接收。因此，可将反向散射方法作为由标签到读写器的数据传输的标准方法。

一般情况下远距离系统均采用反射调制工作方式实现射频标签到读写器方向的数据传输。远距离系统具有典型的方向性，射频标签与读写器成本目前还处于较高的水平。从技术角度来说，满足以下特点的远距离系统是理想的射频识别系统：射频标签无源；射频标签可无线读写；射频标签与读写器支持多标签读写；适用于高速移动物体的识别（物体移动速度大于 80km/h）；远距离（读写距离 5～10m）；低成本（可满足一次性使用要求）。现实的远距离系统一般只能满足其中的几项要求。

2. 数据传输原理

射频识别系统包括读写器、标签、天线等部分。读写器和标签之间的通信通过电磁波实现,按通信距离可分为远场和近场。读写器和标签之间数据交换方式也相应地称为负载调制和反向散射调制。

(1) 负载调制:近距离低频射频识别系统是通过准静态场的耦合实现的。在这种情况下,读写器和标签之间的天线能量交换方式类似于变压器结构,称为负载调制。这种调制方式在 125kHz 和 13.56MHz 射频识别系统中得到了广泛的应用。

(2) 反向散射调制:在典型的远场,如 915MHz 和 2.4GHz 射频识别系统中,读写器和标签之间的距离为几米,而载波波长仅有几厘米到几十厘米。读写器和射频标签之间的能量传递方式为反向散射调制。反向散射调制技术是指无源 RFID 射频标签将数据发送回读写器所采用的通信方式。射频标签返回数据的方式是控制天线的阻抗,控制射频标签天线阻抗的方法有许多种,都是基于一种称为"阻抗开关"的方法。实际采用的几种阻抗开关有变容二极管、逻辑门、高速开关等,其原理如图 1-7 所示。

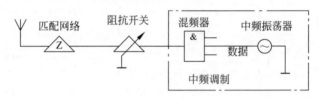

图 1-7　射频标签阻抗控制方式

要发送的数据信号是具有两种电平的信号,通过一个简单的混频器(逻辑门)与中频信号完成调制,调制结果连接到一个阻抗开关,由阻抗开关改变天线的反射系数,从而对载波信号完成调制。

这种数据调制方式和普通的数据通信方式有较大的区别。在整个数据通信链路中,仅存在一个发射机,却完成了双向的数据通信。射频标签根据要发送的数据来控制天线开关,从而改变匹配程度。例如,要发送的数据为 0 时,天线开关打开,标签天线处于失配状态,辐射到标签的电磁能量大部分被反射回读写器;当要发送的数据为 1 时,天线开关关闭,标签天线处于匹配状态,辐射到标签的电磁能量大部分被吸收,从而反射回的电磁能量相应地减小。这样,从标签返回的数据就被调制到返回的电磁波幅度上,类似于幅移键控(Amplitude Shift Keying,ASK)调制。

对于无源射频标签,还涉及波束供电技术,无源射频标签工作所需能量需要直接从射频电磁波束中获取。与有源射频识别系统相比,无源系统需要较大的发射功率,射频电磁波在射频标签上经射频检波、倍压、稳压、存储电路处理,转化为射频标签工作所需的工作电压。

1.3.3　反向散射调制的能量传递

电磁波从天线向周围空间发射,会遇到不同的目标。到达目标的电磁能量一部分被目标吸收,另一部分以不同的强度散射到各个方向。反射能量的一部分最终返回发射天线。在雷达技术中,用这种反射测量目标的距离和方位。

对于射频识别系统,可以采用反向散射调制的系统,利用电磁波反射完成从射频标签到读写器的数据传输。这主要是应用在 915MHz、2.45GHz 或者更高频率的系统中。

1. 读写器到射频标签的能量传输

在距离读写器 R 的射频标签处的功率密度为

$$S = P_{读} G_{发} /4\pi R^2 = \text{EIRP}/4\pi R^2$$

式中,$P_{读}$ 为读写器的发射功率;$G_{发}$ 为发射天线的增益;R 为标签到读写器之间的距离;EIRP(Equivalent Isotropic Radiated Power,等效各向同性辐射功率)为天线有效辐射功率,是指读写器发射功率和天线增益的乘积。

在射频标签和发射天线最佳对准和正确极化时,射频标签可吸收的最大功率与入射波的功率密度 S 成正比,可表示为

$$P_{标签} = A_e S$$

其中,$A_e = \lambda^2 G_{标签}/4\pi$,$G_{标签}$ 为射频标签的天线增益。

因而有

$$P_{标签} = A_e S = \lambda^2 G_{标签} S/4\pi = \lambda^2 G_{标签} \text{EIRP}/16\pi^2 R^2$$

无源射频识别系统标签通过电磁场供电,标签功耗越大,读写距离越短,性能越差。射频标签能否工作主要由射频标签的工作电压来决定,限制了无源射频识别系统的识别距离。现代低功耗 IC 设计技术能够使射频标签本身的功耗逐步降低。目前,典型的低功耗射频标签工作电压约为 1.2V,标签本身的功耗已降低至 $50\mu W$,甚至 $5\mu W$,使得特高频(Ultra High Frequency,UHF)无源射频标签的识别距离在无线电发射功率限制下,可以达到 10m 以上的识别距离。

2. 射频标签到读写器的能量传输

射频标签返回的能量与其雷达散射截面(Radar Cross Section,RCS)σ 成正比,它是目标反射电磁波能力的测度指标。散射截面取决于一系列的参数,如目标的大小、形状、材料、表面结构、波长、极化方向等。射频标签返回的能量为

$$P_{返回} = S\sigma = P_{读} G_{发} \sigma/4\pi R^2 = \text{EIRP}\sigma/4\pi R^2$$

因而返回读写器的功率密度为

$$S_{返回} = P_{返回}/4\pi R^2 = P_{读} G_{发} \sigma/16\pi^2 R^4$$

这表明,如果以接收的标签反射能量为标准,反向散射的射频识别系统的作用距离与读写器发送功率的 4 次方根成正比。

接收天线的有效面积为

$$A_W = \lambda^2 G_{接} /4\pi$$

式中,$G_{接}$ 为接收天线增益,可以得出接收功率为

$$P_{接收} = S_{返回} A_W = \lambda^2 \sigma P_{读} G_{发} G_{接} /64\pi^3 R^4$$

1.4　RFID 系统特征

从概念上讲,RFID 类似于条形码扫描。对于条形码技术而言,它是将已编码的条形码附着于目标物,并用读写器通过光信号将条形码信息传送到读写器;而 RFID 技术则是使用读写器和粘贴于目标物上的射频标签,利用射频信号将物品相关信息由射频标签传送至读写器。

1.4.1　RFID 系统的基本模型

射频标签与读写器之间通过天线架起空间电磁波的传输通道。射频标签与读写器之间的电磁耦合包含两种情况,即近距离的电感耦合与远距离的电磁耦合。在电感耦合方式中,读写器一方的天线相当于变压器的一次绕组,射频标签一方的天线相当于变压器的二次绕组,因而电感耦合方式是变压器方式。电感耦合方式的耦合介质是空间磁场,耦合磁场在读写器一次绕组与射频标签的二次绕组之间构成闭合回路。电感耦合方式是低频近距离无接触射频识别系统的一般耦合原理。

在电磁耦合方式中,读写器的天线将读写器产生的能量以电磁波的方式发送到定向的空间范围内,形成读写器的有效识别区域。位于读写器有效识别区域中的射频标签从读写器天线发出的电磁场中提取工作能量,并通过射频标签的内部电路及标签天线将标签中存储的数据信息传送到读写器。电磁耦合与电感耦合的差别是:在电磁耦合方式中,读写器将射频能量以电磁波的形式发送出去;在电感耦合方式中,读写器与射频标签绕组之间的射频通道,并没有向空间辐射电磁能量。

在射频识别系统工作过程中,空间传输通道中发生的过程可归结为 3 种事件模型:数据交换是目的,时序是数据交换的实现形式,能量是时序得以实现的基础。射频识别系统模型如图 1-8 所示。

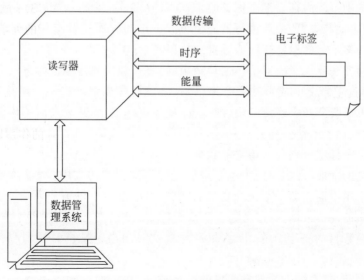

图 1-8　射频识别系统模型

发生在读写器和射频标签之间的射频信号的耦合类型有两种：电感耦合和电磁反向散射耦合。

电感耦合方式采用变压器模型,依据电磁感应定律,通过空间高频交变磁场实现耦合。电感耦合方式一般适合于中低频工作的近距离射频识别系统,典型的工作频率有 125kHz、225kHz 和 13.56MHz。识别作用距离小于 1m,典型作用距离为 10~20cm。

电磁反向散射耦合方式采用雷达原理模型,发射出去的电磁波碰到目标后反射,同时带回目标信息,依据的是电磁波空间传输规律。电磁反向散射耦合方式一般适用于高频、微波工作的远距离射频识别系统,典型的工作频率有 433MHz、915MHz、2.45GHz 和 5.8GHz。识别作用距离大于 1m,典型作用距离为 3~10m。

本小节将通过对能量、时序和数据传输 3 种事件模型的描述,介绍射频识别系统的典型工作方式与工作流程。

1. 能量

读写器向射频标签供给射频能量。对于无源射频标签,其工作所需的能量即由该射频能量中取得(一般由整流方法将射频能量转变为直流电源存在标签中的电容器中);对于半无源射频标签,该射频能量能够唤醒标签转入工作状态。有源射频标签一般不利用读写器发出的射频能量,因而读写器能够以较小的发射能量取得较远的通信距离。移动通信中的基站与移动台之间的通信方式可归入该类模式。

2. 时序

对于双向系统(读写器向射频标签发送命令与数据,射频标签向读写器返回所存储的数据),读写器一般处于主动状态,即读写器发出询问后,射频标签予以应答,称这种方式为阅读器先讲方式;另一种情况是射频标签先讲方式,即射频标签满足工作条件之后,首先发送信息,读写器根据射频标签发送的信息进行记录或进一步发送询问信息,与射频标签构成一个完整的对话,达到读写器对射频标签进行识别的目的。

在读写器识别范围内存在多个标签时,对于具有多标签识别功能的射频系统,一般情况下,读写器处于主动状态,即采取读写器先讲方式。读写器通过发出一系列的隔离指令,使得读出范围内的多个射频标签逐一或逐批地被隔离(令其睡眠),最后保留一个处于活动状态的标签与读写器建立无碰撞通信。通信结束后,将当前活动标签置为第三态(可称其为休眠状态,只有通过重新上电或特殊命令激活后,才能解除休眠),进一步由读写器对被隔离(睡眠)的标签发出唤醒命令唤醒一批(或全部)被隔离标签,使其进入活动状态,再进一步隔离,选出一个射频标签通信。如此重复,读写器即可读出阅读区域内的多个射频标签信息,也可以实现对多个标签分别写入指定的数据。

实现多标签的读取,现实应用中也有采用标签先讲方式的应用。多标签读写问题是射频识别技术及应用中面临的一个较为复杂的问题,目前已有多种方法可以有效地解决这种问题。解决方案的评价依据,一般考虑以下 3 个因素：多标签读取时待读标签的数量,单位时间内识别标签数目的概率分布,标签数目与单位时间内识别标签数目概率分布的联合评估。

理论分析表明,现有的方法都有一定的适用范围,需根据具体应用情况,结合上述 3 个因素对多标签读取方案给出合理评价,选出适合具体应用的方案。多标签读取方案涉及射频标签与读写器之间的协议配合,一旦选定不宜更改。

对于不具备防碰撞功能的射频识别系统,当读写器的识别区域内同时出现多个标签时,由于多标签同时响应读写器发出的询问指令,会造成读写器接收信息相互碰撞而无法读取标签信息,典型情况是一个标签信息也读不出来。

3. 数据传输

射频识别系统所完成的功能可归结为数据获取的一种实现手段,因而国外也有将其归为自动数据获取技术范畴。射频识别系统中的数据交换包含两个方面的含义:从读写器向射频标签方向的数据传输和从射频标签向读写器方向的数据传输。

根据具体实现系统的不同,以及理解层面的不同,上述两个方面的含义会有不同的理解和解释,下面分别予以简单讨论。

1) 从读写器向射频标签方向的数据传输

从射频识别系统实现过程中的纯技术层面来说,如果将注意力放在射频标签中存储信息的写入方式上,读写器向射频标签方向的数据传输可以分为两种情况:有线写入方式和无线写入方式。具体采用何种写入方式需要结合应用系统的需求、代价、技术实现的难易程度等因素来决定。

在有线写入方式下,读写器的作用是向射频标签中的存储单元写入数据信息,读写器此时又称编程器。根据射频标签存储单元及编程写入控制电路的设计情况,写入可以是一次性写入不能修改,也可以是允许接触式多次改写的情形。另外一种写入情形是,在绝大多数通用射频识别系统应用中,每个射频标签要求具有唯一的标识。这种唯一的标识被称为射频标签的 ID 号,通常是在射频标签出厂时已被固化在射频标签内,用户无法修改。ID 号固化过程可以在射频标签芯片生产过程中完成,也可以在射频标签应用前的初始化过程中完成。无论在何时完成,都是以有线(接触)方式实现 ID 号的写入。

对于声表面波射频标签以及其他无芯片射频标签,一般均在标签制造过程中将标签 ID 号固化到标签记忆体中。

无线写入方式是射频识别系统中读写器向射频标签方向数据交换的另外一种情况。根据射频识别系统实现技术方面的一些原因,一般情况下尽可能不采用无线写入方式,尤其是在射频识别系统工作过程中。不采用无线写入方式的主要原因有以下几点。

(1) 具有无线写入功能的射频识别系统属于相对复杂的系统,能够采用简单系统解决应用问题就采用简单系统。简单系统比复杂系统成本低、可靠性更高,培训和维护成本低。

(2) 采用集成电路芯片的射频标签写入信息要求的能量比读出信息要求的能量要大得多,可以 10 倍能量级进行估算,这就造成了射频标签无线写入过程中花费的时间要比从中读取等量数据信息花费的时间要长。

(3) 无线写入后一般均应对写入结果进行检验,检验的过程是一个读取的过程,因而造成写入过程所需的时间增加。

(4) 写入过程花费时间的增加非常不利于射频识别在鉴别高速移动物体方面的应用。这很容易理解,读写器与射频标签之间经空间传输通道交换数据过程中,数据是逐位排队进行处理的,其排队行进的速度由射频识别系统设计时决定。将射频标签看作数据信息的载体,移动物体运动的速度越高,通过识别区域所花费的时间就越少。当有无线写入要求时,必将限制物体的运动速度,以保证有足够的时间用于写入信息。

(5)无线写入过程面临着射频标签信息的安全隐患。由于写入通道处于空间暴露状态,这给恶意攻击者提供了改写标签内容的机会。

另一方面,如果将注意力放在读写器向射频标签是否发送命令方面,也可以分为两种情况,即射频标签只接受能量激励和既接受能量激励也接受读写器代码命令。

射频标签只接受能量激励的系统属于较简单的射频识别系统,这种射频识别系统一般不具有多标签识别能力。射频标签在其工作频带内的射频能量激励下,被唤醒或上电,同时将标签存储信息反射回来。目前在用的铁路车号识别系统即采用这种方式工作。

同时接受能量激励和读写器代码命令的系统属于复杂射频识别系统。射频标签接受读写器的指令无外乎出于两种目的,即无线写入和多标签读取。

2)从射频标签向读写器方向的数据传输

射频标签的工作使命是实现由标签向读写器方向的数据传输。其工作方式包括:射频标签收到读写器发送的能量时,即被唤醒并向读写器反射标签存储的数据信息;射频标签收到读写器发送的射频能量被激励后,根据接收到的读写器的指令情况转入发送数据状态或睡眠状态。

从工作原理上讲,从读写器向射频标签方向的数据传输为单向通信;从射频标签向读写器方向的数据传输为半双工双向通信。

1.4.2 RFID 系统的性能指标

可读写 RFID 系统的性能指标有射频标签的存储容量、工作方式、数据传输速度、读写距离、多个标签识别能力、射频标签与天线间的射频载波频率、RFID 系统的连通性、数据载体、状态模式和能量供应。

1. 射频标签的存储容量

基于存储器的系统有一个基本规律,那就是存储容量总是不够用。扩大系统存储容量自然会扩大应用领域,也就需要有更多的存储容量。只读射频标签的存储容量为 20B;有源标签存储容量为 8B~64KB,即在可读写射频标签中可以存储数页文本。这足以装入物品清单和测试数据,并允许系统扩展。无源读写射频标签的存储容量为 48~736B,有许多有源读写系统所不具有的特性。

射频标签的数据量通常在几字节到几千字节,但是有一个例外,就是 1 位射频标签,只需要 1 位的数据存储量即可。这种标签使读写器能够做出以下两种状态的判断:在电磁场中有射频标签与在电磁场中无射频标签。这种要求对于实现简单的监控或信号发送功能是完全足够的。由于 1 位的射频标签不需要电子芯片,因此射频标签的成本可以做得很低。由于这个原因,大量的 1 位射频标签在百货商场和商店中用于商品防盗系统。当带着没有付款的商品离开百货商店时,安装在出口的读写器就能识别出在电磁场中有射频标签的状况,并引起相应的警报。对于按规定已付款的商品,1 位射频标签在付款处被除掉或去活化。

在 RFID 系统中,有两种不同的数据存储情况。第一种情况下,标签能存储的数据很少,被询问的电子器件只是标识物品的一些基本情况。这种数据被称为唯一签名,使用这种数据的标签十分便宜,用途也很有限。另一种情况下,标签能存储更多的数据信息,读写器可以直接从标签获取信息,无须参考中央数据库。这种标签比较贵,但其应用范围比较广阔。这种标签不像唯一签名那样需要很强的中央处理能力,工作起来耗时也少。

2. 工作方式

射频识别系统的基本工作方式分为全双工和半双工系统与时序系统。在全双工和半双工系统中,射频标签的响应是在读写器发出电磁场或电磁波情况下发送的。与读写器本身的信号相比,射频标签的信号在接收天线上很弱,因此必须采用合适的传输方法,将射频标签的信号与读写器的信号区别开。在实际应用中,从射频标签到读写器的数据传输一般采用负载反射调制技术,将射频标签数据加载到反射回波上(尤其是针对无源射频标签系统)。

时序系统则与之相反,由读写器辐射产生的电磁场周期性短时间断开。这些间隔被射频标签识别出来,并被用于从射频标签到读写器的数据传输。其实,这是一种典型的雷达工作方式。时序系统的缺点是:在读写器发送间歇时,射频标签的能量供应中断,必须通过装入足够大的辅助电容器或辅助电池进行补偿。

3. 数据传输速度

对于大多数数据采集系统,速度是非常重要的因素。由于当今产品生产周期不断缩短,要求读取和更新射频标签的时间越来越短。微波系统可以高速工作,但微波技术本身的复杂性使微波系统的构建成本大大提高。数据传输速度分为只读速度、无源读写速度和有源读写速度 3 种。

1) 只读速度

RFID 只读系统的数据传输速度取决于代码的长度、射频标签数据发送速度、读写距离、射频标签与天线间载波频率及数据传输的调制技术等因素。传输速率随实际应用中产品种类的不同而不同。

2) 无源读写速度

无源读写 RFID 系统的数据传输速度决定因素与只读系统一样,不过除了要考虑从射频标签上读出数据外,还要考虑为射频标签写入数据。传输速度随着应用中产品种类的不同而有所变化。

3) 有源读写速度

有源读写 RFID 系统的数据传输速度决定因素与无源读写 RFID 系统一样,不同的是无源系统需要激活射频标签上的电容充电来通信。重要的一点是一个典型的低频读写系统的工作速度仅为 100B/s 或 200B/s。这样,由于在一个站点上可能会有数百字节数据需要传送,数据的传输时间就需要数秒,这可能会比操作整个机械的时间还要长。

能否给射频标签写入数据是区分射频识别系统的另外一个因素。对于简单的射频系统,射频标签的数据大多是简单的号码,可在加工芯片时集成进去,任何人无法修改。与此相反,可写入的射频标签则需要通过读写器或专用的编程设备写入数据。

　　射频标签的数据写入一般分为无线写入与有线写入两种形式,目前铁路系统中应用的机车、货车射频标签均采用有线写入的工作方式。

4. 读写距离

　　现有的读写系统的读写范围为 2.54～73.66cm,使用频率为 13.56MHz 的读写系统读写距离可达 243.84cm。通常在 RFID 应用中,选择恰当的天线即可适应远距离读写的需要。

　　射频标签的读写距离相差很大。对各种标签都一样,要求的距离越大,标签就越贵。距离为几毫米的 RFID 可被嵌入钞票和证件,用于高速分拣和认证;但是对于物流业而言,通常需要 3m 或 3m 以上的距离,并具有快速识别许多标签的能力。其他应用甚至需要识别几百米的距离。

5. 多个标签识别能力

　　由于识别距离的增加,在实际应用中,有可能在识别区域内同时出现多个射频标签的情况,从而提出了多标签同时识读的要求,进而这种需求发展为一种潮流。目前先进的射频识别系统均将多标签识别问题作为系统的一个重要特征。

　　通过恰当的配置射频标签和天线,可以使用读写器进行多射频标签读写。例如,在邮政系统应用中,射频标签被置于信封里面,然后放于粘贴有标签的信件袋里。当邮件袋穿过通道式天线时,就可以同时向所有的射频标签读取或写入数据。

6. 射频标签与天线间的射频载波频率

　　射频识别系统的另一个重要特征是系统的工作频率和识读距离,工作频率与识读距离是密切相关的,是由电磁波的传播特性所决定的。通常把射频识别系统的工作频率定义为读写器识别标签时发送射频信号所使用的频率,在大多数情况下,称为读写器发送频率(负载调制、反向散射)。任何情况下,射频标签的发射功率要比读写器的发射功率低得多。

　　当选择 RFID 系统时,一个很重要的考虑因素是用于射频标签与天线间传输数据的载波频率波段。射频识别系统读写器发送的频率基本上划归为 4 个范围:低频(30～300kHz)、高频(3～30MHz)、超高频(300MHz)和微波(2.5GHz 以上)。根据作用距离,射频识别系统的附加分类为密耦合(0～1cm)、遥耦合(0～1m)和远距离系统(1～10m)。

7. RFID 系统的连通性

　　作为自动识别系统的分支,RFID 必须能够集成现有的和发展中的自动化技术。重要的是,RFID 系统可以直接与个人计算机(Personal Computer,PC)、可编程逻辑控制器(Programmable Logic Controller,PLC)或工业网络接口模块相连,从而降低了安装成本。

　　RFID 采用无线射频实现可移动存储设备与计算机或 PLC 之间的数据交换。一个典型的 RFID 系统包括射频标签(即数据存储)、与射频标签通信的天线以及处理天线与 PC(或 PLC)之间通信的控制器(天线与控制器一体时,称为只读器)。

8. 数据载体

为了存储数据,主要使用电可擦可编程只读存储器(EEPROM)、铁电随机存取存储器(FRAM)和静态随机存取存储器(SRAM)3 种方法。一般的射频识别系统,主要使用电可擦可编程只读存储器(EEPROM)。然而使用 EEPROM 的缺点是写入过程的功率消耗很大,使用寿命一般为写入 10 万次。最近,也有个别厂家使用铁电随机存取存储器(FRAM)。与电可擦可编程只读存储器相比,铁电随机存取存储器的写入功率消耗为 1/100,写入时间为 1/1000。然而,铁电随机存取存储器由于生产工艺不够成熟至今未获得广泛应用。

对微波系统来说,还可以使用静态随机存取存储器(SRAM),存储器很快地写入数据。为了永久保存数据,需要用辅助电池作不间断供电。

9. 状态模式

对可编程射频标签来说,必须由数据载体的内部逻辑控制对读写器的读写操作以及对读写授权的请求。在最简单的情况下,可由一台状态机完成。使用状态机,可以完成很复杂的过程。然而,状态机的缺点是对修改编程的功能缺乏灵活性,这意味着要设计新的芯片。由于这些变化需要修改芯片上的电路,设计更改实现的成本高。

微处理器的使用明显改善了这种情况。在芯片生产时,将管理应用的数据操作系统通过掩膜方式集成到微处理器中,这种修改成本低。此外,还有利用各种物理效应存储数据的射频标签,其中包括只读的表面波射频标签和通常能去活化及极少的可以重新活化的 1 位射频标签。

10. 能量供应

射频识别系统的一个重要特征是射频标签的供电。无源的射频标签自身没有电源,因此,无源射频标签工作所需的所有能量必须从读写器发出的电磁场中获取。与此相反,有源的射频标签包含电池,为微型芯片的工作提供了全部或部分能量。

1.4.3　RFID 系统的分类

根据 RFID 系统完成的功能不同,可以粗略地把 RFID 系统分为 EAS 系统、便携式数据采集系统、物流控制系统和定位系统 4 种类型。

1. EAS 系统

EAS(Electronic Article Surveillance)系统的工作原理是,在监视区,发射器以一定的频率向接收器发射信号。发射器与接收器一般安装在零售店、图书馆的出入口,形成一定的监视空间。当具有特殊特征的标签进入该区域时,会对发射器发出的信号产生干扰,这种干扰信号也会被接收器接收,再经过微处理器的分析判断,就会控制警报器的鸣响。根据发射器所发出的信号不同以及标签对信号干扰原理不同,EAS 可以分成许多种类型。关于 EAS 技术最新的研究方向是标签的制作,人们正在讨论 EAS 标签能否像条形码一样,在产品的制作或包装过程中加入,成为产品的一部分。

2. 便携式数据采集系统

便携式数据采集系统是使用带有 RFID 读写器的手持式数据采集器采集 RFID 标签上的数据。这种系统具有比较大的灵活性,适用于不宜安装固定式 RFID 系统的应用环境。手持式读写器(数据输入终端)可以在读取数据的同时,通过无线电波数据传输方式(Radio Frequency Data Communication,RFDC)实时地向主计算机系统传输数据,也可以暂时将数据存储在读写器中,再一批一批地向主计算机系统传输数据。

3. 物流控制系统

在物流控制系统中,固定布置的 RFID 读写器分散布置在给定的区域,并且读写器直接与数据管理信息系统相连,信号发射机是移动的,一般安装在移动的物体上或由人手持。当物体、人经过读写器时,读写器会自动扫描标签上的信息并把数据信息输入数据管理信息系统存储、分析和处理,达到控制物流的目的。

4. 定位系统

定位系统用于自动化加工系统中的定位以及对车辆、轮船等进行运行定位支持。读写器放置在移动的车辆、轮船上或自动化流水线中移动的物料、半成品和成品上,信号发射机嵌入操作环境的地表下面。信号发射机上存储有位置识别信息,读写器一般通过无线的方式或者有线的方式连接到主信息管理系统。

1.4.4　RFID 系统的基本区别特征

射频识别系统包含有许多不同改型品种,由众多厂家生产。为了了解射频识别系统的全貌,有必要找出能把各种射频识别系统相互区别的特征,如图 1-9 所示。

按射频识别系统的基本工作方式,分为全双工(FDX)和半双工(HDX)系统,以及时序(SEQ)系统。

在全双工和半双工系统中,应答器的应答响应是在阅读器接通高频电磁场的情况下发送的。因为与阅读器本身的信号相比,应答器在接收天线上的信号是很弱的,所以必须使用合适的传输方法,以便把应答器的信号与阅读器的信号区别开。在实践中,通常采用负载调制、带有副载波的负载调制,以及阅读器发送频率谐波等方法,实现从应答器到阅读器的数据传输。

时序系统则与之相反,阅读器的电磁场周期性短时间断开。这些间隔被应答器识别,并用于从应答器到阅读器的数据传输。时序系统的缺点是,在阅读器发送间歇时,会造成应答器的能量供应中断,必须通过装入足够大的辅助电容或辅助电池进行补偿。

能否给应答器写入数据是划分射频识别系统的另外一个因素。对很简单的系统来说,应答器的数据组大多是一种很简单的(序列)号码,是在芯片制造时一次性集成的,不能改变。与此相反,可写入式应答器可以通过阅读器写入数据。为了存储数据,主要使用以下 3 种方法。

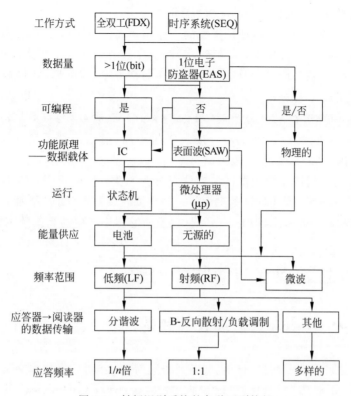

图 1-9　射频识别系统的各种区别特征

（1）电感耦合的射频识别系统，大多使用电可擦可编程只读存储器，然而使用这种方法的缺点是写入过程中的功率消耗很大，使用寿命最高为写入 10 万次。最近，也有个别厂家使用铁电随机存取存储器。铁电随机存取存储器的写入功率消耗为电可擦可编程只读存储器的 1/100，写入时间为其 1/1000。但是，铁电随机存取存储器生产中的问题至今仍阻碍着这种产品赢得广阔市场。

（2）微波系统主要使用静态随机存取存储器存储数据。这种存储器能很快写入数据，为了永久保存数据，需要用辅助电池作为不间断的供电电源。

（3）可编程系统必须由数据载体的"内部逻辑"控制对存储器的写读操作及对读写授权的要求。在最简单的情况下，可以由一台状态机完成。使用状态机，可以完成很复杂的过程。状态机的缺点是对修改编程的功能缺乏灵活性。这意味着在开发新的芯片时，由于这些变化需要修改芯片上的电路，因而要花费大量钱财。

微处理器的使用明显地改善了这种情况。在芯片生产时，通过掩膜工艺将用于应用管理的固有的操作系统集成到微处理器中，这种修改花费不多。此外，还能调整软件以适合各种专门应用。为了与非接触式 IC 卡一致，通常把用状态机控制的可写入数据载体称为"存储器卡"，以便与"微处理器卡"区分。

还有利用各种物理效应来存储数据的应答器，其中包括只读的表面波应答器和通常能去活化（写入 0），以及极少的可以重新活化（写入 1）的 1 位应答器。

射频识别系统的一个很重要的特征是应答器的供电。无源的应答器自身没有电源，工作用的所有能量必须从阅读器的电磁场中取得。与此相反，有源应答器包含 1 个电池，为微型芯片的工作提供全部或部分(辅助电池)能量。

射频识别系统的另一重要特征是系统的工作频率和作用距离。通常把阅读器的发送频率称为射频识别系统的工作频率,不考虑应答器的发送频率。在大多数情况下,把它称为阅读器发送频率(负载调制、反向散射)。然而,在任何情况下,应答器的"发射功率"会比阅读器的发射功率低几十个百分点。

通常是把各种发送频率分为低频(30～300kHz)、高频或射频(3～30MHz)和超高频(300MHz～3GHz)或微波(>3GHz)。按照作用距离,射频识别系统还可分为紧密耦合(0～1cm)、遥控耦合(0～1m)和远距离(>1m)系统。

按应答器回送到阅读器的数据传输方法可分为三类:反射或反向散射式(反射波的频率与阅读器的发送频率一致,即频率比为 1∶1)或负载调制式(阅读器的电/磁场受应答器的影响,频率比为 1∶1)、分谐波(1/n 倍)式,以及应答器中产生的高次谐波式(n 倍)。

1.5　RFID 技术现状与面临的问题

1.5.1　RFID 技术发展现状与趋势

RFID 技术是一项涉及信息、材料、装备及工艺等诸多学科、多技术交叉融合的技术群,涵盖无线电通信、电磁辐射、芯片设计、制造、封装、天线设计、数据变换、信息安全等技术。下面分别从芯片、天线、标签封装、读写器、RFID 中间件、公共服务体系、测试及标准等方面介绍 RFID 技术发展的现状与趋势。

1. 芯片设计与制造

发达国家在多种频段 RFID 标签芯片上都实现了量产,我国仅在高频段接近国际水平,符合我国 UHF 频率标准的标签芯片还处于研制阶段。

RFID 可分为频率为 130kHz 左右的低频系统、频率为 13.5MHz 的高频系统,频率为 900MHz 左右的超高频系统,以及工作在 2.4GHz 或 5.8GHz 微波频段的系统。各个频段的 RFID 标签工作原理并不完全相同,但标签芯片的结构和模块基本类似,一般都包含射频前端、模拟前端、数字基带和存储器单元等模块。目前,发达国家在多种频段的 RFID 标签芯片上都实现了批量生产,其模拟前端采用低功耗技术,功耗在几微瓦范围,被动微波频段 RFID 标签的工作距离达到 2m;被动超高频 RFID 标签的工作距离为 5～10m,芯片批量成本不断降低;EPC Gen2 芯片目前已投入市场。

与发达国家相比,我国在高频 RFID 标签芯片设计方面的技术接近国际先进水平,已经自主开发出符合 ISO 14443 Type A、Type B 和 ISO 15693 标准的 RFID 芯片,并成功地应用于城市交通一卡通和第二代居民身份证等项目。例如,我国第二代居民身份证从 2005 年开始已经进入全面换发阶段,现阶段已基本完成全国 16 岁以上人口的换发工作,全国换发总量达到 9～10 亿张。这是近年内中国 RFID 市场最大的单项应用,而且第二代居民身份证的制作,融合了国内安全方面的特色技术。

国内在超高频和微波频段的标签芯片设计方面起步较晚,目前已经初步掌握超高频

RFID 标签芯片的设计技术,部分公司和研究机构研发出超高频 RFID 标签芯片的样片,但在低功耗技术、安全机制及存储器技术等方面没有获得实质性的突破,还没有实现量产。虽然国内在读写器的射频芯片和系统芯片的设计方面也具有一定的基础,但目前产品仍主要依赖于进口。

RFID 芯片设计与制造技术的发展趋势使新的芯片推出速度将进一步加快,产品数量将增多,向大容量趋势发展;芯片功耗更低,作用距离更远,读写速度与可靠性更高,成本也降到更低。

2. 天线设计与制造

国外 RFID 天线制造工艺先进,具有针对应用特点的天线设计能力,我国整体水平与国外差距较大。

RFID 天线制造主要有绕制、刻蚀、印刷、电镀等工艺,其中刻蚀和印刷天线是高频和超高频标签的主要基材,随着芯片尺度的减小,天线制造对精度提出了严格的要求,国内的技术与装备与国外存在较大的差距。

目前国外 RFID 系统设备提供商大多都研制出或正在研制频率为 13.56MHz、915MHz、2.45GHz、5.8GHz 等的 RFID 天线产品;标签芯片提供商也都在生产芯片的同时设计和开发标签天线。

片上标签天线的设计对于 RFID 芯片的设计和制造也仍旧是一个挑战,目前是一些国际知名公司所追逐的热点。国内在天线的形式、体积、成本、加工工艺等方面与国外技术存在差距,片上天线的制造工艺仍然面临极大的挑战。

比较国内外的读写器和标签产品,可以看到,随着读写器的小型化甚至超小型化趋势,其天线尺寸也将逐步缩小,并基本和读写器集成在一起;低成本的电子标签天线和标签产品也在研制和生产,用以满足产品商品标志等方面的需要;天线设计的知识产权保护非常受重视,多数标签天线都申请了专利保护;在特殊的使用要求下,标签天线仍然需要提高可靠性和一致性。

3. 标签封装技术与设备

国外已有较成熟的电子标签封装技术、工艺、材料和设备,可提供成套的封装生产线,但成本高,我国还处于试制阶段。

标签的封装技术是目前影响到 RFID 产业发展的主要瓶颈之一。针对不同种类的标签存在多种不同工艺技术,主流的标签封装是采用基于导电胶的倒装生产工艺,国外已有较成熟的工艺装备和配套材料,但成本较高,产能较低,对基材有严格的要求,无法实现电子标签向低成本发展的要求。探索低成本封装技术与装备是目前国际广泛关注的热点问题。

电子制造装备业在国内还刚刚起步,面对 RFID 超高频产品日渐旺盛的市场需求,尚无相应的封装设备支持。随着国家对电子装备基础产业的重视,国内科研院所正积极从事该领域的技术研究和产品开发,在一些关键装备技术上已经取得进展,缩短了与国外的差距。同时,在面向不同工艺下的专项技术也已在某些领域取得突破性的进展。这些技术基础以及国内的生产配套能力,对于开发满足电子标签高性能、低成本封装设备,以及实现多品种标签的柔性化生产奠定了基础。

电子标签封装的发展趋势是面向微小尺度芯片,实现快速、高效、低成本、高性能封装。目前,国外已提出了多种针对 RFID 标签封装新工艺技术,如流体自装配技术、振动装配技术、并行集成装配技术等。通过对多芯片的并行操作提高封装产能,降低成本,但这些新技术不适用于多品种标签的柔性化生产需求,技术也尚未成熟,有待于进一步探索研究。

4. 读写器设计与制造

读写器在 RFID 系统中起到举足轻重的作用,国外厂家在多种频段推出了读写器芯片和模块,如 Intermec、Symbol、CSL、Alien、Tyco、Thingmagic、TI、Savi 等公司。目前国外 RFID 读写器产品类型较多,部分先进产品可以实现多协议兼容,已推出符合 ISO 18000-6c 的读写器,通信速率更快,防冲突特性更好。Intel 公司研发出了读写器芯片,可以降低读写器的成本,实现小型化,更适合各种 OEM 方式。韩国公司将移动通信与读写器整合,实现无所不在的移动 RFID/USN 应用。

国内一些公司,如远望谷、先施科技、江苏瑞福、维深科技等公司推出了系列 RFID 读写器产品。目前 HF 频段读写设备,小功率读写模块已达到国外同类水平;大功率读写模块主要依靠进口;UHF 频段读写设备,虽然大功率模块国内已有不少厂家在生产,但采用的重要器件大多从国外进口,而小功率模块国内空白。部分厂家已经生产 UHF 读写器模块,但性能指标(识读率、可靠性、防冲突特性)不及国外产品,还没有形成量产。

RFID 读写器设计与制造的发展趋势是读写器将做到多功能(与条码识读集成、与 PDA 设备集成、无线数据传输、脱机工作等)、多接口(RS-232、RS-422/485、USB、红外、以太网口等)、多制式(兼容读写多种频段的标签),并向模块化、小型化、便携式、嵌入式方向发展。研制 UHF 读写器芯片成为技术热点,并开始有产品推出,将使读写器的成本大幅度降低,并更加适合各种 OEM 方式。

5. RFID 中间件

国外一些软件公司推出了 RFID 中间件产品,但没有形成统一的体系架构和运行模式。我国虽已具备一些研究基础,但技术水平与国外差距较大。

目前,国外一些较为知名的软件公司,如 IBM、BEA、SAP、Microsoft、Oracle、Sun 等公司相继推出了具有前瞻性的 RFID 中间件产品,还有部分软件厂商正在开展相关的研发与试验工作。综观国外软件产品,大多数是在企业现有产品的基础上开发 RFID 模块,未能形成统一的体系架构和运行模式。由于这些软件企业大多数都具有比较雄厚的技术储备,因此产品的技术成熟度高、集成性好且开发工作量小;但也导致 RFID 中间件产品体系庞大、平台依赖性强;产品以"套餐"方式推出价格较高,不便于中小企业低成本轻量级应用。

在国家科研计划的支持下,国内一些公司和科研单位已开展了 RFID 中间件及系统集成软件方面的基础研究,并在产品开发上取得了初步成果。总之,目前我国 RFID 中间件技术和产品还很薄弱,国内的研究还处于跟踪阶段,基本以代理国外产品为主,许多厂商也开始进入电子标签产品的集成和应用,但技术水平与国外差距较大。国内已开展的一些应用,所采用的 RFID 中间件大多是国外的产品。

RFID 中间件将向嵌入式、智能化、可重构方向发展。随着 RFID 技术的广泛应用，RFID 中间件产品将支持多协议、跨平台、移动计算等不同运行环境，便于使用和构建服务，具有可重构、实时性和安全性等特点，能够满足不同类型的企业信息系统、公共服务系统对 RFID 信息处理与集成的需要。

6. 公共服务体系

发达国家正在规划或建设 RFID 公共服务体系，试图通过该网络的扩张来占领 RFID 信息服务制高点，我国开展了初步的相关技术研究。

RFID 公共服务体系是开放环境下实现面向 RFID 的资源共享、数据集成、流程协同的前提，是 RFID 广泛应用的核心和基础。目前，RFID 技术体系以欧美 EPCglobal 的物联网（Internet Of Things）和日本 UID Center 的泛在计算（Ubiquitous Computing）为代表，这两种技术体系均涉及 RFID 公共服务的内容，但目前还处于探讨阶段，没有确切制定出相应标准也没有成功的大规模应用案例。

我国提出自主研发建立支撑 RFID 应用的公共服务体系（Public Services Infrastructure，PSI），这一体系的建立对于国家信息安全和 RFID 产业链形成具有战略意义。在国家科研计划的支持下，国内一些公司和研究单位已联合开展了基础性的研究工作，形成了体系框架。我国将在此框架下建立认证注册、编码解析、信息服务、检索与跟踪服务等，通过区域的试点，逐步形成全国的服务体系，可实现与国际对接，保证应用和国家信息安全。RFID 公共服务体系将由区域/行业级逐步扩展成全国的服务体系，而且公共服务体系的安全防护问题将日益受到关注。通过构建 RFID 公共服务体系，将使 RFID 信息资源的组织、管理和利用更为深入和广泛。

7. RFID 测试

国外政府、企业和科研机构都建立了相应的 RFID 测试研究实验室，我国初步建立了测试研究开发环境。

目前，RFID 应用还有很多需要解决的问题，导致 RFID 不能走向大规模应用，其中很关键的原因在于 RFID 技术的应用受到环境的影响。各国政府或跨国公司都在积极开展 RFID 技术测试研究和系统测试工作。国外一些大公司，如 IBM、Sun、英飞凌等厂商都建立了自己的测试实验室，针对物流应用对自己的产品进行性能测试；GSI 德国和零售商麦德龙集团于 2005 年联合创建了欧洲 EPC 能力中心（EECC），以支持 RFID 技术测试和应用推动；日本公司产品化工作进展较快，对其推出的技术和产品进行测试认证；韩国公司也提出了 Test Bed 计划来建设 RFID 综合测试中心；中国香港和中国台湾地区也建立了台湾亚太 RFID 应用检测中心，主要发展电子标签和读写器技术和标准检测；由美国、德国、意大利、中国、韩国等国的近 20 家研究机构在 EPCglobal 框架之外于 2007 年 3 月成立了 GRFLA（the Global RF Lab Alliance），其中在 RFID 技术分析及测试领域开展合作研究和资源共享是 GRFLA 的工作内容之一。

国外多家公司已经开发出相关的测试方法，并在网络上公开。EPCglobal 委托专业测试机构 MET labs 对符合其标准的测试机构进行认证，并要求测试机构统一使用 MET labs 提供的测试方法。ISO 组织也制定了相应的性能和一致性测试标准《ISO/IEC TR18046 信息技术—自动识别和数据采集技术—RFID 设备性能试验方法》和《ISO/IEC 18047 信息技术自动识别和数据采集技术—RFID 设备一致性试验方法》。

开展 RFID 产品与系统测试是我国 RFID 技术发展和应用推广的需要。前期在国家科研计划的支持下,我国部分研究机构也已着手建立 RFID 测试中心,开展了基础性的研究工作,初步建立了测试环境。对国内外多种标签和读写器产品进行测试分析,给出了测试研究报告,还提出了测试方法、集成方案等。总体来说,我国 RFID 测试体系不健全,测试标准没有建立,应用测试方法还在摸索中。

建立开放的测试环境,对于企业产品开发和规范市场很有意义,并可以指导企业部署 RFID 系统。为对产业有更好的支撑,将建立多功能的、专业化的、智能化的、面向行业服务的 RFID 测试平台。

8. 标准制定

国际标准化组织正积极推进 RFID 标准的制定,相关国家通过加快 RFID 标准制定与推广,形成专利技术壁垒,标准争夺尤显激烈。我国开始参与国际标准制定,并开展了国家标准的研究和制定。

RFID 标准体系主要由空中接口规范、物理特性、读写器协议、编码体系、测试规范、应用规范、数据管理、信息安全等标准组成。目前,国际上制定 RFID 标准的主要组织是国际标准化组织(ISO),ISO/IEC JTC 1/SC31 自动识别和数据采集分技术委员会负责制定与 RFID 技术相关的基础技术标准,ISO 其他相关技术委员会制定与 RFID 应用有关的标准。ISO/IEC JTC 1/SC31 分委会所制定的标准涵盖自动识别和数据采集技术的所有基础性、通用性的标准,已正式发布空中接口协议标准(ISO/IEC 18000 系列)、数据协议标准(ISO/IEC 15691,ISO/IEC 15692)、编码标准(ISO/IEC 15963)、测试标准(ISO/IEC 18046,ISO/IEC 18047),正在制定软件系统架构标准(ISO/IEC 24791)、实施指南(ISO/IEC 24729)、实时定位(ISO/IEC 24730)等方面的标准。ISO 的其他与应用相关的技术委员会制定不同行业的 RFID 应用标准,如 ISO TC 122/104 供应链联合工作组制定了物流供应链系列标准。

EPCglobal 制定了 EPC 电子产品编码,标签的分类标准、空中接口协议、读写器协议以及物联网相关规范。目前,EPCglobal 以联盟组织形式参与 ISO/IEC RFID 标准的制定工作,比任何一个单独国家或者企业具有更大的影响力,其中 ISO/IEC 18000-6 Type C 就是以 EPC UHF 空中接口为主要基础,正在制定的 ISO/IEC 24791 软件体系框架中设备接口也是以 EPC 的 LLRP 为基础。EPCglobal 借助 ISO 的强大推广能力,使自己制定的标准成为广泛采用的国际标准。

日本泛在 ID 中心制定 RFID 相关标准的思路类似于 EPCglobal,目标也是构建一个完整的标准体系,也即从编码体系、标签分类、空中接口协议到泛在网络体系结构。ucode 码兼容国际其他的编码体系,日本泛在 ID 中心提出了泛在网络的概念。

还有一些相关的组织也开展了 RFID 标准化工作。以南非 IPICO 公司为代表提出的 IP-X 标准,引起了世界关注。目前,ISO/IEC JTC1/SC31 已通过了 IP-X 的新工作项目提案,将在现有的 ISO 18000 标准中兼容 IP-X。值得注意的是,相关标准之间缺乏达成一致的基础,国际标准化组织正在积极推动 RFID 应用层面上的互联互通。

我国在 RFID 标准制定方面已有一定基础,目前已经从多个方面开展了相关标准的研究制定工作,制定了《集成电路卡模块技术规范》《建设事业 IC 卡应用技术》等应用标准,并且得到了广泛应用。在技术标准方面,依据 ISO/IEC 15693 系列标准已经基本完成国家标准的起草工作。参照 ISO/IEC 18000 系列标准制定国家标准的工作已列入国家标准制订计划。此外,我国 RFID 标准体系框架的研究工作也已基本完成。在国家科研计划的支持下,由科技部牵头联合 14 个部委,组织国内相关单位和全国专家编制论证《我国 RFID 标准体系框架报告》和《我国 RFID 标准体系表》。2006 年,关于 RFID 动物应用的推荐性国家标准《动物射频识别代码结构》正式实施。2005 年,信息产业部成立的电子标签标准工作组,2007 年公布了《800/900MHz 频段射频识别(RFID)技术应用规定(试行)》,其他相关标准也在积极起草过程中。

与发达国家比,我国在标准制定上还存在几大问题,标准体系不健全,缺乏关键标准,缺乏支撑标准的核心专利;在应用的多个环节上还没有形成系列应用标准;参与国际标准制定工作还不够;标准制定存在机制弊端和人才缺乏的问题。要发展我国 RFID 产业,标准是关键,必须攻克核心技术,制定自主的标准体系,才能从技术和市场上抢占制高点。

1.5.2　当前 RFID 应用和发展面临的问题

我国当前 RFID 应用和发展还面临一些关键问题与挑战,主要包括以下几个方面。

1. 标签成本问题

发展 RFID 产业、实现规模化应用必须解决标签成本问题。无论是在中国、欧美还是日本,推广应用 RFID 标签的关键问题之一是将其成本降下来。业界普遍认为,当电子标签的成本降低到 5 美分(约合 0.35 元人民币)时可满足大多数单品标识应用的需求,而目前标签成本离预期目标还有一定差距,但趋势是越来越低。标签成本偏高,使得 RFID 应用必将受到一定程度上的限制,目前 RFID 技术主要在对标签成本不敏感的高端领域被用户接受,更多的是应用到物流单元、大的包装单元而不是单品上。

电子标签的成本主要由芯片、基材和封装成本三部分构成。新的芯片设计技术与生产工艺的引入,使得标签芯片尺寸不断缩小,成本不断降低;但同时对封装基材(如天线基板、导电胶等)的性能要求不断提高,根据应用需要合理设计天线结构和尺寸,采用导电油墨印刷天线代替腐蚀铜天线,并使用成本较低的纸基,是降低 RFID 标签制作成本的一大创新;封装设备的技术难度不断增大,封装成本成为了标签成本的主体,需要在封装工艺、封装设备以及封装材料等方面取得技术突破,开发出满足低成本封装的标签封装生产线,才能加快 RFID 技术普及应用的速度。另外,芯片和天线的连接方式也会影响其成本。

标签成本视不同的应用环境有很大差别。RFID 技术的抗电磁干扰的能力不强,尤其是在金属和液体环境中标签读取性能更受影响。为了提高这方面的性能,需要在封装上投入特别的技术和成本。因此,可以用于金属或液体环境中使用的 RFID 标签,单个成本高达十几元人民币。另外,一般用途的标签是在常温下使用,特殊场合下用的耐高温标签(如焊漆车间、服装熨烫),由于采用了特殊的封装材料和技术,其成本偏高。

RFID 标签的成本还与用量大小有关,标签用量大成本就低。国内 RFID 技术自主研发还没有开展起来,难以形成产业规模,没有规模效应就难以降低成本。现在一些行业已开始启动了 RFID 单品级应用,随着标签数量的增加,RFID 标签成本将不断下降。引发其他行业的跟随应用,而且技术的进展更会推动行业的应用。

2. 标准制定问题

完善的标准体系对一项新技术的应用推广至关重要。要在更大范围内应用 RFID,就必须制定一个统一、开放的技术标准,而目前国际上的 RFID 标准并没有统一,ISO、EPCglobal、UID、AIM Global、IP-X 等多种标准体系共存,另外还有许多国家和地区也正在制定适合自己的相应标准。标准(特别是关于数据格式定义的标准)的不统一是制约 RFID 发展的重要因素,而数据格式的标准问题又涉及各个国家自身的利益和安全。标准的不统一也使当前各个厂家推出的 RFID 产品互不兼容,这势必阻碍了未来 RFID 产品的互通和发展。因此,如何使这些标准相互兼容,让一个 RFID 产品能顺利地在民用范围中流通是当前重要而紧迫的问题。

检索国家知识产权局专利申请信息的结果表明,目前专利申请主要集中在美国、日本及欧洲的公司中,其中美国占据了将近 70% 的份额。美国的专利权拥有者不仅有自动识别技术的专业公司(如 Intermec 公司、Symbol 公司)、设备商或芯片商(如 IBM 公司、德州仪器公司),还有部分专业技术力量集中的公司(如 Check-Point 公司等)。日本公司在 RFID 方面的专利拥有者为一些著名的大公司,如索尼公司;欧洲则以法国公司为主,如原从事 IC 卡等识别技术的公司等。

我国正在成为世界的制造中心,大量产品要出口到国际市场,不能期望国际市场都来支持中国的 RFID 标签标准。因此,有必要制定适合我国产业发展的 RFID 标准体系,并与国际标准互通。中国目前还没有建立起自己的 RFID 标准体系,而不同领域应用的行业要求不同,中国 RFID 产业链上的企业无所适从。2007 年 4 月 20 日信息产业部发布的《800/900MHz 频段射频识别(RFID)技术应用规定(试行)》给我国 RFID 产业很大的支持。尤其是在 840~845MHz,国家给产业提供了一次发展的机会,产业应该抓住这个机遇进行技术创新,打造自主产品。

我国将通过制定具有自主知识产权的国家标准、行业标准,主导我国 RFID 的产业发展,特别是空中接口协议标准、编码标准、软件系统标准、信息安全标准,同时积极参与国际标准制定,保障我国的产业利益。要加快标准的进程,提高标准的适用性。还需要我国企业积极参与到我国的标准制定工作中。

3. 公共服务体系问题

RFID 有两种应用模式,一种是将所有信息存储在 RFID 标签上,不需要和网络的实时连接,对网络的依赖程度小;另一种是在 RFID 标签上只存储少量的信息,如唯一标识号、产品名称、类型,而将大量的信息存储在后台的数据服务器中,需要网络的支持。当前 EPCglobal 组织提出的物联网的概念即是后者的应用模式,这种模式对于标签的存储容量需求小,可降低标签成本。但是,EPCglobal 组织要求整个物联网的根服务器设在美国,由 EPCglobal 组织负责各企业的注册、管理和维护,不仅注册费用问题,而且这种网络架构类似于当前互联网的架构,在管理和技术体制上受美国制约,对我国未来 RFID 应用的信息安全问题带来了挑战。欧洲和亚洲的许多国家都在积极研究设计一套保证不会侵犯任何国家利益的网络架构和编码管理方案,来构建未来的物联网,如类似于当前各国对电话的管理方式。我国正在积极研究自主的编码体系、公共服务网络、信息安全标准,实现自主的面向 RFID 社会应用的公共服务体系。

4. 产业链形成问题

目前,我国 RFID 应用以低频和高频标签产品为主,国内的企业以引进、消化、吸收、再创新为主要手段,已基本掌握低频和高频标签产品的生产技术,产业链比较完整,但是我国企业缺乏核心技术,与国外同类产品比较不具备明显优势。我国超高频标签产品的应用刚刚兴起,还未开始规模生产,产业链尚未形成。

另外,RFID 应用的成本问题不仅是标签成本,还应从整个体系架构包括硬件、软件、系统集成等环节降低 RFID 的综合实施成本。通过自主创新形成我国自主的 RFID 产业链是降低实施成本的有效途径。如果产业链不能形成将使得上下游不整合、不配套,缺乏核心竞争力,难以形成整体应用解决方案和技术配套服务,应用无法大规模推广,低成本难以实现。

5. 技术和安全问题

RFID 技术涉及产业链各个环节,应用覆盖各行各业,参与方包括政、产、学、研、用,需要建立适合 RFID 产业特点的宏观支撑环境,通过政府引导、应用带动、企业主导、标准支撑、广泛合作等举措,建立良好的产业宏观支撑环境。

虽然在 RFID 电子标签的单项技术上已经趋于成熟,但 RFID 的应用是一项非常复杂的综合性系统应用,对于每个新的应用环境、应用流程或模式来说,都将面临新的技术问题需要解决。所以,随着应用领域的不断扩展,相关技术也须不断地发展。

安全问题是一个永恒的话题,不论技术如何发展,都将会面临新的安全问题。RFID 系统必须在电子标签资源有限的情况下实现具有一定强度的安全机制,安全威胁主要来自标签威胁、网络威胁及数据威胁,面对这些安全问题,研究者和应用商必须不断地寻求解决方案。

习题 1

1-1　填空题

(1) RFID 的英文全称是＿＿＿＿＿＿＿＿。

(2) 常见的自动识别技术有＿＿＿＿、＿＿＿＿、＿＿＿＿、＿＿＿＿等。

(3) 典型的 RFID 系统主要由＿＿＿＿、＿＿＿＿、＿＿＿＿和＿＿＿＿组成,一般把中间件和应用软件统称为应用系统。

(4) 在 RFID 系统工作的信道中存在有 3 种事件模型:＿＿＿＿、＿＿＿＿和＿＿＿＿。

(5) 时序是指读写器和电子标签的工作次序。通常,电子标签有两种时序:＿＿＿＿和＿＿＿＿。

(6) 读写器和电子标签通过各自的天线构建了两者之间的非接触信息传输通道。根据观测点与天线之间的距离由近及远可以将天线周围的场划分为 3 个区域:＿＿＿＿、＿＿＿＿和＿＿＿＿。

（7）辐射近场区和辐射远场区分界距离 R 为_____。（已知天线直径为 D，天线波长为 λ。）

（8）在 RFID 系统中，实现读写器与电子标签之间能量与数据的传递耦合类型有两种：_____和_____。

（9）读写器和电子标签之间的数据交换方式可以划分为两种，分别是_____和_____。

（10）按照射频识别系统的基本工作方式来划分，可以将射频识别系统分为_____、_____和_____。

（11）读写器天线发射的电磁波是以球面波的形式向外空间传播，距离读写器 R 处的电子标签的功率密度 S 为（读写器的发射功率为 PTx，读写器发射天线的增益为 GTx，电子标签与读写器之间的距离为 R）：_____。

（12）按照读写器和电子标签之间的作用距离可以将射频识别系统划分为_____、_____和_____三类。

1-2　简述 RFID 技术的特点。

1-3　阅读器由哪些部分构成？各个部分的功能是什么？

1-4　简述电子标签各个模块的功能。

1-5　RFID 中间件的主要功能是什么？

1-6　简述 RFID 系统的能量耦合方式和数据传输原理。

1-7　给出 RFID 系统的基本模型，并简述 RFID 系统的工作原理。

1-8　RFID 系统有哪些性能指标。

1-9　根据完成的功能不同，RFID 系统可分为哪些类型？

1-10　RFID 应用和发展面临哪些问题。

1-11　参阅有关资料，阐述 RFID 在防伪或食品安全领域的应用。

第 2 章
CHAPTER 2 | RFID 设计技术基础

学习导航

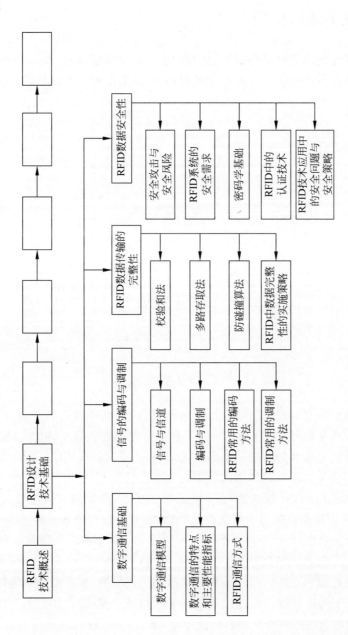

学习目标

- 了解数字通信基础
- 掌握信号的编码与调制
- 了解 RFID 数据传输的完整性
- 掌握 RFID 数据安全性

2.1　数字通信基础

2.1.1　数字通信模型

数字信号通常是指二进制编码信号,信号波形有两个幅值,即 0 和 1,如图 2-1 所示。数字通信就是将信源信息转换成二进制形式进行传输,其通信模型如图 2-2 所示。

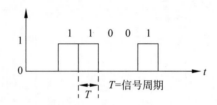

图 2-1　数字信号波形

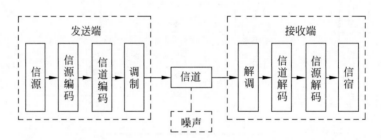

图 2-2　数字通信模型

信源是被传输的信息,可以是声音、影像等模拟信号,也可以是数字信号。信源编码是将模拟信号转换成数字信号(A/D 转换),如果信源已经是数字信号,则该过程可以省去。

信道编码是将已经形成的二进制编码再次编码,在不同的应用中采用不同的编码形式,可参考下节内容。进行信道编码的原因如下。

(1) 数字信号是由 0 或 1 构成的,在一些特殊情况下,形成的编码序列可能是连续的 0 或连续的 1,这两种情况会使信号的直流分量大增,不利于信号的正确传输。

(2) 在信号的传输中,由于噪声的影响而产生差错,通过编码可附加监督码元,在接收端可通过附加的码元信息检查信号是否有差错,并进行纠错。

信道是指信号传输的通道。信道分有线信道和无线信道,前者借助于电缆、光纤(光缆)等介质;后者借助于无线电波。在近距离借助于明线或电缆介质的情况下,可以直接传输数字信号;大多数场合的信道介质(光纤、无线电)都在高频频段,因此需将数字信号加载到适合传输的频带上,即调制。

接收端与发送端相反,首先将调制的载频信号解调,然后经信道解码、信源解码,还原出信源信号,也称信宿。当然,如果信源已经是数字信号,在接收端也就省略信源解码了。

2.1.2　数字通信的特点和主要性能指标

1. 数字通信的特点

数字通信的主要特点体现在以下几个方面。

1) 在传输过程中可实现无噪声积累

通常数字信号的幅值是 0 或 1,如果在传输过程中受到噪声干扰,只要在适当的距离内信号没有恶化到一定程度,就可以采用再生的方法,恢复原信号继续传输。由于无噪声积累,因此可实现长距离高质量的数据传输。模拟信号不能消除噪声积累。

2) 便于加密处理

在信息传输中,信息可通过信道辐射出去,造成不安全性,因此需采取加密措施。数字信号比较容易采取数字逻辑运算的方式进行加密或解密(有多种加密算法),图 2-3 所示是带有加密措施的数字通信模型,加密措施可以放在信源编码后面。

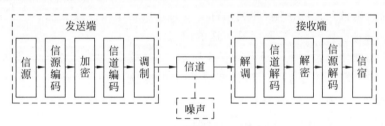

图 2-3　带加密的数字通信模型

3) 便于设备的集成和微型化

在通信设备中,有一些较大的模块,如滤波器。如果采用大规模或超大规模集成电路,构成的数字滤波器体积将大大减小,不但很容易实现设备的集成化和微型化,而且也降低了功耗。

4) 占用的信道频带宽

例如,一路数字电话的数码率是 64kb/s,因此其频带是 64kHz;而一路模拟电话的频带只有 4kHz,两者相差 16 倍。随着微波、光缆信道的广泛应用,信道的频带将非常宽,再加上数据压缩技术的提高,数字通信占用频带的矛盾将大大缓解。

2. 数字通信的主要性能指标

在不同的应用系统中,数字通信的性能指标各异,但基本包括以下几个方面。

1) 数据传输速率

数据传输速率是指信道中每秒通过的数据位,单位是比特/秒(b/s)。传输速率代表了数据传输效率,是数据通信的主要指标之一。

2) 信道频带宽度

通信系统的信道频带越宽,传输信息的能力越大。在理想情况下,传输数字信号所要求的带宽是传输速率的一半。例如,传输速率为 1kb/s,信道的带宽为 0.5kHz。为了更好地利用频带资源,通常在同样带宽下应有更高的传输速率,即提高频带利用率。频带利用率可以表示为

$$\eta = \frac{\text{数据传输速率}}{\text{频带宽度}}(\text{b}/(\text{s} \cdot \text{Hz})) \tag{2-1}$$

3) 误码率

误码率是数字通信的可靠性指标。数字通信误码率是发生误码的码元与传输的总码元之比,表示为

$$P_e = \frac{\text{误码码元个数}}{\text{传输总码元数}} \times 100\% \tag{2-2}$$

2.1.3　RFID 通信方式

RFID 通信是指读写器和标签之间的信息传输,传输的是无线电信号,其主要特点是通信距离很短。对于非接触 IC 卡,无线通信载频较低(13.56MHz),读写器到非接触 IC 卡或非接触 IC 卡到读写器的通信模型可参照图 2-2。对电子标签,无线通信载频在 UHF 频段(860~960MHz),读写器到电子标签的通信模型也参照图 2-2,但电子标签到读写器的信息传送方式是对入射波反射的调制,即利用标签要传送的数字信息改变标签天线的反射能量,读写器对反射信息进行解读,提取标签传送的信息。

标签向读写器传输数据的方式如图 2-4 所示。读写器通过其天线向标签发射载波能量 P,标签天线接收载波能量后,一部分变成标签的电能,另一部分向外反发射。标签用 110010 脉冲序列(示例)控制标签天线开关 K,改变其反射能量 P_r。读写器收到后再解读 P_r,提取脉冲序列 110010,完成数据反向传输。

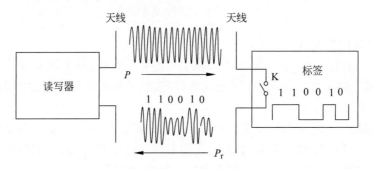

图 2-4　标签向读写器传输数据的方式

2.2　信号的编码与调制

读写器与电子标签之间消息的传递是通过电信号来实现的,即把消息寄托在电信号的某一参量上,如寄托在信号连续波的幅度、频率或相位上。原始的电信号通常称为基带信号,有些信道可以直接传输基带信号,但以自由空间作为信道的无线电传输,却无法直接传

递基带信号。将基带信号编码,然后变换成适合在信道中传输的信号,这个过程称为编码与调制;在接收端进行反变换,然后进行解码,这个过程称为解调与解码。经过调制以后的信号称为已调信号,它具有两个基本特征,一个是携带有信息,一个是适合在信道中传输。

图 2-5 给出了 RFID 系统的通信模型。在这个模型中,信道由自由空间、读写器天线、读写器射频前端、电子标签天线和电子标签射频前端构成,这部分的内容将在第 3 章和第 4 章介绍。本节讨论这个模型中的编码与调制,主要介绍 RFID 系统编码与调制的基本特性,并给出了编码与调制的常用方法。这个模型是一个开放的无线系统,外界的各种干扰容易使信号传输产生错误,同时数据也容易让外界窃取,因此需要数据校验和保密措施,使信号保持完整性和安全性。

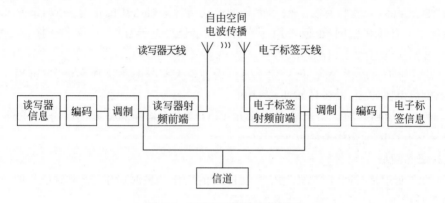

图 2-5　RFID 系统的通信模型

2.2.1　信号与信道

信号是消息的载体,在通信系统中消息以信号的形式从一点传送到另一点。信道是信号的传输媒质,信道的作用是把携有信息的信号从它的输入端传递到输出端。在 RFID 系统中,读写器与电子标签之间交换的是信息,由于采用非接触的通信方式,读写器与电子标签之间构成一个无线通信系统,其中读写器是通信的一方,电子标签是通信的另一方。

1. 信号

信号分为模拟信号和数字信号,RFID 系统主要处理的是数字信号。信号可以从时域和频域两个角度来分析,在 RFID 传输技术中,对信号频域的研究比对信号时域的研究更重要。读写器与电子标签之间传输的信号有其自身的特点,常需要讨论信号工作方式和通信握手等问题。

1) 模拟信号和数字信号

模拟信号是指用连续变化的物理量表示的信息,其信号的幅度、频率或相位随时间做连续变化。模拟数据一般采用模拟信号,如无线电与电视广播中的电磁波是连续变化的电磁波,电话传输中的音频电压是连续变化的电压,它们都是模拟信号。

数字信号是指幅度的取值是离散的,幅值表示被限制在有限个数值之内。二进制码就是一种数字信号,如一系列断续变化的电压脉冲可以用二进制码表示,其中恒定的正电压表示二进制数 1,恒定的负电压表示二进制数 0。

数字信号较模拟信号有许多优点,RFID 系统常采用数字信号。RFID 系统数字信号的主要特点如下。

(1) 信号的完整性。RFID 系统采用非接触技术传递信息,容易遇上干扰,使信息传输发生改变。数字信号容易校验,并容易防碰撞,可以使信号保持完整性。

(2) 信号的安全性。RFID 系统采用无线方式传递信息,开放的无线系统存在安全隐患,信息传输的安全性和保密性变得越来越重要。数字信号的加密处理比模拟信号容易得多,数字信号可以用简单的数字逻辑运算进行加密和解密处理。

(3) 便于存储、处理和交换。数字信号的形式与计算机所用的信号一致,都是二进制代码,因此便于与计算机联网,也便于用计算机对数字信号进行存储、处理和交换,可使物联网的管理和维护实现自动化、智能化。

(4) 设备便于集成化、微型化。数字通信设备中大部分电路是数字电路,可用大规模和超大规模集成电路实现,设备体积小、功耗低。

(5) 便于构成物联网。采用数字传输方式,可以实现传输和交换的综合,实现业务数字化,更容易与互联网结合构成物联网。

2) 时域和频域

时域的自变量是时间,时域表达信号随时间的变化。在时域中,通常对信号的波形进行观察,画图时横轴是时间,纵轴是信号的振幅。

频域的自变量是频率,频域表达信号随频率的变化。对信号进行时域分析时,有时一些信号的时域参数相同,但并不能说明信号就完全相同,因为信号不仅随时间变化,还与频率、相位等信息有关,需要进一步分析信号的频率结构,并在频域中对信号进行描述。

在 RFID 传输技术中,对信号频域的研究比对信号时域的研究更重要,需要讨论信号的频率、带宽等参数。

3) 信号工作方式

读写器与电子标签之间的工作方式可以分为时序系统、全双工系统和半双工系统,下面就读写器与电子标签之间的工作方式予以讨论。

(1) 时序系统。在时序系统中,从电子标签到读写器的信息传输是在电子标签能量供应间歇进行的,读写器与电子标签不同时发射,这种方式可以改善信号受干扰的状况,提高系统的工作距离。时序系统的工作过程如下。

① 读写器先发射射频能量,该能量传送到电子标签,给电子标签的电容器充电,将能量用电容器存储起来,这时电子标签的芯片处于省电模式或备用模式。

② 读写器停止发射能量,电子标签开始工作,电子标签利用电容器的储能向读写器发送信号,这时读写器处于接收电子标签响应的状态。

③ 能量传输与信号传输交叉进行,一个完整的读出周期由充电阶段和读出阶段两个阶段构成。

(2) 全双工系统。全双工表示电子标签与读写器之间可以在同一时刻互相传送信息。

（3）半双工系统。半双工表示电子标签与读写器之间可以双向传送信息，但在同一时刻只能向一个方向传送信息。

4）通信握手

通信握手是指读写器与电子标签双方在通信开始、结束和通信过程中的基本沟通，通信握手要解决通信双方的工作状态、数据同步和信息确认等问题。

（1）优先通信。RFID由通信协议确定谁优先通信，即是读写器还是电子标签。对于无源和半有源系统，都是读写器先讲；对于有源系统，双方都有可能先讲。

（2）数据同步。读写器与电子标签在通信之前，要协调双方的位速率，保持数据同步。读写器与电子标签的通信是空间通信，数据传输采用串行方式进行。

（3）信息确认。信息确认是指确认读写器与电子标签之间信息的准确性，如果信息不正确，将请求重发。在 RFID 系统中，通信双方经常处于高速运动状态，重发请求加重了时间开销，而时间是制约速度的最主要因素，因此 RFID 的通信协议常采用自动连续重发，接收方比较数据后丢掉错误数据，保留正确数据。

2. 信道

信道可以分为两大类，一类是电磁波在空间传播的渠道，如短波信道、微波信道等；另一类是电磁波的导引传播渠道，如电缆信道、波导信道等。RFID 的信道是具有各种传播特性的自由空间，所以 RFID 采用无线信道。

1）信道带宽

信号所拥有的频率范围称为信号的频带宽度，简称带宽。模拟信道的带宽为

$$\mathrm{BW} = f_2 - f_1 \tag{2-3}$$

其中，f_1 是信号在信道中能够通过的最低频率；f_2 是信号在信道中能够通过的最高频率，两者都是由信道的物理特性决定的。

2）信道传输速率

信道传输速率就是数据在传输介质（信道）上的传输速率。数据传输速率是描述数据传输系统的重要技术指标之一，数据传输速率在数值上等于每秒钟传输数据代码的二进制比特数，数据传输速率的单位为比特/秒（b/s）。

3）波特率与比特率

（1）波特率。波特率是指数据信号对载波的调制速率，用单位时间内载波调制状态改变的次数来表示。在信息传输通道中，携带数据信息的信号单元称为码元，每秒钟通过信道传输的码元数称为码元传输速率，简称波特率。

（2）比特率。每秒钟通过信道传输的信息量称为位传输速率，简称比特率，比特率是数据传输速率，表示单位时间内可传输二进制位的位数。

（3）波特率与比特率的关系。如果一个码元的状态数可以用 M 个离散电平个数来表示，有如下关系

$$比特率 = 波特率 \times 1\mathrm{b}M \tag{2-4}$$

4）信道容量

信道容量是信道的一个参数，反映了信道所能传输的最大信息量。

(1) 具有理想低通矩形特性的信道。

根据奈奎斯特准则,这种信道的最高码元传输速率为

$$最高码元传输速率 = 2BW \tag{2-5}$$

也即这种信道的最高数据传输速率为

$$C = 2BW1bM \tag{2-6}$$

式(2-6)称为具有理想低通矩形特性的信道容量。

(2) 带宽受限且有高斯白噪声干扰的信道。

香农提出并严格证明了在被高斯白噪声干扰的信道中,最大信息传送速率的公式。这种情况的信道容量为

$$C = BW1b\left(1 + \frac{S}{N}\right) \tag{2-7}$$

式中,BW 的单位是 Hz,S 是信号功率(W),N 是噪声功率(W)。可以看出,信道容量与信道带宽成正比,同时还取决于系统信噪比及编码技术种类。香农定理指出,如果信息源的信息速率 R 小于或者等于信道容量 C,那么在理论上存在一种方法可使信息源的输出能够以任意小的差错概率通过信道传输;如果 R>C,则没有任何办法传递这样的信息或者说传递这样的二进制信息有差错率。

(3) RFID 的信道容量。

信道最重要的特征参数是信息传递能力,在典型的情况(即高斯信道)下,信道的信息通过能力与信道的通过频带宽度、信道的工作时间、信道中信号功率与噪声功率之比有关,频带越宽,工作时间越长,信号与噪声功率比越大,则信道的通过能力越强。

① 带宽越大,信道容量越大。因此,在物联网中 RFID 主要选用微波频率,微波频率比低频频率和高频频率有更大的带宽。

② 信噪比越大,信道容量越大。RFID 无线信道有传输衰减和多径效应等,应尽量减小衰减和失真,提高信噪比。

2.2.2　编码与调制

数字通信系统是利用数字信号来传递信息的通信系统,其涉及的技术问题很多,其中主要有信源编码与解码、加密与解密、信道编码与解码、数字调制与解调以及同步等。

1. 编码与解码

编码是为了达到某种目的而对信号进行的一种变换。其逆变换称为解码或译码。根据编码的目的不同,编码理论有信源编码、信道编码和保密编码 3 个分支,编码理论在数字通信、计算技术、自动控制、人工智能等方面都有广泛的应用。

1) 信源编码与解码

信源编码是对信源输出的信号进行变换,包括连续信号的离散化(即将模拟信号通过采样和量化变成数字信号),以及对数据进行压缩以提高信号传输有效性而进行的编码。信源解码是信源编码的逆过程。信源编码有如下两个主要功能。

(1) 提高信息传输的有效性。这需要通过某种数据压缩技术,设法减少码元数目和降

低码元速率。码元速率决定传输所占的带宽,而传输带宽反映了通信的有效性。

(2) 完成模/数转换。当信息源给出的是模拟信号时,信源编码器将其转换为数字信号,以实现模拟信号的数字化传输。

2) 信道编码与解码

信道编码是对信源编码器输出的信号进行再变换,包括区分通路、适应信道条件和提高通信可靠性而进行的编码。信道解码是信道编码的逆过程。

信道编码的主要目的是前向纠错,以增强数字信号的抗干扰能力。数字信号在信道传输时受到噪声等影响会引起差错,为了减小差错,信道编码器对传输的信息码元按一定的规则加入保护成分(监督元),组成抗干扰编码。接收端的信道解码器按相应的逆规则进行解码,从中发现错误或纠正错误,以提高通信系统的可靠性。

3) 保密编码与解码

保密编码是对信号进行再变换,即为了使信息在传输过程中不易被人窃译而进行的编码。在需要实现保密通信的场合,为了保证所传输信息的安全,人为将被传输的数字序列扰乱,即加上密码,这种处理过程称为加密。保密解码是保密编码的逆过程,保密解码在接收端利用与发送端相同的密码复制品对收到的数据进行解密,恢复原来信息。

保密编码的目的是为了隐藏敏感信息,常采用替换或乱置或两者兼有的方法实现。一个密码体制通常包括加(解)密算法和可以更换控制算法的密钥两个基本部分。密码根据它的结构分为序列密码和分组密码两类。序列密码是算法在密钥控制下产生的一种随机序列,并逐位与明文混合而得到密文,其主要优点是不存在误码扩散,但对同步有较高的要求,广泛应用于通信系统中。分组密码是算法在密钥控制下对明文按组加密,这样产生的密文位一般与相应的明文组和密钥中的位有相互依赖性,因而能引起误码扩散,多用于消息的确认和数字签名中。

2. 调制和解调

调制的目的是把传输的模拟信号或数字信号,变换成适合信道传输的信号,意味着要把信源的基带信号,转变为一个相对基带频率而言非常高的带通信号。调制的过程用于通信系统的发送端,调制就是将基带信号的频谱搬移到信道通带中的过程,经过调制的信号称为已调信号,已调信号的频谱具有带通的形式,已调信号称为带通信号或频带信号。在接收端需将已调信号还原成原始信号,解调是将信道中的频带信号恢复为基带信号的过程。

1) 信号需要调制的原因

为了有效地传输信息,无线通信系统需要采用高频率信号,这种需要主要是由下面的因素导致的。

(1) 工作频率越高带宽越大。当工作频率为 1GHz 时,若传输的相对带宽为 10% 时,可以传输 100MHz 带宽的信号;当工作频率为 1MHz 时,若传输的相对带宽也为 10%,只可以传输 0.1MHz 带宽的信号。通过比较可以看出,高工作频率可以带来大带宽。

当信号带宽加大时,可以提高无线系统的抗干扰、抗衰落能力,还可以实现传输带宽与信噪比之间的互换。

当信号带宽加大时,可以将多个基带信号分别搬移到不同的载频处,以实现信道的多路复用,提高信道的利用率。

(2) 工作频率越高天线尺寸越小。无线通信需要采用天线来发射和接收信号,如果天线的尺寸可以与工作波长相比拟,天线的辐射更为有效。由于工作频率与波长成反比,提高工作频率可以降低波长,进而可以减小天线的尺寸,这样就满足了现代通信对尺寸小型化的要求。

2) 信号调制的方法

在无线通信中,调制是指载波调制。载波调制就是用调制信号控制载波参数的过程。未受调制的周期性振荡信号称为载波,可以是正弦波,也可以是其他波形。调制信号是基带信号,基带信号可以是模拟的,也可以是数字的。载波调制后称为已调信号,含有调制信号的全部特征。

如果基带信号是数字信号,用数字基带信号去控制载波,把数字基带信号变换为数字带通信号(已调信号),这个过程称为数字调制。一般来说,数字基带信号含有丰富的低频分量,需要对数字基带信号进行调制,以使信号与信道的特性相匹配。

调制在通信系统中有十分重要的作用,通过调制不仅可以进行频谱搬移,把调制信号的频谱搬移到所希望的频率位置,从而将调制信号转换成适合传播的已调信号,而且它对系统传输的有效性和可靠性有很大的影响,调制方式往往决定了一个通信系统的性能。

高频载波是消息的载体信号,数字调制是通过改变高频载波的幅度、相位或频率,使其随着基带信号的变化而变化。解调则是将基带信号从载波中提取出来,以便预定的接收者处理和理解的过程。数字调制的方法通常称为键控法,常用的数字调制解调方式有幅移键控(Amplitude Shift Keying,ASK)、频移键控(Frequency Shift Keying,FSK)、相移键控(Phase Shift Keying,PSK)等方式。为简化射频标签设计并降低成本,多数射频识别系统采用 ASK 调制方式。

2.2.3　RFID 常用的编码方法

编码是 RFID 系统的一项重要工作,二进制编码是用不同形式的代码来表示二进制的 1 和 0。对于传输数字信号,最常用的方法是用不同的电压电平来表示两个二进制数字,也即数字信号由矩形脉冲组成。按数字编码方式,可以将编码划分为单极性码和双极性码,单极性码使用正(或负)的电压表示数据 1,零电压表示数据 0;双极性码用正负电压表示数据 1 和 0。根据信号是否归零,还可以将编码划分为归零码和非归零码。归零码码元中间的信号回归到零电平,而非归零码不使用零电平。

RFID 常用的编码方式有单极性不归零码(Unipolar Non-Return to Zero,UNRZ)编码、曼彻斯特(Manchester)编码、单极性归零(Unipolar RZ)编码、差动双相(Differential Binary Phase,DBP)编码、密勒(Miller)编码、变形密勒编码和差分编码。RFID 编码的选择需要考虑以下几点。

(1) 适应传输信道的频带宽度。

(2) 利于时钟的提取。

(3) 具有误码检测能力。

(4) 码型变换易于实现。

1. 编码格式

1) 单极性不归零编码

这是一种简单的数字基带编码方式,单极性不归零编码用高电平表示二进制的 1,用低电平表示二进制的 0。单极性不归零编码如图 2-6 所示。

图 2-6　UNRZ 编码

图 2-6 所示的波形在码元之间无空隙间隔,在全部码元时间内传送码,所以称为单极性不归零编码。这种码仅适合近距离传输信息,这是因为该编码有如下特点。

（1）有直流。一般信道很难传输零频率附近的频率分量,所以该方式不适宜传输,且要求传输线有一根接地。

（2）收端判决门限与信号功率有关,不方便使用。

（3）不包含位同步成分,不能直接用来提取位同步信号。

2) 曼彻斯特编码

曼彻斯特编码也称分相编码(split-phase coding)。在曼彻斯特编码中,用电压跳变的相位不同来区分 1 和 0,其中从高到低跳变表示 1,从低到高跳变表示 0。曼彻斯特编码如图 2-7 所示。

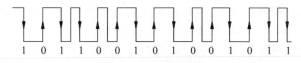

图 2-7　曼彻斯特编码

曼彻斯特编码的特点如下。

（1）曼彻斯特编码由于跳变都发生在每个码元的中间,接收端可以方便地利用它作为位同步时钟,因此这种编码也称自同步编码。

（2）曼彻斯特编码在采用副载波的负载调制或反向散射调制时,通常用于从电子标签到读写器的数据传输,因为这有利于发现数据传输的错误。

（3）曼彻斯特编码是一种归零码。

3) 单极性归零编码

对于单极性归零码,当发 1 码时发出正电流,但正电流持续的时间短于一个码元宽度,即发出一个窄脉冲;当发 0 码时,仍然完全不发送电流。单极性归零编码如图 2-8 所示。

图 2-8　单极性归零编码

4) 差动双相编码

差动双相编码在半个位周期中的任意边沿表示二进制 0,而没有边沿跳变表示二进制 1。此外,在每个位周期开始时,电平都要反相。差动双相编码对接收器来说较容易重建。差动双相编码如图 2-9 所示。

1 0 1 1 0 0 1 0 1 0 1 0 0 1 0 1 1

图 2-9　差动双相编码

5) 密勒编码

密勒编码在位周期开始时产生电平交变,对接收器来说,位节拍比较容易重建。密勒编码在半个位周期内的任意边沿表示二进制 1,而经过下一个位周期中不变的电平表示二进制 0。密勒编码如图 2-10 所示。

1 0 1 1 0 0 1 0 1 0 1 0 1 0 0 1 1

图 2-10　密勒编码

6) 变形密勒编码

变形密勒编码相对于密勒编码来说,将其每个边沿都用负脉冲代替。由于负脉冲的时间较短,可以保证数据在传输过程中,能够从高频场中持续为射频标签提供能量。变形密勒编码在电感耦合的射频识别系统中,主要用于从读写器到射频标签的数据传输。变形密勒编码如图 2-11 所示。

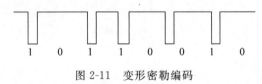

1 0 1 1 0 0 1 0

图 2-11　变形密勒编码

7) 差分编码

对于差分编码,每个要传输的二进制 1 都会引起信号电平的变化,而对于二进制 0,信号电平保持不变。差分编码如图 2-12 所示。

1 0 1 1 0 0 1 0 1 0 1 0 0 1 0 1 1

图 2-12　差分编码

2. 编码方式的选择因素

在一个 RFID 系统中,编码方式的选择要考虑电子标签能量的来源、检错的能力、时钟的提取等多方面因素,前面介绍的每种编码方式都有某方面的优点,实际应用中要综合考虑。

1) 编码方式的选择要考虑电子标签能量的来源

在 RFID 系统中,由于使用的电子标签常常是无源的,无源标签需要在与读写器的通信过程中获得自身的能量供应。为了保证系统的正常工作,信道编码方式首先必须保证不能中断读写器对电子标签的能量供应。

在 RFID 系统中,当电子标签是无源标签时,要求基带编码在每两个相邻数据位元间具有跳变的特点,这种相邻数据间有跳变的码,不仅可以保证在连续出现 0 的时候对电子标签能量的供应,而且便于电子标签从接收到的码中提取时钟信息。也就是说,如果要求编码方式保证电子标签能量供应不中断,必须选择码型变化丰富的编码方式。

2) 编码方式的选择要考虑电子标签检错的能力

为保障系统工作的可靠性,必须在编码中提供数据一级的校验保护,编码方式应该提供这一功能,并可以根据码型的变化来判断是否发生误码或发生电子标签冲突。

在实际的数据传输中,由于信道中干扰的存在,数据必然会在传输过程中发生错误,这时要求信道编码能够提供一定程度检测错误的能力。

在多个电子标签同时存在的环境中,读写器逐一读取电子标签的信息,读写器应该能够从接收到的码流中检测出是否有冲突,并采用某种算法来实现多个电子标签信息的读取,这需要选择检测错误能力较高的编码。在上述编码中,曼彻斯特编码、差动双相编码和单极性归零编码具有较强的编码检错能力。

3) 编码方式的选择要考虑电子标签时钟的提取

在电子标签芯片中,一般不会有时钟电路,电子标签芯片需要在读写器发来的码流中提取时钟,读写器发出的编码方式应该能够方便电子标签提取时钟信息。在上述编码中,曼彻斯特编码、密勒编码和差动双相编码容易使电子标签提取时钟。

2.2.4　RFID 常用的调制方法

按照从读写器到电子标签的传输方向,读写器中发送的信号首先需要编码,然后通过调制器调制,最后传送到传输通道。基带数字信号往往具有丰富的低频分量,必须用数字基带信号对载波进行调制,而不是直接传送基带信号,以使信号与信道的特性相匹配。用数字基带信号控制载波,把数字基带信号变换为数字已调信号的过程称为数字调制,RFID 主要采用数字调制的方式。

数字调制与模拟调制的基本原理相同,但数字信号有离散取值的特点,数字调制技术利用数字信号的这一特点,通过开关键控载波,从而实现数字调制。这种方法通常称为键控法,其对载波的振幅、频率或相移进行键控,使高频载波的振幅、频率或相位与调制的基带信号相关,从而获得振幅键控、频移键控和相移键控 3 种基本的数字调制方式。

数字信息有二进制与多进制之分,数字调制也分为二进制调制与多进制调制。在二进制调制中,调制信号只有两种可能的取值;在多进制调制中,调制信号可能有 M 种取值,M 大于 2,其中包括多进制相移键控等,如正交相移键控(Quadrature Phase Shift Keying, QPSK)。

为了提高调制的性能,人们又对数字调制体系不断加以改进,提出了多种新的调制解调体系,其中包括振幅和相位联合键控等,出现了一些特殊的、改进的和现代的调制方式,如正交振幅调制(Quadrature Amplitude Modulation,QAM)、最小频移键控(Minimum-Shift Keying,MSK)、正交频分复用(Orthogonal Frequency Division Multiplexing,OFDM)等。

1. 载波

在信号传输的过程中,并不是将信号直接进行传输,而是将信号与一个固定频率的波进行相互作用,这个过程称为加载,这样一个固定频率的波称为载波。

打个比方说明用载波的原因。将人(指信号源)从一个地方送到另外一个地方,走路需要很长时间,人会很累(指信号衰减)。如果让人坐车(指载波),则需要时间很短,人也很舒服(指信号不失真)。那么坐什么交通工具(指选择调制方法),要根据不同人的具体情况来判断(指信号的特点和用途)。

载波指被调制以传输信号的波形,载波一般为正弦振荡信号,正弦振荡的载波信号可以表示为

$$v(t) = A\cos(\omega_c t + \varphi) \tag{2-8}$$

式中,ω_c 为载波的角频率;A 为载波的振幅;φ 为载波的相位。可以看出,在没有加载信号时,载波为高频正弦波,这个高频信号的波幅是固定的,频率是固定的,初相是固定的。

角频率、频率、波长和速度之间有如下关系:

$$\omega_c = 2\pi f_c \tag{2-9}$$

$$\lambda = \frac{c}{f_c} \tag{2-10}$$

式中,f_c 为载波的频率;λ 为载波的波长;c 为自由空间电磁波的速度,$c=3\times10^8\,\text{m/s}$。

载波加载之后,也即载波被调制以后,载波的振幅、频率或相位就随普通信号的变化而变化,就是把一个较低频率的信号调制到一个相对较高的载波上。载波信号一般要求正弦载波的频率远远高于调制信号的带宽,否则会发生混叠,使传输信号失真。

不同的应用目的会采用不同的载波频率,不同的载波频率可以使多个无线通信系统同时工作,避免了相互干扰。在 RFID 系统中,正弦载波除了是信息的载体外,在无源电子标签中还具有提供能量的作用,这一点与其他无线通信有所不同。

2. 幅移键控

调幅是指载波的频率和相位不变,载波的振幅随调制信号的变化而变化。调幅有模拟调制与数字调制两种,这里只介绍数字调制,即幅移键控(ASK)。幅移键控是利用载波的幅度变化来传递数字信息,在二进制数字调制中,载波的幅度只有两种变化,分别对应二进制信息的 1 和 0。目前电感耦合 RFID 系统常采用 ASK 调制方式,如 ISO/IEC 14443 及 ISO/IEC 15693 标准均采用 ASK 调制方式。

1) 二进制幅移键控的定义

二进制幅移键控信号可以表示为具有一定波形的二进制序列(二进制数字基带信号)与正弦载波的乘积,即

$$v(t) = s(t)\cos(\omega_c t) \tag{2-11}$$

式中,$s(t)$ 为二进制序列;$\cos(\omega_c t)$ 为载波。其中

$$s(t) = \sum_n a_n g(t - nT_s) \tag{2-12}$$

式中，T_s 为码元持续时间；$g(t)$ 为持续时间 T_s 的基带脉冲波形；a_n 为第 n 个符号的电平取值。

在幅移键控时，载波振荡的振幅按二进制编码在两种状态 a_0 和 a_1 之间切换（键控），其中 a_0 对应 1 状态，a_1 对应 0 状态，a_1 取 0 和 a_0 之间的值。幅移键控时，载波的振幅按二进制编码在两种状态间切换，如图 2-13 所示。

已调波的键控度 m 为

$$m = \frac{a_0 - a_1}{a_0 + a_1} \tag{2-13}$$

键控度 m 表示了调制的深度，当键控度 m 为 100％时，载波振幅在 a_0 与 0 之间切换，这时为通-断键控。

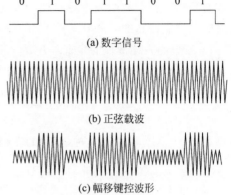

(a) 数字信号

(b) 正弦载波

(c) 幅移键控波形

图 2-13　幅移键控的时间波形

2）二进制幅移键控的电路原理图

二进制幅移键控信号的产生方法通常有两种，一种是模拟调制法；另一种是键控法。模拟调制法是用乘法器实现，键控法是用开关电路实现，相应的调制器原理图如图 2-14 所示，其中图 2-14(b)中的键控度 m 为 100％。

二进制幅移键控是运用最早的无线数字调制方法，但这种方法在传输时受噪声影响较大，是受噪声影响最大的调制技术，噪声电压和信号一起可能改变振幅，使信号 0 变为 1，信号 1 变为 0。

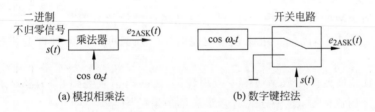

(a) 模拟相乘法　　　　　　　(b) 数字键控法

图 2-14　二进制幅移键控电路原理图

3）二进制幅移键控的功率谱密度

二进制幅移键控信号是随机信号，故研究它的频谱特性时，应该讨论它的功率谱密度。二进制振幅键控信号可以表示为

$$v(t) = s(t)\cos(\omega_c t)$$

其中，二进制基带信号是随机的单极性矩形脉冲序列。分析表明，二进制幅移键控信号功率谱密度的特性如下。

(1) 二进制幅移键控信号的功率谱由连续谱和离散谱两部分组成，连续谱取决于经线性调制后的双边带谱，而离散谱由载波分量确定。

(2) 二进制幅移键控信号的带宽是基带信号带宽的两倍，若只计功率谱密度的主瓣（第一个谱零点的位置），传输的带宽是码元速率的两倍。

3. 频移键控

频移键控(FSK)是利用载波的频率变化来传递数字信息,是对载波的频率进行键控。二进制频移键控载波的频率只有两种变化状态,载波的频率在 f_1 和 f_2 两个频率点变化,分别对应二进制信息的 1 和 0。

1) 二进制频移键控的定义

二进制频移键控信号可以表示成在两个频率点变化的载波,其表达式为

$$v(t) = \begin{cases} A\cos(\omega_1 t + \theta_n) & \text{发送 1} \\ A\cos(\omega_2 t + \theta_n) & \text{发送 0} \end{cases} \tag{2-14}$$

可以看出,发送 1 和发送 0 时,信号的振幅不变,角频率在变。

$$\omega_1 = 2\pi f_1 \tag{2-15}$$

$$\omega_2 = 2\pi f_2 \tag{2-16}$$

在频移键控时,载波振荡的频率按二进制编码在两种状态之间切换(键控)。其中,f_1 对应 1 状态;f_2 对应 0 状态,如图 2-15 所示。

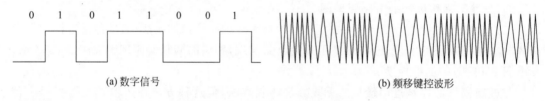

(a) 数字信号   (b) 频移键控波形

图 2-15   频移键控的时间波形

2) 二进制频移键控的特点

(1) 从时间函数的角度来看,可以将二进制频移键控信号看作是 f_1 和 f_2 两种不同载频振幅键控信号的组合,因此二进制频移键控信号的频谱可以由两种振幅键控的频谱叠加得出。

(2) 二进制频移键控在数字通信中应用较广,国际电信联盟(ITU)建议,在数据频率低于 1200b/s 时采用该体制,这种方式适合于衰落信道的场合。

4. 相移键控

相移键控(PSK)是利用载波的相位变化来传递数字信息,是对载波的相位进行键控。二进制相移键控载波的初始相位有两种变化状态,通常载波的初始相位在 0 和 π 两种状态间变化,分别对应二进制信息的 1 和 0。

1) 二进制相移键控的定义

二进制相移键控信号的时域表达式为

$$v(t) = A\cos(\omega_c t + \varphi_n) \tag{2-17}$$

其中,φ_n 表示第 n 个符号的绝对相位。φ_n 为

$$\varphi_n = \begin{cases} 0 & \text{发送 1} \\ \pi & \text{发送 0} \end{cases} \tag{2-18}$$

载波振荡的相位 φ_n 按二进制编码在两种状态之间切换(键控),如图 2-16 所示。

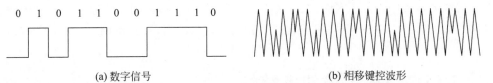

(a) 数字信号　　　　　　　　　　(b) 相移键控波形

图 2-16　相移键控的时间波形

2) 二进制相移键控的特点

(1) PSK 系统具有较高的频带利用率,PSK 方式在误码率、信号平均功率等方面都比 ASK 系统的性能更好。

(2) 二进制 PSK 系统在实际中很少直接使用,实际应用常采用差分相移键控(DPSK)、相位抖动调制(PJM)等方式。

5. 副载波调制

副载波调制是指首先把信号调制在载波 1 上,出于某种原因,决定对这个结果再进行一次调制,于是用这个结果去调制另外一个频率更高的载波 2。

在无线电技术中,副载波调制应用广泛。例如,802.11a 是 802.11 原始标准的一个修订标准,于 1999 年获得批准。802.11a 标准采用了与原始标准相同的核心协议,工作频率为 5GHz,使用 52 个正交频分多路复用副载波,最大原始数据传输率为 54Mb/s,这达到了现实网络中等吞吐量(20Mb/s)的要求。在 52 个 OFDM(Orthogonal Frequency Division Multiplexing,正交频分复用技术)副载波中,48 个用于传输数据,4 个是引示副载波(pilot carrier),每个带宽为 0.3125MHz(20MHz/64),可以是二相移相键控(BPSK)、四相移相键控(QPSK)、16-QAM 或 64-QAM,总带宽为 20MHz,占用带宽为 16.6MHz。

对 RFID 系统来说,副载波调制方法主要用在 6.78MHz、13.56MHz 或 27.125MHz 的电感耦合系统中,而且是从电子标签到读写器方向的数据传输,有着与负载调制时读写器天线上高频电压的振幅键控调制相似的效果。通常副载波频率是对工作频率分频产生的。例如,对 13.56MHz 的 RFID 系统来说,使用的副载波频率可以是 847kHz(13.56MHz/16)、424kHz(13.56MHz/32)或 212kHz(13.56MHz/64)。

在 RFID 副载波调制中,首先用基带编码的数据信号调制低频率的副载波,已调的副载波信号用于切换负载电阻,然后采用振幅键控(ASK)、频移键控(FSK)或相移键控(PSK)的调制方法,对副载波进行二次调制。采用振幅键控(ASK)的副载波调制如图 2-17 所示。

采用副载波进行负载调制,一方面在工作频率

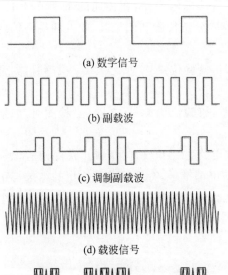

(a) 数字信号

(b) 副载波

(c) 调制副载波

(d) 载波信号

(e) 副载波调制后再进行调制后的波形

图 2-17　采用振幅键控(ASK)的副载波调制

±副载波频率上产生两条谱线,信息随着基带编码的数据流对副载波的调制,被传输到两条副载波谱线的边带中;另一方面,在基带中进行负载调制时,数据流的边带将直接围绕着工作频率的载波信号。在解调时,可以将两个副载波之一滤出,对其解调。

2.3　RFID 数据传输的完整性

使用非接触技术传输数据时,很容易遇到干扰,使传输数据发生意外的改变从而导致传输错误。此类问题通常是由外界的各种干扰和多个应答器同时占用信道发送数据产生碰撞造成的,针对这两种情况,常用的处理方法是采用校验和法和多路存取法。

对于 RFID 系统,由于信息码元序列是一种随机序列,接收端无法预知也无法识别其中有无错码。为了解决这个问题,常常采用在发送端或电子标签的信息、码元中增加一些监督(纠错)码元,这些纠错码元和信息、码元之间有一定的关系,使接收端或读写器可以利用这些关系由信道解码器来发现或纠正可能存在的错误码元。

在信息码元中加入监督码元被称为差错控制编码或纠错编码,不同的编码方法有着不同的检错或纠错能力。在射频识别系统中常用的纠错编码是校验和法,最常用的校验和法是奇偶校验、纵向冗余校验和循环冗余码校验。

2.3.1　校验和法

1. 奇偶校验

奇偶校验是一种简单的使用广泛的校验方法。具体的内容是,在传输的 1 字节(8 位)上附加 1 个校验位,形成 9 位数据码的传输。奇偶校验分奇校验和偶校验,收发两端必须约定校验方式。

奇校验位的设定:若每字节的 1 的个数为奇数时,校验位置 0;反之置 1。检测时,如果9 位数中 1 的个数为奇数,则正确;反之,则错误。

偶校验位的设定:若每字节的 1 的个数为奇数时,校验位置 1;反之置 0。检测时,如果9 位数中 1 的个数为偶数,则正确;反之,则错误。

图 2-18 所示是 8 位二进制码的奇偶校验位生成电路,由"异或"门组成。奇偶校验识别错误的能力较低。例如,在 8 位二进制数中 2 个 1 的位都错了,奇偶校验位输出的结果与正确的结果相同,显然错误就识别不出来了。可见奇偶校验只能判断奇数个位出错,对偶数个位出错却无能为力。

2. 纵向冗余校验

纵向冗余校验(Longitudinal Redundancy Check,LRC)是把传输数据块的所有字节进行按位加(或称异或运算),其结果就是校验字节。在传输数据时,附加传输校验字节。在接收端,将数据字节和校验字节进行按位加,如果结果为 0,就认为传输正确,否则认为传输错误。纵向冗余校验也称代码和校验。

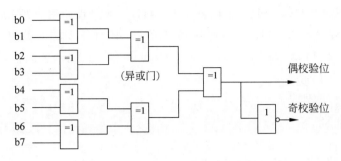

图 2-18　8 位二进制数奇偶校验位生成电路

图 2-19 所示是 LRC 码产生的原理说明。在实际传输中，XOR 运算都是通过硬件或软件自动完成的。如果检测的最终结果为 0，则认为传输正确，否则认为传输错误。这种校验方式的优点是简单，容易实现；缺点是校验能力有限，如果出现多个位错误则难以识别。

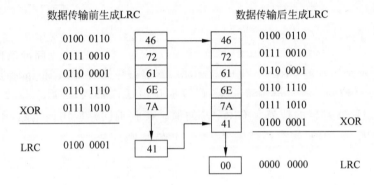

图 2-19　LRC 校验示例说明

3. 循环冗余码校验

循环冗余码校验(Cyclic Redundancy Check，CRC)原来用于磁盘驱动器中，即使数据量很大也能得出有足够可靠性的校验和数。这种方法也特别适用于传输数据经有线(电话)或无线接口(无线电技术、RFID)时识别错误。CRC 法能够识别传输错误，但不能校正错误。

循环冗余码校验是由循环多项式生成的，以下介绍 CRC 生成的基本原理。

众所周知，一个二进制数据可用一个多项式表达。例如，8 位的二进制数据序列 10101111 可表示为

$$M(X) = A_7 X^7 + A_6 X^6 + A_5 X^5 + A_4 X^4 + A_3 X^3 + A_2 X^2 + A_1 X^1 + A_0 X^0$$

式中，A_6、A_4 均为 0，A_7、A_5、A_3、A_2、A_1、A_0 均为 1，因此

$$M(X) = X^7 + X^5 + X^3 + X^2 + X^1 + 1$$

假如 16 位的 CRC 生成多项式是

$$G(X) = X^{16} + X^{12} + X^5 + 1$$

其二进制序列为 10001000000100001(十六进制为 11021H)。

被校验二进制序列 $M(X)$ 除以 16 位校验多项式 $G(X)$，余数就是 16 位的 CRC 值。例

如,$M(X)=$4D6F746FH,其 CRC-16 的值是 B994H,计算过程如图 2-20 所示。在传输时将计算结果附加在数据尾部,接收端将收到的数据除以 11021H,如果余数为 0 表示正确,否则表示错误,如图 2-21 所示。

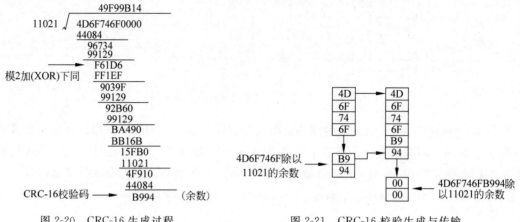

图 2-20　CRC-16 生成过程　　　　　图 2-21　CRC-16 校验生成与传输

图 2-22 所示是实际的 CRC-16 生成电路,由 16 位移位寄存器组成,按照生成多项式设计 XOR 门的进位控制。寄存器预置起始值,数据从最低位移入,最后 1 位数据(最高字节的最高位)移入后,寄存器的值就是 CRC-16 的值。在收端同样应用该电路,不同的是数据流中包含了 CRC-16 的值,寄存器结果为 0 表示传输正确。

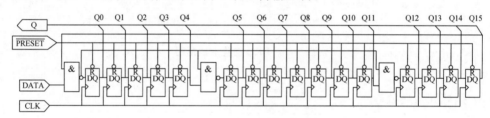

图 2-22　CRC-16 实际生成电路

16 位的 CRC 适用于校验 4KB 数据块的数据完整性,在 RFID 系统中传输的数据块明显比 4KB 短,因此除了 16 位的 CRC 外,还可以使用 12 位、8 位和 5 位的 CRC。以下生成多项式已成为国际标准:

$$\text{CRC-12:}\ g(x)=x^{12}+x^{11}+x^{3}+x^{2}+x+1$$
$$\text{CRC-16:}\ g(x)=x^{16}+x^{15}+x^{2}+1$$
$$\text{CRC-CCITT:}\ g(x)=x^{16}+x^{12}+x^{5}+1$$

CRC 的一大优点是识别错误的可靠性,即使在有多重错误时,也只需要少量的操作就可以识别。如果生成多项式选择得当,CRC 是一种很有效的差错校验方法。理论上可以证明循环冗余校验码的检错能力有以下特点。

(1) 可检测所有奇数个错误。

(2) 可检测所有双比特的错误。

(3) 可检测所有小于等于校验位长度的连续错误。

(4) 以相当大的概率检测大于校验位长度的连续错误。

2.3.2　多路存取法

在射频识别系统工作时,可能会有一个以上的应答器同时处在读写器的作用范围内,这样如果有两个或两个以上的应答器同时发送数据时就会出现通信冲突和数据相互干扰(碰撞)。同样,有时也有可能多个应答器处在多个读写器的工作范围内,它们之间的数据通信也会引起数据干扰,不过人们一般很少考虑后面的这种情况。为了防止这些冲突的产生,射频识别系统中需要设置一定的相关命令,解决冲突问题,这些命令被称为防冲突命令或算法。

射频识别系统中存在的不同通信形式一般有 3 种。第一种是"无线广播"式,即在一个读写器的阅读范围内存在多个应答器,读写器发出的数据流有时被多个应答器接收。这同数百个无线电广播接收机同时接收一个发送信息类似,而信息是由一个无线电广播发射机发射的。第二种是在读写器的作用范围内有多应答器同时传输数据给读写器,这种通信形式称为多路存取通信。第三种是多个读写器同时给多个应答器发送数据。

每个通信通路有规定的通路容量,这种通路容量是由这个通信通路的最大数据率以及供给它使用的时间片确定的。分配每个应答器的通路容量必须满足:当多个应答器同时把数据传输给一个单独的读写器时不能出现互相干扰(碰撞)。

对于电感耦合的 RFID 系统,只有读写器中的接收部分作为共同的通路,供读写器作用范围的所用应答器将数据传输给读写器使用。最大数据率是由应答器天线的有效带宽和读写器得出的。对于微波的 RFID 系统来说,最大的数据率较大。

在无线通信技术中,通信冲突的问题是长久以来存在的问题,但同时也研究出许多相应的解决方法。基本上有 4 种不同的方法:空分多路(Space Division Multiple Access,SDMA)法、频分多路(Frequency Division Multiple Access,FDMA)法、时分多路(Time Division Multiple Access,TDMA)法和码分多路(Code Division Multiple Access,CDMA)法。

1. SDMA 法

SDMA 法可以理解为在分离的空间范围内重新使用确定资源(通路容量)的技术。这种技术在 RFID 系统中有两种实现方法。一种方法是使单个读写器的作用距离明显减少,而把大量的读写器和天线覆盖面积并排地安置在一个阵列之中,因此读写器的通信容量在相邻的区域内可重新使用。当应答器经过这个阵列时与最近的读写器进行通信,而因为每个天线的覆盖面积小,所以相邻的读写器区域内有其他应答器仍然可以相互交换信息而不受到相邻的干扰,这样许多应答器在这个阵列中,由于空间分布可以同时读出而不会相互影响。第二种方法是在读写器上利用一个电子控制定向天线,该天线的方向图直接对准某个应答器(自适应的 SDMA),所以不同的应答器可以根据它在读写器作用范围内的角度位置来区分,可以用相控阵天线作为电子控制定向天线,这种天线由若干偶极子元件构成,用各个确定的独立的相位控制每个偶极子元件。天线的方向图就是由各个不同方向的偶极子的单个波叠加的,某个方向上,偶极子元件的单个场的叠加由于相位关系,得到了加强;在其他方向上,则全部或部分抵消而被削弱。为了改变指向,通过可调的移相器向各个偶极子供给相位可调的高频电压。为了启动某一个应答器,必须使定向天线扫描读写器周围的空间,直到此应答器被读写器的"搜索波束"检测到为止。

射频识别系统用的自适应 SDMA 由于天线的结构尺寸,只有当频率大于 850MHz(典型的是 2.45GHz)时才能使用,而且天线系统非常复杂,实施费用相当高,因此这种方法限制在一些特殊的应用上。

2. FDMA 法

FDMA 法是把若干使用不同载波频率的传输通路同时供给通信用户使用的技术。对于 RFID 系统,可以使用具有可自由调整、非发送频率谐振的应答器。对应答器的能量供应以及控制信号的传输则使用最佳的使用频率 f_a,应答器可以使用若干供选用的应答频率 $f_1 \sim f_n$。因此,对于应答器的传输来说可以使用完全不同的频率。

FDMA 的缺点是读写器的费用相当高,因为每个接收通路必须有自己单独的接收器,所以这种方法只能用于少数几种特殊的应用上。

3. TDMA 法

TDMA 法是把整个可供使用的通路容量按时间分配给多个用户的技术。它在数字移动无线电系统的范围内推广使用,对于 RFID 系统,TDMA 是被最广泛采用的多路方法。这种方法又分为应答器控制(应答器驱动法)和读写器控制(询问驱动法)。

应答器控制法的工作是非同步的,因为这里对读写器的数据传输没有控制。按照应答器成功地完成数据传输后是否通过阅读器的信号断开,又可区分为"开关断开"法和"非开关"法。应答器控制法很慢而且不灵活,因此大多数 RFID 系统采用由读写器作为主控制器的控制方法,这种方法可以同步进行观察,因为这里所有的应答器同时由读写器进行控制和检测。通过一种规定的算法,在读写器的作用范围内,首先选择较大的应答器组中的一个应答器,然后在选择的应答器和读写器之间进行通信(如鉴别、读出和写入数据)。为了选择另外一个应答器,应该解除原来的通信关系,因为在某一时间内只能建立唯一的通信关系,也就是单个应答器占用信道通信,可以快速地按时间顺序操作应答器,用读写器控制的方法也称为定时双工传输法。读写器控制的方法可以再划分为"轮询法"和"二进制搜索算法",所有这些方法都是以一个独特的序列号来识别应答器为基础的。

"轮询法"需要有所有可能用到的应答器序列号清单。所有的序列号依次被读写器询问直至某个有相同序列号的应答器响应时为止。然而,这个过程依赖于应答器的数目,可能会很慢。因此,只适用于作用区中仅有几个已知的应答器的场合。

最灵活的和最广泛推广使用的方法是"二进制搜索算法"。对这种方法来说,为了从一组应答器中选择其中之一,读写器发出一个请求命令将应答器序列号传输时的数据碰撞引导到读写器上,在二进制搜索算法的实现中起决定作用的是读写器所使用的合适的信号编码必须能够确定出碰撞的准确的比特位置。

4. CDMA 法

CDMA 法是数字技术的分支——扩频通信技术发展起来的一种崭新的无线通信技术。CDMA 技术的原理是基于扩频技术,而用户具有特征码,即 CDMA 包含扩频(Spread Spectrum,SS)与分码两个基本概念。扩频是信息带宽的扩展,即把需要传送的具有一定信号带宽的信息数据,用一个带宽远大于信号带宽的高速伪随机码进行调制,使原数据信号的带宽被扩展,再经载波调制并发送出去。接收端使用完全相同的伪随机码,对接收的带宽信号做相关处理,把宽带信号转换成原信息数据的窄带信号,即解扩,以实现信息通信。码分是实现用户信道和基站的标识问题。可以用不同移相的伪随机系列实现基站的码分选址,用一定的算法实现信道的选择,用周期足够长的 PN 序列实现用户的识别和多速率业务的识别。

CDMA 的缺点是频带利用率低、信道容量小、地址码选择较难、接收时地址码捕获时间较长。其通信频带及其技术复杂性等很难在 RFID 系统中推广应用。

在 RFID 系统中多路存取有以下特征。

(1) 读写器和应答器之间数据包总的传输时间由数据包的大小和波特率决定,传播延时可忽略不计。

(2) RFID 系统包括大量的应答器并且是动态的(有可能随时超出读写器范围),通过竞争激励的办法占用信道进行通信。

(3) 应答器在没有被阅读激活的情况下不能和读写器进行通信,对于 RFID 系统这种主从关系是唯一的,一旦应答器被识别,就可以和读写器之间进行点对点的模式通信。相对于稳定方式的多路存取系统,RFID 系统仲裁通信过程是短暂的。

防碰撞算法利用多路存取法,使射频识别系统中读写器与应答器之间数据完整地传输。

射频识别系统多路存取技术的实现对应答器和读写器提出了一些要求,必须可靠地防止由于应答器的数据在读写器的接收过程中互相碰撞,造成不能读出或相互干扰。在射频识别技术的发展过程中,防碰撞技术是信号识别与处理关键技术之一。当在读写器的天线区域中有多个应答器时,它们几乎同时发送信号,产生信道争用的问题,信号互相干扰,即发生了碰撞。防碰撞技术利用排队理论及抗噪声技术解决了这个问题。早期的识别系统一次只能识别一张卡,而 RFID 系统一次可以完成对多个射频卡的识别。防碰撞技术设计的优劣很大程度上决定了 RFID 系统性能的优劣。

2.3.3　防碰撞算法

目前,在 RFID 系统中常用的防碰撞算法包括 ALOHA 算法和二进制树搜索算法(binary tree scanning)。防碰撞算法可以使系统的吞吐率及信道的利用率更高,需要的时隙更少,数据的准确率更高,能够更好地解决 RFID 系统的碰撞问题,有助于推动 RFID 技术更广泛的应用。

1. ALOHA 算法

1) 纯 ALOHA 算法

所有的多路存取方法中,最简单的方法是纯 ALOHA 算法。只要有一个数据包提供使用,这个数据包就立即从应答器发送到读写器。因此,这种处理本身与应答器控制、随机的TDMA 法有关。

这种方法仅用于只读应答器中。这类应答器通常只有一些数据(序列号)传输给读写器,并且是在一个周期性的循环中将这些数据发送给读写器的。数据传输时间只是重复时间的一小部分,以致在传输之间产生相当长的间歇。此外,各个应答器的重复时间之间的差别是微不足道的。以存在着一定的概率,两个应答器可以在不同的时间段上设置它们的数据,使数据包不互相碰撞。在 ALOHA 系统中交换的数据包量 g 与在确定的时刻 t_0 同时发送的应答器数量(即 $0,1,2,3,\cdots$)相符。平均交换的数据包含量 G 与经过一段时间 T 的平均值相符。平均交换的数据包含量 G 可以表示为

$$G = \sum_i^n \frac{\tau_n}{T} r_n \tag{2-19}$$

式中,τ_n 为一个数据包的传输持续时间,$n=1,2,3,\cdots$ 应答器的数量;$r_n=0,1,2,\cdots$ 是在观察时间 T 内由应答器 n 发送的数据包量。

吞吐率是一种关于计算机或数据通信系统(如网桥、路由器、网关或广域网连接等)数据传输率的测度。吞吐率通常是对一个系统与它的部件处理传输数据能力的总体评价。在通信系统中,这个测度通常基于每秒能处理的数据位数或分组的数目,它依赖于网络的带宽和交换部件。

对于 RFID 系统,当吞吐率 S 等于 1,即是在传输期间无碰撞的传输数据包,等于 0 表示数据没有发送或由于碰撞不能准确地读出传输的数据。传输通道的平均吞吐率 S 为

$$S = Ge^{-2G} \tag{2-20}$$

如果将式(2-20)对 G 求导,可以得出在 $G=0.5$ 时,得到最大吞吐率为 18.4%。对较小的交换数据包量来说,传输通路的大部分时间没有被利用。扩大交换的数据包量时,应答器之间的碰撞立即明显增加,80% 以上的通路容量没有利用。

但是,ALOHA 法由于它实现起来比较简单,能够作为防碰撞的方法,很好地适用于只读应答器系统。

成功传输数据包的概率 q,可以由平均的交换的数据包量 G 和吞吐率 S 计算出来,即

$$q = \frac{S}{G} = e^{-2G} \tag{2-21}$$

2) 时隙 ALOHA 算法

使纯 ALOHA 算法对比较小的吞吐量最优化的途径就是时隙 ALOHA 算法,应答器只在规定的同步时隙(slot)内才传输数据包。在这种情况下,对所有应答器所必需的同步应由读写器控制。因此,这涉及一种随机、读写器控制的 TDMA 防碰撞法。

与纯 ALOHA 算法相比,可能出现碰撞的时间只有一半。假设数据包大小一样(因而传输时间 t 相同),并且两个应答器在时间间隔 $T \leqslant 2t$ 内要把数据包传输给读写器,那么在使用纯 ALOHA 算法时总会出现相互碰撞。由于在使用时隙 ALOHA 算法时数据包的传送总是在同步的时隙内才开始,因此发生碰撞的时间区间缩短到 $T=t$。因此,可得出对时隙 ALOHA 算法的吞吐率为

$$S = Ge^{-G} \tag{2-22}$$

交换的数据包量在 $G=1$ 时最大吞吐率 S 为 36.8%。因此,这一简单的改进,可使信道利用率增加一倍。

3) 动态时隙 ALOHA 算法

时隙 ALOHA 系统的吞吐率 S 在交换数据包量 G 大约为 1 时达到最大值。如果有许多应答器处于读写器的作用范围内,像存在的时隙那样,再加上另外到达的应答器,那么吞吐率很快接近于 0。在最不利的情况下,经过多次搜索也可能没有发现序列号,因为没有唯一的应答器能单独处于一个时隙之中发送成功。因此,需要准备足够大量的时隙,这种做法降低了防碰撞算法的性能。因为所有时隙段的持续时间与可能存在的应答器数有关,也许只有唯一的一个应答器处于读写器作用范围内。弥补的方法是创建动态的时隙 ALOHA 算法,这种方法使用可变数量的时隙。

一种是用请求命令传送可供应答器(瞬时的)使用的时隙数。读写器在等待状态中在循环时隙段内发送请求命令(使在读写器作用范围内的所有应答器同步,并促使应答器在下一个时隙里将它的序列号传输给读写器),然后有 1～2 个时隙给可能存在的应答器使用。如果有较多的应答器在两个时隙内发生了碰撞,就用下一个请求命令增加可供使用的时隙的数量(如 1,2,4,8,…),直到能够发现一个唯一的应答器为止。然而,也可以用有很大数量的时隙(如 16,32,48,…)经常地提供使用。为了提高性能,只要读写器认出了一个序列号就立即发送一个中断命令,"封锁"在中断命令后面的时隙中其他应答器地址的传输。

2. 二进制搜索算法

纯 ALOHA 算法和时隙 ALOHA 算法的信道最佳利用率为 18.4% 和 36.8%,随着标签数量的增加,其性能急剧恶化,因此人们提出了二进制搜索算法。二进制防碰撞算法基于轮询的办法,按照二进制树模型和一定的顺序对所有的可能进行遍历,因此它不是基于概率的算法,而是一种确定性的防碰撞算法,但该算法要将所有可能全部遍历,因此其应用起来比较慢。

实现二进制搜索算法的前提是:读写器在解码时能够判断出现错误的位(曼彻斯特编码可以检测出碰撞位);每个标签有一个唯一识别码 UID。

二进制搜索算法的基本思路是多个标签进入读写器工作场后,读写器发送带限制条件的询问命令,满足限制条件的标签回答,如果发生碰撞,则根据发生错误的位修改限制条件,再一次发送询问命令,直到找到一个正确的回答,并完成对该标签的读写操作。对剩余的标签重复以上操作,直到完成对所有标签的读写操作。

这是一种无记忆的算法,即标签不必存储以前的查询情况,这样可以降低成本。在这种算法中,读写器查询的不是一个比特,而是一个比特前缀,只有序列号与这个查询前缀相符的标签才响应读写器的命令而发送其序列号。当只有一个标签响应的时候,读写器可以成功识别标签,但是当有多个标签响应的时候,读写器就把下一次循环中的查询前缀增加一个比特 0,通过不断增加前缀,读写器就能识别所有的标签。

为了实现二进制搜索算法,就要选用曼彻斯特编码,因为这种编码可以检测出碰撞位。为了实现这个算法,引入以下 4 种命令。

(1) REQUEST:发送一序列号作为参数给区域内标签。标签把自己的序列号与接收的序列号相比较,若小于或者等于,则此标签回送其序列号给读写器。

(2) SELECT：用某个(事先确定的)序列号作为参数发送给标签。具有相同的序列号的标签将以此作为执行其他命令(读出和写入)的切入开关，即选择了标签。

(3) READDATA：选中的标签将存储的数据发送给读写器。

(4) UNSELECT：取消一个事先选中的标签，标签进入无声状态，这样标签对REQUEST 命令不作应答。

该算法如图 2-23 所示。假设有 4 个标签进入读写器识别范围，4 个标签的 UID 是 8 位二进制数，分别如下。

标签 1 的 UID：10110010B。

标签 2 的 UID：10100011B。

标签 3 的 UID：10110011B。

标签 4 的 UID：11100011B。

读写器→标签	询问命令 UID<11111111	第1次迭代	询问命令 UID<10110011	第2次迭代
读写器解码		1x1x001x		101x001x
标签1		10110010		10110010
标签2		10100011		10100011
标签3		10110011		10110011
标签4		11100011		

读写器→标签	询问命令 UID<10100011	第3次迭代	选择命令 UID=10100011	读写操作
读写器解码		10100011		
标签1				
标签2		10100011		10100011
标签3				
标签4				

图 2-23   二进制搜索算法示例

本例二进制搜索算法过程如下。

① 读写器第一次询问命令的限制条件是，标签的 UID≤11111111B，即只要标签的UID 满足此条件就可以回答读写器的询问，显然标签 1～标签 4 都符合条件，并将各自的UID 发送给读写器。读写器收到的信号是 1x1x001x(x 表示不符合编码规则而形成的不确定信号)，因此可以确定从高位数第 2、4、8 位有碰撞，需修改限制条件再次询问。限制条件的修改规则是：将接收到的解码数据中发生碰撞的最高位置 0，其他碰撞位置 1，其余位不变。

② 读写器第二次询问命令的限制条件是，标签的 UID≤10110011B，此时只有标签 1、标签 2 和标签 3 符合条件，并进行回答。读写器收到的信号是 101x001x，此时读写器发现第 4、8 位有碰撞错误，需要再次修改限制条件再次询问。

③ 读写器第三次询问命令的限制条件是，标签的 UID≤10100011B，此时只有标签 2 符

合限制条件,并进行回答。读写器收到的信号是 10100011,没有发现错误,最终选择标签 2 进行读写操作。

以此类推,对剩余标签重复步骤①～③过程,直到完成对标签 1、3、4 的读写操作。

在实际的 RFID 系统中标签的 UID 很长,有的定义 128 位,有的定义 96 位,即使是局部识别码 SUID 也长达 40 位。因此,利用二进制搜索算法的效率显然是不高的,甚至不能满足系统设计的要求。于是又派生出许多改进算法,如动态选择限制条件、标签 UID 的部分传输等。

2.3.4 RFID 中数据完整性的实施策略

在读写器与电子标签的无线通信中,存在多种干扰因素,最主要的干扰因素是信道噪声和信号冲突。采用恰当的信号编码、调制与校检方法,并采取信号防冲突控制技术,能显著提高数据传输的完整性和可靠性。

1. 信号的编码、调制与校检

RFID 系统基带编码的方式有多种,编码方式与系统所用的防碰撞算法有关。RFID 系统一般采用曼彻斯特编码,该编码半个位周期中的负边沿表示 1,正边沿表示 0。该编码若码元片内没有电平跳变,则被识别为错误码元。这样可以按位识别是否存在碰撞,易于实现读写器对多个标签的防碰撞处理。

信号传输前先进行降噪处理,去除信号中的低频分量和高频分量,以减少误码率。然后进行载波调制,载波调制主要有 ASK、FSK、PSK 等几种制式,分别对应于正弦波的幅度、频率、相位来传递数字基带信号。在 RFID 系统中,为简化设计、降低成本,大多数系统采用 ASK 的调制技术。

为减少信号传输过程中的波形失真,还应使用校验码对可能或已经出现的差错进行控制,鉴别是否发生错误,进而纠正错误,甚至重新传输全部或部分消息。常用的校验方法有奇偶校验方法和 CRC 校验方法等。

2. 信号防冲突

为使读写器能顺利完成其作用范围内的标签识别、信息读写等操作,防止碰撞,RFID 主要采用 TDMA 时分多路接入法,每个标签在单独的某个时隙内占用信道与读写器进行通信。然而,在多读写器、多电子标签的系统中,信号之间的冲突与干扰在所难免,这会导致信息叠混,严重影响 RFID 的使用性能。信号之间的冲突分为标签冲突和读写器冲突两类,解决冲突的关键在于使用防碰撞算法。

1)标签冲突

当多个电子标签处于同一个读写器的作用范围时,在没有采取多址访问控制机制的情况下,信息的传输过程将产生干扰,将导致信息读取失败。

(1)随机性解决方案。

对于标签冲突,一般采用 ALOHA 搜索算法。例如,目前高频频段的电子标签都使用 ALOHA 法处理。ALOHA 法在一个周期性的循环中将数据不断地发送给读写器,数据的传输时间只占重复时间的很小部分,传输间歇长,标签重复时间少,各标签可在不同的时段上传输数据,数据包传送时不易发生碰撞。改进型的 ALOHA 算法还可以对标签的数量进行动态估计,并根据一定的优化准则,自适应选取延迟的时间及帧长,显著地提高了识别速度。由于同类型的电子标签工作在同一频率,共享同一通信信道,ALOHA 算法中标签利用随机时间响应读写器的命令,其延迟时间和检测时间是随机分布的,是一种不确定的随机算法。

(2) 确定性解决方案。

除随机性方案外,还有一种确定性解决方案,主要用于超高频频段。确定性解决方案的基本思想是,读写器将冲突区域的标签不断划分为更小的子集,根据标签 ID 的唯一性来选择标签进行通信。在确定性解决方案中,最典型的是树形搜索算法,这种算法由读写器发出请求命令,N 个标签同时响应造成冲突后,检测冲突位置,逐个通知不符合要求的标签退出冲突,最后一个标签予以响应。余下的 $N-1$ 个标签重复上述步骤,经过 $N-1$ 次循环后,所有标签访问完毕。确定性解决方案的缺点是标签识别速度较低。

2) 读写器冲突

在实际应用中,有时需要近距离布局多个 RFID 读写器,一个标签同时接收到多个读写器的命令,从而导致读写器间相互干扰。

读写器冲突有两种,一种是由多个读写器同时在相同频段上运行而引起的频率干扰;另一种是由多个相邻的读写器试图同时与一个标签进行通信而引起的标签干扰。解决干扰最简单的做法是,对相邻的读写器分配在不同的频率或时隙,而对物理上足够分离的读写器分配在同一频率或时隙。目前已提出的 Colorwave 算法提供了一个实时、分布式的 MAC 协议,该协议可以为读写器分配频率与时隙,从而减少了读写器间的干扰。

在 ETSI 标准中,读写器在同标签通信前,每隔 100ms 探测一次数据信道的状态,采用载波监听的方式来解决读写器的冲突。在 EPC 标准中,在频率谱上将读写器传输和标签传输分离开,这样读写器仅与读写器发生冲突,标签仅与标签发生冲突,简化了问题。

2.4 RFID 数据安全性

随着大规模集成电路技术的进步以及生产规模的不断扩大,射频识别产品的成本将不断降低,RFID 应用也将越来越广泛。由于在最初的 RFID 应用设计和开发过程中没有考虑安全问题,导致安全问题日益严峻,并日益成为制约 RFID 应用的重要因素。

在与安全有关的应用中,如出入系统、支付手段、发售机票和车票等领域,越来越多的应用射频识别系统。然而在这些应用领域中,必须采取安全措施以防止黑客的蓄意攻击,即有些人试图欺骗射频识别系统,以获取对建筑物出入系统进行非授权访问,不需支付就能获取有利于攻击者的服务(机票、车票)。

现代的认证协议,同样涉及秘密(也就是对密钥)的知识检测,可以用合适的算法防止密码被破解。高度安全的射频识别系统对于如下攻击能够予以防范:为了复制和改变数据,未经授权的读取数据载体;将外来数据载体植入某个读写器的询问范围以内,企图得到非授权出入建筑物或免费的服务;为了假冒真正的数据载体,窃听无线电通信,并进行数据重放。

在选择射频识别系统时,应该根据实际情况考虑是否选择具有密码功能的系统。在一些对安全功能没有要求的应用中,如工业自动控制、工具识别、动物识别等应用领域,如果引用密码过程,会使费用增加。与此相反,在高安全性的应用中(如车票、支付系统),如果省略密码功能,可能会由于攻击者使用假冒标签获取未被授权的服务,从而造成非常严重的损失。

2.4.1　安全攻击与安全风险

RFID 技术在国外发展非常迅速,RFID 产品种类繁多。RFID 技术以其独特的优势,被广泛应用于工业自动化系统、商业自动化系统、交通运输控制管理系统、汽车和火车等交通监控系统、高速公路自动收费系统、停车场管理系统、物品管理系统、流水线生产自动化系统、安全出入检查系统、仓储管理系统、动物管理系统、车辆防盗系统等。尽管我国在 RFID 技术和应用方面起步较晚,但也已经在铁路运输、公共交通、校园、社会保障、居民身份证等方面得到应用。

另外,在未来信息化战争中,战场物资消耗剧增,军事物流保障的任务更加繁重,责任更加重大,军事物流活动的结果直接影响着战争的胜负。信息化的战场环境要求军事物流必须在准确的时间与地点向作战部队提供数量适当的军用物资。目前,RFID 技术已经逐渐成为提高军事物流管理水平,增强部队战斗力不可缺少的技术工具和手段。应用 RFID 技术,实现军事物流信息准确、可靠、快速、高效的传输、采集、处理和交换,对物资保障的全过程实施实时追踪和指挥控制,建立精确型战场物资保障系统,是实现军事物资保障决策科学化和快速化、提高战场物资保障效率和效益的有效手段。

没有可靠的信息安全机制,就无法有效地保护射频标签中的信息。如果标签中的信息被窃取,甚至被恶意篡改,将可能给物流保障带来无法估量的损失。另外,不具有可靠的信息安全机制的射频标签,还存在向邻近的读写器泄露敏感信息、易被干扰和跟踪等安全隐患。如果 RFID 的安全性不能得到充分保证,RFID 系统中的个人信息、商业机密和军事秘密,都可能被不法分子盗窃和利用,这势必会严重影响到经济安全、军事安全和国家安全。目前,RFID 的安全性已经成为制约 RFID 广泛应用的重要因素。

1. 安全攻击

针对 RFID 主要的安全攻击可以简单地分为主动攻击和被动攻击两种类型。主动攻击包括从获得的射频标签实体,通过物理手段在实验室环境中去除芯片封装,使用微探针获取敏感信号,从而进行射频标签重构的复杂攻击;通过软件,利用微处理器的通用接口,通过扫描射频标签和响应读写器的探询,寻求安全协议和加密算法存在的漏洞,进而删除射频标签内容或篡改可重写射频标签内容;通过干扰广播、阻塞信道或其他手段,构建异常的应用环境,使合法处理器发生故障,进行拒绝服务攻击等。被动攻击主要包括通过采用窃听技术,分析微处理器正常工作过程中产生的各种电磁特征,来获得射频标签和读写器之间或其他 RFID 通信设备之间的通信数据;通过读写器等窃听设备,跟踪商品流通动态等。

主动攻击和被动攻击都会使 RFID 应用系统面临巨大的安全风险。主动攻击通过软件篡改标签内容,以及通过删除标签内容及干扰广播、阻塞信息等方法扰乱合法处理器的正常工作,影响 RFID 系统的正常使用。尽管被动攻击不改变射频标签的内容,也不影响 RFID 系统的正常工作,但它是获取 RFID 信息、个人隐私和物品流通信息的重要手段,也是 RFID 系统应用的重要安全隐患。应对主动攻击的重要技术是认证技术,应对被动攻击的主要技术手段是加密。

2. 安全风险

RFID 当初的应用设计是完全开放的,这是出现安全隐患的根本原因。另外,对标签加密和解密需要耗用过多的处理能力,会给轻便、廉价、成本可控的射频标签增加额外的开支,使一些优秀的安全工具未能嵌入射频标签的应用中,这也是射频标签出现安全隐患的重要原因。安全隐患会出现在射频标签、网络、数据等各个环节。

(1) RFID 系统中最主要的安全风险是保密性。感应耦合式无源 RFID 系统的工作过程通常是,读写器天线在其作用区域内发射能量形成电磁场,在这个区域的射频标签被读写器发出的能量激活,并将存储的数据发送给读写器,读写器接收射频标签发送的信号解码后获得数据。有源 RFID 系统的工作过程通常是,射频标签主动地向附近的任何读写器不断地发送信息,读写器接收射频标签发送的信号,解码后获得数据。显然没有安全机制的射频标签会向邻近的读写器泄露标签内容和一些重要信息。由于缺乏支持点对点加密和 PKI 密钥交换的功能,在 RFID 系统应用过程中,恶意攻击者能够发现、篡改射频标签上的数据。例如,一些情报人员可以通过隐藏在附近的读写器周期性地统计货架上的存货推算销售数据等。目前,有些黑客已经开发出了如何读取、篡改甚至删除射频标签上的信息的程序。利用该程序只需把一个廉价的插入式读写器连接到运行的 Windows 或 Linux 操作系统的手持设备、笔记本计算机或台式计算机上,就有可能破坏射频标签上的信息、更改贴有射频标签的商品的价格以及调换数据等。

(2) 另一个安全风险是位置保密或跟踪。与个人携带物品的商标可能泄露个人身份一样,个人携带物品的标签也可能会泄露个人身份,通过读写器就能跟踪携带不安全射频标签的个人。一些情报人员也可以通过跟踪不安全的射频标签获得有用的物流信息。

(3) 拒绝服务和伪造标签是常见的安全风险。在物流系统中,RFID 系统的一个优点是自动结算,如果攻击者能够通过某种方式隐藏射频标签,使读写器无法发现该射频标签,就能将物品私自转移。另外,不法分子可以利用伪造标签代替实际物品,来欺骗货架,使工作人员误认为物品还在货架上。不法分子也能通过重写合法射频标签内容,用低价物品标签的内容替换高价物品标签的内容,用低价结算的方法获取非法利益。

(4) 增加供应链的透明度是 RFID 的主要优势之一,但这给数据安全带来了新的隐患。确保数据安全,不仅指自己的数据安全,还指交易伙伴相关数据安全。在互联网上与射频读写器相连的是互联网的基础设施,没有安全机制的 RFID 应用系统会遇到与互联网同样的安全隐患问题,竞争对手或入侵者可以从网络上窃取相关信息。另外,在货物配送中心、仓库和商店中的无线局域网络中,同样存在安全隐患,不安全的无线网络为窃听数据提供了机会。

2.4.2　RFID 系统的安全需求

作为条形码的无线版本,RFID 技术具有条形码所不具备的防水、防磁、耐高温、读取距离远、标签上数据可以加密、存储数据容量更大和存储信息更改自如等优点,但同时也具有标签资源有限和标签信息易被未授权读写器访问等缺点,这些缺点对安全方案的设计提出了一系列挑战。一种比较完善的 RFID 系统解决方案应该具备机密性、完整性、可用性、真实性、隐私性等基本特征。

1. 机密性

一个 RFID 标签不应当向未被授权的读写器泄露任何敏感信息。在许多应用中,RFID 标签中所包含的信息关系到消费者的隐私,这些数据一旦被攻击者获取,消费者的隐私权将无法得到保障,因而一个完备的 RFID 安全方案必须能够保证射频标签中所包含的信息只能被授权的射频标签读写器所访问。事实上,目前情况下射频标签和读写器之间的通信大多数是不受保护的(除了采用 ISO 14443 标准的高端系统),因而未采用安全机制的射频标签会向邻近的读写器泄露标签内容和一些敏感信息。由于缺乏支持点对点加密和 PKI 密钥交换的功能,在 RFID 系统应用过程中,攻击者能够获取并利用射频标签上的内容。同时由于读写器到射频标签的前向信道具有较大的覆盖范围,因而它比从射频标签到读写器的后向信道更加不安全。攻击者可以通过采用窃听技术,分析微处理器正常工作时产生的电磁特征,来获得射频标签和读写器之间或其他 RFID 通信设备之间的通信数据。

2. 完整性

在通信过程中,数据完整性能够保证接收者收到的信息在传输过程中没有被攻击者篡改或替换。在基于公钥的密码体制中,数据完整性一般是通过数字签名完成的,但资源有限的 RFID 系统难以支撑这种代价昂贵的密码算法。在 RFID 系统中,通常使用消息认证码进行数据完整性的检验,它使用的是一种带有共享密钥的散列算法,即将共享密钥和待检验的消息连接在一起进行散列运算,对数据的任何细微改动都会对消息认证码的值产生较大影响。事实上,除了采用 ISO 14443 标准的高端系统(该系统使用了消息认证码)外,在读写器和射频标签的通信过程中,传输信息的完整性无法得到保障。如果不采用访问控制机制,可写的射频读写标签有可能被攻击者所控制,攻击者通过软件,利用微处理器的接口,通过扫描射频读写标签和响应读写器的探询,寻求安全协议、加密算法及其实现机制上的漏洞,进而删除 RFID 射频标签内容或篡改可重写射频标签内容。在通信接口处使用校验和的方法也仅仅能够监测随机错误的发生。

3. 可用性

RFID 系统的安全解决方案所提供的各种服务能够被授权的用户使用,并能有效防止非法攻击者企图中断 RFID 服务的恶意攻击。一个合理的安全方案应该具有节能的特点,各种安全协议和算法的设计不应当太复杂,并尽可能避开公钥运算,计算开销、存储容量和通信能力也应当充分考虑 RFID 系统资源有限的特点,从而使得能量消耗最小化。同时安全性设计方案不应当限制 RFID 系统的可用性,并能够有效防止攻击者对射频标签资源的恶意消耗。事实上,由于无线通信本身固有的脆弱性,大多数 RFID 系统极易受到攻击者的破坏。攻击者可以通过频率干扰的手段,产生异常的应用环境,使合法处理器产生故障进而在上层服务实现拒绝攻击,也可以使用阻塞信道的方法来中断读写器与所有或特定标签的通信。

4. 真实性

射频标签的身份认证在 RFID 系统的许多应用中是非常重要的。攻击者可以从获取的射频标签实体,通过武力手段在实验室环境下去除封装,使用微探针获取敏感信息,进而重构目标射频标签,达到射频标签伪造的目标。攻击者可以利用伪造射频标签代替实际物品或通过重写合法的 RFID 射频标签内容,使用低价物品标签的内容代替高价物品射频标签的内容从而获取非法利益。同时,供给者也可以通过某种方式隐藏标签,使读写器无法发现该标签,从而成功实施物品转移。读写器只有通过身份认证才能确信消息是从正确的射频标签处发送的。在传统的有线网络中,通常使用数字签名或数字证书进行身份验证,但这种公钥算法不适用于通信能力、计算速度和存储空间相当有限的射频标签。

5. 隐私性

一个安全的 RFID 应用系统应当能够保护使用者的隐私信息和相关的经济实体的商业利益。事实上,目前的 RFID 系统面临着位置保密和实时跟踪的安全风险。与个人携带物品的商标可能泄露个人身份一样,个人携带物品的射频标签也可能会泄露个人身份,通过读写器能够跟踪携带不安全标签的个人,并将这些信息进行综合和分析,就可以获得使用者个人喜好和行踪等隐私信息。同时情报人员也可能通过跟踪不安全的标签来获得有用的商业机密。

2.4.3　密码学基础

1. 密码学的基本概念

图 2-24 所示为一个加密模型。欲加密的信息 m 称为明文,明文经某种加密算法 E 的作用后转换成密文 c,加密算法中的参数称为加密密钥 K。密文经解密算法 D 的变换后恢复为明文,解密算法也有一个密钥 K',它和加密密钥可以相同也可以不同。

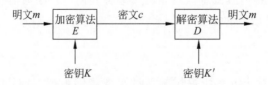

图 2-24　加密模型

由图 2-24 所示的模型,可以得到加密和解密变换的关系式为

$$c = E_K(m) \tag{2-23}$$

$$m = D_{K'}(c) = D_{K'}(E_K(m)) \tag{2-24}$$

密码学包含密码编码学和密码分析学。密码编码学研究密码体制的设计,破译密码的技术称为密码分析。密码学的一条基本原则是必须假定破译者知道通用的加密方法,也就是说,加密算法 E 是公开的,因此真正的秘密就在于密钥。

密码的使用应注意以下问题。

① 密钥的长度很重要,密钥越长,密钥空间就越大,遍历密钥空间所花的时间就越长,破译的可能性就越小,但密钥越长加密算法的复杂度、所需存储容量和运算时间都会增加,需要更多的资源。

② 密钥应易于更换。

③ 密钥通常由一个密钥源提供,当需要向远地传送密钥时,一定要通过另一个安全信道。

密码分析所面对的主要情况如下。

① 仅有密文而无明文的破译,称为"只有密文"问题。

② 拥有了一批相匹配的明文和密文,称为"已知明文"问题。

③ 能够加密自己所选的一些明文时,称为"选择明文"问题。

对于一个密码体制,如果破译者即使能够加密任意数量的明文,也无法破译密文,则这一密码体制称为无条件安全的,或称为理论上是不可破的。在无任何限制的条件下,目前几乎所有实用的密码体制均是可破的。如果一个密码体制中的密码不能被可以使用的计算机资源破译,则这一密码体制称为在计算上是安全的。

密码学的思想和方法起源甚早。在近代密码学的发展史上,美国的数据加密标准和公开密钥密码体制的出现,是两项具有重要意义的事件。

2. 对称密码体制

1) 概述

对称密码体制是一种常规密钥密码体制,也称单钥密码体制或私钥密码体制。在对称密码体制中,加密密钥和解密密钥相同。

从得到的密文序列的结构来划分,有序列密码和分组密码两种不同的密码体制。序列密码是将明文 m 看成连续的比特流(或字符流) $m_1 m_2 \cdots$,并且用密钥序列 $K = K_1 K_2 \cdots$ 中的第 i 个元素 K_i 对明文中的 m_i 进行加密,因此也称流密码。分组密码是将明文划分为固定的 n 比特的数据组,然后以组为单位,在密钥的控制下进行一系列的线性或非线性的变化而得到密文。分组密码的一个重要优点是不须要同步。对称密码体制算法的优点是计算开销小、速度快,是目前用于信息加密的主要算法。

2) 分组密码

分组密码中具有代表性的是数据加密标准(Data Encryption Standard,DES)和高级加密标准(Advanced Encryption Standard,AES)。

(1) DES。DES 由 IBM 公司于 1975 年研究成功并发表,1977 年被美国定为联邦信息标准。DES 的分组长度为 64 位,密钥长度为 56 位,将 64 位的明文经加密算法变换为 64 位

的密文。DES 算法的流程图如图 2-25 所示。

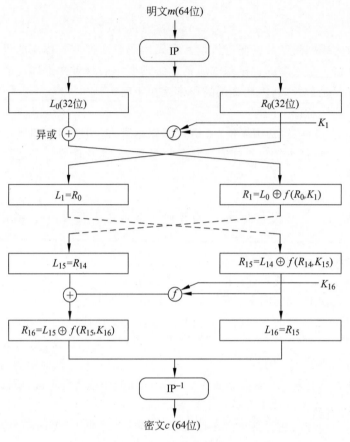

图 2-25　DES 加密算法

64 位的明文 m 经初始置换 IP 后的 64 位输出分别记为左半边 32 位 L_0 和右半边 32 位 R_0，然后经过 16 次迭代。如果用 m_i 表示第 i 次的迭代结果，同时令 L_i 和 R_i 分别代表 m 的左半边和右半边，则从图 2-25 可知

$$L_i = R_{i-1} \tag{2-25}$$
$$R_i = L_{i-1} \oplus f(R_{i-1}, K_i) \tag{2-26}$$

式中，i 等于 $1,2,3,\cdots,16$；K_i 为 48 位的子密钥，由原来的 64 位密钥（其中第 8、16、24、32、40、48、56、64 位是奇偶检验位，所以密钥实质上只有 56 位）经若干次变换后得到。

每次迭代都要进行函数 f 的变换、模 2 加运算和左右半边交换。在最后一次迭代之后，左右半边没有交换。这是为了使算法既能加密又能解密。最后一次的变换是 IP 的逆变换 IP^{-1}，其输出为密文 c。

f 函数的变换过程如图 2-26 所示。E 是扩展换位，它的作用是将 32 位输入转换为 48 位输出。E 输出经过与 48 位密钥 K_i 异或后分成 8 组，每组 6 位，分别通过 8 个 S 盒（$S_1 \sim S_8$）后又缩为 32 位。S 盒的输入为 6 位，输出为 4 位。P 是单纯换位，其输入和输出都是 32 位。

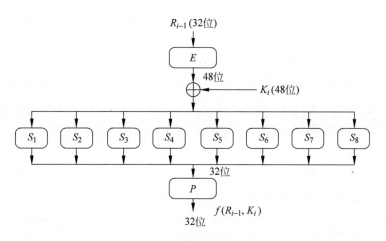

图 2-26　函数的变换过程

（2）AES。AES 是新的加密标准，是分组加密算法，分组长度为 128 位，密钥长度有 128 位、192 位和 256 位 3 种，分别称为 AES-128、AES-192 和 AES-256。

DES 是 20 世纪 70 年代中期公布的加密标准，随着时间的推移，DES 会更加不安全。

AES 和 DES 的不同之处如下。

① DES 密钥长度为 64 位（有效位为 56 位），加密数据分组为 64 位，循环轮数为 16 轮；AES 加密数据分组为 128 位，密钥长度为 128 位、192 位和 256 位 3 种，对应循环轮数为 10、12 和 14。

② DES 中有 4 种弱密钥和 12 种半弱密钥，AES 选择密钥是不受限制的。

③ DES 中没有给出 S 盒是如何设计的，而 AES 的 S 盒是公开的。因此，AES 在电子商务等众多方面将会获得更广泛的应用。

3）序列密码

序列密码也称流密码，由于其计算复杂度低，硬件实现容易，因此在 RFID 系统中获得了广泛应用。

3. 非对称密码体制

非对称密码体制也称公钥密码体制、双钥密码体制。它的产生主要有两个方面的原因，一个是由于对称密码体制的密钥分配问题；另一个是对数字签名的需求。1976 年，Diffie 和 Hellman 提出了一种全新的加密思想，即公开密钥算法，它从根本上改变了人们研究密码系统的方式。公钥密码体制在智能卡中获得了较好应用，而在 RFID 中的应用仍是一个待研究开发的课题。

1）公开密钥与私人密钥

在 Diffie 和 Hellman 提出的方法中，加密密钥和解密密钥是不同的，并且从加密密钥不能得到解密密钥。加密算法 E 和解密算法 D 必须满足以下 3 个条件。

① $D(E(m))=m$，m 为明文。

② 从 E 导出 D 非常困难。

③ 使用"选择明文"攻击不能破译,即破译者即使能加密任意数量的选择明文,也无法破译密文。

在这种算法中,每个用户都使用两个密钥:其中加密密钥是公开的,用于其他人向他发送加密报文(用公开的加密密钥和加密算法);解密密钥用于自己对收到的密文进行解密,这是保密的。通常称公开密钥算法中的加密密钥为公开密钥,解密密钥为私人密钥,以区别传统密码学中的秘密密钥。

2) RSA 算法

目前,公开密钥密码体制中最著名的算法称为 RSA 算法。RSA 算法是基于数论的原理,即对一个大数的素数分解很困难。下面对其算法的使用进行简要介绍。

(1) 密钥获取。

密钥获取的步骤如下。

① 选择两个大素数 p 和 q,它们的值一般应大于 10^{100}。

② 计算 $n = p \times q$ 和欧拉函数 $\phi(n) = (p-1)(q-1)$。

③ 选择一个和 $\phi(n)$ 互质的数,令其为 d,且 $1 \leqslant d \leqslant \phi(n)$。

④ 选择一个 e,使其能满足 $e \times d \equiv 1 (\mathrm{mod} \phi(n))$,"$\equiv$"是同余号,则公开密钥由 (e, n) 组成,私人密钥由 (d, n) 组成。

(2) 加密方法。

① 首先将明文看成一个比特串,将其划分成一个一个的数据块 M,且满足 $0 \leqslant M < n$。为此,可求出满足 $2^K < n$ 的最大 K 值,保证每个数据块长度不超过 K 即可。

② 对数据块 M 进行加密,计算 $C \equiv M^e (\mathrm{mod}\ n)$,$C$ 就是 M 的密文。

③ 对 C 进行解密时的计算为 $M \equiv C^d (\mathrm{mod}\ n)$。

(3) 算法示例。

简单地取 $p = 3, q = 11$,密钥生成算法如下。

① $n = p \times q = 3 \times 11 = 33$,$\phi(n) = (p-1)(q-1) = 2 \times 10 = 20$。

② 由于 7 和 20 没有公因子,所以可取 $d = 7$。

③ 解方程 $7e \equiv 1 (\mathrm{mod}\ 20)$,得到 $e = 3$。

④ 公开密钥为 $(3, 33)$,私人密钥为 $(7, 33)$。

假设要加密的明文 $M = 4$,则由 $C \equiv M^e (\mathrm{mod}\ n) = 4^3 (\mathrm{mod}\ 33)$,可得 $C = 31$,接收方解密时由 $M \equiv C^d (\mathrm{mod}\ n) = 31^7 (\mathrm{mod}\ 33)$,可得 $M = 4$,即可恢复出原文。

(4) RSA 算法的特点。

RSA 算法方便,若选 p 和 q 为大于 100 位的十进制数,则 n 为大于 200 位的十进制数或大于 664 位的二进制数(83 字节),这样可一次对 83 个字符加密。RSA 算法安全性取决于密钥长度,对于当前的计算机水平,一般认为选择 1024 位长的密钥,即可认为是无法攻破的。RSA 算法由于所选的两个素数很大,因此运算速度慢。通常,RSA 算法用于计算机网络中的认证、数字签名和对一次性的秘密密钥的加密。

在智能卡上实现 RSA 算法,仅凭 8 位 CPU 是远远不够的,因此有些智能卡芯片增加了加密协处理器,专门处理大整数的基本运算。

2.4.4   RFID中的认证技术

射频识别认证技术要解决阅读器与应答器之间的互相认证问题,即应答器应确认阅读器的身份,防止存储数据未被认可地读出或重写;阅读器也应确认应答器的身份,以防止假冒和读入伪造数据。

1. 相互对称认证

阅读器和应答器之间的互相认证采用国际标准 ISO 9798-2 的"三次认证",这是基于共享秘密密钥的用户认证协议的方法。认证的过程如图 2-27 所示。认证步骤如下。

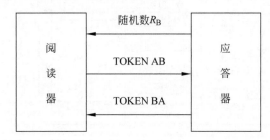

图 2-27   阅读器与应答器之间的三次认证过程

(1) 阅读器发送查询口令的命令给应答器,应答器作为应答响应传送所产生的一个随机数 R_B 给阅读器。

(2) 阅读器产生一个随机数 R_A,使用共享的密钥 K 和共同的加密算法 E_K,算出加密数据块 TOKEN AB,并将 TOKEN AB 传送给应答器。

$$TOKEN\ AB = E_K(R_A, R_B) \tag{2-27}$$

(3) 应答器接收到 TOKEN AB 后进行解密,将取得的随机数 R_B' 与原先发送的随机数 R_B 进行比较,若一致则阅读器获得了应答器的确认。

(4) 应答器发送另一个加密数据块 TOKEN BA 给阅读器,TOKEN BA 为

$$TOKEN\ BA = E_K(R_{B1}, R_A) \tag{2-28}$$

式中,R_A 为从阅读器传来的随机数;R_{B1} 为随机数。

(5) 阅读器接收到 TOKEN BA 并对其解密,若收到的随机数 R_A' 与原先发送的随机数 R_A 相同,则完成了阅读器对应答器的认证。

从上面三次认证过程可以看出相互对称的认证法具有的优点:密钥从不经过空间传播,而只传输加密的随机数;通过严格使用来自标签和读写器的随机数,能够有效地防止多重攻击;从产生随机数可以算出随机的密钥(会话密钥),以便加密保护后续传输的数据。

2. 利用导出密钥的相互对称认证

相互对称的认证方法有一个缺点,即所有属于同一应用的标签都是用相同的密钥 K 保护的。这种情况对于具有大量标签(如在公共短途交通网的票务系统中使用着数百万个标签)的应用来说,是一种潜在的危险,由于这些标签以不可控的数量分布在众多使用者的手

中,而且廉价并容易得到,因而必须考虑标签的密钥被破解的可能。如果发生了这种情况,则整个过程将被完全公开,且控制改变密钥的代价会非常大,实现起来也会很困难。为此,须要对相互对称认证过程进行改变,主要方法是,每个射频标签使用不同的密钥来保护,并在标签生产过程中读取其序列号,使用加密算法和主控密钥 KM 计算(导出)密钥 KX,从而完成了标签的初始化过程。这样,每个射频标签都拥有了一个与自己识别号和主控密钥 KM 相关的专用密钥 KX。在读写器端获取标签 ID 后也同样可以计算出专用密钥 KX。

图 2-28 给出了利用导出密钥的相互认证过程。它比相互对称认证多出以下过程。

① 读写器发出查询标签 ID 号的命令。

② 标签将自己的 ID 号传向读写器。

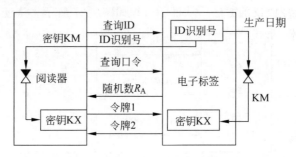

图 2-28   利用导出密钥的认证过程

2.4.5   RFID 技术应用中的安全问题与安全策略

同其他智能卡相比,电子标签具有以下优点:它没有裸露的芯片触点,避免了因芯片接触造成的物理磨损,操作方便、快捷。读写器在一定距离范围内可以从任意方向实现标签的操作,并且可以同时识别多个射频标签。其优势是交易速率快,但安全性能不够,所以在银行等对安全性要求较高场合的应用受到了限制。

对不同的射频识别应用系统所提出的安全级别要求不同。在物流、工业或封闭式应用项目中,一个典型范例仍是智能物流的仓库货架管理。非法者对此类系统的入侵虽然可能使工作流程陷入混乱,但对于入侵者本人来讲并不会产生什么个人利益。因此,可以选用廉价的无安全机制的低档产品,如简单的只读性电子标签。在与金钱或资产相关的公共应用项目中的例子是公共交通领域采用的票务系统。这样的系统,对任何人来说它都是开放的。因此潜在的入侵者的范围是无法界定的。如果成功地非法入侵到系统中,对于被侵入的公交公司可能会造成巨大的财政损失。对于这样的应用项目,带有身份认证和加密体制的高档电子标签是必不可少的。

RFID 系统的安全问题,由 3 个不同层次的安全保障环节组成,一是电子标签制造的安全技术;二是芯片的物理安全技术,如防非法读写、防软件跟踪等;三是卡的通信安全技术,如加密算法等。这 3 个方面共同形成电子标签的安全体系,保证电子标签从生产到使用的安全。在实际使用中,三者之间却没有那么明显的界限,如带 DES、RSA 协处理器的电子标签利用软硬件实现系统的安全保障体系。

为了对电子标签的制造安全问题进行分析,可将电子标签生命周期分成 4 个阶段:制造、个人化、应用、销毁。为了电子标签的安全,对电子标签中控制芯片的读出写入功能的权限逐步进行限制。例如,在制造阶段结束和个人化完成以后,分别熔断一个熔丝,逐步加强对电子标签的限制。熔丝熔断后是不能再接通的,因此在电子标签的生命周期中,各个阶段是不能逆转的。这样可以减少在电子标签制造过程中因生产制作人员因素可能引起的不安全因素。

由于电子标签没有裸露的电气接口,同识别设备的数据交换是以无线方式进行,具有极大的灵活性和通用性。在给用户带来极大方便的同时,由于电子标签的无线接口向在可识别距离范围内的任何用户开放,并且在电子标签持有者毫无觉察的情况下可能被其他识别设备进行访问,所以给非法侵入造成可乘之机。因此,电子标签应具有先进的数据通信加密和双向验证密码系统功能,以保障网络中数据传输的安全性。通常情况下,需要使用加密及数字签名等密码技术,尤其是在开放系统中对具有重要价值的信息或私密信息进行通信时,则必须加密。

目前,在电子标签中应用较多的加密技术是对称密码体制和非对称密码体制。

由于在某些安全性要求较高涉及资金和个人信息的应用系统中,需要采用带 CPU 的射频识别电子标签。电子标签内的 CPU 在操作时不仅对读写设备的身份和各种授权的操作密码进行识别和核对,而且还对要经无线传输的数据进行加密和信道编码,从而保证了整个操作过程具有很高的安全性和可靠性。并且,电子标签中的 CPU 可对一定时间内的错误操作次数进行记录和操作屏蔽,使非法破译者无法在短时间内对电子标签进行多次操作。此外,由于电子标签不能与单片机、微机接口等智能处理电路进行直接的硬件连接,那么入侵者如果不全部了解射频识别卡的工作频率、通信速率、调制方式、加密规则、信道编码方法和通信协议等,就无法启动对电子标签的操作。这样就使得电子标签具有了比带触点的 IC 卡更高的安全性。与目前广泛使用的条形码、磁卡、带触点的 IC 卡等相比,射频识别电子标签无疑是安全性更高的智能信息载体。

过分追求高标准也没有必要,因为达到一定的安全程度也是要付出代价的,甚至要付出很高的代价,就增加了电子标签的发行成本或应用系统的投资。归根结底,这一负担将会转嫁到应用者的身上。严格地说,绝对安全是办不到的。假如作案者为了获取非法利益而需要花费的代价已接近或超过可能得到的非法利益,一般认为其安全程度就足够了。

另外,在电子标签作为身份识别的应用系统中也存在着一个安全隐患。如果遗失了含有射频识别电子标签的交易卡,捡到卡的人可以非常容易地迅速完成支付,特别是在没有签字要求的情况下。一个可能的解决方案就是在高安全性要求的场合采用 RFID 技术再匹配相应的其他快速身份识别技术,如可采用声音识别、指纹识别、虹膜扫描等,对使用者所有权的合法性进行二次确认。

习题 2

2-1　填空题

(1) 数字通信的主要性能指标包括_____、_____和_____。

(2) 具有理想低通矩形特性的信道容量 $C=$ _____。

(3) 带宽受限且有高斯白噪声干扰的信道容量 $C=$ _____。

(4) 编码是为了达到某种目的而对信号进行的一种变换。根据编码的目的不同,编码理论有_____、_____和_____ 3 个分支。

(5) 数字调制的方法通常称为键控法,常用的数字调制解调方式有_____、_____和_____。在 RFID 系统中,使用最多的数字调制方法是_____。

(6) RFID 常用的编码方式有单极性不归零码(Unipolar Non-Return to Zero,UNRZ)编码、_____、单极性归零(Unipolar RZ)编码、差动双相(Differential Binary Phase,DBP)编码、_____、变形密勒编码和差分编码。

(7) 使用非接触技术传输数据时,很容易遇到干扰,使传输数据发生意外的改变从而导致传输错误。此类问题通常是由外界的各种干扰和多个应答器同时占用信道发送数据产生碰撞造成的,针对这两种情况,常用的处理方法是_____和_____。

(8) 在射频识别系统中常用的纠错编码是校验和法,最常用的校验和法是_____、_____和_____。

(9) 常用在多路存取(多路通信)方式有_____、_____、_____。在 RFID 系统中,主要采用_____。

(10) 目前,在 RFID 系统中常用的防碰撞算法包括_____算法和_____算法。

(11) 针对 RFID 主要的安全攻击可以简单地分为_____和_____两种类型。

(12) RFID 系统中应对主动攻击的重要技术是_____,应对被动攻击的主要技术手段是_____。

(13) 差错控制时所使用的编码,常称为纠错编码,可分为_____和_____。

2-2　波特率和比特率有什么不同?

2-3　画出 1 0011 0111 的曼彻斯特编码波形。若曼彻斯特编码的数据传输率为 1200kb/s,则它的波特率是多少?

2-4　画出 01 1001 0110 的密勒编码波形。

2-5　什么是调制和解调? 有哪些调制和解调技术,它们各有什么特点?

2-6　什么是副载波调制? 副载波调制有什么优点?

2-7　常用的防碰撞算法有哪些? 它们有什么特点?

2-8　在传输的帧中,被校验部分和 CRC 码组成的比特序列为 11 0000 0111 0111 0101 0011 0111 1000 0101 1011。若已知生成式的阶数为 4 阶,请给出余数多项式。

2-9　简述 RFID 系统中数据完整性实施策略。

2-10　简述 RFID 系统的安全需求。

2-11　说明 RFID 采用的两种认证技术,并比较它们的不同。

第 3 章
CHAPTER 3

RFID 中的天线技术

学习导航

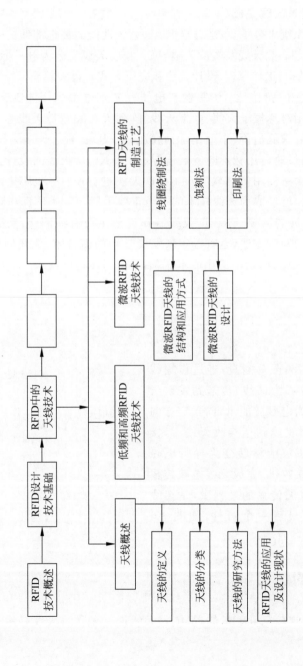

学习目标

- 了解天线概述
- 掌握低频和高频 RFID 天线技术
- 掌握微波 RFID 天线技术
- 了解 RFID 天线的制作工艺

在无线通信领域,天线是不可缺少的组成部分。广播、通信、雷达、导航、遥测和遥控等都是利用无线电波传递信息的。RFID 也是利用无线电波传递信息,当信息通过电磁波在空间传播时,电磁波的产生和接收要通过天线完成。此外,在用电磁波传送能量方面,非信号的能量辐射也需要通过天线完成。

天线技术对 RFID 系统十分重要,是决定 RFID 系统性能的关键部件。RFID 天线可以分为低频天线、高频天线、超高频天线及微波天线,每一频段天线又分为电子标签天线和读写器天线,不同频段天线的结构、工作原理、设计方法和应用方式有很大差异,导致 RFID 天线种类繁多、应用各异。在低频和高频频段,读写器与电子标签基本都采用线圈天线。微波 RFID 天线形式多样,可以采用对称振子天线、微带天线、阵列天线和宽带天线等,同时微波 RFID 的电子标签较小,天线要求低造价、小型化,因此微波 RFID 出现了许多天线制作的新技术。

为适应电子标签的快速应用和不断发展,需要提高 RFID 天线的设计效率,降低 RFID 天线的制作成本,因此大量使用仿真软件对 RFID 天线进行设计,并采用了多种制作工艺。天线仿真软件功能强大,已经成为天线技术的一个重要手段。天线仿真和测试相结合,可以基本满足 RFID 天线设计的需要。RFID 天线制作工艺主要有线圈绕制法、蚀刻法和印刷法,这些工艺既有传统的制作方法,也有近年来发展起来的新技术,天线制作的新工艺可使 RFID 天线制作成本大大降低,走出应用成本瓶颈,并促进 RFID 技术进一步发展。

3.1 天线概述

由发射机产生的高频振荡能量,经过传输线(在天线领域,传输线也称为馈线)传送到发射天线,然后由发射天线变为电磁波能量,向预定方向辐射。电磁波通过传播媒质到达接收天线后,接收天线将接收到的电磁波能量转变为导行电磁波,然后通过馈线送到接收机,完成无线电波传输的过程。天线在无线电波传输的过程中,是无线通信系统的第一个和最后一个器件,如图 3-1 所示。

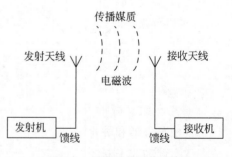

图 3-1 无线通信系统框图

3.1.1 天线的定义

凡是利用电磁波传递信息和能量的,都依靠天线进行工作。天线是用来发射或接收无线电波的装置和部件。

对于天线,人们关心的主要是它的辐射场。任何一个天线都有一定的方向性、输入阻抗、带宽、功率容量、效率等,由于应用领域众多,对天线的要求也是多种多样。因此,天线种类繁多,功能各异。

天线对不同方向的辐射或接收效果并不一样,带有方向性。以发射天线为例,天线辐射的能量在某些方向强、在某些方向弱、在某些方向为零。设计天线时天线的方向性是要考虑的主要因素之一。

天线可以视为传输线的终端器件。天线作为一个单端口元件,要求与相连接的馈线阻抗匹配。天线的馈线上要尽可能传输行波,使从馈线入射到天线上的能量不被天线反射,尽可能多地辐射出去。天线与馈线、接收机、发射机的匹配或最佳贯通,是天线工程最关心的问题之一。

3.1.2　天线的分类

天线的种类很多,可以按照不同的方式进行分类。

1. 按照波段分类

按照天线适用的波段分类,天线可分为长波天线、中波天线、短波天线、超短波天线、微波天线等。

2. 按照结构分类

按照天线的结构分类,天线可分为线状天线、面状天线、缝隙天线、微带天线等。

(1) 线状天线。线状天线是指线半径远小于线本身的长度和波长,且载有高频电流的金属导线。线状天线随处可见,如在房顶上、船上、汽车上、飞机上等。线状天线有直线形、环形、螺旋形等多种形状。

(2) 面状天线。面状天线由尺寸大于波长的金属面构成,主要用于微波波段,形状可以是喇叭状、抛物面状等。

(3) 缝隙天线。缝隙天线是金属面上的线状长槽,长槽的横向尺寸远小于波长及纵向尺寸,长槽上有横向高频电场。

(4) 微带天线。微带天线由一个金属贴片和一个金属接地板构成。金属贴片可以有各种形状,其中长方形和圆形最常见。金属贴片与金属接地板距离很近,使微带天线侧面很薄,适用于平面和非平面结构,并且可以用印刷电路技术来制作。

3. 按照用途分类

按照天线的用途分类,天线可分为广播天线、通信天线、雷达天线、导航天线和 RFID 天线。

3.1.3 天线的研究方法

电磁场随时间变化是产生辐射的原因。频率低时,辐射较微弱;频率越高,辐射就越强。天线的结构应该使电场和磁场分布在同一空间,这样可以使两者能量直接转化,电磁能量可以向远处辐射。

1. 叠加原理

天线的辐射符合叠加原理。

(1)线天线。线天线首先求出元电流(或称电基本振子)的辐射场,然后找出线天线上的电流分布,线天线的辐射是元电流辐射的线积分。

(2)面天线。面天线将辐射问题分为内问题和外问题,由已知激励源求天线封闭面上的场为内问题,由封闭面上的场求外部空间辐射场为外问题。在求天线的外问题时,辐射场也要用到叠加原理。

2. 研究天线的 3 个方法

研究天线辐射的常用方法有如下 3 种。

(1)解析解。天线的辐射性能是宏观电磁场问题,严格的分析方法是找出解析解。解析解是满足边界条件的麦克斯韦方程解。

(2)数值解。实际天线的计算中,严格的求解会出现数学上的困难,有时甚至无法求出解析解,所以天线实际上都是采用数值近似解法。常用的天线数值解法有矩量法、有限元法和时域有限差分法等。

(3)仿真软件。目前天线的设计与计算广泛采用仿真软件,现在国际上比较流行的电磁三维仿真软件有 Ansoff 公司的 HFSS(High Frequency Structure Simulator)和 CST 公司的 MWS(Microwave Studio)。这些软件可以求解任意三维射频、微波器件的电磁场分布,并可以直接得到辐射场和天线方向图,仿真结果与实测结果具备很好的一致性,是高效、可靠的天线设计方法。

3.1.4 RFID 天线的应用及设计现状

RFID 在不同的应用环境中使用不同的工作频段,需要采用不同的天线通信技术,来实现数据的无线交换。按照现在 RFID 系统的工作频段,天线可以分为低频 LF、高频 HF、超高频 UHF 及微波天线,不同频段天线的工作原理不同,使得不同天线的设计方法也有本质的不同。在 RFID 系统中,天线分为电子标签天线和读写器天线,这两种天线按方向性可分为全向天线、定向天线等;按外形可分为线状天线、面状天线等;按结构和形式可分为环形天线、偶极天线、双偶极天线、阵列天线、八木天线、微带天线、螺旋天线等。在低频和高频频段,RFID 系统主要采用环形天线,用以完成能量和数据的电感耦合;在 433MHz、

800/900MHz、2.45GHz 和 5.8GHz 的微波频段，RFID 系统可以采用的天线形式多样，用以完成不同任务。

1. RFID 天线的应用现状

影响 RFID 天线应用性能的参数主要有天线类型、尺寸结构、材料特性、成本价格、工作频率、频带宽度、极化方向、方向性、增益、波瓣宽度、阻抗问题和环境影响等，RFID 天线的应用需要对上述参数加以权衡。

1）RFID 天线应用的一般要求

（1）电子标签天线。一般来讲，RFID 电子标签天线需要满足如下条件。

① RFID 天线必须足够小，以至于能够附着到需要的物品上。

② RFID 天线必须与电子标签有机地结合成一体，或贴在表面，或嵌入物体内部。

③ RFID 天线的读取距离依赖天线的方向性，一些应用需要标签具备特定的方向性，如有全向或半球覆盖的方向性，以满足零售商品跟踪等的需要。

④ RFID 天线提供最大可能的信号给多种标签的芯片。

⑤ 无论物品在什么方向，RFID 天线的极化都能与读写器的询问信号相匹配。

⑥ RFID 天线具有应用的灵活性。电子标签可能被用在高速的传输带上，此时有多普勒频移，天线的频率和带宽要不影响 RFID 工作。电子标签在读写器读取区域的时间很少，要求有很高的读取速率，所以 RFID 系统必须保证标签识别的快速无误。

⑦ RFID 天线具有应用的可靠性。RFID 标签必须可靠，并保证因温度、湿度、压力和在标签插入、印刷和层压处理中的存活率。

⑧ RFID 天线的频率和频带。频率和频带要满足技术标准，标签期望的工作频率带宽依赖于标签使用地的规定。

⑨ RFID 天线具有鲁棒性。

⑩ RFID 天线非常便宜。RFID 标签天线必须是低成本，这约束了天线结构和根据结构使用的材料。标签天线多采用铜、铝或银油墨。

（2）读写器天线。读写器天线既可以与读写器集成在一起，也可以采用分离式。对于远距离系统，天线和读写器采取分离式结构，并通过阻抗匹配的同轴电缆连接到一起。

① 读写器天线设计要求低剖面、小型化。读写器由于结构、安装和使用环境等变化多样，读写器产品朝着小型化甚至超小型化发展。

② 读写器天线设计要求多频段覆盖。

③ 对于分离式读写器，还将涉及天线阵的设计问题。

④ 目前，国际上已经开始研究读写器应用的智能波束扫描天线阵。

2）RFID 天线的极化

不同的 RFID 系统采用的天线极化方式不同。有些应用可以采用线极化。例如，在流水线上，这时电子标签的位置基本上是固定不变的，电子标签的天线可以采用线极化方式。在大多数场合，由于电子标签的方位是不可知的，大部分 RFID 系统采用圆极化天线，以使 RFID 系统对电子标签的方位敏感性降低。

3) RFID 天线的方向性

RFID 系统的工作距离,主要与读写器给电子标签的供电有关。随着低功耗电子标签芯片技术的发展,电子标签的工作电压不断降低,所需功耗很小,这使得进一步增大系统工作距离的潜能转移到天线上,这就要求有方向性较强的天线。

如果天线波瓣宽度越窄,天线的方向性越好,天线的增益越大,天线作用的距离越远,抗干扰能力越强,但同时天线的覆盖范围也就越小。

4) RFID 天线的阻抗问题

为了以最大功率传输,芯片的输入阻抗必须和天线的输出阻抗匹配。几十年来,天线设计多采用 50Ω 或 75Ω 的阻抗匹配,但是可能还有其他情况。例如,一个缝隙天线可以设计几百欧姆的阻抗;一个折叠偶极子的阻抗可以是一个标准半波偶极子阻抗的几倍;印刷贴片天线的引出点能够提供一个 $40\sim100\Omega$ 的阻抗。

5) RFID 的环境影响

电子标签天线的特性,受所标识物体的形状和电参数影响。例如,金属对电磁波有衰减作用,金属表面对电磁波有反射作用,弹性衬底会造成天线变形等,这些影响在天线设计与应用中必须解决。以在金属物体表面使用天线为例,目前有价值的解决方案有两个,一个是从天线的形式出发,采用微带贴片天线或倒 F 天线等;另一个是采用双层介质、介质覆盖或电磁带隙等。

2. RFID 天线的设计现状

在 RFID 系统中,天线分为电子标签天线和读写器天线,这两种天线的设计要求和面临的技术问题是不同的。

1) RFID 电子标签天线的设计

电子标签天线的设计目标是传输最大的能量进出标签芯片,需要仔细设计天线和自由空间的匹配,以及天线与标签芯片的匹配。当工作频率增加到微波波段,天线与电子标签芯片之间的匹配问题变得更加严峻。一直以来,电子标签天线的开发是基于 50Ω 或者 75Ω 输入阻抗。而在 RFID 应用中,芯片的输入阻抗可能是任意值,并且很难在工作状态下准确测试,缺少准确的参数,天线的设计难以达到最佳。

电子标签天线的设计还面临许多其他难题,如相应的小尺寸要求、低成本要求、所标识物体的形状及物理特性要求、电子标签到贴标签物体的距离要求、贴标签物体的介电常数要求、金属表面的反射要求、局部结构对辐射模式的影响要求等,这些都将影响电子标签天线的特性,都是电子标签设计面临的问题。

2) RFID 读写器天线的设计

对于近距离 RFID 系统(如 13.56MHz 小于 10cm 的识别系统),天线一般和读写器集成在一起;对于远距离 RFID 系统(如 UHF 频段大于 3m 的识别系统),天线和读写器常采取分离式结构,并通过阻抗匹配的同轴电缆将读写器和天线连接到一起。读写器由于结构、安装和使用环境等变化多样,并且读写器产品朝着小型化甚至超小型化发展,使得读写器天线的设计面临新的挑战。

　　读写器天线设计要求低剖面、小型化以及多频段覆盖。对于分离式读写器，还将涉及天线阵的设计问题，小型化带来的低效率、低增益问题等，这些目前是国内外共同关注的研究课题。目前已经开始研究读写器应用的智能波束扫描天线阵，读写器可以按照一定的处理顺序，通过智能天线使系统能够感知天线覆盖区域的电子标签，增大系统覆盖范围，使读写器能够判定目标的方位、速度和方向信息，具有空间感应能力。

　　3）RFID 天线的设计步骤

　　RFID 电子标签天线的性能，很大程度依赖于芯片的复数阻抗，复数阻抗是随频率变换的，因此天线尺寸和工作频率限制了最大可达到的增益和带宽，为获得最佳的标签性能，需要在设计时做折中，以满足设计要求。在天线的设计步骤中，电子标签的读取范围必须严密监控，在标签构成发生变更或不同材料不同频率的天线进行性能优化时，通常采用可调天线设计，以满足设计允许的偏差。

　　设计 RFID 天线时，首先选定应用的种类，确定电子标签天线的需求参数；然后根据电子标签天线的参数，确定天线采用的材料，并确定电子标签天线的结构和 ASIC 封装后的阻抗；最后采用优化的方式，使 ASIC 封装后的阻抗与天线匹配，综合仿真天线的其他参数，让天线满足技术指标，并用网络分析仪检测各项指标。RFID 电子标签天线的设计步骤如图 3-2 所示。

　　很多天线因为使用环境复杂，使得 RFID 天线的解析方法也很复杂，天线通常采用电磁模型和仿真工具来分析。天线典型的电磁模型分析方法为有限元法 FEM、矩量法 MOM 和时域有限差分法 FDTD 等。仿真工具对天线的设计非常重要，是一种快速有效的天线设计工具，目前

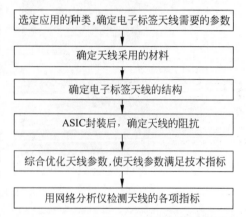

图 3-2　RFID 电子标签天线的设计步骤

在天线技术中使用越来越多。典型的天线设计方法，首先是将天线模型化，然后将模型仿真，在仿真中监测天线射程、天线增益和天线阻抗等，并采用优化的方法进一步调整设计，最后对天线加工并测量，直到满足要求。

3.2　低频和高频 RFID 天线技术

　　在低频和高频频段，读写器与电子标签基本都采用线圈天线，线圈之间存在互感，使一个线圈的能量可以耦合到另一个线圈，因此读写器天线与电子标签天线之间采用电感耦合的方式工作。读写器天线与电子标签天线是近场耦合，电子标签处于读写器的近区，当超出上述范围时，近场耦合便失去作用，开始过渡到远距离的电磁场。当电子标签逐渐远离读写器，处于读写器的远区时，电磁场将摆脱天线，并作为电磁波进入空间。本节所讨论的低频和高频 RFID 天线，是基于近场耦合的概念进行设计。对低频和高频 RFID 天线的磁场、最佳尺寸的分析见 4.1.3 小节。

低频和高频 RFID 天线可以有不同的构成方式,并可采用不同的材料。图 3-3 所示为几种实际低频和高频 RFID 天线的图片,由这些图片可以看出各种 RFID 天线的结构,同时这些图片还给出了与天线相连的芯片。

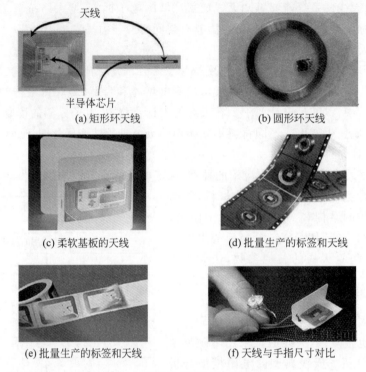

图 3-3   低频和高频 RFID 天线

由图 3-3 可以看出,低频和高频 RFID 天线有如下特点。

(1) 天线都采用线圈的形式。

(2) 线圈的形式多样,可以是圆形环,也可以是矩形环。

(3) 天线的尺寸比芯片的尺寸大很多,电子标签的尺寸主要由天线决定。

(4) 有些天线的基板是柔软的,适合粘贴在各种物体的表面。

(5) 由天线和芯片构成的电子标签,可以比拇指还小。

(6) 由天线和芯片构成的电子标签,可以在条带上批量生产。

3.3   微波 RFID 天线技术

微波 RFID 技术是目前 RFID 技术最为活跃和发展最为迅速的领域,微波 RFID 天线与低频、高频 RFID 天线相比有本质上的不同。微波 RFID 天线采用电磁辐射的方式工作,读写器天线与电子标签天线之间的距离较远,一般超过 1m,典型值为 1~10m;微波 RFID 的电子标签较小,使天线的小型化成为设计的重点;微波 RFID 天线形式多样,可以采用对称振子天线、微带天线、阵列天线和宽带天线等;微波 RFID 天线要求低造价,因此出现了许多天线制作的新技术。

3.3.1 微波 RFID 天线的结构和应用方式

微波 RFID 天线结构多样,是物联网天线的主要形式,可以应用在制造、物流、防伪和交通等多个领域,是现在 RFID 天线的主要形式。

1. 微波 RFID 天线的结构

图 3-4 给出了实际 RFID 微波天线的图片,由这些图片可以看出各种微波 RFID 天线的结构以及与天线相连的芯片。

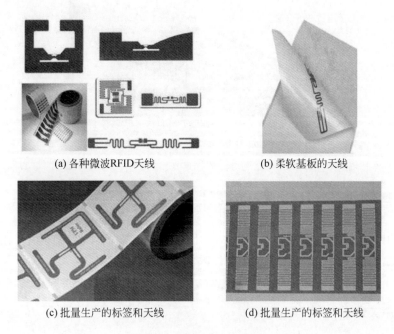

(a) 各种微波RFID天线   (b) 柔软基板的天线

(c) 批量生产的标签和天线   (d) 批量生产的标签和天线

图 3-4 微波 RFID 天线

由图 3-4 可以看出,微波 RFID 天线有如下特点。

(1) 微波 RFID 天线的结构多样。

(2) 很多电子标签天线的基板是柔软的,适合粘贴在各种物体的表面。

(3) 天线的尺寸比芯片的尺寸大很多,电子标签的尺寸主要由天线决定。

(4) 由天线和芯片构成的电子标签,很多是在条带上批量生产。

(5) 由天线和芯片构成的电子标签尺寸很小。

(6) 有些天线提供可扩充装置,来提供短距离和长距离的 RFID 电子标签。

2. 微波 RFID 天线的应用方式

微波 RFID 天线的应用方式很多,下面以仓库流水线上纸箱跟踪为例,给出微波 RFID 天线在跟踪纸箱过程中的使用方法。

（1）纸箱放在流水线上，通过传动皮带送入仓库。

（2）纸箱上贴有标签，标签有两种形式，一种是电子标签，另一种是条码标签。为防止电子标签损毁，纸箱上还贴有条码标签，以作备用。

（3）在仓库门口，放置 3 个读写器天线，读写器天线用来识别纸箱上的电子标签，从而完成物品识别与跟踪的任务。

微波 RFID 天线在纸箱跟踪中的应用如图 3-5 所示。

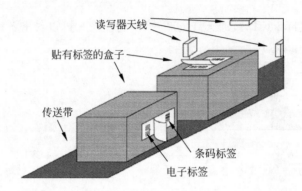

图 3-5　微波 RFID 天线在纸箱跟踪中的应用

3.3.2　微波 RFID 天线的设计

微波 RFID 天线的设计，需要考虑天线采用的材料、天线的尺寸、天线的作用距离，并需要考虑频带宽度、方向性和增益等电参数。微波 RFID 天线主要采用偶极子天线、微带天线、阵列天线和非频变天线等，下面对这些天线加以讨论。

1. 偶极子天线

偶极子天线即振子天线，是微波 RFID 常用的天线。为了缩短天线的尺寸，在微波 RFID 中偶极子天线常采用弯曲结构。弯曲偶极子天线纵向延伸方向至少折返一次，从而具有至少两个导体段，每个导体段分别具有一个延伸轴，这些导体段借助于一个连接段相互平行且有间隔地排列，并且第一导体段向空间延伸，折返的第二导体段与第一导体段垂直，第一和第二导体段扩展成一个导体平面。弯曲偶极子天线如图 3-6 所示。

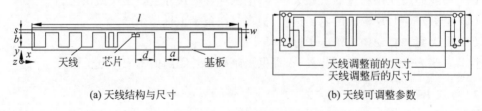

(a) 天线结构与尺寸　　　　　　　　(b) 天线可调整参数

图 3-6　弯曲偶极子天线

因为尺寸和调谐的要求，偶极子天线采用弯曲结构是一个恰当的选择。弯曲允许天线紧凑，并提供了与弯曲轴垂直平面上的全向性能。为更好控制天线电阻，增加了一个同等宽度的载荷棒作为弯曲轮廓；为供给芯片一个好的电容性阻抗，需进一步弯曲截面；弯曲轮廓的长度和载荷棒可以变更，以获得适宜的阻抗匹配。

弯曲天线有几个关键的参数，如载荷棒宽度、距离、间距、弯曲步幅宽度和弯曲步幅高度等。通过调整上述参数，可以改变天线的增益和阻抗，并改变电子标签的谐振、最高射程和带宽。图 3-7 给出了一种最高射程与频率的曲线关系。

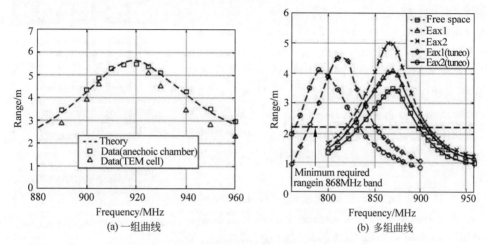

(a) 一组曲线　　　　　　　　　　(b) 多组曲线

图 3-7　电子标签最高射程与频率的曲线关系

2. 微带天线

微波 RFID 常采用微带天线。微带天线是平面型天线，具有小型化、易集成、方向性好等优点，可以做成共形天线，易于形成圆极化，制作成本低，易于大量生产。

微带天线按结构特征分类，可分为微带贴片天线和微带缝隙天线两大类；微带天线按形状分类，可分为矩形、圆形和环形微带天线等；微带天线按工作原理分类，可分为谐振型（驻波型）和非谐振型（行波型）微带天线。下面将微带天线分为 3 种基本类型进行讨论，这 3 种类型分别是微带驻波贴片天线、微带行波贴片天线和微带缝隙天线。

（1）微带驻波贴片天线。微带贴片天线是由介质基片、在基片一面上任意平面几何形状的导电贴片和基片另一面上的地板所构成。贴片形状可以是多种多样的，实际应用中由于某些特殊的性能要求和安装条件的限制，必须用到某种形状的微带贴片天线，为使微带天线适用于各种特殊用途，对各种几何形状的微带贴片天线进行分析就相当重要。各种微带贴片天线的贴片形状如图 3-8 所示。

正方形　　圆形　　矩形　　椭圆形　　五角形　　圆环形　　等腰三角形　　半圆形

图 3-8　各种微带贴片天线的贴片形状

（2）微带行波贴片天线。微带行波天线是由基片、在基片一面上的链形周期结构或普通的长 TEM 波传输线和基片另一面上的地板组成。TEM 波传输线的末端接匹配负载，当天线上维持行波时，可从天线结构设计上使主波束位于从边射到端射的任意方向。各种微带行波天线的形状如图 3-9 所示。

（3）微带缝隙天线。微带缝隙天线由微带馈线和开在地板上的缝隙组成，微带缝隙天线是把接地板刻出窗口即缝隙，而在介质基片的另一面印刷出微带线对缝隙馈电，缝隙可以是矩形、圆形或环形。各种微带缝隙天线的形状如图 3-10 所示。

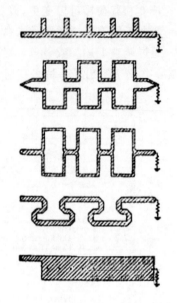

（4）微带天线的工作原理。微带天线进行工程设计时，对天线的性能参数（如方向图、方向性系数、效率、输入阻抗、极化和频带等）预先进行估算，将大大提高天线研制的质量和效率，降低研制的成本。这种理论工作的开展，带来了多种分析微带天线的方法，如传输线、腔模理论、格林函数法、积分方程法和矩量法等。用上述各种方法计算微带天线的方向图，其结果基本一致，特别是主波束。

大多数微带天线只在介质基片的一面上有辐射单元，因此可以用微带天线或同轴线馈电。因为天线输入阻抗不等于通常的 50Ω 传输线阻抗，所以需要匹配。矩

图 3-9　各种微带行波天线的形状

形微带天线的馈电方式基本上分成侧馈和背馈两种，不论哪种馈电方式，其谐振输入电阻 R_{in} 很大，为使 R_{in} 与 50Ω 馈电系统相匹配，阻抗变换器是不可少的。为实现匹配，必须知道输入阻抗的大小，匹配可由适当选择馈电的位置实现，但是馈电的位置也影响辐射特性。

窄缝　　　　　圆环缝　　　　　宽缝　　　　　圆贴片缝

图 3-10　各种微带缝隙天线的形状

很多微带天线接近开路状态，因此限制了天线的阻抗频带。为了使频带加宽，可增加基片的厚度或减小基片的 εr 值。

微带阵列天线的方向函数由两个因子组成，一个为基本元天线的方向函数，另一个就是长度为 L 的等幅同相连续阵的阵因子。如果改变介质板的厚度、介电常数和微带贴片的宽度等，就从根本上改变了微带传输线上的波形。从对方向图影响的角度来看，赤道面上方向图影响不大，但在子午面上方向图影响明显，前倾的半圆形方向图可能会变成横 8 字形方向图。

3. 阵列天线

阵列天线是一类由不少于两个天线单元规则或随机排列，并通过适当激励获得预定辐射特性的天线。就发射天线来说，简单的辐射源（如点源、对称振子源）是常见的，阵列天线是将它们按照直线或者更复杂的形式，排成某种阵列样子，构成阵列形式的辐射源，并通过

调整阵列天线馈电电流、间距、电长度等不同参数获取最好的辐射方向性。

目前，随着通信技术的迅速发展，以及对天线诸多研究方向的提出，都促使了新型天线的诞生，其中就包括智能天线。智能天线技术利用各个用户间信号空间特征的差异，通过阵列天线技术在同一信道上接收和发射多个用户信号而不发生相互干扰，使无线电频谱的利用和信号的传输更为有效。

自适应阵列天线是智能天线的主要类型，可以实现全向天线，完成用户信号的接收和发送。自适应阵列天线采用数字信号处理技术识别用户信号到达的方向，并在该方向形成天线主波束。自适应天线阵是一个由天线阵和实时自适应信号接收处理器组成的一个闭环反馈控制系统，用反馈控制方法自动调准天线阵的方向图，在干扰方向形成零陷，将干扰信号抵消，而且可以使有用信号得到加强，从而达到抗干扰的目的。

（1）微带阵列天线。微带阵列天线一般应用在几百兆赫兹到几十吉赫兹的频率范围，适合 RFID 系统使用。微带阵列天线的优点是馈电网络可以与辐射元一起制作，并且可以将发送和接收电路集成在一起，是使用较为广泛的阵列天线。

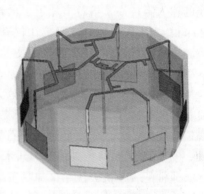

图 3-11　八元微带阵列天线

图 3-11 给出了一种八元微带阵列天线，这个微带阵列天线与物体的外立面共形，每个阵元为矩形，采用微带线将阵元连接起来，并用同轴线当作馈线，同时给出了阵元的结构、阵元的连接方法、匹配的方法、馈电点的选取和馈线的形式等。

（2）八木天线。八木天线是一种寄生天线阵，只有一个阵元是直接馈电的，其他阵元都是非直接激励，是采用近场耦合从有源阵元获得激励。八木天线有很好的方向性，较偶极子天线有较高的增益，实现了阵列天线提高增益的目的。八木天线如图 3-12 所示。

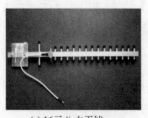
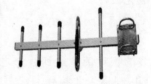

(a)16元八木天线　　　　　　　(b)5元八木天线

图 3-12　八木天线

① 八木天线的方向性。八木天线比有源振子稍长一点的称为反射器，它在有源振子的一侧，起着削弱从这个方向传来的电波或从本天线发射去的电波的作用；比有源振子略短的称为引向器，它位于有源振子的另一侧，能增强从这一侧方向传来的或从这个方向发射出去的电波。引向器可以有许多个，每根长度都要与其相邻的、并靠近有源振子的那根相同或略短一点。引向器数量越多，方向越尖锐，增益越高，但实际上超过四五个引向器之后，这种增加就不太明显了，而体积大、自重增加、对材料强度要求提高、成本加入等问题却逐渐突出。

② 八木天线的"大梁"。八木天线每个引向器和反射器都是用一根金属棒做成的,所有振子都是按一定的间距平行固定在一根"大梁"上,大梁也是用金属材料做成的。振子中点不需要与大梁绝缘,振子的中点正好位于电压的零点,零点接地没有问题。它还有一个好处,在空间感应到的静电正好可以通过这个中间接触点,将天线金属立杆导通到建筑物的避雷地网中。

③ 八木天线的有源振子。八木天线的有源振子是一个关键的单元,有源振子有两种常见的形态,一种是直振子;另一种是折合振子。直振子是二分之一波长偶极振子,折合振子是直振子的变形。有源振子与馈线相接的地方必须与主梁保持良好的绝缘,而折合振子中点仍可以与大梁相通。

④ 八木天线的输入阻抗。二分之一波长折合振子的输入阻抗,比二分之一波长偶极天线的输入阻抗高 4 倍。当加了引向器和反射器后,输入阻抗的关系就变得复杂起来了。总体来说,八木天线的输入阻抗比仅有基本振子的输入阻抗要低很多,而且八木天线各单元间距越大则阻抗越高,反之则阻抗变低,同时天线的效率也降低。

⑤ 八木天线的阻抗匹配。八木天线需要与馈线达到阻抗匹配,于是就有了各种各样的匹配方法。一种匹配方法是在馈电处并接一段 U 形导体,它起着一个电感器的作用,和天线本身的电容形成并联谐振,从而提高了天线阻抗。还有一种简单的匹配方法,是把靠近天线馈电处的馈线绕成一个约六七圈的线圈挂在那里,这与 U 形导体匹配的原理类似。

⑥ 八木天线的平衡输出。八木天线是平衡输出,它的两个馈电点对"地"呈现相同的特性。通常的收发机天线端口却是不平衡的,这将破坏天线原有的方向特性,而且在馈线上也会产生不必要的发射。一副好的八木天线,应该有"平衡—不平衡"转换。

⑦ 八木天线振子的直径。八木天线振子的直径对天线性能有影响。直径影响振子的长度,直径大则长度应略短。直径影响带宽,直径大,天线 Q 值低些,工作频率带宽就大一些。

⑧ 八木天线的架设。架设八木天线时,要注意振子是与大地平行还是垂直,并注意收信、发信双方保持姿态一致,以确保收发双方保持相同的极化方式。振子以大地为参考面,振子水平时,发射电波的电场与大地平行,称为水平极化波;振子与地垂直时,发射的电波与大地垂直,是垂直极化波。

4. 非频变天线

一般来说,若天线的相对带宽达到百分之几十,这类天线称为宽频带天线;若天线的频带宽度能够达到 10∶1,则称为非频变天线。非频变天线能在一个很宽的频率范围内,保持天线的阻抗特性和方向特性基本不变或稍有变化。

现在 RFID 使用的频率很多,这要求一台读写器可以接收不同频率电子标签的信号,因此读写器发展的一个趋势是可以在不同的频率使用,这使得非频变天线成为 RFID 的一个关键技术。

非频变天线有多种形式,主要包括平面等角螺旋天线、圆锥等角螺旋天线和对数周期天线等。下面对上述非频变天线进行介绍。

(1) 平面等角螺旋天线。平面等角螺旋天线是一种角度天线,有两条臂,每条臂都有两条边缘线,每条边缘线均为等角螺旋线。平面等角螺旋天线如图 3-13 所示。

平面等角螺旋天线的螺旋线符合如下极坐标方程

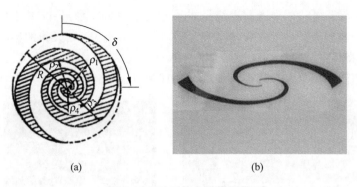

(a)　　　　　　　(b)

图 3-13　平面等角螺旋天线

$$\rho = \rho_0 e^{a\phi}$$

在图 3-13 中,两个臂四条边缘有相同的 a,由于平面等角螺旋天线的边缘臂仅由角度决定,因此平面等角螺旋天线满足非频变天线对形状的要求。

平面等角螺旋天线的两个臂可以看成是一对变形的传输线,臂上电流沿传输线边传输,边辐射,边衰减,臂上每一小段都是辐射元,总的辐射场就是辐射元的叠加。实验表明,臂上电流在流过约一个波长后,就迅速衰减到 20dB 以下,终端效应很弱,存在截断点效应,超过截断点的螺旋线对天线辐射影响不大。

平面等角螺旋天线的最大辐射方向与天线平面垂直波,其方向图近似为正弦函数,半功率瓣宽度为 $90°$,极化方式接近于圆极化。

(2) 圆锥等角螺旋天线。平面等角螺旋天线的辐射是双方向的,为了得到单方向辐射,可以做成圆锥等角螺旋天线。图 3-14 和图 3-15 给出了两种实际的圆锥等角螺旋天线。

图 3-14　内部空心的圆锥等角螺旋天线　　图 3-15　有基层的圆锥等角螺旋天线

（3）对数周期天线。对数周期天线是非频变天线的另一种形式，基于以下的概念：当某一天线按某一比例因子 τ 变换后，若依然等于它原来的结构，则天线的性能在频率为 f 和频率为 τf 时保持相同。对数周期天线常采用振子结构，其结构简单，在短波、超短波和微波波段都得到了广泛应用。对数周期天线如图 3-16 所示。

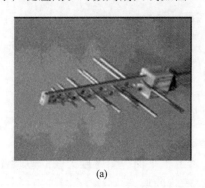
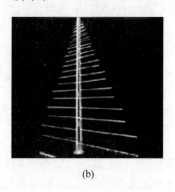

(a)　　　　　　　　　　　　　　(b)

图 3-16　对数周期天线

对数周期天线的馈电点选择在最短振子处，天线的最大辐射方向由最长振子端指向最短振子端，极化方式为线性化，方向性系数主要为 5～8dB。

对数周期天线有时需要极化，两副对数周期天线可以构成圆极化，这需要将这两副天线振子相对垂直放置。圆极化对数天线如图 3-17 所示。

图 3-17　圆极化对数周期天线

3.4　RFID 天线的制作工艺

为适应世界范围电子标签的快速应用和发展，RFID 天线采用了多种制作工艺。这些工艺既有传统的制作方法，也有近年来发展起来的新技术。RFID 标签天线应该具有低成本、高效率和低污染的特性，并应考虑各种工艺对参数的影响，通过导电材料选取、网版选用和基材选择等，结合实际工艺方法和工艺实验，制作出天线实物。

RFID 天线制作工艺主要有线圈绕制法、蚀刻法和印刷法。低频 RFID 电子标签天线基本是采用绕线方式制作而成的；高频 RFID 电子标签天线利用以上 3 种方式均可实现，但以蚀刻天线为主，其材料一般为铝或铜；UHF RFID 电子标签天线则以印刷天线为主。各种标签天线制作工艺都有优缺点，下面将对各种工艺加以介绍。

3.4.1　线圈绕制法

利用线圈绕制法制作 RFID 天线时,要在一个绕制工具上绕制标签线圈,并使用烤漆对其进行固定,此时天线线圈的匝数一般较多。将芯片焊接到天线上之后,需要对天线和芯片进行黏合,并加以固定。线圈绕制法制作的 RFID 天线如图 3-18 所示。

(a) 矩形绕制线圈天线　　　　(b) 圆形绕制线圈天线

图 3-18　线圈绕制法制作的 RFID 天线

线圈绕制法的特点如下。

(1) 频率范围为 125～134kHz 的 RFID 电子标签,只能采用这种工艺,线圈的圈数一般为几百到上千圈。

(2) 这种方法的缺点是成本高、生产速度慢。

(3) 高频 RFID 天线也可以采用这种工艺,线圈的圈数一般在 100 圈以内。

(4) UHF 天线很少采用这种工艺。

(5) 这种方法制作的天线通常采用焊接的方式与芯片连接,这种技术只有在确保焊接牢靠、天线硬实、模块位置十分准确及焊接电流控制较好的情况下,才能确保较好的连接。由于受控的因素较多,这种方法容易出现虚焊、假焊和偏焊等缺陷。

3.4.2　蚀刻法

蚀刻法是在一个塑料薄膜上层压一个平面铜箔片,再在铜箔片上涂覆光敏胶,干燥后通过一个正片(具有所需形状的图案)对其进行光照,然后放入化学显影液中,此时感光胶的光照部分被洗掉,露出铜,最后放入蚀刻池,所有未被感光胶覆盖部分的铜被蚀刻掉,从而得到所需形状的天线。蚀刻法制作的 RFID 天线如图 3-19 所示。

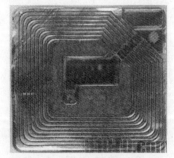

(a) 铜材料的线圈天线　　　　(b) 铝材料的线圈天线

图 3-19　蚀刻法制作的 RFID 天线

蚀刻法的特点如下。

(1) 蚀刻天线精度高,能够和读写器的询问信号相匹配,天线的阻抗、方向性等性能都很好,天线性能优异稳定。

(2) 这种方法的缺点就是成本太高、制作程序烦琐,产能低下。

(3) 高频 RFID 标签常采用这种工艺。

(4) 蚀刻的 RFID 标签耐用年限为 10 年以上。

3.4.3 印刷法

印刷天线是直接用导电油墨在绝缘基板(薄膜)上印刷导电线路,形成天线和电路。目前印刷天线的主要印刷方法已从只用丝网印刷,扩展到胶印印刷、柔性版印刷和凹印印刷等,较为成熟的制作工艺为网印技术与凹印技术。印刷天线技术的进步,使 RFID 标签的生产成本降低,从而促进了 RFID 电子标签的应用。

印刷天线技术可以用于大量制造 13.56MHz 和 UHF 频段的 RFID 电子标签。该工艺的优点是产出最大、成本最低;但是这种方法的缺点是电阻大、附着力低、耐用年限较短。印刷法制作的 RFID 天线如图 3-20 所示。

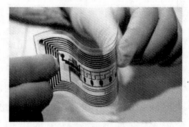

(a) 印刷法制作的天线可批量生产　　(b) 印刷法制作的天线有柔韧性

图 3-20　印刷法制作的 RFID 天线

1. 印刷天线的特点

印刷天线与蚀刻天线、线圈绕制天线相比,具有以下独特之处。

(1) 可更加精确地调整电性能参数。

RFID 标签的主要技术参数有谐振频率、Q 值、阻抗等。为了达到天线的最优性能,印刷 RFID 标签可以采用改变天线匝数、改变天线尺寸和改变线径粗细的方法,将电性能参数精确调整到所需的目标值。

(2) 可满足各种个性化要求。

印刷天线技术可以通过局部改变线的宽度、改变晶片层的厚度、改变物体表面的曲率和角度等,来完成 RFID 多种使用用途,以满足客户各种个性化的要求,而不降低任何使用性能。

(3) 可使用各种不同基体材料。

印刷天线可按用户要求使用不同基体材料,除可以使用聚氯乙烯(PVC)外,还可使用共聚酯(PET-G)、聚酯(PET)、丙烯腈-丁二烯-苯乙烯共聚物(ABS)、聚碳酸酯(PC)和纸基材料等。如果采用线圈绕线技术或蚀刻技术,就很难用 PC 等材料生产出适应恶劣环境条件的 RFID 标签。

(4) 可使用各种不同厂家提供的晶片模块。

随着 RFID 标签的广泛使用,越来越多的 IC 晶片厂家加入 RFID 晶片模块生产的队伍。由于缺乏统一标准,IC 晶片电性能参数也都不同,而印刷天线的灵活结构,可分别与各种不同晶片以及采用不同封装形式的模块相匹配,能达到最佳使用性能。

2. 导电油墨与 RFID 印刷天线技术

导电油墨是一种特殊油墨,可在 UV 油墨、水性油墨或特殊胶印油墨中加入可导电的载体,使油墨具有导电性。导电油墨主要由导电填料(包括金属粉末、金属氧化物、非金属和其他复合粉末)、连接剂(主要有合成树脂、光敏树脂、低熔点有机玻璃等)、添加剂(主要有分散剂、调节剂、增稠剂、增塑剂、润滑剂、抑制剂等)、溶剂(主要有芳烃、醇、酮、酯、醇醚等)等组成,可以制成碳浆油墨和银浆油墨等导电油墨。碳浆油墨成膜固化后具有保护铜箔和传导电流的作用,具有良好的导电性,同时不易氧化,性能稳定,耐酸、碱和化学溶剂的侵蚀,具有耐磨性强、抗磨损、抗热冲击性好等特点。银浆油墨有极强的附着力和遮盖力,可低温固化,具有可控导电性和很低的电阻值,这种导电油墨不仅印刷的膜层薄、均匀光滑、性能优良,而且还可大量节省材料。

在电子标签的制印中,导电油墨主要用于印制天线,替代传统的金属天线。传统的金属天线工艺复杂,成品制作时间长,消耗金属材料,成本较高。用导电油墨印制的天线,是利用高速的印刷方法制成,高效快速,导电油墨原材料成本要低于传统的金属天线,是印刷天线中首选的既快又便宜的方法。如今,导电油墨已开始取代有些频率段的蚀刻天线,如在微波频段(860~950MHz 和 2450MHz),用导电油墨印刷的天线可以与传统蚀刻的铜天线相比拟,这对于降低电子标签的制作成本有很大的意义。

RFID 印刷天线之所以具有强于传统天线的特点,主要取决于导电油墨的特性及其与印刷技术的完美结合。导电油墨由细微导电粒子或其他特殊材料(如导电的聚合物等)组成,印刷在柔性或硬质承印物上,可制成印刷电路,起到导线、天线和电阻的作用。

导电油墨印刷天线技术的特点如下。

(1) 成本低。成本低主要取决于导电油墨材料和网印工序这两个方面的原因。

从材料本身的成本来讲,油墨要比冲压或蚀刻金属线圈的价格低,特别是在铜、银的价格上涨的情况下,采用导电油墨印刷法制作 RFID 天线不失为一种理想的替代方法。

网印工序之所以能降低成本,原因之一是引进印刷设备的投资比引进铜蚀刻设备要便宜得多。此外,由于印刷过程中无须因环保要求而追加额外的投资,故生产及设备的维护成本比铜蚀刻方法要低,从而降低了标签的单件成本。

(2) 导电性好。导电油墨干燥后,由于导电粒子间的距离变小,自由电子沿外加电场方向移动形成电流,因此 RFID 印刷天线具有良好的导电性能。

(3) 操作容易。印刷技术作为一种添加法制作技术,较之减法制作技术(如蚀刻)而言,是一种容易控制、一步到位的工艺过程。

（4）无污染。铜蚀刻过程必须采用的光敏胶和其他化学试剂都具有较强的侵蚀性,所产生的废料及排出物对环境造成较大的污染。而采用导电油墨直接在基材上进行印刷,无须使用化学试剂,因而具有无污染的优点。

（5）使用时间短。印刷技术较蚀刻的差别是耐用年限较短,一般印刷的 RFID 标签耐用年限为 2～3 年,而蚀刻的 RFID 标签耐用年限为 10 年以上。

3. RFID 印刷天线的应用价值

（1）促进各行业 RFID 应用。对于一般商品,RFID 标签的使用会导致产品成本的提高,从而阻碍了 RFID 技术的进一步应用。但导电油墨技术可使 RFID 应用走出成本瓶颈,利用导电油墨进行 RFID 标签天线的印刷,可大大降低 HF 及 UHF 天线的制作成本,从而降低 RFID 标签的总体成本。

（2）促进印刷产业的发展。RFID 天线的制作需要借助于先进的印刷技术,这无疑为印刷行业拓宽了发展的方向,使印刷行业不再仅仅局限于传统的纸面印刷,而是与自动识别行业、半导体行业等有了交叉点,这可以促进各个行业的共同进步。

习题 3

3-1 填空题

（1）电感耦合式系统的工作模型类似于变压器模型,其中变压器的初级和次级线圈分别是_____和_____。

（2）在低频和高频频段,读写器与电子标签基本都采用_____天线。读写器天线与电子标签天线工作在_____区。

（3）微波 RFID 天线形式多样,可以采用_____天线、_____天线、_____天线、_____天线等。

（4）RFID 天线制作工艺主要有_____法、_____法和_____法。

（5）按天线的结构来分类,天线可以分为_____天线、_____天线、_____天线、_____天线等。

（6）研究天线辐射的常用 3 种方法是:_____、_____和_____。

（7）为了以最大功率传输,芯片的输入阻抗必须和天线的输出阻抗匹配,天线设计多采用_____Ω 或_____Ω 的阻抗匹配。

（8）微波 RFID 天线采用电磁辐射的方式工作,读写器天线与电子标签天线之间的距离较远,一般超过 1m,典型值为_____～_____m。

（9）微波 RFID 天线主要采用_____天线、_____天线、_____天线、_____天线等。

3-2 天线的定义是什么?

3-3 简述天线的分类方法。

3-4 电子标签天线和读写器天线分别应满足哪些要求?

3-5 简述电子标签天线的设计步骤。

3-6　简述低频和高频 RFID 天线的特点。

3-7　微波 RFID 天线有哪些特点？

3-8　微波 RFID 天线主要有哪些种类？

3-9　RFID 天线主要有哪些制造工艺？它们分别适用于哪个频段？

3-10　什么是导电油墨？导电油墨印刷天线技术有哪些特点？

第 4 章
CHAPTER 4
RFID 的射频前端

学习导航

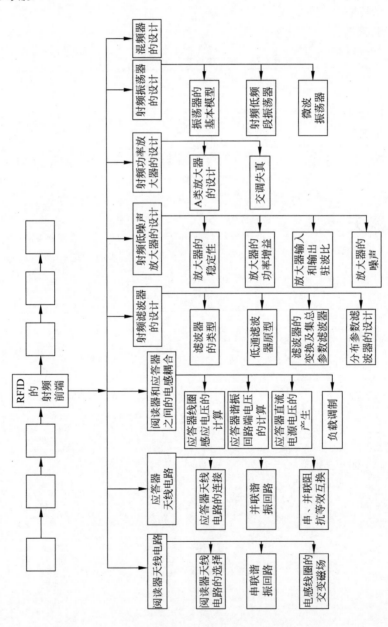

学习目标

- 掌握阅读器天线电路
- 掌握应答器天线电路
- 掌握阅读器和应答器之间的电感耦合
- 了解射频滤波器的设计
- 了解射频低噪声放大器的设计
- 了解射频低功率放大器的设计
- 了解射频振荡器的设计
- 了解混频器的设计

从能量和信息传输的基本原理来讲,射频识别技术在工作频率为 13.56MHz 和小于 135kHz 时,基于电感耦合方式(能量与信息传输以电感耦合方式实现),在更高频段基于雷达探测目标的反向散射耦合方式(雷达发射电磁波信号碰到目标后携带目标信息返回雷达接收机)。电感耦合方式的基础是电感电容谐振回路和电感线圈产生的交变磁场,是射频卡工作的基本原理。反向散射耦合方式的理论基础是电磁波传播和反射的形成,用于微波电子标签。这两种耦合方式的差异在于所使用的无线电射频的频率不同和作用距离的远近,但相同的是都采用无线电射频技术。实现射频能量和信息传输的电路称为射频前端电路,简称射频前端。本章先介绍基于电感耦合方式的射频前端电路的构造和原理,然后介绍反向散射耦合方式的射频前端。

4.1　阅读器天线电路

4.1.1　阅读器天线电路的选择

图 4-1 所示为 3 种典型的天线电路。在阅读器中,由于串联谐振回路电路简单、成本低,激励可采用低内阻的恒压源,谐振时可获得最大的回路电流等特点,因而被广泛采用。

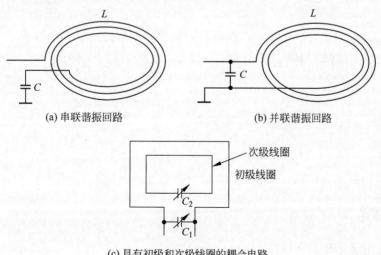

(a) 串联谐振回路　　　　(b) 并联谐振回路

(c) 具有初级和次级线圈的耦合电路

图 4-1　3 种典型的天线电路

4.1.2 串联谐振回路

1. 电路组成

由电感线圈 L 和电容器 C 组成的单个谐振回路,称为单谐振回路。信号源与电容和电感串接,就构成串联谐振回路,如图 4-2 所示。其中,R_1 是电感线圈 L 损耗的等效电阻,R_s 是信号源 $\dot{V}_s$ 的内阻,R_L 是负载电阻,回路总电阻值 $R = R_1 + R_s + R_L$。

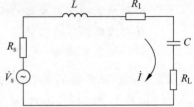

图 4-2 串联谐振回路

2. 谐振及谐振条件

若外加电压为 $\dot{V}_s$,应用复数计算法得回路电流 $\dot{I}$ 为

$$\dot{I} = \frac{\dot{V}_s}{Z} = \frac{\dot{V}_s}{R + jX} = \frac{\dot{V}_s}{R + j\left(\omega L - \dfrac{1}{\omega C}\right)} \tag{4-1}$$

式中,阻抗 $Z = |Z|e^{j\varphi}$,X 为电抗。

阻抗的模为

$$|Z| = \sqrt{R^2 + X^2} = \sqrt{R^2 + \left(\omega L - \dfrac{1}{\omega C}\right)^2} \tag{4-2}$$

相角为

$$\varphi = \arctan\left(\frac{X}{R}\right) = \arctan\left(\frac{\omega L - \dfrac{1}{\omega C}}{R}\right) \tag{4-3}$$

在某一特定角频率 ω_0 时,若回路电抗 X 满足

$$X = \omega L - \frac{1}{\omega C} = 0 \tag{4-4}$$

则电流 $\dot{I}$ 为最大值,回路发生谐振。因此,式(4-4)为串联回路的谐振条件。

由此可以导出回路产生串联谐振的角频率 ω_0 和频率 f_0 分别为

$$\omega_0 = \frac{1}{\sqrt{LC}} \quad f_0 = \frac{1}{2\pi\sqrt{LC}} \tag{4-5}$$

f_0 为谐振频率。由式(4-4)和式(4-5)可推得

$$\omega_0 L = \frac{1}{\omega_0 C} = \sqrt{\frac{L}{C}} = \rho \tag{4-6}$$

式中,ρ 为谐振回路的特性阻抗。

3. 谐振特性

串联谐振回路具有如下特性。

(1) 谐振时,回路电抗 $X = 0$,阻抗 $Z = R$ 为最小值,且为纯阻。

（2）谐振时，回路电流最大，即 $\dot{I} = \dot{V}_s/R$，且 $\dot{I}$ 与 $\dot{V}_s$ 同相。

（3）电感与电容两端电压的模值相等，且等于外加电压的 Q 倍。

谐振时电感 L 两端的电压为

$$\dot{V}_{L0} = \dot{I}\mathrm{j}\omega_0 L = \frac{\dot{V}_s}{R}\mathrm{j}\omega_0 L = \mathrm{j}\frac{\omega_0 L}{R}\dot{V}_s = \mathrm{j}Q\dot{V}_s \tag{4-7}$$

电容 C 两端的电压为

$$\dot{V}_{C0} = \dot{I}\frac{1}{\mathrm{j}\omega_0 C} = -\mathrm{j}\frac{\dot{V}_s}{R}\frac{1}{\omega_0 C} = -\mathrm{j}\frac{1}{\omega_0 CR}\dot{V}_s = -\mathrm{j}Q\dot{V}_s \tag{4-8}$$

式（4-7）和式（4-8）中的 Q 为回路的品质因数，是谐振时的回路感抗值（或容抗值）与回路电阻值 R 的比值，即

$$Q = \frac{\omega_0 L}{R} = \frac{1}{\omega_0 CR} = \frac{1}{R}\sqrt{\frac{L}{C}} = \frac{1}{R}\rho \tag{4-9}$$

式中，ρ 为谐振回路的特性阻抗。

通常，回路的 Q 值可达数十到近百，谐振时电感线圈和电容器两端的电压可比信号源电压大数十到百倍，这是串联谐振时所特有的现象，所以串联谐振又称为电压谐振。对于串联谐振回路，在选择电路器件时，必须考虑器件的耐压问题，但这种高压对人并不存在伤害，因为人触及后，谐振条件会被破坏，电流很快就会下降。

4. 能量关系

设谐振时瞬时电流的幅值为 I_{0m}，则瞬时电流 i 为

$$i = I_{0m}\sin(\omega t)$$

电感 L 上存储的瞬时能量（磁能）为

$$w = \frac{1}{2}Li^2 = \frac{1}{2}LI_{0m}^2\sin^2(\omega t) \tag{4-10}$$

电容 C 上存储的瞬时能量（电能）为

$$w_C = \frac{1}{2}Cv_C^2 = \frac{1}{2}CQ^2 V_{sm}^2\cos^2(\omega t)$$

$$= \frac{1}{2}C\frac{L}{CR^2}I_{0m}^2 R^2\cos^2(\omega t) = \frac{1}{2}LI_{0m}^2\cos^2(\omega t) \tag{4-11}$$

式中，V_{sm} 为源电压的幅值。电感 L 和电容 C 上存储的能量和为

$$w = w_L + w_C = \frac{1}{2}LI_{0m}^2 \tag{4-12}$$

由式（4-12）可见，w 是一个不随时间变化的常数，说明回路中存储的能量保持不变，只在线圈和电容器间相互转换。

下面再考虑谐振时电阻所消耗的能量，电阻 R 上消耗的平均功率为

$$P = \frac{1}{2}RI_{0m}^2 \tag{4-13}$$

在每一周期 $T\left(T=\frac{1}{f_0}, f_0\ \text{为谐振频率}\right)$ 的时间内，电阻 R 上消耗的能量为

$$w_R = PT = \frac{1}{2}RI_{0m}^2\frac{1}{f_0} \tag{4-14}$$

回路中存储的能量 $w_C + w_L$ 与每周期消耗的能量 w_R 之比为

$$\frac{w_C + w_L}{w_R} = \frac{\frac{1}{2}LI_{0m}{}^2}{\frac{1}{2}R\frac{I_{0m}{}^2}{f_0}} = \frac{f_0 L}{R} = \frac{1}{2\pi}\frac{\omega_0 L}{R} = \frac{Q}{2\pi} \tag{4-15}$$

所以,从能量的角度看,品质因数 Q 可表示为

$$Q = 2\pi\frac{\text{回路储能}}{\text{每周期耗能}} \tag{4-16}$$

5. 谐振曲线和通频带

1) 谐振曲线

回路中电流幅值与外加电压频率之间的关系曲线,称为谐振曲线。任意频率下的回路电流 $\dot{I}$ 与谐振时的回路电流 $\dot{I}_0$ 之比为

$$\frac{\dot{I}}{\dot{I}_0} = \frac{R}{R + j\left(\omega L - \frac{1}{\omega C}\right)} = \frac{1}{1 + j\frac{\omega_0 L}{R}\left(\frac{\omega}{\omega_0} - \frac{\omega_0}{\omega}\right)} = \frac{1}{1 + jQ\left(\frac{\omega}{\omega_0} - \frac{\omega_0}{\omega}\right)} \tag{4-17}$$

取其模值,得

$$\frac{I_m}{I_{0m}} = \frac{1}{\sqrt{1 + Q^2\left(\frac{\omega}{\omega_0} - \frac{\omega_0}{\omega}\right)^2}} \approx \frac{1}{\sqrt{1 + \left(Q\frac{2\Delta\omega}{\omega_0}\right)^2}} = \frac{1}{\sqrt{1 + \xi^2}} \tag{4-18}$$

式中,$\Delta\omega = \omega - \omega_0$ 表示偏离谐振的程度,称为失谐量。$\omega/\omega_0 - \omega_0/\omega \approx 2\Delta\omega/\omega_0$ 仅是 ω 在 ω_0 附近(即为小失谐量的情况)时成立,而 $\xi = Q(2\Delta\omega/\omega_0)$ 具有失谐量的定义,称为广义失谐。

根据式(4-18)可画出谐振曲线,如图 4-3 所示。其中,回路 Q 值越高,谐振曲线越尖锐,回路的选择性越好。

2) 通频带

谐振回路的通频带通常用半功率点的两个边界频率之间的间隔表示,半功率点的电流比 I_m/I_{0m} 为 0.707,如图 4-4 所示。

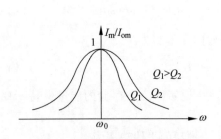

图 4-3 串联谐振回路的谐振曲线

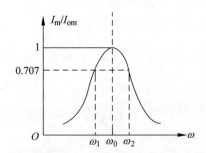

图 4-4 串联谐振回路的通频带

由于 ω_2 和 ω_1 处 $\xi = \pm 1$,且它们在 ω_0 附近时,可推导通频带 BW 为

$$\text{BW} = \frac{\omega_2 - \omega_1}{2\pi} = \frac{2(\omega_2 - \omega_0)}{2\pi} = \frac{2\Delta\omega_{0.7}}{2\pi} = \frac{\omega_0}{2\pi Q} = \frac{f_0}{Q} \tag{4-19}$$

由此可见,Q 值越高,通频带越窄(选择性越强)。在 RFID 技术中,为保证通信带宽在

电路设计时应综合考虑 Q 值的大小。

6. 对 Q 值的理解

1）电感的品质因数

在绕制或选用电感时，需要测试电感的品质因数 Q_L，以满足电路设计要求。通常可以用测试仪器 Q 表测量，测量时所用频率应尽量接近该电感在实际电路中的工作频率。修正了测量仪器源内阻影响后，可得到所用电感的品质因数 Q_L 和电感量。设电感 L 的损耗电阻值为 R_1，则

$$Q_L = \frac{\omega L}{R_1} \qquad (4-20)$$

在测量电感量 L 和品质因数 Q_L 时，阻抗分析仪是一种频段更宽、精度更高的测量仪器，但其价格较贵。

2）回路的 Q 值

在回路 Q 值的计算中，需要考虑源内阻 R_s 和负载电阻 R_L 的作用。串联谐振回路要工作，必须有源来激励，考虑源内阻 R_s 和负载电阻 R_L 后，整个回路的阻值 R 为（由于电容器 C 的损耗很低，可以忽略其影响）

$$R = R_1 + R_s + R_L \qquad (4-21)$$

因此，此时整个回路的有载品质因数为

$$Q = \frac{\omega L}{R} = \frac{\omega L}{R_1 + R_s + R_L} \qquad (4-22)$$

在前面的讨论中，已将 R_s 和 R_L 包含在回路总电阻 R 当中。

4.1.3　电感线圈的交变磁场

1. 磁场强度 H 和磁感应强度 B

安培定理指出，当电流流过一个导体时，该导体的周围会产生磁场，如图 4-5 所示。对于直线载流体，在半径为 a 的环行磁力线上，磁场强度 H 是恒定的，磁场强度的大小为

$$H = \frac{i}{2\pi a} (A/m) \qquad (4-23)$$

式中，i 为电流（A），a 为半径（m）。

磁感应强度 B 和磁场强度 H 的关系式为

$$B = \mu_0 \mu_r H \qquad (4-24)$$

式中，μ_0 为真空磁导率，$\mu_0 = 4\pi \times 10^{-7} H/m$；$\mu_r$ 为相对磁导率，用来说明材料的磁导率是 μ_0 的多少倍。

2. 环形短圆柱形线圈的磁感应强度

在电感耦合的 RFID 系统中，阅读器天线电路的电感常采用短圆柱形线圈结构，如图 4-6 所示。离线圈中心距离为 r 处 P 点的磁感应强度 B_z 的大小为

$$B_z = \frac{\mu_0 i_1 N_1 a^2}{2(a^2 + r^2)^{\frac{3}{2}}} = \mu_0 H_z \tag{4-25}$$

式中，i_1 为电流；N_1 为线圈匝数；a 为线圈半径；r 为离线圈中心的距离；μ_0 为真空磁导率。

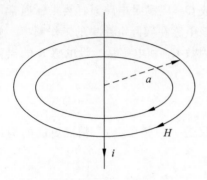

图 4-5 载流导体周围的磁场

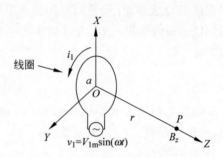

图 4-6 环形线圈的磁场

1) 磁感应强度 B 和距离 r 的关系

（1）当 $r \ll a$ 时，由式(4-25)可知，在 $r \ll a$ 范围内磁感应强度几乎不变。当 $r = 0$ 时，公式简化为

$$B_z = \mu_0 \frac{i_1 N_1}{2a} \tag{4-26}$$

（2）当 $r \gg a$ 时，式(4-25)可改写为

$$B_z = \mu_0 \frac{i_1 N_1 a^2}{2r^3} = \mu_0 H_z \tag{4-27}$$

式(4-27)表明，当 $r \gg a$ 时，磁感应强度的衰减和距离 r 的三次方成正比，如图 4-7 所示。

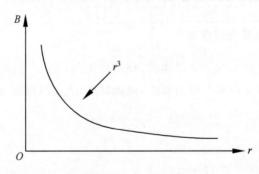

图 4-7 B 和 r 的关系

上面的关系可以表述为：从线圈中心到一定距离磁场强度几乎不变，而后急剧下降，其衰减大约为 60dB/10 倍距离。

当然，上述结论适用于近场。近场是指从线圈中心处距离小于 r_λ 的范围

$$r_\lambda = \frac{\lambda}{2\pi} \tag{4-28}$$

式中，λ 为波长。表 4-1 所示为频率小于 135kHz 和频率为 13.56MHz 时的 λ 和 r_λ 的值。

表 4-1　频率、波长和 r_λ

频率	波长 $\lambda(m)$	$r_\lambda(m)$
$<135\text{kHz}$	>2222	>353
13.56MHz	22.1	3.5

2) 最佳线圈半径 a

设 r 为常数,并简单地假定线圈中电流不变,讨论 a 和 B_z 的关系。

将式(4-25)改写为

$$B_z = \frac{\mu_0 i_1 N_1}{2} \frac{a^2}{(a^2 + r^2)^{\frac{3}{2}}} = k \sqrt{\frac{a^4}{(a^2 + r^2)^3}} \qquad (4\text{-}29)$$

式中,$k = \mu_0 i_1 N_1/2$ 为常数。对式(4-29)求 $dB_z/da = 0$ 的解(推导从略),便可解得 B_z 具有极大值的条件为

$$a = \sqrt{2}\, r \qquad (4\text{-}30)$$

式(4-30)表明,在一定距离 r 处,当线圈半径 $a = \sqrt{2}\, r$ 时,可获得最大场强。也就是说,当线圈半径 a 一定时,在 $r = a/\sqrt{2} = 0.707a$ 处可获得最大场强(假定线圈中的电流大小不变)。

虽然增加线圈半径 a,会在较远距离 r 处获得最大场强,但由式(4-25)会发现,由于距离 r 的增大,会使场强值相对变小,以致影响应答器的能量供给。

3. 矩形线圈的磁感应强度

矩形线圈在阅读器和应答器的天线电路中经常被采用,在距离线圈为 r 处的磁感应强度 B 的大小为

$$B = \frac{\mu_0 N i_1 ab}{4\pi \sqrt{(a/2)^2 + (b/2)^2 + r^2}} \left[\frac{1}{(a/2)^2 + r^2} + \frac{1}{(b/2)^2 + r^2} \right] \qquad (4\text{-}31)$$

式中,i_1 为电流;a 和 b 为矩形的边长;N 为匝数。

4.2　应答器天线电路

4.2.1　应答器天线电路的连接

1) MCRF355 和 MCRF360 芯片的天线电路

Microchip 公司的 13.56MHz 应答器(无源射频卡)芯片 MCRF355 和 MCRF360 的天线电路接线示意图如图 4-8 所示。图中有 3 个连接端:Ant. A、Ant. B 和地(V_{ss})。

当 Ant. B 端通过控制开关与 V_{ss} 端短接时,谐振回路与工作频率失谐,此时应答器芯片虽然已处于阅读器的射频能量场之内,但因失谐无法获得正常工作所需能量,处于休眠状态。

当 Ant. B 端开路时,谐振回路谐振在工作频率(13.56MHz)上,应答器可获得能量,进入工作状态。

在图 4-8(a)和图 4-8(b)中,电感和电容器都外接应答器芯片,整个电路被封装在射频卡中。在图 4-8(c)中,电容被集成在芯片内部,仅需要外接电感线圈。

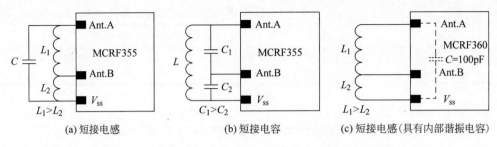

(a) 短接电感　　　　　(b) 短接电容　　　　　(c) 短接电感(具有内部谐振电容)

图 4-8　MCRF355 和 MCRF360 芯片外接谐振回路示意图

2) e5550 芯片的天线电路

e5550 是工作频率为 125kHz 的无源射频卡芯片,其天线电路的连接比较简单,如图 4-9 所示,电感线圈和电容器为外接。除此之外,e5550 芯片还提供电源(V_{dd} 和 V_{ss})和测试(Test1、Test2、Test3)引脚,供测试时快速编程和校验,在射频工作时不用。

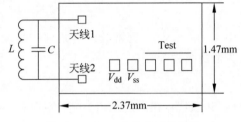

图 4-9　e5550 芯片的天线电路

从上面两例可以看到,无源应答器的天线电路多采用并联谐振回路。从后面并联谐振回路的性能分析中可知,并联谐振称为电流谐振,在谐振时,电感和电容支路中电流最大,即谐振回路两端可获得最大电压,这对无源应答器的能量获取是必要的。

4.2.2　并联谐振回路

1. 电路组成与谐振条件

串联谐振回路适用于恒压源,即信号源内阻很小的情况。如果信号源的内阻大,应采用并联谐振回路。

并联谐振回路如图 4-10(a)所示,电感线圈、电容器和外加信号源并联构成振荡回路。在研究并联谐振回路时,采用恒流源(信号源内阻很大)分析比较方便。

在实际应用中,通常都满足 $\omega L \gg R_1$ 的条件,因此在图 4-10(a)中并联回路两端间的阻抗为

$$Z = \frac{(R_1 + j\omega L)\dfrac{1}{j\omega C}}{(R_1 + j\omega L) + \dfrac{1}{j\omega C}} \approx \frac{\dfrac{L}{C}}{R_1 + j\left(\omega L - \dfrac{1}{\omega C}\right)} = \frac{1}{\dfrac{CR_1}{L} + j\left(\omega C - \dfrac{1}{\omega L}\right)} \quad (4\text{-}32)$$

由式(4-32)可得另一种形式的并联谐振回路,如图 4-10(b)所示。因为导纳 Y 可表示为

$$Y = g + jb = \frac{1}{Z}$$

所以有

$$Y = g + jb = \frac{CR_1}{L} + j\left(\omega C - \frac{1}{\omega L}\right) \quad (4\text{-}33)$$

式中，$g = CR_1 / L = 1 / R_P$ 为电导，R_P 为对应于 g 的并联电阻值，$b = \omega C - 1 / (\omega L)$ 为电纳。

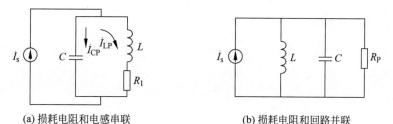

(a) 损耗电阻和电感串联　　　　　　(b) 损耗电阻和回路并联

图 4-10　并联谐振回路

当并联谐振回路的电纳 $b = 0$ 时，回路两端电压 $\dot{V}_P = \dot{I}_s L / (CR_1)$，并且 $\dot{V}_P$ 和 $\dot{I}_s$ 同相，此时称并联谐振回路对外加信号频率源发生并联谐振。

由 $b = 0$，可以推出并联谐振条件为

$$\omega_P = \frac{1}{\sqrt{LC}} \text{ 和 } f_P = \frac{1}{2\pi \sqrt{LC}} \tag{4-34}$$

式中，ω_P 为并联谐振回路谐振角频率；f_P 为并联谐振回路谐振频率。

2. 谐振特性

(1) 并联谐振回路谐振时的谐振电阻 R_P 为纯阻性。

并联谐振回路谐振时的谐振电阻 R_P 为

$$R_P = \frac{L}{CR_1} = \frac{\omega_P^2 L^2}{R_1} \tag{4-35}$$

同样，在并联谐振时，把回路的感抗值（或容抗值）与电阻的比值称为并联谐振回路的品质因数 Q_P，则

$$Q_P = \frac{\omega_P L}{R_1} = \frac{1}{\omega_P R_1 C} = \frac{1}{R_1} \sqrt{\frac{L}{C}} = \frac{1}{R_1} \rho \tag{4-36}$$

式中，$\rho = \sqrt{L/C}$ 为特性阻抗。将 Q_P 代入式(4-35)，可得

$$R_P = Q_P \omega_P L = Q_P \frac{1}{\omega_P C} \tag{4-37}$$

在谐振时，并联谐振回路的谐振电阻等于感抗值（或容抗值）的 Q_P 倍，且具有纯阻性。

(2) 谐振时电感和电容中电流的幅值为外加电流源 $\dot{I}_s$ 的 Q_P 倍。

当并联谐振时，电容支路、电感支路的电流 $\dot{I}_{CP}$ 和 $\dot{I}_{LP}$ 分别为

$$\dot{I}_{CP} = \frac{\dot{V}_P}{1/(j\omega_P C)} = j\omega_P C \dot{V}_P = j\omega_P C R_P \dot{I}_s$$

$$= j\omega_P C Q_P \frac{1}{\omega_P C} \dot{I}_s = jQ_P \dot{I}_s \tag{4-38}$$

式中，$\dot{V}_P$ 为谐振回路两端电压，同样可求得 $\dot{I}_{LP}$ 为

$$\dot{I}_{LP} = -jQ_P \dot{I}_s \tag{4-39}$$

由式(4-38)和式(4-39)可见，当并联谐振时，电感、电容支路的电流为信号源电流 $\dot{I}_s$ 的

Q_P 倍,所以并联谐振又称为电流谐振。

3. 谐振曲线和通频带

类似于串联谐振回路的分析方法,并由式(4-33)、式(4-35)和式(4-37)可以求出并联谐振回路的电压为

$$\dot{V} = \dot{I}_s Z = \frac{\dot{I}_s}{\frac{1}{R_P} + \mathrm{j}\left(\omega C - \frac{1}{\omega L}\right)} = \frac{\dot{I}_s R_P}{1 + \mathrm{j}Q_P\left(\frac{\omega}{\omega_p} - \frac{\omega_p}{\omega}\right)} \tag{4-40}$$

并联谐振回路谐振时的回路端电压 $\dot{V} = \dot{I}_s R_P$,所以

$$\frac{\dot{V}}{\dot{V}_P} = \frac{1}{1 + \mathrm{j}Q_P\left(\frac{\omega}{\omega_P} - \frac{\omega_P}{\omega}\right)} \tag{4-41}$$

由式(4-41)可导出并联谐振回路的谐振曲线(幅频特性曲线)和相频特性曲线的表达式为

$$\frac{V_m}{V_{Pm}} = \frac{1}{\sqrt{1 + \left[Q_P\left(\frac{\omega}{\omega_P} - \frac{\omega_P}{\omega}\right)\right]^2}} \tag{4-42}$$

$$\varphi = -\arctan\left[Q_P\left(\frac{\omega}{\omega_P} - \frac{\omega_P}{\omega}\right)\right] \tag{4-43}$$

并联谐振回路和串联谐振回路的谐振曲线的形状是相同的,但其纵坐标是 V_m/V_{Pm},读者可自行画出其谐振曲线。

与串联谐振回路相同,并联谐振回路的通频带带宽 BW 为

$$\mathrm{BW} = 2\frac{\Delta\omega_{0.7}}{2\pi} = 2\Delta f_{0.7} = \frac{f_P}{Q_P} \tag{4-44}$$

式中,f_P 为并联谐振频率;$2\Delta f_{0.7}$ 为谐振曲线两半功率点的频差;Q_P 为并联谐振回路的品质因数。

4. 加入负载后的并联谐振回路

考虑源内阻 R_s 和负载电阻 R_L 后,并联谐振回路的等效电路如图 4-11 所示。

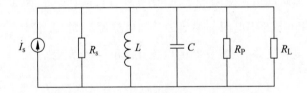

图 4-11　考虑 R_s 和 R_L 后的并联谐振回路

此时,可推出整个回路的有载品质因数 Q 为

$$Q = \frac{Q_P}{1 + \dfrac{R_P}{R_s} + \dfrac{R_P}{R_L}} \tag{4-45}$$

与串联谐振回路一样，负载电阻 R_L 与源内阻 R_s 的接入，也会使并联谐振回路的品质因数 Q_P 下降。

4.2.3　串、并联阻抗等效互换

为了分析电路的方便，经常需要用到串、并联阻抗等效互换。图 4-12(a)所示为一个串联电路，图 4-12(b)所示为一个并联电路，下面考查这两个电路的参数等效互换。

所谓"等效"，是指在电路的工作频率为 f 时，从图 4-12 的 AB 端看进去的阻抗相等。图 4-12(a)中 X_1 是电抗(电感或电容)，R_x 为 X_1 的串联损耗(内阻)，R_1 是外电阻。下面求与之等效的图 4-12(b)中的电抗 X_2 和电阻 R_2。

(a) 串联电路　　　　　　　　　　　(b) 并联电路

图 4-12　串、并联阻抗的等效互换

从阻抗相等的关系可得

$$Z = (R_1 + R_\mathrm{x}) + jX_1 = \frac{R_2(jX_2)}{R_2 + jX_2} = \frac{R_2 X_2^2}{R_2^2 + X_2^2} + j\frac{R_2^2 X_2}{R_2^2 + X_2^2}$$

所以

$$R_1 + R_\mathrm{x} = \frac{R_2 X_2^2}{R_2^2 + X_2^2} = \frac{R_2}{1 + (R_2/X_2)^2} \tag{4-46}$$

$$X_1 = \frac{R_2^2 X_2}{R_2^2 + X_2^2} = \frac{X_2}{1 + (X_2/R_2)^2} \tag{4-47}$$

串联回路的品质因数 Q_1 为

$$Q_1 = \frac{X_1}{R_1 + R_\mathrm{x}} = \frac{R_2}{X_2} \tag{4-48}$$

用 Q_1 表示式(4-46)和式(4-47)后，可得

$$R_1 + R_\mathrm{x} = \frac{R_2}{1 + Q_1^2} \tag{4-49}$$

$$X_1 = \frac{X_2}{1 + \dfrac{1}{Q_1^2}} \tag{4-50}$$

在高品质因数 Q_1 时，有

$$R_1 + R_\mathrm{x} \approx \frac{R_2}{Q_1^2} = \frac{X_2^2}{R_2} \tag{4-51}$$

$$X_1 \approx X_2 \tag{4-52}$$

4.3　阅读器和应答器之间的电感耦合

　　阅读器和应答器之间的电感耦合关系如图 4-13 所示。法拉第定理指出,当时变磁场通过一个闭合导体回路时,在导体上会产生感应电压,并在回路中产生电流。

　　在图 4-13 所示的情况下,当应答器进入阅读器产生的交变磁场时,应答器的电感线圈上就会产生感应电压。当距离足够近,应答器天线电路所截获的能量可以供应答器芯片正常工作时,阅读器和应答器才能进入信息交互阶段。

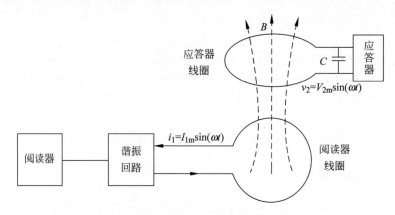

图 4-13　阅读器与应答器之间的耦合

4.3.1　应答器线圈感应电压的计算

　　应答器线圈上感应电压的大小和穿过导体所围面积的总磁通量 ψ 的变化率成正比。感应电压 v_2 可表示为

$$v_2 = -\frac{\mathrm{d}\psi}{\mathrm{d}t} = -N_2\frac{\mathrm{d}\phi}{\mathrm{d}t} \tag{4-53}$$

式中,N_2 是应答器线圈的匝数;ϕ 为每匝线圈的磁通量,并且

$$\psi = N_2\phi \tag{4-54}$$

磁通量 ϕ 和磁感应强度 B 之间的关系为

$$\phi = \int B \cdot \mathrm{d}S \tag{4-55}$$

这里,磁感应强度 B 是由阅读器线圈产生的,其大小由式(4-25)给出;S 是线圈所围面积;"·"表示内积运算,为磁感应强度矢量 B 和面积 S 表面法线之间夹角的余弦函数值。如图 4-14 所示,当应答器线圈和阅读器线圈平行时,夹角 α 为 $0°$,$\cos\alpha=1$。

　　将式(4-25)和式(4-55)代入式(4-53)中,可得

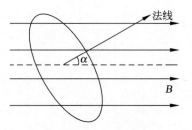

图 4-14　线圈位置和磁感应强度 B 的关系

$$v_2 = -N_2 \frac{\mathrm{d}\phi}{\mathrm{d}t} = -N_2 \frac{\mathrm{d}}{\mathrm{d}t}\left(\int B \cdot \mathrm{dS}\right)$$

$$= -N_2 \frac{\mathrm{d}}{\mathrm{d}t}\left[\int \frac{\mu_0 i_1 a^2 N_1}{2(a^2 + r^2)^{\frac{3}{2}}}\cos\alpha \mathrm{dS}\right] \tag{4-56}$$

设 B 和 S 间的夹角 $\alpha = 0°$，即 $\cos\alpha = 1$，则

$$v_2 = -\left[\frac{\mu_0 N_1 N_2 a^2 S}{2(a^2 + r^2)^{\frac{3}{2}}}\right]\frac{\mathrm{d}i_1}{\mathrm{d}t} = -M\frac{\mathrm{d}i_1}{\mathrm{d}t} \tag{4-57}$$

$$M = \frac{\mu_0 N_1 N_2 a^2 S}{2(a^2 + r^2)^{\frac{3}{2}}} \tag{4-58}$$

式中，i_1 为阅读器线圈电流；N_1 为阅读器线圈匝数；a 以为阅读器线圈半径；r 为两线圈距离；M 为阅读器与应答器线圈间的互感；S 为应答器线圈面积。

式(4-57)表明，阅读器线圈和应答器线圈之间的耦合像变压器耦合一样，初级线圈(阅读器线圈)的电流产生磁通，该磁通在次级线圈(应答器线圈)产生感应电压。因此，也称电感耦合方式为变压器耦合方式。这种耦合的初、次级是独立可分离的，耦合通过空间电磁场实现。

同时由式(4-57)还可知，应答器线圈上感应电压的大小和互感 M 大小成正比，互感 M 是两个线圈参数的函数，并且与距离的三次方成反比。因此，应答器要能从阅读器获得正常工作的能量，必须要靠近阅读器，其贴近程度是电感耦合方式 RFID 系统的一项重要性能指标，也称为工作距离或读写距离(读距离和写距离可能会不同，通常读距离大于写距离)。

4.3.2　应答器谐振回路端电压的计算

应答器天线电路可表示为如图 4-15 所示的等效电路。其中，v_2 为电感线圈 L_2 中的感应电压；R_2 为 L_2 的损耗电阻；C_2 为谐振电容；R_L 为负载；v_2' 为应答器谐振回路两端的电压。应答器在 v_2' 达到一定电压值后，通过整流电路，产生应答器芯片正常工作所需的直流电压。

在此回路中，L_2、C_2 和 R_L 并联，v_2 在 L_2 支路。在 4.2.3 小节介绍了串、并联阻抗等效互换的方法，因此可以把 R_L 和 C_2 的并联变换为等效的 C_2 和 R_L' 的串联。这样，图 4-15 的电路可等效为如图 4-16 所示的电路。

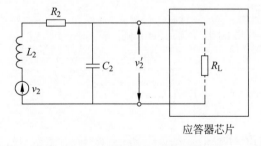

图 4-15　应答器谐振回路的端电压

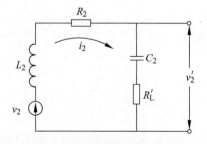

图 4-16　应答器的等效电路

由于 L_2、C_2 回路的谐振频率和阅读器电压 v_1 的频率相同，也就是与 v_2 的频率相同，因此电路处于谐振状态，所以有

$$v_2' = v_2 Q \tag{4-59}$$

式中,Q 为图 4-16 所示回路的品质因数。

将式(4-57)代入式(4-59),可得

$$v_2' = -Q \frac{\mu_0 N_1 N_2 a^2 S}{2(a^2 + r^2)^{3/2}} \frac{di_1}{dt} \tag{4-60}$$

因为 $i_1 = I_{1m} \sin(\omega t)$,$di_1/dt = I_{1m}\omega \cos(\omega t)$,$\omega$ 为角频率,f 为频率,所以有

$$v_2' = -Q\omega N_2 S \frac{\mu_0 N_1 a^2}{2(a^2 + r^2)^{3/2}} I_{1m} \cos(\omega t) = -2\pi f N_2 SQB_z \tag{4-61}$$

式中

$$B_z = \frac{\mu_0 N_1 a^2}{2(a^2 + r^2)^{3/2}} I_{1m} \cos(\omega t) \tag{4-62}$$

其中,B_z 是距离阅读器电感线圈为 r 处的磁感应强度值。式(4-61)和式(4-62)可用于应答器和阅读器之间耦合回路参数的设计计算。

【**例 4-1**】 MCRF355 芯片工作于 13.56MHz,其天线电路封装在 ID-1 型卡(符合 ISO 7810 标准)中,卡尺寸为 85.6mm×54mm×0.76mm,当 MCRF355 芯片天线电路上具有 4V(峰值)电压时,器件可达到正常工作所需的 2.4V 直流电压。设其天线电路的 Q 值为 40,线圈圈数 $N_2 = 4$,试求阅读器电感线圈的电流值。

【**解**】 (1) 根据式(4-61)计算 B_z 值。

忽略式中表示方向的负号,B_z 为

$$B_z = \frac{v_2'}{2\pi f N_2 SQ}$$

将 $f = 13.56\text{MHz}$,$N_2 = 4$,$S = 85.6 \times 54\text{mm}^2 = 46 \times 10^{-4}\ \text{m}^2$,$Q = 40$,$v_2' = 4\text{V}$(峰值)代入上式,故 B_z 的有效值为

$$B_z = \frac{\dfrac{4}{\sqrt{2}}}{2\pi \times 13.56 \times 10^6 \times 4 \times 46 \times 10^{-4} \times 40} \approx 45 \times 10^{-9}\ (\text{WB/m}^2)$$

(2) 按式(4-62)计算阅读器线圈的电流。

$N_1 i_1$ 有效值为

$$N_1 i_1 = \frac{2(a^2 + r^2)^{\frac{3}{2}}}{\mu_0 a^2} B_z$$

设阅读器应能具有的作用距离为 38cm,阅读器线圈的半径为 0.1m,则

$$N_1 i_1 = \frac{2 \times (0.1^2 + 0.38^2)^{\frac{3}{2}}}{4\pi \times 10^{-7} \times 0.1^2} \times (45 \times 10^{-9}) \approx 0.43 (\text{安 · 匝})$$

即线圈圈数 $N_1 = 1$ 时电流为 430mA,$N_1 = 2$ 时电流为 215mA。

4.3.3 应答器直流电源电压的产生

对于无源应答器,其供电电压必须从耦合电压 v_2 获得。从耦合电压 v_2 到应答器工作所需直流电压 V_{cc} 的电压变换过程如图 4-17 所示。

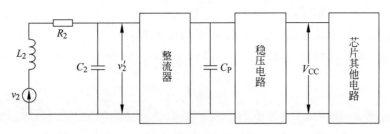

图 4-17　应答器直流电源电压的变换过程

1. 整流与滤波

天线电路获得的耦合电压经整流电路后变换为单极性的交流信号,再经滤波电容 C_P 滤去高频成分,获得直流电压。滤波电容 C_P 同时又作为储能器件,以获得较强的负载能力。

图 4-18 所示为一个采用 MOS 管的全波整流电路,滤波电容 C_P 集成在芯片内。C_P 容量选得较大,则电路储能及电压平滑作用较好,但集成电路制作代价大。因此,C_P 容量不能选得过大,通常为百皮法数量级。

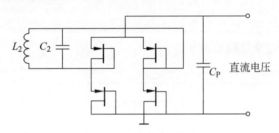

图 4-18　采用 MOS 管的全波整流电路

2. 稳压电路

滤波电容 C_P 两端输出的直流电压是不稳定的,当应答器(卡)与阅读器的距离变化时,随应答器线圈 L_2 上耦合电压的变化而变化,而应答器内的电路需要有较高稳定性的直流电源电压,因此必须采用稳压电路。

稳压电路在众多书籍中都有介绍,本节不再赘述。在图 4-17 中,V_{CC} 为稳压后输出的直流电源电压,相当于例 4-1 中的 MCRF355 芯片的 2.4V 直流电源电压。

4.3.4　负载调制

在 RFID 系统中,应答器向阅读器的信息传输采用负载调制技术,下面介绍基于电感耦合方式的负载调制原理。

1. 耦合电路模型

将图 4-13 改画为耦合电路形式,如图 4-19(a)所示。图中,$\dot{V}_1$ 是角频率为 ω 的正弦电压;R_s 为其内阻;R_1 为电感 L_1 的损耗电阻;M 为互感;R_2 为电感 L_2 的损耗电阻;R_L' 为等效负载电阻。图中还标明了线圈的同名端关系。很明显,初级回路代表阅读器天线电路,次级回路代表应答器的天线电路,它们通过互感 M 实现耦合。

耦合系数 k 是反映耦合回路耦合程度的重要参数。电感耦合回路的耦合系数 k 为

$$k = \frac{M}{\sqrt{L_1 L_2}} \tag{4-63}$$

式中,M 为 L_1 和 L_2 的互感;k 为小于 1 的正数,且为无量纲的值。

为便于分析电路,将图 4-19(a) 的 C_2 与 R_L 的并联电路转换为 R_L' 和 C_2' 的串联电路,这样便可得到如图 4-19(b) 所示的电路,这是一个互感耦合串联型回路。在次级(应答器)回路中,品质因数 Q 都大于 10,满足 $Q \gg 1$ 的条件,因此 $C_2' \approx C_2$。

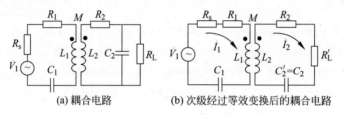

(a) 耦合电路   (b) 次级经过等效变换后的耦合电路

图 4-19   耦合电路模型

2. 互感耦合回路的等效阻抗关系

图 4-19(b) 中初级和次级回路的电压方程可写为

$$Z_{11} \dot{I}_1 - j\omega M \dot{I}_2 = \dot{V}_1 \tag{4-64}$$

$$-j\omega M \dot{I}_1 + Z_{22} \dot{I}_2 = 0 \tag{4-65}$$

式中,Z_{11} 为初级回路自阻抗,$Z_{11} = R_{11} + jX_{11} = (R_s + R_1) + jX_{11}$;$Z_{22}$ 为次级回路自阻抗,$Z_{22} = R_{22} + jX_{22} = (R_2 + R_L') + jX_{22}$。

由式(4-64)和式(4-65)可求得初、次级回路电流为

$$\dot{I}_1 = \frac{\dot{V}_1}{Z_{11} + \dfrac{(\omega M)^2}{Z_{22}}} \tag{4-66}$$

$$\dot{I}_2 = \frac{j\omega M \dot{V}_1 / Z_{11}}{Z_{22} + \dfrac{(\omega M)^2}{Z_{11}}} \tag{4-67}$$

若令

$$Z_{f1} = \frac{(\omega M)^2}{Z_{22}} \tag{4-68}$$

$$Z_{f2} = \frac{(\omega M)^2}{Z_{11}} \tag{4-69}$$

则式(4-66)和式(4-67)可表示为

$$\dot{I}_1 = \frac{\dot{V}_1}{Z_{11} + Z_{f1}} \tag{4-70}$$

$$\dot{I}_2 = \frac{\mathrm{j}\omega M \dot{V}_1/Z_{11}}{Z_{22}+Z_{\mathrm{f2}}} = \frac{\dot{V}_2}{Z_{22}+Z_{\mathrm{f2}}} \tag{4-71}$$

式中，$\dot{V}_2 = \mathrm{j}\omega M \dot{V}_1/Z_{11}$。

由式(4-70)和式(4-71)，根据电路关系，可以画出图 4-20 所示的初级和次级回路的等效电路。

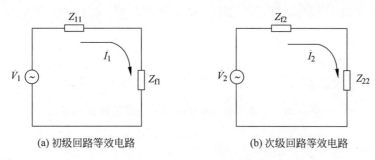

(a) 初级回路等效电路　　　　　　　(b) 次级回路等效电路

图 4-20　耦合回路的初级、次级回路等效电路

由于 Z_{f1} 是互感 M 和次级回路阻抗 Z_{22} 的函数，并出现在初级等效回路中，故 Z_{f1} 称为次级回路对初级回路的反射阻抗，它由反射电阻 R_{f1} 和反射电抗 X_{f1} 两部分组成，即 $Z_{\mathrm{f1}} = R_{\mathrm{f1}} + \mathrm{j}X_{\mathrm{f1}}$。

同理，Z_{f2} 称为初级回路对次级回路的反射阻抗，由反射电阻 R_{f2} 和反射电抗 X_{f2} 组成，即 $Z_{\mathrm{f2}} = R_{\mathrm{f2}} + \mathrm{j}X_{\mathrm{f2}}$。

这样，初级和次级回路之间的影响可以通过反射阻抗的变化来进行分析。

3. 电阻负载调制

负载调制是应答器向阅读器传输数据所使用的方法。在电感耦合方式的 RFID 系统中，负载调制有电阻负载调制和电容负载调制两种方法。

电阻负载调制的原理电路如图 4-21 所示，开关 S 用于控制负载调制电阻 R_{mod} 的接入与否，开关 S 的通断由二进制数据编码信号控制。

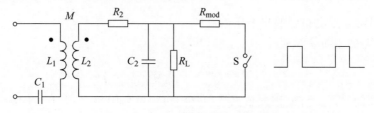

图 4-21　电阻负载调制的原理电路

二进制数据编码信号用于控制开关 S。当二进制数据编码信号为 1 时，设开关 S 闭合，则此时应答器负载电阻为 R_{L} 和 R_{mod} 并联；当二进制数据编码信号为 0 时，开关 S 断开，应答器负载电阻为 R_{L}。所以在电阻负载调制时，应答器的负载电阻值有两个对应值，即 R_{L}（S 断开时）和 R_{L} 与 R_{mod} 的并联值 $R_{\mathrm{L}}//R_{\mathrm{mod}}$（S 闭合时）。显然，$R_{\mathrm{L}}//R_{\mathrm{mod}}$ 小于 R_{L}。

图 4-21 的等效电路如图 4-22 所示。在初级等效电路中，R_{s} 为源电压 $\dot{V}_1$ 的内阻，R_1 为

电感线圈 L_1 的损耗电阻，R_{f1} 为次级回路的反射电阻，X_{f1} 为次级回路的反射电抗，$R_{11} = R_s + R_1$，$X_{11} = j[\omega L_1 - 1/(\omega C_1)]$。在次级等效电路中，$\dot{V}_2 = -j\omega M \dot{V}_1/Z_{11}$，$R_2$ 为电感线圈 L_2 的损耗电阻，R_{f2} 为初级回路的反射电阻，X_{f2} 为初级回路的反射电抗，R_L 为负载电阻，R_{mod} 为负载调制电阻。

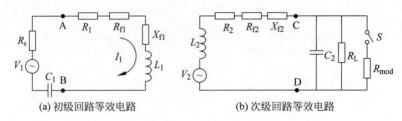

(a) 初级回路等效电路   (b) 次级回路等效电路

图 4-22   电阻负载调制时初、次级回路的等效电路

1) 次级回路等效电路中的端电压 $\dot{V}_{CD}$

设初级回路处于谐振状态，则其反射电抗 $X_{f2} = 0$，故

$$\dot{V}_{CD} = \frac{\dot{V}_2}{(R_2 + R_{f2}) + j\omega L_2 + \dfrac{\dfrac{1}{j\omega C_2} \cdot R_{Lm}}{\dfrac{1}{j\omega C_2} + R_{Lm}}} \cdot \frac{\dfrac{R_{Lm}}{j\omega C_2}}{\dfrac{1}{j\omega C_2} + R_{Lm}}$$

$$= \frac{\dot{V}_2}{1 + \left[(R_2 + R_{f2}) + j\omega L_2\right]\left(j\omega C_2 + \dfrac{1}{R_{Lm}}\right)} \tag{4-72}$$

式中，R_{Lm} 为负载电阻 R_L 和负载调制电阻 R_{mod} 的并联值。

由式(4-72)可知，当进行负载调制时，$R_{Lm} < R_L$，因此 $\dot{V}_{CD}$ 电压下降。在实际电路中，电压的变化反映为电感线圈 L_2 两端可测的电压变化。

该结果也可从物理概念上获得，即次级回路由于 R_{mod} 的接入，负载加重，Q 值降低，谐振回路两端电压下降。

2) 初级回路等效电路中的端电压 $\dot{V}_{AB}$

由次级回路的阻抗表达式

$$Z_{22} = R_2 + j\omega L_2 + \frac{1}{1/R_{Lm} + j\omega C_2} \tag{4-73}$$

得知，在负载调制时 Z_{22} 下降，因此根据式(4-68)可得反射阻抗 Z_{f1} 上升(在互感 M 不变的条件下)。若次级回路调整于谐振状态，其反射电抗 $X_{f1} = 0$，则表现为反射电阻 R_{f1} 的增加。

R_{f1} 不是一个电阻实体，它的变化体现为电感线圈 L_1 两端的电压变化，即图 4-22(a)所示的等效电路中端电压以 $\dot{V}_{AB}$ 的变化。在负载调制时，由于 R_{f1} 增大，因此 $\dot{V}_{AB}$ 增大，即电感线圈 L_1 两端的电压增大。由于 $X_{f1} = 0$，因此电感线圈两端电压的变化表现为幅度调制。

3) 电阻负载调制数据信息传输的原理

通过前面的分析，电阻负载调制数据信息传输的过程如图 4-23 所示。应答器的二进制数据编码信号通过电阻负载调制方法传送到阅读器，电阻负载调制过程是一个调幅过程。

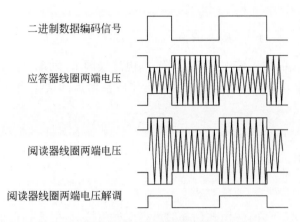

二进制数据编码信号

应答器线圈两端电压

阅读器线圈两端电压

阅读器线圈两端电压解调

图 4-23　电阻负载调制实现数据传输的过程

4. 电容负载调制

电容负载调制是用附加的电容器 C_{mod} 代替调制电阻 R_{mod}，如图 4-24 所示。其中，R_2 为电感线圈 L_2 的损耗电阻。

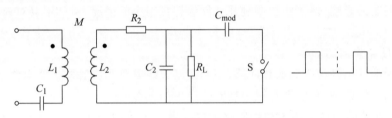

图 4-24　电容负载调制原理图

设互感 M 不变，下面分析 C_{mod} 接入的影响。电容负载调制和电阻负载调制的不同之处在于：R_{mod} 的接入不改变应答器回路的谐振频率，因此阅读器和应答器回路在工作频率下都处于谐振状态；而 C_{mod} 接入后，应答器（次级）回路失谐，其反射电抗也会引起阅读器回路的失谐，因此情况比较复杂。和分析电阻负载调制类似，电容负载调制时初级和次级回路的等效电路如图 4-25 所示。

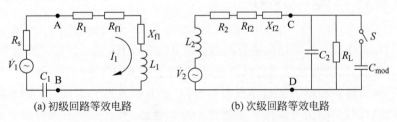

(a) 初级回路等效电路　　　　　　　(b) 次级回路等效电路

图 4-25　电容负载调制时初级和次级回路的等效电路

1) 次级回路等效电路的端电压 $\dot{V}_{CD}$

设初级回路处于谐振状态，其反射电抗 $X_{f2}=0$，故可得

$$\dot{V}_{CD} = \frac{\dot{V}_2}{1 + (R_2 + R_{f2} + j\omega L_2)[j\omega(C_2 + C_{mod}) + 1/R_L]} \tag{4-74}$$

由式（4-74）可见，C_{mod} 的加入使电压 $\dot{V}_{CD}$ 下降，即电感线圈 L_2 两端可测得的电压下降。

从物理概念上定性分析：电容 C_{mod} 的接入使应答器边的谐振回路失谐，因而电感线圈 L_2 两端的电压下降。

2）初级回路等效电路中的端电压 $\dot{V}_{AB}$

由次级回路的阻抗表达式

$$Z_{22} = R_2 + j\omega L_2 + \frac{1}{1/R_L + j\omega(C_2 + C_{mod})} \tag{4-75}$$

可知，C_{mod} 的接入使 Z_{22} 下降，并由式（4-68）可得反射阻抗 Z_{fl} 上升。但此时由于次级回路失谐，因此 Z_{fl} 中包含有 X_{fl} 部分。

由于 Z_{fl} 上升，因此电感线圈 L_1 两端的电压增加，但此时电压不仅是幅度的变化，也存在着相位的变化。

3）电容负载调制时数据信息的传输

电容负载调制时，数据信息的传输过程基本同图 4-23 所示。只是阅读器线圈两端电压会产生相位调制的影响，但该相位调制只要能保持在很小的情况下，就不会对数据的正确传输产生影响。

4）次级回路失谐的影响

前面讨论的基础是初级和次级回路（即阅读器天线电路和应答器天线电路）都调谐的情况。若次级回路失谐，则在电容负载调制时会产生如下影响。

（1）次级回路谐振频率高于初级回路谐振频率。此时，由于负载调制电容 C_{mod} 的接入，两谐振频率更接近。

（2）次级回路谐振频率低于初级回路谐振频率。由于 C_{mod} 的接入，两谐振回路的频率偏差加大。因此，在采用电容负载调制方式时，应答器的天线电路谐振频率不应低于阅读器天线电路的谐振频率。

4.4 射频滤波器的设计

微波 RFID 系统基本是采用电磁反向散射方式进行工作，其采用雷达原理模型，发射电磁波碰到目标后反射，同时携带回目标信息，属于远距离 RFID 系统。

微波 RFID 的射频前端主要包括发射机电路、接收机电路和天线，需要处理接收、发送两个过程。天线接收到的信号通过双工器进入接收通道，然后通过带通滤波器进入低噪声放大器，这时信号的频率还为射频；射频信号在混频器中与本振信号混频，生成中频信号，中频信号的频率为射频与本振信号频率的差值，混频后中频信号的频率比射频信号的频率大幅度降低。发射的过程与接收的过程相反，在发射的通道中首先利用混频器将中频信号与本振信号混频，生成射频信号；然后将射频信号放大，并经过双工器由天线辐射出去。上述过程中，滤波、放大和混频都属于射频前端电路的范畴，图 4-26 给出了微波电磁反向散射方式射频前端的一般框图。

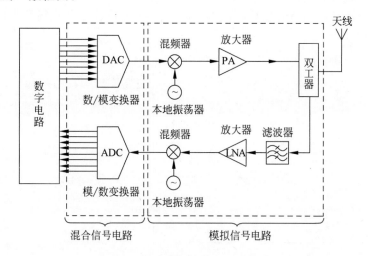

图 4-26 微波电磁反向散射方式射频前端的一般框图

图 4-26 中讨论的射频前端涉及很多射频电路的设计,包括滤波器的设计、放大器的设计、混频器的设计及振荡器的设计等,这些电路都是射频前端电路的基本组成部分,本章下面将主要介绍这些内容。

射频电路许多有源和无源部件都没有获得精确的频率特性,因而在设计射频系统时通常会加入滤波器,滤波器可以非常精确地实现预定的频率特性。滤波器是一个二端口网络,允许所需要频率的信号以最小可能的衰减通过,同时衰减不需要频率的信号。

当频率不高时,滤波器可以由集总元件的电感和电容构成,但当频率高于 500MHz 时,电路寄生参数的影响不可忽略,滤波器通常由分布参数元件构成。用插入损耗法设计滤波器,得到的是集总元件滤波电路,频率高时需要将集总元件滤波电路变换为分布参数电路实现。本节首先讨论滤波器的类型,然后用插入损耗法设计低通滤波器原型,进而通过滤波器变换将低通滤波器原型变换为各种类型的集总元件滤波器,最后讨论将集总元件滤波器变换为各种分布参数滤波器。

4.4.1 滤波器的类型

滤波器有低通滤波器、高通滤波器、带通滤波器和带阻滤波器 4 种基本类型。理想滤波器的输出在通带内与滤波器的输入相同,在阻带内为零。图 4-27(a)所示为理想低通滤波器,它允许低频信号无损耗地通过滤波器,当信号频率高于截止频率后,信号的衰减为无穷大。图 4-27(b)所示为理想高通滤波器,它与理想低通滤波器正好相反,允许高频信号无损耗地通过滤波器,当信号频率低于截止频率后,信号的衰减为无穷大。图 4-27(c)所示为理想带通滤波器,它允许某一频带内的信号无损耗地通过滤波器,频带外的信号衰减为无穷大。图 4-27(d)所示为理想带阻滤波器,它让某一频带内的信号衰减为无穷大,频带外的信号无损耗地通过滤波器。

理想滤波器是不存在的,实际滤波器与理想滤波器有差异。实际滤波器既不能实现通带内信号无损耗地通过,也不能实现阻带内信号衰减无穷大。以低通滤波器为例,实际低通滤波器允许低频信号以很小的衰减通过滤波器,当信号频率高于截止频率后,信号的衰减将急剧增大。

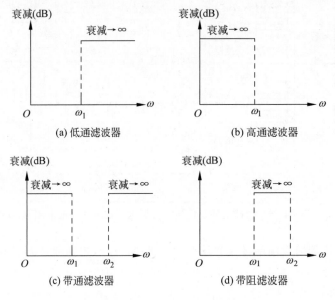

图 4-27 4 种理想滤波器

4.4.2 低通滤波器原型

低通滤波器原型是设计滤波器的基础,集总元件低通、高通、带通、带阻滤波器以及分布参数滤波器,都可以根据低通滤波器原型变换而来。

一般插入损耗作为考查滤波器的指标,用来讨论低通滤波器原型的设计方法。在插入损耗法中,滤波器的响应是用插入损耗来表征的。插入损耗定义为来自源的可用功率与传送到负载功率的比值,用 dB 表示的插入损耗定义为

$$\mathrm{IL} = 10\lg \frac{1}{1-|\,\Gamma_{\mathrm{in}}(\omega)\,|^2} \qquad (4\text{-}76)$$

式(4-76)中,$|\,\Gamma_{\mathrm{in}}(\omega)\,|^2$ 可以用 ω^2 的多项式来描述,ω 为角频率。插入损耗可以选特定的函数随所需的响应而定,常用的有"通带内最平坦""通带内有等幅波纹起伏""通带和阻带内都有等幅波纹起伏""通带内有线性相位"4 种响应的情形,对应这 4 种响应的滤波器称为巴特沃斯滤波器、切比雪夫滤波器、椭圆函数滤波器和线性相位滤波器。

1. 巴特沃斯低通滤波器原型

如果滤波器在通带内的插入损耗随频率的变化是最平坦的,这种滤波器称为巴特沃斯滤波器,也称为最平坦滤波器。对于低通滤波器,最平坦响应的数学表示式为

$$\mathrm{IL} = 10\lg \left[1 + k^2 \left(\frac{\omega}{\omega_{\mathrm{c}}} \right)^{2N} \right] \qquad (4\text{-}77)$$

式(4-77)中，N 为滤波器的阶数；ω_c 为截止角频率。一般选 $k=1$，这样当 $\omega=\omega_c$ 时，IL＝10lg2，插入损耗 IL 等于 3dB。图 4-28 所示为低通滤波器的最平坦响应，在通带内巴沃斯滤波器没有任何波纹，在阻带内巴特沃斯滤波器的衰减随着频率的升高单调急剧上升。

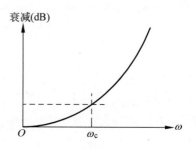

图 4-28　低通滤波器的最平坦响应

1）滤波器的阶数

由式(4-77)可以看出，N 值越大，阻带内衰减随着频率增大得越快。设计低通滤波器时，对阻带内的衰减有数值上的要求，由此可以计算出 N 值。

可以将衰减随着频率的变化情况制成图表。图 4-29 给出了巴特沃斯滤波器衰减随频率变化的对应关系，由图可以查出所需滤波器的阶数 N。

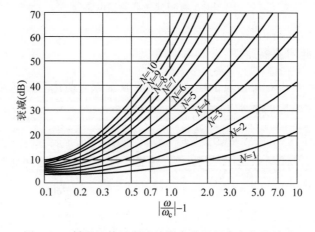

图 4-29　低通巴特沃斯滤波器衰减随频率变化的关系

2）滤波器的结构

低通滤波器原型可以由集总元件电感和电容构成，采用低通滤波器原型，假定源阻抗为 1Ω，截止频率为 $\omega_c=1$。实际滤波器 N 的取值不会太大，表 4-2 给出了 $N=1\sim10$ 低通滤波器原型的元件取值，表中 g_0 为源阻抗，g_{N+1} 为负载阻抗。图 4-30 所示是与表 4-2 相对应的滤波电路，图 4-30(a)和图 4-30(b)互为共生的电路形式，两者能给出同样的响应。

表 4-2　最平坦低通滤波器原型的元件取值$(g_0=1, N=1\sim10)$

N	g_1	g_2	g_3	g_4	g_5	g_6	g_7	g_8	g_9	g_{10}	g_{11}
1	2.0000	1.0000									
2	1.1412	1.4142	1.0000								
3	1.0000	2.0000	1.0000	1.0000							
4	0.7654	1.8478	1.8478	0.7654	1.0000						
5	0.6180	1.6180	2.0000	1.6180	0.6180	1.000					
6	0.5176	1.4142	1.9318	1.9318	1.4142	0.5176	1.0000				
7	0.4450	1.2470	1.8019	2.0000	1.8019	1.2470	0.4450	1.0000			
8	0.3902	1.1111	1.6629	1.9615	1.9615	1.6629	1.1111	0.3902	1.0000		
9	0.3473	1.0000	1.5321	1.8794	2.0000	1.8794	1.5321	1.0000	0.3473	1.0000	
10	0.3129	0.9080	1.4142	1.7820	1.9754	1.9754	1.7820	1.4142	0.9080	0.3129	1.0000

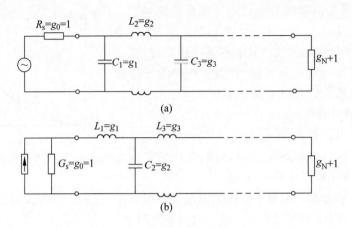

图 4-30　低通滤波器原型电路

2. 切比雪夫低通滤波器原型

如果滤波器在通带内有等波纹的响应,这种滤波器称为切比雪夫滤波器,也称为等波纹滤波器。低通等波纹响应的数学表示式为

$$\mathrm{IL} = 10\lg\left[1 + k^2 T_N^2\left(\frac{\omega}{\omega_c}\right)\right] \tag{4-78}$$

式(4-78)中,$T_N(x)$ 为切比雪夫多项式。图 4-31 所示为等波纹低通滤波器的响应。

1) 切比雪夫多项式

前 4 阶切比雪夫多项式分别是

$$T_1(x) = x \tag{4-79a}$$

$$T_2(x) = 2x^2 - 1 \tag{4-79b}$$

$$T_3(x) = 4x^3 - 3x \tag{4-79c}$$

$$T_4(x) = 8x^4 - 8x^2 + 1 \tag{4-79d}$$

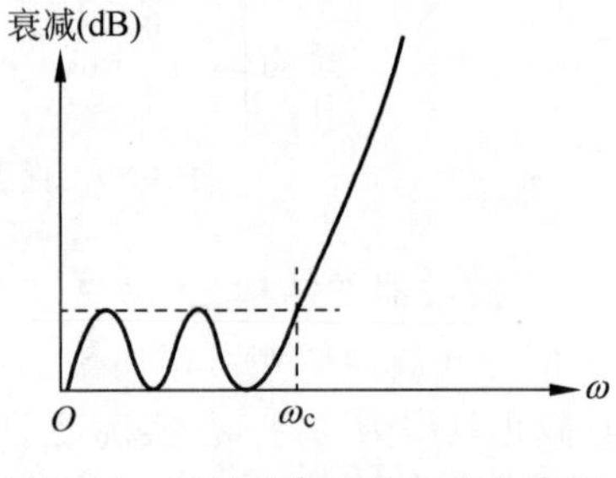

较高阶切比雪夫多项式可以用下面的递推公式求出

$$T_N(x) = 2xT_{N-1}(x) - T_{N-2}(x) \tag{4-79e}$$

图 4-31　等波纹低通滤波器的响应

切比雪夫多项式有如下特点。

(1) 当 $|x| \leqslant 1$ 时,$|T_N(x)| \leqslant 1$,$|T_N(x)|$ 在 ± 1 之间振荡,这是等幅波纹起伏的特性。

(2) 当 $|x| > 1$ 时,$|T_N(x)|$ 随 x 和 N 的增加而迅速增加。

2) 滤波器的阶数

由式(4-78)可以看出,在阻带内响应随频率的升高单调上升,N 值越大,阻带内衰减随着频率增大得越快。设计切比雪夫低通滤波器时,对波纹高度和阻带内的衰减有数值上的要求,由此可以计算 N 值。

图 4-32(a)给出了波纹为 0.5dB 切比雪夫滤波器衰减随频率变化的对应关系,图 4-32(b)给出了波纹为 3dB 切比雪夫滤波器衰减随频率变化的对应关系。

3) 滤波器的结构

切比雪夫低通滤波器原型假定源阻抗为 1Ω,截止频率为 $\omega_c = 1$。切比雪夫低通滤波器原型采用与图 4-30 相同的电路,表 4-3 和表 4-4 给出了波纹为 0.5dB 及 3dB 时 $N=1\sim10$ 电路中电感和电容的取值。

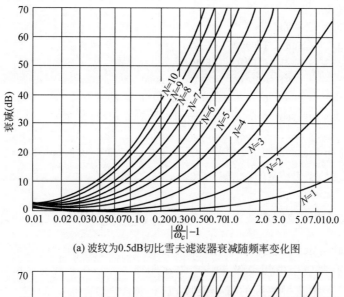

(a) 波纹为0.5dB切比雪夫滤波器衰减随频率变化图

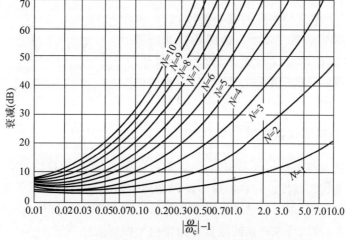

(b) 波纹为3dB切比雪夫滤波器衰减随频率变化图

图 4-32 切比雪夫滤波器衰减随频率变化的关系

表 4-3 等波纹低通滤波器原型的元件取值($g_0=1,N=1\sim10,0.5dB$ 波纹)

N	g_1	g_2	g_3	g_4	g_5	g_6	g_7	g_8	g_9	g_{10}	g_{11}
1	0.6986	1.0000									
2	1.4029	0.7071	1.9841								
3	1.5963	1.0967	1.5963	1.0000							
4	1.6703	1.1926	2.3661	0.8419	1.9841						
5	1.7058	1.2296	2.5408	1.2296	1.7058	1.0000					
6	1.7254	1.2479	2.6064	1.3137	2.4758	0.8696	1.9841				
7	1.7372	1.2583	2.6381	1.3444	2.6381	1.2583	1.7372	1.0000			
8	1.7451	1.2647	2.6564	1.3590	2.6964	1.3389	2.5093	0.8796	1.9841		
9	1.7504	1.2690	2.6678	1.3673	2.7239	1.3673	2.6678	1.2690	1.7504	1.0000	
10	1.7543	1.2721	2.6754	1.3725	2.7392	1.3806	2.7231	1.3485	2.5239	0.8842	1.9841

表 4-4　等波纹低通滤波器原型的元件取值($g_0=1,N=1\sim10,3\text{dB}$ 波纹)

N	g_1	g_2	g_3	g_4	g_5	g_6	g_7	g_8	g_9	g_{10}	g_{11}
1	1.9953	1.0000									
2	3.1013	0.5339	5.8095								
3	3.3487	0.7117	3.3487	1.0000							
4	3.4389	0.7483	4.3471	0.5920	5.8095						
5	3.4817	0.7618	4.5381	0.7618	3.4817	1.0000					
6	3.5045	0.7685	4.6061	0.7929	4.4641	0.6033	5.8095				
7	3.5182	0.7723	4.6386	0.8039	4.6386	0.7723	3.5182	1.0000			
8	3.5277	0.7745	4.6575	0.8089	4.6990	0.8018	4.4990	0.6073	5.8095		
9	3.5340	0.7760	4.6692	0.8118	4.7272	0.8118	4.6692	0.7760	3.5340	1.0000	
10	3.5384	0.7771	4.6768	0.8136	4.7425	0.8164	4.7260	0.8051	4.5142	0.6091	5.8095

3. 椭圆函数低通滤波器原型

最平坦响应和等波纹响应两者在阻带内都有单调上升的衰减。有些应用中需要设定一个最小阻带衰减,在这种情况下能获得较好的截止陡度,这种类型的滤波器称为椭圆函数滤波器。椭圆函数滤波器在通带和阻带内都有等波纹响应,如图 4-33 所示。对于椭圆函数滤波器这里不做进一步的讨论,相关内容可以查阅参考文献。

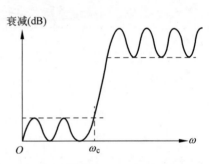

图 4-33　椭圆函数低通滤波器的响应

4. 线性相位低通滤波器原型

上述 3 种滤波器都是设定振幅响应,但在有些应用中,线性的相位响应比陡峭的阻带振幅衰减响应更为关键。线性的相位响应与陡峭的阻带振幅衰减响应是不兼容的,如果要得到线性相位,相位函数的群时延必须是最平坦函数。由于线性的相位响应与陡峭的阻带振幅衰减响应相冲突,所以线性相位滤波器在阻带内振幅衰减较平缓。

4.4.3　滤波器的变换及集总参数滤波器

4.4.2 节讨论的低通滤波器原型是假定源阻抗为 1Ω,截止频率为 $\omega_c=1$ 的归一化设计。为了得到实际的滤波器,必须对前面讨论的参数进行反归一化设计,利用低通滤波器原型变换到任意源阻抗和任意频率的低通滤波器、高通滤波器、带通滤波器和带阻滤波器。

1. 滤波器的变换

滤波器的变换包括阻抗变换和频率变换两个过程,以便满足实际源阻抗和实际工作频率的要求。

1) 阻抗变换

在低通滤波器原型设计中,除偶数阶切比雪夫滤波器外,其余原型滤波器的源阻抗和负载阻抗均为 1。如果源阻抗和负载阻抗不为 1,就必须对所有阻抗的表达式做比例变换,这需要用实际源电阻乘以低通滤波器原型中的阻抗值。若源电阻为 R_s,令变换后滤波器的元件值用带撇号的符号表示,则

$$R'_s = 1R_s \qquad (4\text{-}80)$$

$$L' = R_s L \qquad (4\text{-}81)$$

$$C' = \frac{C}{R_s} \qquad (4\text{-}82)$$

$$R'_L = R_s R_L \qquad (4\text{-}83)$$

式(4-80)~式(4-83)中,1 为低通滤波器原型的源阻抗;L、C、R_L 为低通滤波器原型的元件值。

2) 频率变换

将归一化频率变换为实际频率,相当于变换原型中的电感和电容值。通过频率变换,不仅可以将低通滤波器原型变换为低通滤波器,而且可以将低通滤波器原型变换为高通滤波器、带通滤波器和带阻滤波器。

2. 低通滤波器原型变换为低通滤波器

将低通滤波器原型的截止频率由 1 改变为 $\omega_c(\omega_c \neq 1)$,在低通滤波器中需要用 ω/ω_c 代替低通滤波器原型中的 ω,即

$$\frac{\omega}{\omega_c} \to \omega$$

图 4-34 所示为低通滤波器原型到低通滤波器的频率变换,其中图 4-34(a)为低通滤波器原型的响应,图 4-34(b)为低通滤波器的响应。为更清楚地表明衰减曲线在频域上的对称性,图 4-34 引入了负值频率。

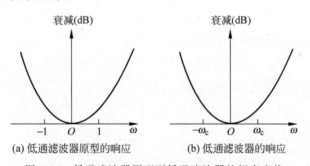

(a) 低通滤波器原型的响应　　　　(b) 低通滤波器的响应

图 4-34　低通滤波器原型到低通滤波器的频率变换

当频率和阻抗都变换时,低通滤波器的元件值 L' 和 C' 为

$$L' = \frac{R_s L}{\omega_c} \qquad (4\text{-}84)$$

$$C' = \frac{C}{R_s \omega_c} \qquad (4\text{-}85)$$

【例 4-2】　设计一个巴特沃斯低通滤波器,其截止频率为 200MHz,阻抗为 50Ω,在 300MHz 处插入损耗至少要有 15dB 的衰减。

【解】　首先找出在 300MHz 处满足插入损耗特性要求的巴特沃斯滤波器阶数。计算可以得到

$$\frac{\omega}{\omega_c} - 1 = 0.5$$

由图 4-29 可以看出,选 $N=5$ 可以满足插入损耗要求。

由表 4-2 可以得到 $N=5$ 时低通滤波器原型的元件值为

$$g_1 = 0.618$$
$$g_2 = 1.618$$
$$g_3 = 2.000$$
$$g_4 = 1.618$$
$$g_5 = 0.618$$
$$g_0 = g_6 = 1$$

由式(4-84)和式(4-85)可以得到实际滤波器的元件值,这里使用了图 4-30(a)所示的电路,实际滤波器的元件值为

$$C_1' = \frac{C}{R_s \omega_c} = \frac{g_1}{R_s \omega_c} = \frac{0.618}{50 \times 2\pi \times 2 \times 10^8} \approx 9.84(\text{pF})$$

$$L_2' = \frac{R_s L}{\omega_c} = \frac{R_s g_2}{\omega_c} = \frac{50 \times 1.618}{2\pi \times 2 \times 10^8} \approx 64.38(\text{nH})$$

$$C_3' = \frac{C}{R_s \omega_c} = \frac{g_3}{R_s \omega_c} = \frac{2}{50 \times 2\pi \times 2 \times 10^8} \approx 31.83(\text{pF})$$

$$L_4' = \frac{R_s L}{\omega_c} = \frac{R_s g_4}{\omega_c} = \frac{50 \times 1.618}{2\pi \times 2 \times 10^8} \approx 64.38(\text{nH})$$

$$C_5' = \frac{C}{R_s \omega_c} = \frac{g_5}{R_s \omega_c} = \frac{0.618}{50 \times 2\pi \times 2 \times 10^8} \approx 9.84(\text{pF})$$

源电阻和负载电阻为

$$R_s' = R_L' = 50(\Omega)$$

图 4-35 所示为巴特沃斯低通滤波器的电路。

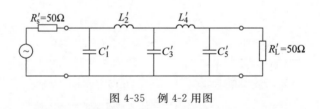

图 4-35　例 4-2 用图

3. 低通滤波器原型变换为高通滤波器

将低通滤波器原型变换为高通滤波器,在高通滤波器中需要用 $-\omega_c/\omega$ 代替低通滤波器原型中的 ω,ω_c 为高通滤波器的截止频率,即

$$-\frac{\omega_c}{\omega} \rightarrow \omega$$

这种频率变换可以将低通滤波器原型的 $\omega=0$ 变换为高通滤波器的 $\omega=\pm\infty$,截止频率发生在 $\omega=\omega_c$,负号可以实现电感转换为电容,电容转换为电感。图 4-36 所示为低通滤波器原型到高通滤波器的频率变换。

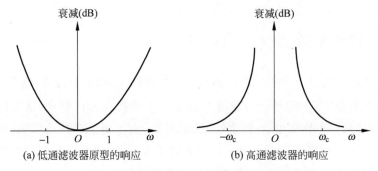

(a) 低通滤波器原型的响应　　　　　(b) 高通滤波器的响应

图 4-36　低通滤波器原型到高通滤波器的频率变换

当频率和阻抗都变换时,高通滤波器的元件值 L' 和 C' 为

$$L' = \frac{R_s}{\omega_c C} \tag{4-86}$$

$$C' = \frac{1}{R_s \omega_c L} \tag{4-87}$$

4. 低通滤波器原型变换为带通和带阻滤波器

低通滤波器原型也能变换到带通和带阻响应的情形。图 4-37 所示为低通原型到带通和带阻滤波器的频率变换。

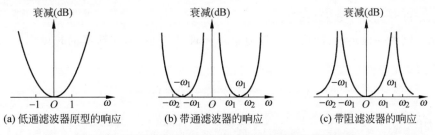

(a) 低通滤波器原型的响应　　(b) 带通滤波器的响应　　(c) 带阻滤波器的响应

图 4-37　低通滤波器原型变换到带通和带阻的频率变换

从低通滤波器原型到低通滤波器、高通滤波器、带通滤波器和带阻滤波器的变换,如表 4-5 所示,这里只包括频率变换过程,不包括阻抗变换过程。

表 4-5　从低通滤波器原型到低通、高通、带通和带阻滤波器的变换

低通滤波器原型	低通滤波器	高通滤波器	带通滤波器	带阻滤波器
$L=g_x$	$\dfrac{L}{\omega_c}$	$\dfrac{1}{\omega_c L}$	$\dfrac{L}{BW}$, $\dfrac{BW}{\omega_0^2 L}$	$\dfrac{1}{(BW)L}$, $\dfrac{(BW)L}{\omega_0^2}$
$C=g_x$	$\dfrac{C}{\omega_c}$	$\dfrac{1}{\omega_c C}$	$\dfrac{C}{BW}$, $\dfrac{BW}{\omega_0^2 C}$	$\dfrac{1}{(BW)C}$, $\dfrac{(BW)C}{\omega_0^2}$

4.4.4 分布参数滤波器的设计

前面讨论的滤波器是由集总元件电感和电容构成的,当频率不高时,集总元件滤波器工作良好。但当频率高于 500MHz 时,滤波器通常由分布参数元件构成,这是由于两个原因造成的,一是频率高时电感和电容应选的元件值过小,由于寄生参数的影响,如此小的电感和电容已经不能再使用集总参数元件;二是此时工作波长与滤波器元件的物理尺寸相近,滤波器元件之间的距离不可忽视,需要考虑分布参数效应。

分布参数滤波器的种类很多,下面只讨论微带短截线低通滤波器、阶梯阻抗低通滤波器和平行耦合微带线带通滤波器。

1. 微带短截线低通滤波器

分布参数低通滤波器可以采用微带短截线实现,其中理查德(Richards)变换用于将集总元件变换为传输线段,科洛达(Kuroda)规则可以将各滤波器元件分隔开。

1) 理查德变换

通过理查德变换,可以将集总元件的电感和电容用一段终端短路或终端开路的传输线等效。终端短路和终端开路传输线的输入阻抗具有纯电抗性,利用传输线的这一特性,可以实现集总元件到分布参数元件的变换。

终端短路的一段传输线,可以等效为集总元件的电感,当传输线的长度为 $l=\lambda_0/8$ 时,等效关系为

$$jX_L = j\omega L = jZ_0\tan\left(\frac{\pi}{4}\Omega\right) = SZ_0 \tag{4-88}$$

式(4-88)中

$$S = j\tan\left(\frac{\pi}{4}\Omega\right) \tag{4-89}$$

$$\Omega = \frac{f}{f_0} \tag{4-90}$$

同样,终端开路的一段传输线,可以等效为集总元件的电容,当传输线的长度为 $l=\lambda_0/8$ 时,终端开路传输线的输入导纳为

$$jB_C = j\omega C = jY_0\tan\left(\frac{\pi}{4}\Omega\right) = SY_0 \tag{4-91}$$

前面将电感和电容用一段传输线等效时,传输线的长度选择为 $l=\lambda/8$ 长,这样的选择很恰当,这适合将集总元件低通滤波器原型转换为由传输线构成的分布参数低通滤波器,这时低通原型的电感值与终端短路传输线的归一化特性阻抗值相等,低通原型的电容值与终端开路传输线的归一化特性导纳值相等。

2) 科洛达规则

科洛达规则是利用附加的传输线段,得到在实际上更容易实现的滤波器。例如,利用科

洛达规则即可以将串联短截线变换为并联短截线,又可以将短截线在物理上分开。在科洛达规则中附加的传输线段称为单位元件,单位元件是一段传输线,当 $f = f_0$ 时这段传输线长为 $\lambda/8$。

科洛达规则包含 4 个恒等关系,这 4 个恒等关系如表 4-6 所示,图中的电感和电容分别代表短路和开路短截线。

表 4-6　4 个科洛达规则

原始电路	科洛达规则
$Y_C = S/Z_2$ 单位元件 Z_1	单位元件 Z_2/N $Z_1 = SZ_1/N$
$Z_L = Z_1 S$ 单位元件 Z_2	单位元件 NZ_1 $Y_C = S/(NZ_2)$
$Y_C = S/Z_2$ 单位元件 Z_1	$Y_C = S/(NZ_2)$ 单位元件 NZ_1 $N{:}1$
$Z_L = Z_1 S$ 单位元件 Z_2	单位元件 Z_2/N $Z_L = SZ_1/N$ $1{:}N$
$N_1 = 1 + Z_2/Z_1$	

3) 微带短截线低通滤波器设计举例

利用理查德变换和科洛达规则,可以实现分布参数低通滤波器。下面设计一个微带短截线低通滤波器。

【例 4-3】　滤波器的截止频率为 4GHz,通带内波纹为 3dB,滤波器采用 3 阶,系统阻抗为 50Ω。设计一个微带短截线低通滤波器。

【解】　滤波器为 3 阶、带内波纹为 3dB 的切比雪夫低通滤波器原型的元件值为

$$g_1 = 3.3487 = L_1$$
$$g_2 = 0.7117 = C_2$$
$$g_3 = 3.3487 = L_3$$

集总参数低通原型电路如图 4-38 所示。

利用理查德变换,将集总元件变换成短截线,如图 4-39 所示,图中短截线的特性阻抗为归一化值。

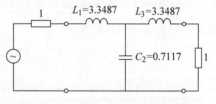

图 4-38　集总参数低通原型电路

增添单位元件,然后利用科洛达规则将串联短截线变换为并联短截线,并将归一化特性阻抗变换到实际特性阻抗,对应的微带短截线滤波

电路如图 4-40 所示。

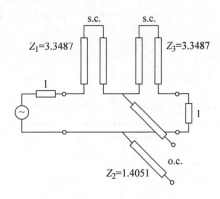

图 4-39　集总元件变换成短截线的低通电路

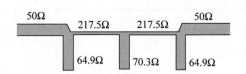

图 4-40　微带短截线低通滤波电路

2. 阶梯阻抗低通滤波器

阶梯阻抗低通滤波器也称为高低阻抗低通滤波器,是一种结构简洁的电路,由很高和很低特性阻抗的传输线段交替排列而成,结构紧凑,便于设计和实现。

1) 短传输线段的近似等效电路

阶梯阻抗低通滤波器是由特性阻抗很高或很低的短传输线段构成,短传输线段的近似等效电路需要讨论。一段特性阻抗为 Z_0、长度为 l 的传输线的 $\boldsymbol{Z}$ 矩阵为

$$\begin{bmatrix} Z_{11} & Z_{12} \\ Z_{21} & Z_{22} \end{bmatrix} = \begin{bmatrix} -\mathrm{j}Z_0\cot\beta l & -\mathrm{j}Z_0\csc\beta l \\ -\mathrm{j}Z_0\csc\beta l & -\mathrm{j}Z_0\cot\beta l \end{bmatrix} \tag{4-92}$$

一段传输线的网络参量与集总元件 T 形网络的网络参量有等效关系,集总元件 T 形网络的 $\boldsymbol{Z}$ 矩阵为

$$\begin{bmatrix} Z_{11} & Z_{12} \\ Z_{21} & Z_{22} \end{bmatrix} = \begin{bmatrix} Z_1 + Z_3 & Z_3 \\ Z_3 & Z_2 + Z_3 \end{bmatrix} \tag{4-93}$$

假定集总元件 T 形网络由电感和电容构成,如图 4-41(a)所示。若传输线有大的特性阻抗和短的长度($\beta l < \pi/4$),一段短传输线与集总元件 T 形网络的等效关系如图 4-41(b)所示,为

$$X \approx Z_0 \beta l \tag{4-94}$$
$$B \approx 0 \tag{4-95}$$

若传输线有小的特性阻抗和短的长度($\beta l < \pi/4$),一段短传输线与集总元件 T 形网络的等效关系如图 4-41(c)所示,为

$$X \approx 0 \tag{4-96}$$
$$B \approx Y_0 \beta l \tag{4-97}$$

从前面的讨论可知,一段特性阻抗很高的传输线可以等效为串联电感,而且传输线的特性阻抗越高所需的传输线长度越短;一段特性阻抗很低的传输线可以等效为并联电容,而且传输线的特性阻抗越低所需的传输线长度也越短。正是因为上面的原因,等效为电感的传输线通常选实际能做到的特性阻抗的最大值,等效为电容的传输线通常选实际能做到的

特性阻抗的最小值。设传输线能做到的特性阻抗的最大值和最小值分别为 Z_h 和 Z_f，等效为串联电感和并联电容所需传输线的长度为

$$\beta l = \frac{LR_s}{Z_h} \qquad (4\text{-}98)$$

$$\beta l = \frac{CZ_f}{R_s} \qquad (4\text{-}99)$$

式(4-98)和式(4-99)中，L 和 C 是低通滤波器原型的元件值；R_s 是滤波器阻抗。

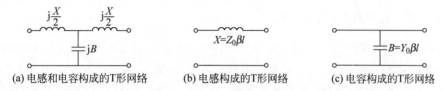

(a) 电感和电容构成的T形网络　　(b) 电感构成的T形网络　　(c) 电容构成的T形网络

图 4-41　由电感和电容构成的集总元件 T 形网络

2) 阶梯阻抗低通滤波器设计举例

下面设计微带线阶梯阻抗低通滤波器，设计的详细过程可以参阅与射频电路设计有关的书籍。

【例 4-4】　滤波器要求截止频率为 3GHz，通带内波纹为 0.5dB，在 6GHz 处具有不小于 30dB 的衰减，系统阻抗为 50Ω。选微带线特性阻抗最大值 $Z_h = 120\Omega$，特性阻抗最小值 $Z_f = 15\Omega$，设计一个微带线阶梯阻抗低通滤波器。

【解】　根据波纹为 0.5dB 切比雪夫滤波器衰减随频率的对应关系，滤波器需为 5 阶，对应的切比雪夫低通滤波器原型元件值为

$$g_1 = 1.7058 = C_1$$
$$g_2 = 1.2296 = L_2$$
$$g_3 = 2.5408 = C_3$$
$$g_4 = 1.2296 = L_4$$
$$g_5 = 1.7058 = C_5$$

利用式(4-98)和式(4-99)，计算可以得到

$$\beta l_1 = \frac{1.7058 \times 15}{50} \times \frac{180}{\pi} \approx 29.3°$$

$$\beta l_2 = \frac{1.2296 \times 50}{120} \times \frac{180}{\pi} \approx 29.4°$$

$$\beta l_3 = \frac{2.5408 \times 15}{50} \times \frac{180}{\pi} \approx 43.7°$$

$$\beta l_4 = \frac{1.2296 \times 50}{120} \times \frac{180}{\pi} \approx 29.4°$$

$$\beta l_5 = \frac{1.7058 \times 15}{50} \times \frac{180}{\pi} \approx 29.3°$$

低通滤波器电路如图 4-42 所示。

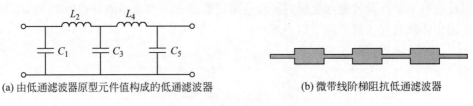

(a) 由低通滤波器原型元件值构成的低通滤波器　　　　　(b) 微带线阶梯阻抗低通滤波器

图 4-42　低通滤波器电路

3. 平行耦合微带线带通滤波器

平行耦合微带传输线由两个无屏蔽的平行微带传输线紧靠在一起构成,由于两个传输线之间电磁场的相互作用,在两个传输线之间会有功率耦合,这种传输线也因此称为耦合传输线。平行耦合微带线可以构成带通滤波器,这种滤波器由多个 1/4 波长耦合线段构成,是一种常用的分布参数带通滤波器。

1) 平行耦合微带线的奇偶模

平行耦合微带传输线通常由靠得很近的 3 个导体构成,如图 4-43 所示。平行耦合微带传输线的中间部分是介质,在介质的下面为公共导体接地板,在介质的上面为两个宽度为 W、相距为 S 的中心导体带。

平行耦合微带传输线为四端口网络,可以将平行耦合微带线视为偶模激励和奇模激励的叠加,偶模和奇模有不同的特性阻抗,偶模的特性阻抗为 Z_{0e},奇模的特性阻抗为 Z_{0o},奇偶模的特性阻抗与微带线的尺寸和材料有关。

2) 平行耦合微带线的滤波特性

当平行耦合微带线的长度为 $l=\lambda/4$ 时,有带通滤波的特性,但由于以 βl 自变量的阻抗响应有周期性,应避免使用较高的工作频率以避开更高频段寄生通带响应产生。

$\lambda/4$ 长平行耦合微带线单元虽然具有滤波特性,但其不能提供陡峭的通带到阻带过渡,如果将多个耦合微带线单元级联,级联后的网络具有良好的滤波特性。多节平行耦合微带线带通滤波器如图 4-44 所示。

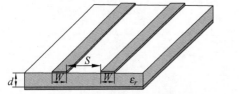

图 4-43　平行耦合微带传输线

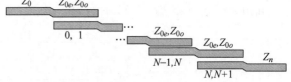

图 4-44　多节平行耦合微带线带通滤波器

设计多节平行耦合微带线构成的带通滤波器需要计算,下面给出设计的步骤。

(1) 根据需要的滤波器通带和阻带衰减,选择低通滤波器原型,由此确定滤波器的阶数 N,然后选取低通滤波器原型参数。

(2) 确定上、下边频和归一化带宽。假设下边频为 ω_1,上边频为 ω_2,中心频率为 ω_0,归一化带宽为

$$\Delta = \frac{\omega_2 - \omega_1}{\omega_0} \tag{4-100}$$

（3）计算耦合微带线各节偶模和奇模的特性阻抗为

$$J_i = \frac{1}{Z_0} \frac{\pi \Delta}{2 \sqrt{g_{i-1} g_i}} \quad i = 2, 3, \cdots, N \tag{4-101}$$

平行耦合微带线各节偶模特性阻抗 Z_{0e} 为

$$Z_{0e} = Z_0 [1 + Z_0 J_i + (Z_0 J_i)^2] \tag{4-102a}$$

奇模特性阻抗 Z_{0o} 为

$$Z_{0o} = Z_0 [1 - Z_0 J_i + (Z_0 J_i)^2] \tag{4-102b}$$

（4）根据奇偶模的特性阻抗，可以确定微带线的尺寸关系。

3）平行耦合微带线带通滤波器设计举例

下面设计耦合微带线带通滤波器。

【例 4-5】　平行耦合微带线带通滤波器要求 3 阶、带内波纹为 0.5dB、中心频率为 2GHz、带宽为 10%，阻抗为 50Ω。设计一个平行耦合微带线带通滤波器。

【解】　计算低通滤波器原型参数。3 阶、带内波纹为 0.5dB 的切比雪夫低通滤波器原型参数为

$$g_1 = 1.5963$$
$$g_2 = 1.0967$$
$$g_3 = 1.5693$$

计算每节奇偶模的特性阻抗，滤波器需要 4 节耦合微带线级联

$$Z_0 J_1 = 0.3137$$
$$Z_0 J_2 = 0.1187$$
$$Z_0 J_3 = 0.1187$$
$$Z_0 J_4 = 0.3137$$

每节奇偶模的特性阻抗为

$$Z_{0e}|_1 \approx 70.6(\Omega), \quad Z_{0o}|_1 \approx 39.2(\Omega)$$
$$Z_{0e}|_2 \approx 56.6(\Omega), \quad Z_{0o}|_2 \approx 44.8(\Omega)$$
$$Z_{0e}|_3 \approx 56.6(\Omega), \quad Z_{0o}|_3 \approx 44.8(\Omega)$$
$$Z_{0e}|_4 \approx 70.6(\Omega), \quad Z_{0o}|_4 \approx 39.2(\Omega)$$

4.5　射频低噪声放大器的设计

在射频接收系统中，接收机前端需要放置低噪声放大器，本节介绍低噪声放大器的设计方法。在低噪声放大器的设计中，需要考虑的因素很多，其中最重要的是稳定性、增益、失配和噪声。

4.5.1　放大器的稳定性

设计射频放大器时，必须考虑电路的稳定性，这一点与低频电路的设计方法完全不同。由于反射波的存在，射频放大器在某些工作频率或终端条件下有产生振荡的倾向，不再发挥放大器的作用。因此，必须分析射频放大器的稳定性，稳定性是指放大器抑制环境的变化

(如信号频率、温度、源和负载等变化时),维持正常工作特性的能力。

1. 放大器稳定的定义

放大器的二端口网络如图 4-45 所示,图中传输线上有反射波传输,源的反射系数为 Γ_s,负载的反射系数为 Γ_L,二端口网络输入端的反射系数为 Γ_{in},二端口网络输出端的反射系数为 Γ_{out}。如果反射系数的模大于 1,传输线上反射波的振幅将比入射波的振幅大,这将导致不稳定产生。因此,放大器稳定意味着反射系数的模小于 1,即

$$|\Gamma_s| < 1, \ |\Gamma_L| < 1, \ |\Gamma_{in}| < 1, \ |\Gamma_{out}| < 1 \tag{4-103}$$

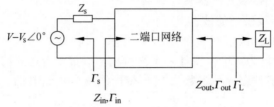

图 4-45　接有源和负载的放大器二端口网络

2. 放大器稳定性判别的图解法

Γ_L、Γ_s 和 S 参量对放大器的稳定性有影响,可以在 Γ_L 和 Γ_s 的复平面上讨论稳定区域,用图解的方法给出稳定区域。在 Γ_L 的复平面上可以用输出稳定判别圆讨论稳定区域,输出稳定判别圆给出了 Γ_L 复平面上稳定与不稳定的边界。在 Γ_s 的复平面上可以用输入稳定判别圆讨论稳定区域,输入稳定判别圆给出了 Γ_s 复平面上稳定与不稳定的边界。

绝对稳定是稳定的一个特例,绝对稳定是指在频率等特定的条件下,放大器在 Γ_L 和 Γ_s 的整个史密斯圆图内,都处于稳定状态。当放大器绝对稳定时,稳定判别圆与史密斯圆图的相对位置如图 4-46 所示。

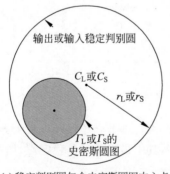
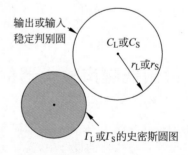

(a) 稳定判别圆包含史密斯圆图中心点　　　　(b) 稳定判别圆不包含史密斯圆图中心点

图 4-46　绝对稳定时稳定判别圆与史密斯圆图的相对位置

3. 放大器绝对稳定判别的解析法

还可以用解析法判别放大器的稳定性。

$$\Delta = S_{11}S_{22} - S_{12}S_{21} \tag{4-104}$$

$$k = \frac{1 - |S_{11}|^2 - |S_{22}|^2 + |\Delta|^2}{2|S_{12}||S_{21}|} > 1 \tag{4-105}$$

k 称为稳定性因子。绝对稳定要求

$$k > 1, \ |\Delta| < 1 \tag{4-106}$$

4.5.2 放大器的功率增益

对输入信号进行放大,是放大器最重要的任务。因此,在低噪声放大器的设计中,增益的概念很重要。

1. 转换功率增益

放大器的转换功率增益为

$$G_T = \frac{1 - |\Gamma_s|^2}{|1 - \Gamma_{in}\Gamma_s|^2} |S_{21}|^2 \frac{1 - |\Gamma_L|^2}{|1 - S_{22}\Gamma_L|^2} \tag{4-107}$$

有如下结论。

(1) $G_0 = |S_{21}|^2$,可以视该项为晶体管的增益。

(2) $G_s = \dfrac{1 - |\Gamma_s|^2}{|1 - \Gamma_{in}\Gamma_s|^2}$,可以视该项为输入匹配网络的有效增益。

(3) $G_L = \dfrac{1 - |\Gamma_L|^2}{|1 - S_{22}\Gamma_L|^2}$,可以视该项为输出匹配网络的有效增益。

2. 等增益圆

若增益 G_s 为固定值,这对 Γ_s 的取值有要求。同样,若增益 G_L 为固定值,则对 Γ_L 的取值有要求。可以在 Γ_s 复平面上找出等增益 G_s 的曲线,在 Γ_L 复平面上找出等增益 G_L 的曲线,等增益 G_s 和等增益 G_L 的曲线都为一个圆,图 4-47 所示为一组单向晶体管等增益圆曲线。

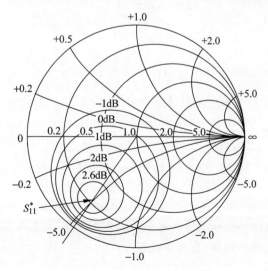

图 4-47 单向晶体管等增益圆曲线

4.5.3　放大器输入和输出驻波比

信源与晶体管之间及晶体管与负载之间的失配程度对驻波比有影响。在很多情况下,放大器的输入和输出电压驻波比必须保持在特定指标之下。

放大器输入和输出电压驻波比为

$$\mathrm{VSWR} = \frac{1 + |\ \Gamma\ |}{1 - |\ \Gamma\ |} \tag{4-108}$$

4.5.4　放大器的噪声

对放大器来说,噪声的存在对整个设计有重要影响,在低噪声的前提下对信号进行放大是对放大器的基本要求。下面先介绍噪声的表示方法和级联网络的噪声特性,然后在史密斯圆图上画出等噪声系数圆。

1. 噪声系数

(1) 在标准室温($T_0 = 290\mathrm{K}$)下,若仅由输入端电阻 R 在放大器输出端产生的热噪声为 $(P_{No})_i$,则放大器的噪声系数定义为放大器总输出噪声 P_{No} 与 $(P_{No})_i$ 的比值,用 F 表示。

$$F = \frac{P_{No}}{(P_{No})_i} \tag{4-109}$$

(2) 噪声系数 F 还有另一种物理意义:

$$F = \frac{P_{Si}/P_{Ni}}{P_{So}/P_{No}} \tag{4-110}$$

P_{Si}/P_{Ni} 为放大器输入端的额定信噪比;P_{So}/P_{No} 为放大器输出端的额定信噪比;噪声系数 F 也可以由放大器输入端额定信噪比与输出端额定信噪比的比值确定。

(3) 二端口放大器的噪声系数还可以表示为

$$F = F_{\min} + \frac{R_n}{G_s}\ |\ Y_s - Y_{opt}\ |^2 \tag{4-111}$$

式(4-11)中,R_n 为晶体管的等效噪声电阻;$Y = G_s + \mathrm{j}B_s = \dfrac{1}{Z_0}\dfrac{1 - \Gamma_s}{1 + \Gamma_s}$ 为晶体管的源导纳;$Y_{opt} = G_{opt} + \mathrm{j}B_{opt}$ 为得出最小噪声系数的最佳源导纳;$F_{\min}$ 为 $Y_s = Y_{out}$ 时晶体管的最小噪声系数。

2. 级联网络的噪声系数

先考虑两个放大器的级联。两级放大器的总噪声系数 F 为

$$F = F_1 + \frac{F_2 - 1}{G_{A1}} \tag{4-112}$$

式(4-112)表明,级联网络第一级的噪声系数 F_1 和增益 G_{A1} 对系统总噪声系数的影响大。

下面考虑 n 个放大器的级联,有如下关系

$$F = F_1 + \frac{F_2 - 1}{G_{A1}} + \frac{F_3 - 1}{G_{A1}G_{A2}} + \cdots + \frac{F_n - 1}{G_{A1}G_{A2}\cdots G_{An-1}} \qquad (4\text{-}113)$$

多级级联的高增益放大器,仅第一级对总噪声有较大影响,其他级对总噪声的影响很小。

3. 噪声系数圆

可以在 Γ_s 复平面上推导等噪声系数 F 曲线,在 Γ_s 复平面上等噪声点在一个圆上,该圆称为等噪声系数圆。

等噪声系数圆如图 4-48 所示,图中 $F_1 < F_2 < F_3$。所有等噪声系数圆的圆心都落在史密斯圆图原点与 Γ_{opt} 的连线上,噪声系数越大,圆心距原点越近,圆的半径越大。当 $\Gamma_s = \Gamma_{opt}$ 时,$F = F_{min}$,噪声系数在史密斯圆图上缩为一个点。

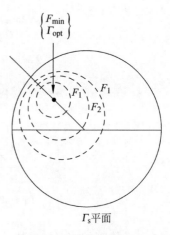

图 4-48　等噪声系数圆

4.6　射频功率放大器的设计

前面只讨论了低噪声放大器,低噪声放大器输入信号功率足够小,可以假定晶体管是线性器件,此时放大器的设计是基于小信号的 S 参量进行的。功率放大器是大信号放大器,由于信号幅度比较大,晶体管时常工作于非线性区域,在这种情况下,小信号 S 参量本身对大信号放大器通常失效,此时需要求得晶体管大信号时的相应参数,以便得到功率放大器的合理设计。

功率放大器可以设计为 A 类放大器、AB 类放大器、B 类放大器或 C 类放大器。当工作频率大于 1GHz 时,常使用 A 类功率放大器。下面讨论 A 类功率放大器的设计和交调失真。

4.6.1　A 类放大器的设计

A 类放大器也称为甲类放大器,工作于这种状态的放大器,晶体管在整个信号的周期内均导通。功率放大器的效率是特别需要考虑的,放大器的效率定义为射频输出功率与直流输入功率之比。A 类放大器的效率最高为 50%。

1. 大信号下晶体管的特性参数

生产厂商在提供大信号下晶体管的各项参数时,往往会给出 1dB 增益压缩点及相应参数,各项参数介绍如下。

(1) 1dB 增益压缩点。

当晶体管的输入功率达到饱和状态时,其增益开始下降,或称为压缩。典型的输入输出功率关系可以画在双对数坐标中,如图 4-49 所示。当输入功率较低时,输出与输入功率呈线性关系。当输入功率超过一定的量值之后,输出与输入功率为非线性关系,晶体管的增益开始下降。

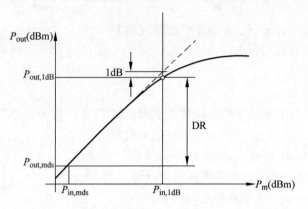

图 4-49　功率放大器输入功率与输出功率的关系

当晶体管的功率增益从其小信号线性功率增益下降 1dB 时,对应的点称为 1dB 增益压缩点。小信号线性功率增益记为 G_{0dB},1dB 增益压缩点相应的增益记为 G_{1dB},即

$$G_{1dB} = G_{0dB} - 1dB \tag{4-114}$$

在 1dB 增益压缩点,输入功率记为 $P_{in,1dB}$,输出功率记为 $P_{out,1dB}$,二者有如下关系

$$G_{1dB} = P_{out,1dB}/P_{in,1dB} \tag{4-115}$$

$$P_{out,1dB}(dBm) = P_{in,1dB}(dBm) + G_{1dB}(dB) \tag{4-116}$$

(2) 动态范围 DR。

相对于最小输入可检信号功率 $P_{in,mds}$,相应的最小输出可检信号功率 $P_{out,mds}$ 必须大于噪声功率方可被检测到。为检测输出信号,假定 $P_{out,mds}$ 比输出热噪声 P_{No} 高 XdB,通常 XdB 取 3dB。

功率放大器的动态范围定义为

$$DR = P_{out,1dB} - P_{out,mds}(dB) \tag{4-117}$$

动态范围的低端功率被噪声所限,高端功率限制在 1dB 增益压缩点。式(4-117)中

$$P_{out,mds}(dBm) = P_{No}(dBm) + X(dB) \tag{4-118}$$

动态范围基本是放大器的线性工作范围。

输出热噪声为

$$P_{No} = kBTG_AF$$

在 $T=290$K 时

$$P_{No}(dBm) = -174(dBm) + 10\lg B + G_A(dB) + F(dB) \tag{4-119}$$

(3) Γ_{SP} 和 Γ_{LP}。

Γ_{SP} 和 Γ_{LP} 是晶体管在 1dB 增益压缩点时源和负载的反射系数。

(4) 等功率线。

在史密斯圆图上,作为负载反射系数 Γ_{LP} 的函数的等输出功率点,构成等功率线。由于晶体管的非线性,等功率线通常不是圆。

2. A 类功率放大器的设计方法

(1) 利用小信号 S 参量设计。

有些工作在大信号下的 A 类功率放大器,可以利用小信号 S 参量进行设计。其小信号 S 参量在大信号时除 S_{21} 以外几乎保持不变,但 S_{21} 会随功率电平的增高而降低。

(2) 利用大信号 S 参量设计。

若大信号 S 参量可以得到,可以利用大信号 S 参量设计 A 类功率放大器。

(3) 利用 Γ_{SP} 和 Γ_{LP} 设计。

利用 Γ_{SP} 和 Γ_{LP} 设计输入输出匹配网络,可以完成 A 类功率放大器的设计。

(4) 利用等功率线设计。

在等功率线上选择有稳定性的 Γ_{LP},然后计算 Γ_{in},再由 $\Gamma_{SP}=\Gamma_{in}^{*}$ 得到 Γ_{SP}。利用 Γ_{SP} 和 Γ_{LP},设计输入输出匹配网络,可以完成 A 类功率放大器的设计。

4.6.2　交调失真

在非线性放大器的输入端加两个或两个以上频率的正弦信号时,在输出端会产生附加频率分量,这会引起输出信号的失真。

1. 三阶截止点 IP

在非线性放大器中,假设输入信号的频率为 f_1 和 f_2,输入信号可以写为

$$v_i(t) = V_0\big[\cos(2\pi f_1 t) + \cos(2\pi f_2 t)\big] \tag{4-120}$$

输出信号为

$$\begin{aligned}v_0(t) =\ & a_0 + a_1 V_0\big[\cos(2\pi f_1 t) + \cos(2\pi f_2 t)\big] + \\ & a_2 V_0^{2}\big[\cos(2\pi f_1 t) + \cos(2\pi f_2 t)\big]^2 + \cdots\end{aligned} \tag{4-121}$$

输出信号中除了有频率成分 f_1 和 f_2 外,还会产生新的频率分量 $2f_1$、$2f_2$、$3f_1$、$3f_2$、$f_1 \pm f_2$、$2f_1 \pm f_2$、$2f_2 \pm f_1$ 等。新的频率分量分类如下。

二次谐波为 $2f_1$、$2f_2$。

三次谐波为 $3f_1$、$3f_2$。

二阶交调为 $f_1 \pm f_2$。

三阶交调为 $2f_1 \pm f_2$、$2f_2 \pm f_1$。

这些新的频率分量是非线性系统失真的产物,称为谐波失真或交调失真。以上新的频率分量除三阶交调 $2f_1 - f_2$ 和 $2f_2 - f_1$ 以外都可以被滤除,但三阶交调 $2f_1 - f_2$ 和 $2f_2 - f_1$ 由于距 f_1 和 f_2 太近而落在了放大器的频带内,不易被滤除,导致信号失真。

由式(4-121)可以看出,与三阶交调 $2f_1 - f_2$ 和 $2f_2 - f_1$ 相关的输出电压按 V_0^{3} 增长,与线性产物 f_1 和 f_2 相关的输出电压按 V_0 增长。也就是说,三阶交调的输出功率按输入功率的 3 次方增长,线性产物 f_1 和 f_2 的输出功率按输入功率的 1 次方增长。可以将三阶交调输出功率和线性产物输出功率随输入功率的变化曲线画在双对数坐标中,如图 4-50 所示。

由图 4-50 可以看出,三阶交调输出功率随输入功率变化的斜率为 3,线性产物输出功

率随输入功率变化的斜率为1,说明当输入功率增大时,三阶交调输出功率比线性产物输出功率增长得快。图4-50中延伸三阶交调与线性产物的线性区,可以得到两条曲线的假想交叉点,这个假想的交叉点称为三阶截止点 IP,IP 点的输出功率值为 P_{IP}。IP 点的功率值 P_{IP} 越大,放大器的动态范围越大,功率放大器希望有高的 IP 点。

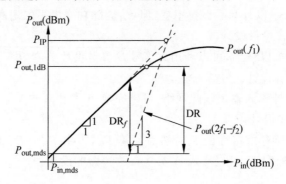

图 4-50　输入输出功率关系及三阶截止点

2. 无寄生动态范围 DR_f

当三阶交调信号等于最小输出可检信号功率 $P_{out,mds}$ 时,线性产物输出功率与三阶交调输出功率的比值称为无寄生动态范围 DR_f。若频率 f_1 的线性产物输出功率用 P_{f_1} 表示,三阶交调 $2f_1 - f_2$ 的输出功率用 $P_{2f_1-f_2}$ 表示,DR_f 为

$$DR_f = P_{f_1}/P_{2f_1-f_2} = P_{f_1}/P_{out,mds}$$

或

$$DR_f = P_{f_1} - P_{out,mds} \text{(dB)} \tag{4-122}$$

考虑到图4-52中三阶交调输出功率随输入功率变化的斜率为3,线性产物输出功率随输入功率变化的斜率为1,可以得到

$$\frac{P_{IP} - P_{f_1}}{P_{IP} - P_{out,mds}} = \frac{1}{3}$$

于是式(4-122)成为

$$DR_f = \frac{2}{3}(P_{IP} - P_{out,mds}) \tag{4-123}$$

4.7　射频振荡器的设计

振荡器是所有射频系统中最基本的部件之一,可以将直流功率转化成射频功率,在特定的频率点建立起稳定的正弦振荡,成为所需的射频信号源。早期的振荡器在低频下使用,考毕兹(Colpitts)、哈特莱(Hartley)等结构都可以构成低频振荡器,并可以使用晶体谐振器提高低频振荡器的频率稳定性。随着现代通信系统的出现,频率不断升高,现代射频系统的载波常常超过1GHz,需要有与之相适应的振荡器。在较高频率处可以使用工作于负阻状态的二极管和晶体管,并利用腔体、传输线或介质谐振器来构成振荡器,用这种方法构成的振

荡器可以产生高达 100GHz 的基频振荡。

4.7.1　振荡器的基本模型

从一般的意义上看,振荡器是一个非线性电路,将直流(DC)功率转换为交流(AC)波形。振荡器的核心是一个能够在特定频率上实现正反馈的环路,图 4-51 描述了正弦振荡器的基本工作原理,具有电压增益 A 的放大器输出电压为 $V_o(\omega)$,这一输出电压通过传递函数为 $H(\omega)$ 的反馈网络,加到电路的输入电压 $V_i(\omega)$,于是输出电压可以表示为

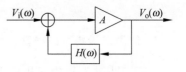

图 4-51　振荡器的基本结构

$$V_o(\omega) = AV_i(\omega) + H(\omega)AV_o(\omega)$$

用输入电压表示的输出电压为

$$V_o(\omega) = \frac{A}{1 - AH(\omega)}V_i(\omega) \tag{4-124}$$

由于振荡器没有输入信号,若要得到非零的输出电压,式(4-124)的分母必须为零,这称为巴克豪森准则(Barkhausen Criterion)。振荡器由起振到稳态依赖于不稳定电路,这与放大器的设计不同,放大器的设计要达到最大稳定性。

4.7.2　射频低频段振荡器

射频低频段振荡电路有许多可能的形式,它们采用双极结型晶体管(BJT)或场效应晶体管(FET),可以是共发射极/源极、共基极/栅极或共集电极/漏极结构,并可以采用多种形式的反馈网络。各种形式的反馈网络形成了考毕兹、哈特莱等振荡电路,图 4-52 所示的振荡电路可以代表这些不同电路的一般形式。

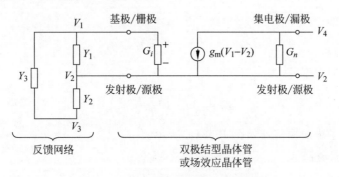

图 4-52　射频低频段振荡器的一般电路

图 4-52 所示的电路晶体管可以是双极结型晶体管或场效应晶体管,图的左边是反馈网络,图的右边是双极结型晶体管或场效应晶体管的等效电路模型。当 V_2 接地时形成共发射极/源极结构,当 V_1 接地时形成共基极/栅极结构,当 V_4 接地时形成共集电极/漏极结构,将 V_3 和 V_4 连接可以产生反馈。图 4-52 假定晶体管是单向的,g_m 是晶体管的跨导,晶体管的输入导纳为 G_i,输出导纳为 G_o,这里 G_i 和 G_o 取实数。反馈网络由 T 形结构的 3 个

导纳 Y_1、Y_2、Y_3 组成,这些元件通常是电感和电容,用以得到具有选频特性的高 Q 值传递函数。图 4-52 所示电路的 4 个电压节点的方程如下。

$$\begin{bmatrix} (Y_1+Y_3+G_i) & -(Y_1+G_i) & -Y_3 & 0 \\ -(Y_1+G_i+g_m) & (Y_1+Y_2+G_i+G_o+g_m) & -Y_2 & -G_o \\ -Y_3 & -Y_2 & (Y_2+Y_3) & 0 \\ g_m & -(G_o+g_m) & 0 & G_o \end{bmatrix}\begin{bmatrix} V_1 \\ V_2 \\ V_3 \\ V_4 \end{bmatrix} = 0 \quad (4\text{-}125)$$

1. 使用双极结型晶体管的共发射极振荡电路

下面考虑共发射极双极结型晶体管振荡电路,此时 $V_2=0$,并从集电极反馈,使 $V_3=V_4$。另外,晶体管的输出导纳可以忽略,近似取 $G_o=0$。反馈网络可以写为 $Y_1=jB_1$、$Y_2=jB_2$ 和 $Y_3=jB_3$。令 $X_1=1/B_1$、$X_2=1/B_2$ 和 $X_3=1/B_3$,可以得到

$$X_1+X_2+X_3=0 \quad (4\text{-}126a)$$

$$X_1=\frac{g_m}{G_i}X_2 \quad (4\text{-}126b)$$

这里认为晶体管的跨导 g_m 和晶体管的输入导纳 G_i 为实数,$\beta=g_m/G_i$ 代表小信号电流增益。式(4-126b)中,由于 g_m 和 G_i 为实数,可以看出 X_1 和 X_2 同号,即 X_1 和 X_2 要么同为电容,要么同为电感。由式(4-126a)可以看出,X_3 与 X_1、X_2 反号,即若 X_1 和 X_2 同为电容,X_3 则为电感;若 X_1 和 X_2 同为电感,X_3 则为电容。

上面的讨论实际上给出了两种最常见的振荡电路。若 X_1 和 X_2 为电容,X_3 为电感,就得到了考毕兹振荡器。若 X_1 和 X_2 为电感,X_3 为电容,就得到了哈特莱振荡器。下面讨论这两种振荡电路。

(1) 考毕兹振荡器。

对于考毕兹振荡器,取 $X_1=\dfrac{1}{\omega_0 C_1}$,$X_2=\dfrac{1}{\omega_0 C_2}$,$X_3=\omega_0 L_3$,则考毕兹电路振荡的必要条件为

$$\frac{C_2}{C_1}=\frac{g_m}{G_i} \quad (4\text{-}127)$$

考毕兹电路振荡的频率 ω_0 为

$$\omega_0=\sqrt{\frac{1}{L_3}\left(\frac{C_1+C_2}{C_1 C_2}\right)} \quad (4\text{-}128)$$

共发射极的考毕兹振荡器如图 4-53(a)所示。

(2) 哈特莱振荡器。

对于哈特莱振荡器,取 $X_1=\omega_0 L_1$,$X_2=\omega_0 L_2$,$X_3=-\dfrac{1}{\omega_0 C_3}$,则哈特莱电路振荡的必要条件为

$$\frac{L_1}{L_2}=\frac{g_m}{G_i} \quad (4\text{-}129)$$

哈特莱电路振荡的频率 ω_0 为

$$\omega_0=\sqrt{\frac{1}{C_3(L_1+L_2)}} \quad (4\text{-}130)$$

共发射极的哈特莱振荡器如图 4-53(b)所示。

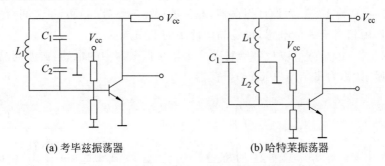

(a) 考毕兹振荡器　　　　　　　(b) 哈特莱振荡器

图 4-53　共发射极双极结型晶体管振荡器

2. 使用场效应晶体管的共栅极振荡电路

共栅极场效应晶体管振荡电路要求式(4-125)中的 $V_1 = 0$,同样用 $V_3 = V_4$ 给出反馈路径。另外,场效应晶体管的输入导纳可以忽略,近似取 $G_i = 0$,但场效应晶体管的输出导纳不能忽略,$G_o \neq 0$。可以得到

$$X_1 + X_2 + X_3 = 0 \tag{4-131a}$$

$$X_2 = \frac{g_m}{G_o} X_1 \tag{4-131b}$$

即若 X_1 和 X_2 同为电容,X_3 则为电感; 若 X_1 和 X_2 同为电感,X_3 则为电容。

(1) 考毕兹振荡器。

对于考毕兹振荡电路,振荡的必要条件为

$$\frac{C_1}{C_2} = \frac{g_m}{G_o} \tag{4-132}$$

振荡频率 ω_0 为

$$\omega_0 = \sqrt{\frac{1}{L_3} \left(\frac{C_1 + C_2}{C_1 C_2} \right)} \tag{4-133}$$

(2) 哈特莱振荡器。

对于哈特莱振荡电路,振荡的必要条件为

$$\frac{L_2}{L_1} = \frac{g_m}{G_o} \tag{4-134}$$

振荡频率 ω_0 为

$$\omega_0 = \sqrt{\frac{1}{C_3 (L_1 + L_2)}} \tag{4-135}$$

3. 晶体振荡器

为了提高频率稳定性,常将石英晶体用于振荡电路中。石英晶体谐振器具有许多优点,如极高的品质因数(可以高达 100 000)、良好的频率稳定性和良好的温度稳定性等,因而晶体控制振荡器得到广泛应用。遗憾的是,石英晶体谐振器属于机械系统,其谐振频率一般不能超过 250MHz。

典型的石英晶体等效电路如图 4-54 所示,这一电路的串联和并联谐振频率分别 ω_s 和 ω_p,一般 ω_p 比 ω_s 高约 1%。为设计振荡器,晶体的振荡频率在 ω_s 和 ω_p 之间,在这一频率范围内,晶体的作用相当于一个电感,也是晶体使用的工作点。

在晶体的工作点,晶体可以代替哈特莱或考毕兹振荡器中的电感,典型的晶体振荡器电路如图 4-55 所示,称为皮尔斯(Pierce)振荡器。

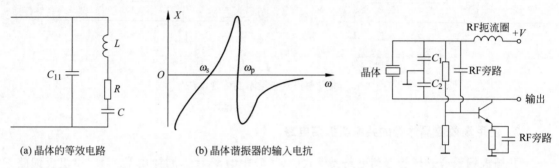

(a) 晶体的等效电路　　　　(b) 晶体谐振器的输入电抗

图 4-54　石英晶体等效电路

图 4-55　皮尔斯晶体振荡器电路

4.7.3　微波振荡器

当工作频率接近 1GHz 时,电压和电流的波动特性将不能被忽略,需要采用传输线理论来描述电路的特性。因此,需要讨论基于反射系数和 S 参量的微波振荡器。

微波振荡器的内部有一个有源固态器件,该器件与无源网络相配合,可以产生所需要的微波信号。由于振荡器是在无输入信号的条件下产生振荡功率,因此其具有负阻效应。若一个器件的端电压与流过该器件的电流之间相位相差 180°,该器件称为负阻器件,微波三端口负阻器件包括双极结型晶体管、场效应晶体管等,微波二端口负阻器件包括隧道二极管、雪崩渡越二极管和耿氏二极管等。利用三端口负阻器件可以设计出微波双端口振荡器,利用二端口负阻器件可以设计出微波单端口振荡器。

1. 振荡条件

(1) 双端口振荡器振荡条件。双端口振荡器如图 4-56 所示,由晶体管、振荡器调谐网络和终端网络 3 部分组成。

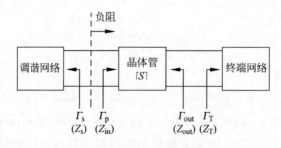

图 4-56　双端口振荡器框图

若使图 4-56 所示的双端口振荡器产生振荡,需要满足如下 3 个条件。

条件 1:存在不稳定有源条件

$$k < 1 \tag{4-136}$$

条件 2:振荡器左端满足

$$\Gamma_{in}\Gamma_s = 1 \tag{4-137}$$

条件 3:振荡器右端满足

$$\Gamma_{out}\Gamma_T = 1 \tag{4-138}$$

由上面的条件可以看到,振荡器的设计与放大器的设计有相似之处。但放大器有输入信号,振荡器无输入信号,这导致两者之间有差异。振荡器与放大器的差异如下。

① 在放大器的情形,$\Gamma_{in} < 1$、$\Gamma_{out} < 1$;在振荡器的情形,振荡器调谐网络和终端网络由无源网络构成,有 $\Gamma_s < 1$、$\Gamma_T < 1$,所以要求 $\Gamma_{in} > 1$、$\Gamma_{out} > 1$。

② 在放大器的情形,稳定性因子 $k > 1$;在振荡器的情形,稳定性因子 $k < 1$。

③ 在放大器的情形,希望器件具有高度稳定性;在振荡器的情形,希望器件具有高度不稳定性。

④ 在放大器的情形,有输入和输出匹配网络;在振荡器的情形,有振荡器调谐网络和终端网络,其中振荡器调谐网络决定振荡频率,终端网络将负载转换为振荡器所需的负载以确保振荡产生。

⑤ 振荡器的起振由任意噪声或暂态信号触发,但很快达到一个稳定的振荡状态。振荡器由起振到稳态需要一个非线性有源器件来完成,对振荡器的全面分析十分复杂。

(2) 单端口振荡器振荡条件。单端口振荡器是双端口振荡器的特例。晶体管双端口网络配以适当的负载终端,可将其转换为单端口振荡器,微波二极管也可以构成单端口振荡器。单端口振荡器如图 4-57 所示,其中 $Z_{in} = R_{in} + jX_{in}$ 是有源器件的输入阻抗,$Z_s = R_s + jX_s$ 是无源负载阻抗。

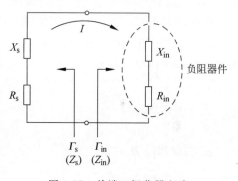

图 4-57 单端口振荡器电路

若使单端口振荡器产生振荡,需要满足如下条件

$$Z_{in} + Z_s = 0 \tag{4-139}$$

也即

$$R_{in} + R_s = 0$$
$$X_{in} + X_s = 0$$

因为负载是无源的,$R_s > 0$,所以可得 $R_{in} < 0$。这里正电阻 R_s 消耗能量,负电阻 R_{in} 提供能量。

(3) 稳定振荡条件。

振荡器在起振时,还要求整个电路在某一频率 ω 下出现不稳定,即应有

$$R_{in}(I, \omega) + R_s < 0$$

即电路总电阻小于零,振荡器中将有对应频率下持续增长的电流 I 流过。当电流 I 增加时,$R_{in}(I, \omega) + R_s$ 应变为较小的负值,直到电流达到其稳态值 I_0。

对于一个稳态的振荡,还应有能力消除由于电流或频率的扰动所引起的振荡频率偏差,也就是说,稳态的振荡要求电流或频率的任何扰动都应该被阻尼掉,使振荡器回到原来的状态。由高 Q 谐振电路构成调谐网络可以使振荡器有高稳定性,因此为提高振荡器的稳定性,应选择有高品质因数的调谐网络。

对一个振荡器的全面设计,除须考虑稳定性外,还须考虑最大功率输出、相位噪声、稳态工作点选择等因素,这些内容请参考相关资料。

2. 晶体管振荡器

晶体管振荡器实际是工作于不稳定区域的晶体管二端口网络。把有潜在不稳定的晶体管终端连接一个阻抗,选择阻抗的数值在不稳定区域驱动晶体管,就可以建立起单端口负阻网络。晶体管振荡器的设计步骤如下。

(1) 选择一个在期望振荡频率处潜在不稳定的晶体管。

(2) 选择一个合适的晶体管电路结构。对于双极结型晶体管(Bipolar Junction Transistor,BJT),一般常采用共基或共射的组态。对于场效应晶体管(Field Effect Transistor,FET),一般常采用共栅或共源的组态。为增强电路的不稳定性,还常常配以正反馈来增加其不稳定性。

(3) 在 Γ_T 复平面上画出输出稳定判别圆,然后在不稳定区域中选择一个合适的反射系数值 Γ_T,使其在晶体管的输入端产生一个大的负阻,满足

$$\Gamma_{in} > 0 \text{ 即 } Z_{in} < 0$$

由选定的反射系数值 Γ_T 可以确定终端网络。

(4) 此时电路可以视为单端口振荡器,需要选择调谐网络的阻抗 Z_s,$Z_s = R_s + jX_s$。由振荡器起振条件可以得到

$$R_{in} + R_S < 0$$

实际中常选

$$R_s = |R_{in}|/3 \tag{4-140}$$

Z_s 的虚部选为

$$X_s = -X_{in} \tag{4-141}$$

(5) 如果输入或输出端口中的任何一个端口符合振荡条件,则电路的两个端口都将产生振荡。

3. 二极管振荡器

可以使用隧道二极管、雪崩渡越二极管、耿氏二极管等负阻器件构建单端口振荡电路。这些振荡电路的缺点是输出波形较差,噪声也比较高,但使用这些二极管构建的振荡电路可以方便地获得射频高端频段的振荡信号。例如,耿氏二极管可以用于制造工作频率为 $1\sim$ 100GHz 的小功率振荡器。

4. 介质谐振器振荡器

前面讨论过,由高 Q 谐振电路构成的调谐网络可以使振荡器有高的稳定性,因此应选

择有高品质因数的调谐网络。用集总元件或微带线和短截线构成的调谐网络，Q 值很难超过几百。而介质谐振器未加载的 Q 值可以达到几千或上万，它结构紧凑而且容易与平面电路集成，因此得到了越来越广泛的应用。

4.8　混频器的设计

混频器是射频系统中用于频率变换的部件，具有广泛的应用领域，可以将输入信号的频率升高或降低而不改变原信号的特性。混频器的典型应用是在射频的接收系统中，混频器可以将较高频率的射频输入信号变换为频率较低的中频输出信号，以便更容易对信号进行后续的调整和处理。

混频器是一个三端口器件，其中两个端口输入，一个端口输出。混频器采用非线性或时变参量元件，可以将两个不同频率的输入信号变为一系列不同频率的输出信号，输出频率分别为两个输入频率的和频、差频及谐波。

实际混频器通常是以二极管或晶体管的非线性为基础。非线性元件能产生众多的其他频率分量，然后通过滤波来选取所需的频率分量，在混频器中希望得到的是和频或差频。本节首先讨论混频器的特性，然后讨论用二极管实现变频系统。

1. 混频器的特性

混频器的符号和功能如图 4-58 所示。图 4-58(a)是上变频的工作状况，两个输入端分别称为本振端(LO)和中频端(IF)，输出端称为射频端(RF)。图 4-58(b)是下变频的工作状况，两个输入端分别称为本振端(LO)和射频端(RF)，输出端称为中频端(IF)。

(a) 上变频　　　　　　　　　　　(b) 下变频

图 4-58　混频器的符号和功能

(1) 上变频。混频器符号的意思是输出与两个输入信号的乘积成比例。将会看到，这是混频器工作的理想化观点，实际混频器会产生大量输入信号的各种谐波。对于上变频过程，本振 LO 信号连接混频器的一个输入端口，其可以表示为

$$v_{\mathrm{LO}}(t) = \cos(2\pi f_{\mathrm{LO}}t)$$

中频 IF 信号连接混频器的另一个输入端口，其可以表示为

$$v_{\mathrm{IF}}(t) = \cos(2\pi f_{\mathrm{IF}}t)$$

理想混频器的输出是 LO 信号与 IF 信号的乘积，可以表示为

$$v_{\mathrm{RF}}(t) = k[\cos 2\pi(f_{\mathrm{LO}} - f_{\mathrm{IF}})t + \cos 2\pi(f_{\mathrm{LO}} + f_{\mathrm{IF}})t] \tag{4-142}$$

式中,k 是考虑混频器的损耗而引入的常量。理想混频器输出的 RF 信号包含输入 LO 与 IF 信号的和频和差频:

$$f_{RF} = f_{LO} \pm f_{IF}$$

本振频率 f_{LO} 一般比中频频率 f_{IF} 要高许多,输出信号的频谱如图 4-59(a)所示。可以看出,混频器具有用 IF 信号调制 LO 信号的作用,其中 $f_{RF} = f_{LO} + f_{IF}$ 是上边带(USB),$f_{RF} = f_{LO} - f_{IF}$ 是下边带(LSB)。双边带(DSB)信号拥有上下两个边带,单边带(SSB)信号可以通过滤波器产生。上变频采用和频,即

$$f_{RF} = f_{LO} + f_{IF} \tag{4-143}$$

(2) 下变频。对于下变频过程,与用在接收机中的一样,RF 信号为输入信号,其形式为

$$v_{RF}(t) = \cos(2\pi f_{RF} t)$$

RF 信号与本振 LO 信号为混频器的两个输入信号,理想混频器的输出可以表示为

$$v_{IF}(t) = k v_{RF}(t) v_{LO}(t)$$
$$= k[\cos 2\pi (f_{RF} - f_{LO})t + \cos 2\pi (f_{RF} + f_{LO})t]$$

输出信号为 IF 信号,IF 信号的频率为输入 RF 与 LO 信号的和频和差频为

$$f_{IF} = f_{RF} \pm f_{LO}$$

输出信号的频谱如图 4-59(b)所示。RF 频率与 LO 频率非常接近,和频几乎为 f_{RF} 的 2 倍,差频远小于 f_{RF},所以希望输出差频,即

$$f_{IF} = f_{RF} - f_{LO} \tag{4-144}$$

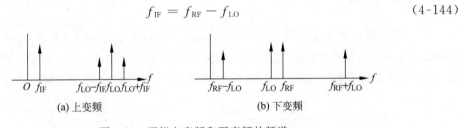

图 4-59　理想上变频和下变频的频谱

上面是对理想混频器的讨论,输出信号的频率仅为两个输入信号的和频和差频。实际混频器是由二极管或晶体管构成的,由于二极管或晶体管的非线性,输出会有众多的其他频率分量,需要用滤波器来选取所需的频率分量。

(3) 变频损耗。混频器的变频损耗定义为可用 RF 输入功率与可用 IF 输出功率之比,用 dB 表示为

$$Lc = 10 \lg \left(\frac{P_{RF}}{P_{IF}} \right) (dB) \tag{4-145}$$

变频损耗的典型值为 4~7dB。变频损耗包括二极管的阻抗损耗、混频器端口的失配损耗和谐波分量引起的损耗。

电阻性负载会吸收能量,产生阻抗损耗。混频器需要在 3 个端口上阻抗匹配,但由于存在几个频率及其他的谐波频率,关系很复杂,会带来混频器端口失配损耗。混频器输出只选和频或差频,谐波不是所需的输出信号,导致了谐波损耗。

2. 单端二极管混频器

用一个二极管产生所需 IF 信号的混频器称为单端二极管混频器。单端二极管混频器如图 4-60 所示。RF 和 LO 输入到同相耦合器中,两个输入电压合为一体,利用二极管进行混频,由于二极管的非线性,从二极管输出的信号存在多个频率,经过一个低通滤波器,可以获得差频 IF 信号。二极管用 DC 电压偏置,该 DC 偏置电压必须与射频信号去耦,因此二极管与偏置电压源之间采用射频扼流圈(Radio Frequency Choke,RFC)来通直流隔交流。

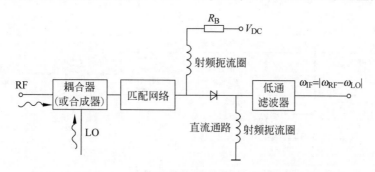

图 4-60　单端二极管混频器的一般框图

肖特基二极管方程为

$$I(V) = I_S(e^{\alpha V} - 1)$$

其中,$\alpha = e/nkT$,e 为电子电荷,k 为波尔兹曼常数,T 为温度,n 为理想化因子,I_S 为饱和电流。输入 AC 电压 $v(t)$ 及直流偏压 V_0 作用于二极管上,二极管上电压为

$$V = V_0 + v$$

此电压在非线性二极管上所产生的电流响应可以在 V_0 做泰勒极数展开

$$I(V) = I_0 + v \frac{dI}{dV} \big|_{v_0} + \frac{1}{2} \frac{d^2 I}{d^2 V} \big|_{v_0} + \cdots$$

上式改写为

$$I(V) = I_0 + i = I_0 + v G_d + \frac{1}{2} v^2 G'_d + \cdots$$

二极管的非线性导致输出信号存在多个频率,新频率分量为

$$m\omega_{RF} \pm n\omega_{LO} \tag{4-146}$$

式(4-146)中 m 和 n 为整数。这里关心的是差频,有

$$i_{IF}(t) = \frac{1}{2} G'_d V_{RF} V_{LO} \cos(\omega_{RF} - \omega_{LO}) = \frac{1}{2} G'_d V_{RF} V_{LO} \cos\omega_{IF} t \tag{4-147}$$

式(4-147)中,ω_{IF} 为所需的 IF 信号,这与图 4-58 中的理想下变频频谱一致。ω_{IF} 为从二极管输出的众多频率中得到差频,需要低通滤波器,经过一个低通滤波器,可以获得差频 IF 信号。

3. 单平衡混频器

前面讨论的单端二极管混频器虽然容易实现,但在宽带应用中不易保持输入匹配及本振信号与射频信号之间相互隔离,为此提出单平衡混频器。图 4-61 所示为单平衡混频器的构成,两个单端混频器与一个 3dB 耦合器可以组成单平衡混频器,为简单起见,图中省略了对二极管的偏置电路。

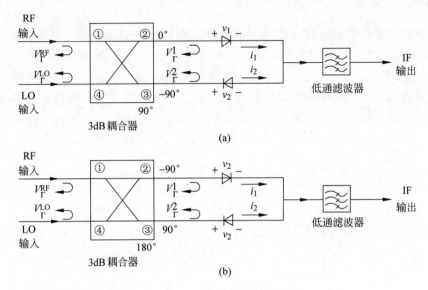

图 4-61   单平衡混频器

图 4-61 描述的单平衡混频器,3dB 耦合器可以是图 4-61(a)所示的 90°混合网络或图 4-61(b)所示的 180°混合网络。使用 90°混合网络可以有很宽的频率范围,在 RF 端口可以得到完全的输入匹配,同时可以除去所有偶数阶互调产物。

习题 4

4-1   填空题

(1) 3 种典型的阅读器天线电路是_____、_____和_____,被广泛采用的是_____。

(2) 回路产生串联谐振的角频率 ω_0 和频率 f_0 分别为_____和_____。

(3) 谐振时回路中存储的能量保持不变,只在_____和_____间相互转换。

(4) 电感线圈的交变磁场中,在距离线圈中心 r 处,当线圈半径 $a=$_____ 时,可获最大场强。

(5) 无源应答器的天线电路多采用_____谐振回路。在谐振时,电感和电容支路中_____最大,即谐振回路两端可获得最大电压。

(6) 为了分析电路的方便,经常需要用到串、并联阻抗_____。

(7) 负载调制是应答器向阅读器传输数据所使用的方法。在电感耦合方式的 RFID 系统中,负载调制有_____负载调制和_____负载调制两种方法。

(8) 电阻负载调制和电容负载调制的不同之处在于:R_{mod} 的接入不改变应答器回路的_____频率,因此阅读器和应答器回路在工作频率下都处于_____状态;而 C_{mod} 接入后,应答器(次级)回路_____,其反射电抗也会引起阅读器回路的_____。

(9) 微波 RFID 的射频前端主要包括_____、_____和_____。

4-2　简述串联谐振回路的特性。

4-3　简述并联谐振回路的特性。

4-4　画出串、并联阻抗等效互换的电路图,并给出相应的互换公式。

4-5　什么是负载调制? 什么是电阻负载调制? 什么是电容负载调制? 它们之间有什么不同?

4-6　滤波器有哪几种类型?

4-7　低通滤波器原型有哪 4 种? 并给出它们的响应曲线。

4-8　什么是理查德变换和科洛达规则? 在分布参数滤波器设计中它们分别起什么作用?

4-9　放大器稳定的定义是什么? 给出放大器稳定性判别的图解法。

4-10　给出放大器噪声系数的表达式,并画出噪声系数圆图。

4-11　简述 A 类放大器的设计方法。

4-12　画出微波双端口振荡器框图,并说明其振荡条件。

4-13　混频器的作用是什么? 画出单端二极管混频器的一般框图。

第 5 章
CHAPTER 5 | RFID 电子标签

学习导航

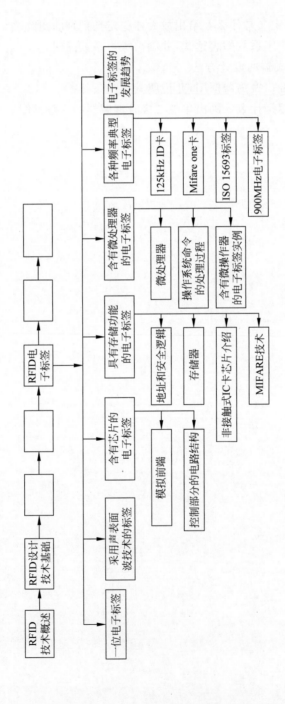

学习目标

- 掌握一位电子标签
- 掌握采用声表面波技术的标签
- 掌握含有芯片的电子标签
- 掌握具有存储功能的电子标签
- 掌握含有微处理器的电子标签
- 了解各种频率典型电子标签
- 了解电子标签的发展趋势

电子标签是携带物品信息的数据载体。根据工作原理的不同,电子标签这个数据载体可以划分为两大类,一类是利用物理效应进行工作的数据载体,一类是以电子电路为理论基础的数据载体。电子标签体系结构的分类如图 5-1 所示。

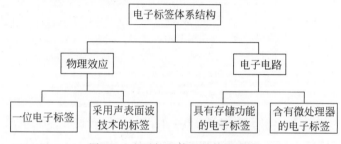

图 5-1　电子标签体系结构的分类

当电子标签利用物理效应进行工作时,属于无芯片的电子标签系统。这种类型的电子标签主要有"一位电子标签"和"采用声表面波技术的标签"两种工作方式。

当电子标签以电子电路为理论基础进行工作时,属于有芯片的电子标签系统。这种类型的电子标签主要由模拟前端(射频前端)电路和控制电路构成,主要分为具有存储功能的电子标签和含有微处理器的电子标签两种结构。

5.1　一位电子标签

一位系统的数据量为一位,当电子标签是一位(1b)系统时,电子标签只有 1 和 0 两种状态。该系统读写器只能发出两种状态,这两种状态分别是"在读写器工作区有电子标签"和"在读写器工作区没有电子标签"。一位的电子标签是最早商用的电子标签,这种电子标签最早出现在 20 世纪 60 年代,主要应用在商店的电子商品防盗系统(Electronic Article Surveillance,EAS)中。该系统读写器通常放在商店的门口,电子标签附在商品上,当商品通过商店门口时,系统就报警。

一位的电子标签不需要芯片,可以采用射频法、微波法、分频法、智能型、电磁法、声磁法等多种方法进行工作。下面以射频法为例,介绍一位电子标签的工作原理。

1. 射频法工作原理

射频法工作系统由读写器(检测器)、电子标签和去激活器三部分组成。电子标签采用

L-C 振荡电路进行工作,振荡电路将频率调谐到某一振荡频率 f_R 上。射频法工作系统由读写器(检测器)发出某一频率 f_G 的交变磁场,当交变磁场的频率 f_G 与电子标签的谐振频率 f_R 相同时,电子标签的振荡电路产生谐振,同时振荡电路中的电流对外部的交变磁场产生反作用,并导致交变磁场振幅减小。读写器(检测器)如果检测到交变磁场减小,就将报警。当电子标签使用完毕后,用"去激活器"将电子标签销毁。射频法的工作原理如图 5-2 所示。

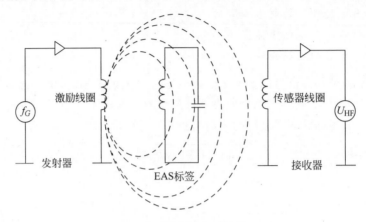

图 5-2　射频法的工作原理

(1) 读写器(检测器)。读写器(检测器)一般由发射器和接收器两个部分组成。其基本原理是利用发射天线将一交变磁场发射出去,在发射天线和接收天线之间形成一个扫描区,而在其接收范围内利用接收天线将这一交变磁场接收。射频法工作系统利用电磁波的共振原理搜寻特定范围内是否有电子标签存在,如果该区域内出现电子标签,则立即触发报警。

(2) 电子标签。电子标签的内部是一个 L-C 结构的振荡回路,电子标签以特殊方式安装在商品上。目前市场上出现的电子标签有软标签、硬标签等。

去激活器能够产生足够强的磁场,该磁场可以将电子标签中的薄膜电容破坏,使电子标签内的 L-C 结构失效。

去激活器经常被开锁器或解码器替代。开锁器是快速将各种硬标签取下的装置。解码器是使软标签失效的装置。目前市面上常用的是非接触式解码器,只要将标签通过解码器上方 20cm 以内便可解码。

2. 电子商品防盗系统简介

现今电子商品防盗系统(Electronic Article Surveillance,EAS)在零售商业系统的应用越来越广泛。它是一种减少开架售货时商品失窃,从而增加销售利润的电子防盗产品,是目前大型零售行业广泛采用的商品安全措施之一。实际上,EAS 系统是单比特射频识别系统,因为只有两个状态,所以只能显示商品的存在与否,不能显示是什么商品。EAS 系统防盗检测的步骤如下。

(1) 将防盗标签附着在商品上。

(2) 在商场出口通道或收银通道处安装检测器。

(3) 付款后的商品经过专用解码器使标签解码失效或开锁取下标签。

（4）未付款商品（附着标签）经过出口时，门道检测器测出标签并发出警报，拦截商品出门。

电子标签分为软标签和硬标签。软标签成本较低，直接黏附在较"硬"的商品上，软标签不可以重复使用。硬标签一次性成本较软标签高，但可以重复使用。硬标签必须配备专门的取钉器，多用于柔软的、易穿透的服装类物品。

解码器多为非接触式设备，有一定的解码高度，当收银员收银或装袋时，电子标签无须接触消磁区域即可解码。未经解码的商品带离商场，检测器会触发报警，从而提醒收银人员、顾客和商场保安人员及时处理。

电子商品防盗系统 EAS 不会像监控系统那样，让顾客有不自在的感觉，而且还起到了威慑作用。EAS 系统的主要技术有 4 种，分别是无线电射频、电磁、微波和声磁技术。一般来说，电磁和射频产品价格便宜，其标签通常被永久性粘贴在商品或商品包装上，而微波和声磁标签价格要贵一些。

5.2　采用声表面波技术的标签

声表面波（Surface Acoustic Wave，SAW）是传播于压电晶体表面的机械波。利用声表面波技术制造标签，始于 20 世纪 80 年代，近年来对声表面波标签的研究已经成为一个热点。声表面波标签不需要芯片，应用了电子学、声学、雷达、半导体平面技术及信号处理技术，是有别于 IC 芯片的另一种新型标签。

1. 声表面波器件

SAW 器件是近代声学中的表面波理论、压电学研究成果和微电子技术有机结合的产物。所谓 SAW，就是在压电固体材料表面产生和传播弹性波，该波振幅随深入固体材料深度的增加而迅速减小。

SAW 与沿固体介质内部传播的体声波（BAW）比较，有两个显著的特点：一是能量密度高，其中约 90% 的能量集中于厚度等于一个波长的表面薄层中；二是传播速度慢，约为纵波速度的 45%，是横波速度的 90%，传播衰减很小。根据这两个特性，人们研制出具有不同功能的 SAW 器件，而且可使这些不同类型的无源器件既薄又轻。

SAW 器件主要由具有压电特性的基底材料和在该材料的抛光面上制作的叉指状换能器（IDT）组成，IDT 是由相互交错的金属薄膜构成的。如果在 IDT 电极的两端加入高频电信号，压电材料的表面就会产生机械振动，并同时激发出与外加电信号频率相同的表面声波，这种表面声波会沿基板材料表面传播。如果在 SAW 的传播途径上再制作一对 IDT 电极，则可将 SAW 检测出来，并使其转换成电信号。IDT 叉指状金属电极可以借助于半导体平面工艺技术制作。

典型的声表面波器件结构原理图如图 5-3 所示。电信号通过叉指发射换能器转换成声信号（声表面波），在介质中传播一定距离后到达接收叉指换能器，又转换成电信号，从而得到对输入电信号模拟处理的输出电信号。

叉指换能器的金属条电极是铝膜或金膜，通常用蒸发镀膜设备镀膜，并采用光刻方法制出所需图形。兼作传声介质和电声换能材料的压电基底材料有铌酸锂、石英、锗酸铋、钽酸锂等压电单晶。

声表面波器件有多种类型,目前已发展到包括 SAW 滤波器、谐振器、延迟线、相关器、卷积器、移相器、存储器等在内的 100 余个品种。SAW 器件是在压电基片上采用微电子工艺技术,制作各种声表面波器件,利用基片材料的压电效应,将电信号转换成声信号,并局限在基片表面传播。声表面波器件可以实现"电-声-电"的变换过程,并完成对电信号的处理过程,以获得各种用途的电子器件。

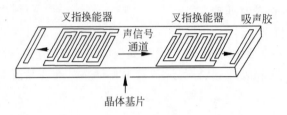

图 5-3 典型的声表面波器件结构原理图

2. 声表面波的特点

(1) 实现电子器件的超小型化。声表面波具有极低的传播速度,比相应电磁波的传播速度小十万倍,因此具有极短的波长。已知,在超高频和微波频段,电磁波器件的尺寸是与波长相比拟的。同理,作为声表面波器件,它的尺寸也是和信号的声波波长相比拟的。因此,在同一频段上,声表面波器件的尺寸比相应电磁波器件的尺寸减小了很多,重量也随之大为减轻。

(2) 实现电子器件的优越性能。声表面波沿固体表面传播,加上传播的速度极慢,这使得时变信号在给定瞬时可以完全呈现在晶体基片表面上。因此,当信号在器件的输入和输出端之间行进时,可以方便地对信号进行取样和变换。这就给声表面波器件以极大的灵活性,使它能以非常简单的方式完成其他技术难以完成或完成起来过于繁重的各种功能。

声表面波器件的上述特性,使其可以完成脉冲信号的压缩和展宽、编码和译码以及信号的相关和卷积等多种功能。在很多情况下,声表面波器件的性能远远超过了最好的电磁波器件所能达到的水平。例如,用声表面波器件可以制成时间-带宽乘积大于 5000 的脉冲压缩滤波器,在 UHF 频段内可以制成 Q 值超过 50000 的谐振腔,还可以制成带外抑制达 70dB 的带通滤波器。

(3) 易于工业化生产。由于声表面波器件是在单晶材料上用半导体平面工艺制作的,因此具有很好的一致性和重复性,易于大量生产。

(4) 性能稳定。当使用某些单晶材料或复合材料时,声表面波器件具有极高的温度稳定性。声表面波器件的抗辐射能力强,动态范围很大,可达 100dB。这是因为它利用的是晶体表面的弹性波而不涉及电子的迁移过程。

3. 声表面波标签

采用先进微电子加工技术制造的声表面波器件,具有体积小、质量轻、可靠性高、一致性好、多功能及设计灵活等优点。随着加工工艺的飞速发展,SAW 器件的工作频率已覆盖10MHz～2.5GHz,是现代信息化产业不可或缺的关键元器件。SAW 标签目前的工作频率主要为 2.45GHz,这种标签无源,而且抗电磁干扰能力强,具有独特的优势,是对集成电路技术的补充。

SAW 标签由叉指换能器和若干反射器组成。换能器的两条总线与标签的天线相连接。读写器的天线周期地发送高频询问脉冲,在标签天线的接收范围内,被接收到的高频脉冲通过叉指换能器转变成声表面波,并在晶体表面传播。反射器组对入射表面波部分反射,并返回到叉指换能器,叉指换能器又将反射声脉冲串转变成高频电脉冲串。如果将反射器组按某种特定的规律设计,使其反射信号表示规定的编码信息,那么读写器接收到的反射高频电脉冲串就带有该物品的特定编码。通过解调与处理,可以达到自动识别的目的。声表面波标签的工作原理如图 5-4 所示。

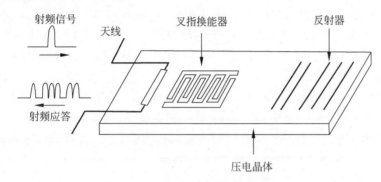

图 5-4　声表面波标签的工作原理

声表面波标签识别系统与集成电路 RFID 的使用方法基本一致,也就是将声表面波标签安装在被识别的对象物上。当带有标签的被识别对象物进入读写器的有效阅读范围时,读写器自动侦测到电子标签的存在,向电子标签发送指令,并接收从标签返回的信息,从而完成对物体的自动识别。

由于声表面波传播速度低,有效的反射脉冲串在经过几微秒的延迟时间后才回到读写器,在此延迟期间,来自读写器周围的干扰反射已衰减,不会对声表面波电子标签的有效信号产生干扰。

SAW 电子标签的主要特点如下。

(1) 读取范围大且可靠,读取范围可达数米。

(2) 可使用在金属和液体产品上。

(3) 标签芯片与天线匹配简单,制作工艺成本低。

(4) 不仅能识别静止物体,而且能识别速度达 300km/h 的高速运动物体。

(5) 可在高温差(−100～＋300℃)、强电磁干扰等恶劣环境下使用。

4. 声表面波技术的发展方向

目前除电子标签外,声表面波器件在通信、电视、遥控和报警系统中也得到了广泛的应用。数以亿计的手机和电视机中都应用了多个声表面波器件。

早期的 SAW 器件主要应用领域是视听类电子产品。随着移动通信产业和物联网产业的发展,SAW 器件的市场主体发生了重大转移。例如,像 SAW 滤波器这类器件在通信中应用得很好,是压电陶瓷滤波器和单片晶体滤波器望尘莫及的。

声表面波技术的发展方向如下。

(1) 提高工作频率。对 SAW 器件,当压电基材选定之后,其工作频率则由 IDT 指条宽度决定。IDT 指条越窄、频率则越高。已知,目前 $0.5\mu m$ 级的半导体工艺已是较普通的技术,该尺寸的 IDT 指条能制作 1500MHz 的 SAW 滤波器。利用 $0.35\mu m$ 级的光刻工艺,能制作 2GHz 的器件。借助于 $0.2\mu m$ 级的精细加工技术,2.5GHz 的 SAW 器件早已实现大批量生产。目前,3GHz 的 SAW 器件开始进入实用化。

(2) 微型化、片式化、轻便化。SAW 器件微型化、片式化和轻便化,是通信产品提出的基本要求。SAW 器件的 IDT 电极条宽通常是按照 SAW 波长的 1/4 来进行设计的。对于工作在 1GHz 的器件,若设 SAW 的传播速度是 4000m/s,波长仅为 $4\mu m$($1/4$ 波长是 $1\mu m$),在 0.4mm 的距离中能够容纳 100 条 $1\mu m$ 宽的电极。故 SAW 器件芯片可以做得非常小,便于实现超小型化。例如,日本富士通公司推出的 SAW 滤波器,尺寸仅为 2.5mm× 2.0mm×1.2mm。

将不同功能的 SAW 器件封装在一起的组合型器件,同样是减小 PCB 面积的一个途径。例如,用于 800MHz 的 SAW 滤波器,就内装两个滤波器,其中一个是 810~830MHz 的低频带滤波器,另一个是 870~885MHz 的高频带滤波器,尺寸为 3mm×3mm。这种组合型器件,能提供 3dB 的插入损耗和 45dB 的带外衰减。

(3) 降低插入损耗。SAW 滤波器以往存在的突出问题是插入损耗大,一般不低于 15dB。为满足通信系统的要求,通过开发高性能的压电材料和改进 IDT 设计,已经使器件的插入损耗降低到 4dB 以下,有些产品甚至降至 1dB。

(4) 宽带化。由于通信系统不断更新换代,要求 SAW 滤波器宽带化。为使 SAW 滤波器实现宽带化和低损耗化,必须在 IDT 电极结构设计上不断创新。

(5) 提升耐电力特性。在耐电力特性和插入损耗要求非常严格的场合,移动终端的发送/接收(TX/RX)天线转换开关,有时要承受约 1W 的发送电力。随着 SAW 滤波器性能的提高,该器件的应用领域不断拓展,也少不了这种 SAW 天线转换开关器件。SAW 天线转换开关器件不仅需要具有超低的插入损耗特性,而且需要提高传输的功率容量。

5.3 含有芯片的电子标签

含有芯片的电子标签是以集成电路芯片为基础的电子数据载体,这也是目前使用最多的电子标签。含有芯片的电子标签基本由天线、模拟前端(射频前端)和控制电路三部分组成,如图 5-5 所示。

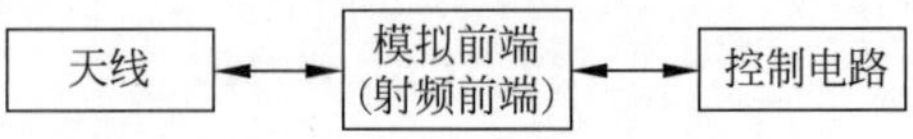

从读写器发出的信号,被电子标签的天线接收。该信号通过模拟前端(射频前端)电路,进入电子标签的控制部分,控制部分对数据流

图 5-5　含有芯片的电子标签

做各种逻辑处理。为了将处理后的数据流返回到读写器,射频前端采用负载调制器或反向

散射调制器等多种工作方式。

5.3.1　模拟前端

模拟前端(射频前端)电路主要有电感耦合和微波电磁反向散射两种工作方式。这两种方式的工作原理各不相同,电感耦合工作方式主要工作在低频和高频频段,而电磁反向散射工作方式主要工作在微波波段。本书第 4 章"RFID 的射频前端"对该部分有详细介绍。

1. 电感耦合工作方式的模拟前端

当电子标签进入读写器产生的磁场区域后,电子标签通过与读写器电感耦合,产生交变电压,该交变电压通过整流、滤波和稳压后,给电子标签的芯片提供所需的直流电压。电子标签电感耦合模拟前端的工作过程如图 5-6 所示。

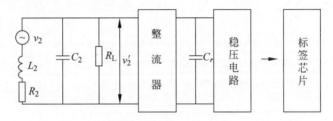

图 5-6　电子标签电感耦合的模拟前端的工作过程

当电子标签与读写器的距离足够近时,电子标签的线圈上就会产生感应电压,RFID 电感耦合系统的电子标签主要是无源的,电子标签获得的能量可以使标签开始工作。

2. 电磁反向散射工作方式的射频前端

当电子标签采用电磁反向散射的工作方式时,射频前端有发送电路、接收电路和公共电路三部分,如图 5-7 所示。

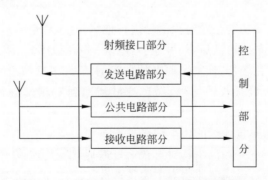

图 5-7　电子标签电磁反向散射的射频前端

(1) 射频前端发送电路。发送电路的主要功能是对控制部分处理好的数字基带信号进行处理,然后通过电子标签的天线将信息发送给读写器。发送电路主要由调制电路、上变频混频器、带通滤波器和功率放大器构成,如图5-8所示。

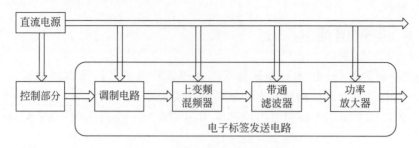

图 5-8　射频发送电路原理图

① 调制电路。调制电路主要是对数字基带信号进行调制。

② 上变频混频器。变频混频器对调制好的信号进行混频,将频率搬移到射频频段。

③ 带通滤波器。带通滤波器对射频频率进行滤波,滤除不需要的频率。

④ 功率放大器。功率放大器对信号进行放大,放大后的信号将送到天线,由天线辐射出去。

(2) 射频前端接收电路。接收电路的主要功能是对天线接收到的已调信号进行解调,恢复数字基带信号,然后送到电子标签的控制部分。接收电路主要由滤波器、放大器、下变频混频器、带通滤波器和电压比较器构成,用来完成包络产生和检波的功能,如图 5-9 所示。

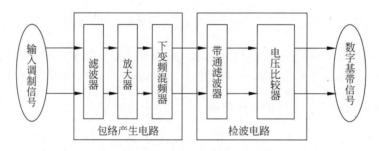

图 5-9　射频接收电路原理图

包络产生电路的主要功能是对射频信号进行包络检波,将信号从频带搬移到基带,提取出调制信号包络。经过包络检波后,信号还会存在一些高频成分,需要进一步滤波,然后将滤波后的信号通过电压比较器,恢复出原来的数字信号,完成检波电路的功能。

① 滤波电路。由天线接收的信号,经过滤波器对射频频率进行滤波,滤除不需要的频率。

② 放大器。放大器对接收到的微小信号进行放大。

③ 下变频混频器。下变频混频器对射频信号进行混频,将频率搬移到中频。

④ 带通滤波器。经过带通滤波器对中频频率进行滤波,滤除不需要的频率。

⑤ 电压比较器。通过电压比较器,恢复出原来的数字信号。

(3) 公共电路。公共电路是射频发送和射频接收电路共同涉及的电路,包括电源产生电路、限幅电路、时钟恢复电路、复位电路等。

① 电源产生电路。电子标签一般为无源标签,需要从读写器获得能量。电子标签的天线从读写器的辐射场中获取交变信号,该交变信号需要一个整流电路将其转化为直流电源。

② 限幅电路。交变信号整流转化为直流电源后,幅度需要限制,幅度不能高过三极管和 MOS 管的击穿电压,否则器件会损坏。

③ 时钟恢复电路。电子标签内部一般没有设置额外的振荡电路,时钟由接收到的电磁信号恢复产生。时钟恢复电路首先将恢复出与接收信号频率相同的时钟信号,然后再通过分频器进行分频,得到其他频率的时钟信号。

④ 复位电路。复位电路可以使电源电压保持在一定的电压值区间。电源电压首先有一个参考电压值,以这个参考电压值为基准,电源电压可以在一定的范围内波动。如果电源电压超出这个允许的波动范围,就需要复位。复位电路有上电复位和下电复位两种功能。当电源电压升高,但仍小于波动允许的范围时,复位信号仍然为低电平;当电源电压升高,而且超过波动允许的范围时,复位信号跳变为高电平,这就是上电复位信号。当电源电压降低,但仍小于波动允许的范围时,复位信号仍然为高电平;当电源电压降低,而且超过波动允许的范围时,复位信号跳变为低电平,这就是下电复位信号。上电复位和下电复位是针对系统可能出现的意外而设置的保护措施。

5.3.2　控制部分的电路结构

控制部分的电路基本分为两类,一类是具有存储功能,但不含微处理器的电子标签;一类是含有微处理器的电子标签。

1. 具有存储功能的电子标签

具有存储功能的电子标签,控制部分主要由地址和安全逻辑、存储器组成。这种电子标签的主要特点是利用状态自动机在芯片上实现寻址和安全逻辑。具有存储功能的电子标签,控制部分的电路框图如图 5-10 所示。

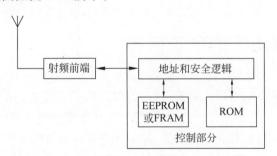

图 5-10　具有存储功能电子标签的控制部分

(1) 地址和安全逻辑。地址和安全逻辑是数据载体的心脏,控制着芯片上的所有过程。

(2) 存储器。该存储器用于存储不变的数据,如序列号等。该存储器可以采用数据存储器 ROM、EEPROM 或 FRAM 等。

2. 含有微处理器的电子标签

含有微处理器的电子标签,控制部分主要由编解码电路、微处理器和存储器组成,如图 5-11 所示。

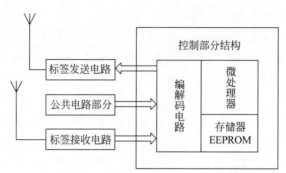

图 5-11　含有微处理器电子标签的控制部分

(1) 编解码电路。编解码电路用来完成编码和解码的工作。当该电路工作在前向链路时,将电子标签射频接收电路送来的数字基带信号进行解码,并将解码后的信号传送给微处理器。当该电路工作在反向链路时,将电子标签微处理器送来的、已经处理好的数字基带信号进行编码,然后送到电子标签的射频发送电路。

(2) 微处理器。微处理器是对内部数据进行处理,并对处理过程进行控制的部件。微处理器用来控制电子标签的相关协议和指令,具有数据处理的功能。

(3) 存储器。存储器是记忆设备,用来存放程序和数据。数据存储器包含静态随机存取存储器(Static Random Access Memory, SRAM)和电可擦写可编程只读存储器(Electrically Erasable Programmable Read Only Memory, EEPROM),其中 SRAM 是易失性的数据存储器,EEPROM 是非易失性的数据存储器。EEPROM 存储器常用于存储电子标签的相关信息和数据,在没有供电的情况下数据不会丢失,存储时间可以长达十几年。

5.4　具有存储功能的电子标签

当电子标签以电子电路为理论基础进行工作时,属于有芯片的电子标签。有芯片的电子标签基本分为两类,一类是具有存储功能,但不含微处理器的电子标签;一类是含有微处理器的电子标签。本节讨论具有存储功能,但不含微处理器的电子标签,并只讨论这类电子标签的控制电路部分,这类电子标签天线与射频前端的内容请参阅第 3 章和第 4 章。

具有存储功能的电子标签种类很多,包括简单的只读电子标签以及高档的具有密码功能的电子标签。数据存储器采用 ROM、EEPROM 或 FRAM 等,用于存储不变的数据。数据存储器经过芯片内部的地址和数据总线,与地址和安全逻辑电路相连。具有存储功能的电子标签,控制部分的电路结构如图 5-12 所示。

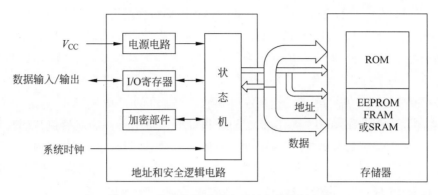

图 5-12　具有存储功能电子标签的控制电路

5.4.1　地址和安全逻辑

具有存储功能的电子标签没有微处理器,地址和安全逻辑是数据载体的心脏,通过状态机对所有的过程和状态进行有关的控制。

1. 地址和安全逻辑电路的构成

地址和安全逻辑电路主要由电源电路、时钟电路、I/O 寄存器、加密部件和状态机构成,这几部分的功能如下。

(1) 电源电路。当电子标签进入读写器的工作区域后,电子标签获得能量,并将其转换为直流电源,使地址和安全逻辑电路处于规定的工作状态。

(2) 时钟电路。控制与系统同步所需的时钟由射频电路获得,然后被输送到地址和安全逻辑电路。

(3) I/O 寄存器。专用的 I/O 寄存器用于同读写器进行数据交换。

(4) 加密部件。加密部件是可选的,用于数据的加密和密钥的管理。

(5) 状态机。地址和安全逻辑电路的核心是状态机,状态机对所有的过程和状态进行控制。

2. 状态机

状态机可以理解为一种装置,能采取某种操作来响应一个外部事件。具体采取的操作不仅取决于接收到的事件,还取决于各个事件的相对发生顺序。之所以能做到这一点,是因为装置能跟踪一个内部状态,会在收到事件后进行更新。这样一来,任何逻辑都可以建模成一系列事件与状态的组合。

在数字电路系统中,有限状态机是一种十分重要的时序逻辑电路模块,对数字系统的设计具有十分重要的作用。有限状态机是指输出取决于过去输入部分和当前输入部分的时序逻辑电路。一般来说,除了输入和输出部分外,有限状态机还含有一组具有"记忆"功能的寄存器,这些寄存器的功能是记忆有限状态机的内部状态,它们常被称为状态寄存器。

在有限状态机中,状态寄存器的下一个状态不仅与输入信号有关,而且还与该寄存器的当前状态有关,因此有限状态机又可以认为是寄存器逻辑和组合逻辑的一种组合。其中,寄存器逻辑的功能是存储有限状态机的内部状态;而组合逻辑可以分为次态逻辑和输出逻辑两部分,次态逻辑的功能是确定有限状态机的下一个状态,输出逻辑的功能是确定有限状态机的输出。

状态机可归纳为4个要素:现态、条件、动作和次态。这样的归纳,主要是出于对状态机的内在因果关系的考虑。现态是指当前所处的状态。条件又称为"事件",当一个条件被满足,将会触发一个动作,或执行一次状态的迁移。动作是指条件满足后执行的动作,动作执行完毕后,可以迁移到新的状态,也可以仍旧保持原状态。动作不是必需的,当条件满足后,也可以不执行任何动作,直接迁移到新状态。次态是指条件满足后要迁往的新状态。"次态"是相对于"现态"而言的,"次态"一旦被激活,就转变成新的"现态"了。

5.4.2　存储器

具有存储功能的电子标签种类很多,电子标签的档次与存储器的结构密切相关。这类电子标签分为只读电子标签、可写入式电子标签、具有密码功能的电子标签和分段存储的电子标签。其中,只读电子标签档次最低,具有密码功能的电子标签和分段存储的电子标签档次较高。

1. 只读电子标签

在识别过程中,内容只能读出不可写入的电子标签是只读型电子标签。只读型电子标签所具有的存储器是只读型存储器。

当电子标签进入读写器的工作范围时,电子标签就开始输出它的特征标记,通常芯片厂家保证对每个电子标签赋予唯一的序列号。电子标签与读写器的通信只能在单方向上进行,即电子标签不断将自身的数据发送给读写器,但读写器不能将数据传输给电子标签。这种电子标签功能简单,因此这种电子标签结构也较简单。

只读电子标签价格较低廉,适合应用在对价格敏感的场合。只读电子标签主要应用在动物识别、车辆出入控制、温湿度数据读取、工业数据集中控制等场合。

只读型电子标签可以分为以下3种。

(1)只读标签。只读标签的内容在标签出厂时就已被写入,识别时只能读出,不可再写入。只读标签的存储器一般由ROM组成。

ROM所存储的数据一般是装入整机前事先写好的,整机工作过程中只能读出,而不像随机存储器那样能快速、方便地加以改写。ROM所存的数据稳定,断电后所存的数据也不会改变,其结构较简单,读出较方便,因而常用于存储各种固定的程序和数据。

只读电子标签自身的特征标记一般用序列号表示,其在芯片生产的过程中已经固化了,用户不能改变芯片上的任何数据。

(2)一次性编程只读标签。一次性编程只读标签可在应用前一次性编程写入,在识别过程中不可改写。一次性编程只读标签的存储器一般由PROM组成。

(3)可重复编程只读标签。可重复编程只读标签的内容经擦除后可重复编程写入,但在识别过程中不可改写。可重复编程只读标签的存储器一般由EEPROM组成。

2. 可写入式电子标签

在识别过程中,内容既可以读出又可以写入的电子标签,是可写入式电子标签。例如,可写入式电子标签可以采用 SRAM 或 FRAM 存储器。

SRAM 是静态随机存储器,是一种具有静止存取功能的内存。SRAM 不需要刷新电路即能保存它内部存储的数据。

铁电存储器 FRAM 是一个非易失性随机存取存储器,能提供与 RAM 一致的性能,但又有与 ROM 一样的非易失性。FRAM 非易失性是指记忆体掉电后数据不丢失,非易失性记忆体是源自 ROM 的技术。FRAM 将 ROM 的非易失性数据存储特性和 RAM 的无限次读写、高速读写及低功耗等优势结合在一起,使 FRAM 产品既可以进行非易失性数据存储又可以像 RAM 一样操作。

在可写入式电子标签工作时,读写器可以将数据写入电子标签。对电子标签的写入与读出大多是按字组进行的,字组通常是规定数目的字节的汇总,字组一般作为整体读出或写入。为了修改一个数据块的内容,必须从读写器整体读出这个数据块,对其进行修改,然后再重新整体将数据块写入。

可写入式电子标签的存储量,最少可以是 1B,最高可达 64KB。

3. 具有密码功能的电子标签

对于可写入式电子标签,如果没有密码功能的话,任何读写器都可以对电子标签读出和写入。为了保证系统数据的安全,应该阻止对电子标签未经许可的访问。

可以采取多种方法对电子标签加以保护。对电子标签的保护涉及数据的加密,数据加密可以防止跟踪、窃取或恶意篡改电子标签的信息,从而使数据保持安全性。

(1) 分级密钥。分级密钥是指系统有多个密钥,不同的密钥访问权限不同,在应用中可以根据访问权限确定密钥的等级。

例如,某一系统具有密钥 A 和密钥 B,电子标签与读写器之间的认证可以由密钥 A 和密钥 B 确定,但密钥 A 和密钥 B 的等级不同,如图 5-13 所示。

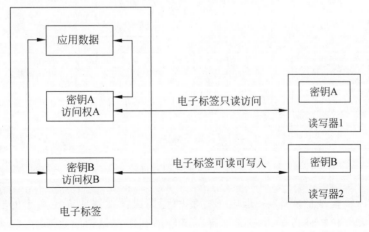

图 5-13　分级密钥

电子标签内部的数据分为两部分,分别由密钥 A 和密钥 B 保护。密钥 A 保护的数据由只读存储器存储,该数据只能读出,不能写入。密钥 B 保护的数据由可写入存储器存储,该数据既能读出也能写入。

读写器 1 具有密钥 A,电子标签认证成功后,允许读写器 1 访问密钥 A 保护的数据。读写器 2 具有密钥 B,电子标签认证成功后,允许读写器 2 读出密钥 B 保护的数据,并允许读写器 2 写入密钥 B 保护的数据。

(2)分级密钥在公共交通中的应用。在城市公交系统中,就有分级密钥的应用实例。现在城市公交系统可以用刷卡的方式乘车,该卡是无线识别卡,即 RFID 电子标签(卡)。城市公交系统的读写器有两种,一种是公交汽车上的刷卡器(读写器);另一种是公交公司给卡充值的读写器。

RFID 电子标签采用非接触的方式刷卡,每刷一次从卡中扣除一次金额,这部分的数据由密钥 A 认证。RFID 电子标签还可以充值,充值由密钥 B 认证。

公交汽车上的读写器只有密钥 A。电子标签认证密钥 A 成功后,允许公交汽车上的读写器扣除电子标签上的金额。

公交公司的读写器有密钥 B。电子标签需要到公交公司充值,电子标签认证密钥 B 成功后,允许公交公司的读写器给电子标签充值。

4. 分段存储的电子标签

当电子标签存储的容量较大时,可以将电子标签的存储器分为多个存储段。每个存储段单元具有独立的功能,存储着不同应用的独立数据。并且各个段单元有单独的密钥保护,以防止非法的访问。

一般来说,一个读写器只有电子标签一个存储段的密钥,只能取得电子标签某一应用的访问权。例如,某一电子标签具有汽车出入、小区付费、汽车加油、零售付费等多种功能,各种不同的数据分别有各自的密钥;而一个读写器一般只有一个密钥(如汽车出入密钥),只能在该存储段进行访问(如对汽车出入进行收费),如图 5-14 所示。

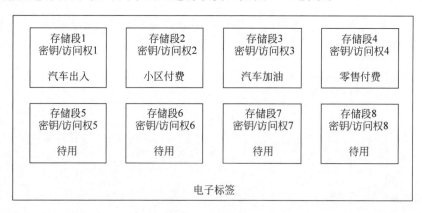

图 5-14 分段存储

为使电子标签实现低成本,一般电子标签的存储段都设置成固定大小的段,这样实现起来较为简单。可变长存储段的电子标签可以更好地利用存储空间,但实现起来困难,一般很少使用。电子标签的存储段可以只使用一部分,其余的存储段可以闲置待用。

5.4.3　非接触式 IC 卡芯片介绍

非接触式 IC 卡又称为射频 IC 卡,是世界上近些年广泛使用的一项技术。它成功地将射频识别技术和 IC 卡技术相结合,是电子科技领域技术创新的成果。非接触式 IC 卡是智能化"一卡通"管理的全面解决方案,广泛应用于智能楼宇、智能小区、现代企业和学校等领域,可用于通道控制、物流管理、停车场管理、商业消费、企业管理和学校管理等方面。

1. IC 卡与 ID 卡

IC 卡全称为集成电路卡(integrated circuit card),又称智能卡(smart card)。IC 卡可读写,容量大,有加密功能,数据记录可靠,使用很方便。

ID 卡全称为身份识别卡(identification card),是一种不可写入的感应卡。ID 卡含有固定的编号。

IC 卡在使用时,必须先通过 IC 卡与读写设备间特有的双向密钥认证,才能进行相关的工作,从而使整个系统具有极高的安全保障。IC 卡出厂时就必须进行初始化(即加密),目的是在出厂后的 IC 卡内生成一卡通系统密钥,以保证一卡通系统的安全发放机制。

ID 卡与磁卡一样,都仅仅使用了卡的号码,卡内除了卡号外,无任何保密功能。ID 卡的卡号是公开、裸露的,也就根本谈不上初始化的问题。

2. 芯片及应用介绍

(1) Temic e5551 感应式 IC 卡。该卡具有如下技术特征。

芯片:Temic(Atmel 下属子公司)e5551。

工作频率:125kHz。

存储器容量:264b/320b,8 分区,8 位密码。

读写距离:3～10cm。

擦写寿命:大于 100 000 次。

数据保存时间:10 年。

尺寸:ISO 标准卡 85.6mm×54mm×0.80mm/厚卡 85.6mm×54mm×1.80mm。

封装材料:PVC、ABS、PETG。

典型应用:感应式智能门锁、企业一卡通系统、门禁、通道系统等。

(2) Atmel AT88RF256-12 感应式 IC 卡。该卡具有如下技术特征。

芯片:Atmel RF256。

工作频率:125kHz。

存储器容量：264b/320b,8 分区,8 位密码。

读写距离：3～10cm。

擦写寿命：大于 100 000 次。

数据保存时间：10 年。

尺寸：85.5mm×54mm×0.82mm。

封装材料：PVC。

典型应用：感应式智能门锁、企业一卡通系统、门禁、通道系统等。

(3) EM4069 感应式读写 ID 卡。该卡具有如下技术特征。

芯片：μEM 瑞士微电 EM4069 Wafer。

工作频率：125kHz。

存储器容量：128b,8 字段,OTP 功能。

读写距离：2～15cm。

尺寸：ISO 标准薄卡/中厚卡/厚卡。

封装材料：PVC、ABS。

典型应用：考勤系统、门禁系统、身份识别等。

(4) EM4150 感应式读写 ID 卡。该卡具有如下技术特征。

芯片：μEM 瑞士微电 EM4150 Wafer。

工作频率：125kHz。

存储器容量：1Kb,分为 32 字段。

读写距离：2～15cm。

尺寸：ISO 标准薄卡/中厚卡/厚卡。

封装材料：PVC、ABS。

典型应用：考勤系统、门禁系统、身份识别等。

(5) SR176 感应式读写 ID 卡。该卡具有如下技术特征。

芯片：美国 ST 微电 SR176 Wafer。

工作频率：13.56MHz/847kHz 副载频。

存储器容量：176b,64b 唯一 ID 序列号。

读写距离：2～15cm。

尺寸：ISO 标准卡/厚卡/标签卡等。

封装材料：PVC、ABS。

典型应用：考勤系统、门禁系统、身份识别等。

(6) SRIX4K 感应式读写 IC 卡。该卡具有如下技术特征。

芯片：美国 ST 微电 SR176 Wafer。

工作频率：13.56MHz/847kHz 副载频。

存储器容量：4096b 读写空间,64b 唯一 ID 序列号。

读写距离：2～15cm。

尺寸：ISO 标准卡/中厚卡/厚卡。

封装材料：PVC、ABS。

典型应用：考勤系统、门禁系统、身份识别、企业/校园一卡通等。

(7) UCODE HSL。

UCODE HSL 是飞利浦公司推出的智能标签 IC 家族中的一个产品，是一种专用的非接触式无源 IC 芯片，运行在 900MHz 和 2.45GHz 频段，可用于远距离智能电子标签和电子标牌，也特别适合于物品供应链和后勤应用方面的信息管理。

当需要数米远的操作距离时，选择该芯片是最为恰当的。例如，在供应链和物流管理领域，该芯片每秒可阅读 50 个集装箱/货箱的标签，其最大的好处是整个集装箱和货箱在通过货运仓库时就可以被读卡器感应到，而无须再扫描每一个单独的货物。在没有视觉障碍的有效范围内，芯片读写距离可达 1.5～8.4m（根据读卡机射频功率、机具天线和标签天线增益来确定）。

UCODE HSL 系统在读写器天线有效电磁场的范围内，可以同时区分和操作多张标签，具有反碰撞机制。用 UCODE HSL 芯片制造的电子标签产品，不需要额外的电源供电，它是从读写器的天线以无线电波方式，向标签内的天线传送能量。

该芯片具有如下技术特征。

工作频率：860～930MHz 和 2.4～2.5GHz。

操作距离：最大有效操作距离可达到 8.4m。

存储单元：具有 2048b 的存储空间（含数据锁存标志位），包括 0～7B(0～64b) UID 存储、8～223B(共 216B)用户自定义数据存储和 32B 锁存控制数据存储。被分配在 64 块中，每块的大小是 4B(32b)，字节是最小的读写单位，用户自定义的存储空间均可以被读写器进行读写操作。

空中接口标准：空中接口技术规范包括信道频率和宽度、调制方式、功率和功率灵敏度以及数据结构。UCODE HSL 符合 ISO 18000-4(2.45GHz)、ISO 18000-6(860～960MHz)、ANSI/INCITS 256-2001 Part 3 和 ANSI/INCITS 256-2001 Part 4 标准。

数据传输：上传 40～160kb/s，下载 10～40kb/s。

调制：10%～100%的幅度调制。

校验：采用 16 位 CRC 校验。

数据的安全性：具有防冲突仲裁机制，适合单标签、多标签识别；64 位的唯一产品序列号；每字节的写保护机制；用户存储空间可分别以字节作写保护设置，写保护区段无法再次改写数据。

工作模式：可读写(R/W)，无源。

工作温度：-20～+70℃。

适应速度：<60km/h。

安装方式：空气介质中使用。

工作特点：数据保持能力可达 10 年；芯片反复擦写周期大于 10 万次。

应用标准：符合 FCC1 美国国家标准，符合 HH20.8.4、AIAG B-11、EAN.UCC GTAG 和 ISO 18185 标准。

封装：标签本身的形状具有多样化，最常见的是被封装成粘贴式纸质柔性标签和柔性聚酯薄膜标签。根据使用场合的需要，也可以制作成硬质卡片式标签和异形标签。

5.4.4 MIFARE 技术

MIFARE 技术的 IC 卡应用领域占世界 80％的市场份额，是目前射频 IC 卡的工业标准，也是目前世界上使用量最大、内存容量最大的一种感应式智能 IC 卡。采用 MIFARE 技术的 IC 卡如图 5-15 所示。

图 5-15 采用 MIFARE 技术的 IC 卡

1. MIFARE 卡具有的优点

（1）操作简单、快捷。由于采用射频无线通信，使用时无须插拔卡及不受方向和正反面的限制，所以用户使用非常方便，完成一次读写操作仅需 0.1s，大大提高了每次使用的速度，既适用于一般场合，又适用于快速、高流量的场所。

（2）抗干扰能力强。MIFARE 卡中有快速防冲突机制，在多卡同时进入读写范围内时，能有效防止卡片之间的数据干扰，读写设备可逐一对卡进行处理，提高了应用的并行性及系统工作的速度。

（3）可靠性高。MIFARE 卡与读写器之间没有机械接触，避免了由于接触而产生的各种读写故障。卡中的芯片和感应天线完全密封在标准的 PVC 中，进一步提高了应用的可靠性和卡的使用寿命。

（4）适合于一卡多用。根据 MIFARE 卡的存储结构及特点（大容量：16 分区、1024 字节），MIFARE 卡能应用于不同的场合或系统，尤其适用于学校、企事业单位、智能小区的停车场管理、身份识别、门禁控制、考勤签到、食堂就餐、娱乐消费、图书管理等多方面的综合应用，有很强的系统应用扩展性，可以真正做到"一卡多用"。

2. MIFARE 卡的技术参数

MIFARE 卡的主要芯片有 Philip Mifare One S50、Philip Mifare One S70 等。关于 MIFARE 卡的有关技术参数介绍如下。

（1）Philip Mifare One IC S50。

数据存储方式：存储容量为 8Kb 的 EEPROM，分为 16 个扇区，每个扇区为 4 块，每块 16 字节，以块为存取单位。

数据的安全性：每个扇区有独立的一组密码及访问控制。每张卡有唯一的序列号，为 32 位。具有防冲突机制，支持多卡操作，无电源，自带天线，内含加密控制逻辑和通信逻辑电路。

工作模式：数据可改写 10 万次，读无限次，数据保存期为 10 年。

工作温度：—20～+50℃（湿度为 90%）。

工作频率：13.56MHz。

通信速率：106kb/s。

读写距离：10cm 以内（与读写器有关）。

(2) Philip Mifare One IC S70。

数据存储方式：存储容量为 32Kb 的 EEPROM。分为 40 个扇区，其中 32 个扇区中每个扇区存储容量为 64 字节，分为 4 块，每块 16 字节；8 个扇区中每个扇区存储容量为 256 字节，分为 16 块，每块 16 字节，以块为存取单位。

数据的安全性：每个扇区有独立的一组密码及访问控制。每张有唯一的序列号，为 32 位。具有防冲突机制，支持多卡操作。无电源，自带天线，内含加密控制逻辑和通信逻辑电路。

工作模式：数据可改写 10 万次，读无限次，数据保存期为 10 年。

工作温度：—20～+50℃（湿度为 90%）。

工作频率：13.56MHz。

通信速率：106kb/s。

读写距离：10cm 以内（与读写器有关）。

3. MIFARE 卡的安全性

2008 年 2 月，德国研究员亨利克·普洛茨（Henryk Plotz）和弗吉尼亚大学计算机科学在读博士卡尔斯腾·诺尔（Karsten Nohl）成功破解了恩智浦公司的 MIFARE 卡。此事一经报道，在我国引起轩然大波。目前，我国共有接近 180 个城市应用了公共事业 IC 卡系统，其中 95% 选择了逻辑加密型非接触 IC 卡，发卡量超过 1.4 亿张，应用范围已覆盖公交、地铁、出租、轮渡、自来水、燃气、风景园林和小额消费等领域。

Mifare One 卡是加密存储卡，尽管它能进行动态的安全验证，但其性能远不如 CPU 卡。有效防范 Mifare One 卡算法破解的根本方法，就是升级现有的 IC 卡系统，并逐步将逻辑加密卡替换为 CPU 卡。

5.5　含有微处理器的电子标签

随着 RFID 系统的不断发展，电子标签越来越多地使用了微处理器。含有微处理器的电子标签可以更灵活地支持不同的应用需求，并提高了系统的安全性。含有微处理器的电子标签拥有独立的 CPU 处理器和芯片操作系统。

5.5.1　微处理器

中央处理器是指计算机内部对数据进行处理并对处理过程进行控制的部件。随着大规模集成电路技术的迅速发展，芯片集成密度越来越高，CPU 可以集成在一个半导体芯片上，这种具有中央处理器功能的大规模集成电路器件,统称为微处理器。

微处理器不仅是微型计算机的核心部件,也是各种数字化智能设备的关键部件。如今微处理器已经无处不在,无论是智能洗衣机、移动电话等家电产品,还是汽车引擎控制、数控机床等工业产品,都要嵌入各类不同的微处理器。

5.5.2　操作系统命令的处理过程

读写器向电子标签发送的命令,经电子标签的天线进入射频模块,信号在射频模块中处理后,被传送到操作系统中。操作系统程序模块是以代码的形式写入 ROM 的,并在芯片生产阶段写入芯片之中。操作系统的任务是对电子标签进行数据传输,完成命令序列的控制、文件管理及加密算法。操作系统命令的处理过程如图 5-16 所示。

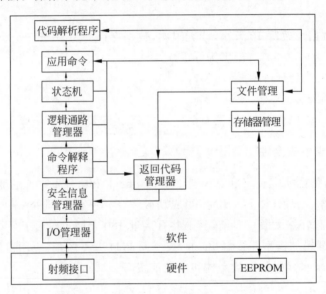

图 5-16　操作系统命令的处理过程

1. 图 5-16 中一些模块的说明

(1) I/O 管理器。I/O 管理器对错误进行识别,并加以校正。

(2) 安全信息管理器。安全信息管理器接收无差错的命令,经解密后检查其完整性。

(3) 命令解释程序。命令解释程序尝试对命令译码,如果不可能译码,则调用返回代码管理器。

(4) 返回代码管理器。返回代码管理器产生相应的返回代码,并经 I/O 管理器送回到读写器。之后,读写器会将信息重发给电子标签。

2. 操作系统命令的处理过程

如果操作系统收到一个有效命令,则执行与此命令相关的程序代码。

如果需要访问 EEPROM 中的应用数据,则由"文件管理"和"存储器管理"来执行。这时需要将所有符合的地址转换成存储区的物理地址,即可完成对 EEPROM 应用数据的访问。

5.5.3　含有微处理器的电子标签实例

MIFARE(r) PRO 是新一代的智能卡方案,内部有微处理器,而且是双端口卡。MIFARE(r)PRO 集成了非接触智能卡接口和接触型通信接口,其中非接触接口符合 ISO/IEC 14443 Type A 标准,接触接口符合 ISO/IEC 7816 标准。

由于 MIFARE 是一个完整的产品家庭,MIFARE(r)PRO 保证了与 MIFARE(r)S 和 MIFARE(r)PLUS 的兼容性,与现有的 MIFARE(r)读写设备完全兼容。MIFARE(r)PRO 的物理尺寸使该产品可以用来生产 ISO 标准的智能卡片。

MIFARE(r)PRO 片内的微处理器是 80C51,80C51 可以工作在接触和非接触模式。也就是说,在两种模式下,MIFARE(r)PRO 适合高端语言与操作系统,如 Java 或 MULTOS。这可以使智能卡在两种模式下的安全性保持统一,内部的 TDES 协处理器可以与接触/非接触通信接口同时工作,以达到更高的安全性。

MIFARE PRO(MF2D80)的技术特点如下。

① 内置工业标准 80C51 微控制器,可以工作在接触和非接触模式下。

② 低电压、低功耗工艺,内置 TDES 协处理器,可以工作在接触和非接触模式下。

③ 20(16)KB 用户 ROM 区。

④ 256B RAM。

⑤ 8KB EEPROM:可以放置用户代码;存取以 32B 为一页单位;其中有 8B 为安全区,是一次编程型的;EEPROM 可以保证有 10 万次的擦写周期;数据保持期最小 10 年;片内产生 EEPROM 的编程电压。

⑥ 省电模式:有掉电和空闲模式。

⑦ 两级中断源分别为 EEPROM 和输入输出跳变。

⑧ 时钟频率为 1~5MHz。

⑨ 接触界面的配置和串行通信符合 ISO 7816 标准。

⑩ 符合 ISO 14443 A 的推荐标准的非接触接口(MIFARE (r) RF)。

⑪ 13.56MHz 工作频率。

⑫ 高速通信方式(106kb/s,可靠的帧结构保护)。

⑬ 完整的硬件防碰撞算法。

⑭ 符合 CCITT 的高速 CRC 协处理器。

⑮ 保持和标准 MIFARE 读写器的兼容性。

⑯ 支持仿真 MIFARE(r)标准产品和 MIFARE(r)PLUS 的工作模式。

⑰ 工作电压:2.7~5.5V。

⑱ 4kV 的静电保护,符合 MIL883-C(3015)标准。

5.6　各种频率典型电子标签

5.6.1　125kHz ID 卡

125kHz ID 卡分只读卡和可读可写卡两种,下面是对这两种卡的简单介绍。

1. 只读卡

(1) 主要特征。

- 64 位 EEPROM。
- 多种编码(Manchester、Bi-phase、Miller)。
- 多种速率。
- 工作频率范围为 100～150kHz。
- 工作温度范围为 $-40\sim+85$℃。

(2) 存储器结构。

64 位的 EEPROM 由 5 个部分组成,其中 9 位用作数据头(全 1),数据头后紧接着 10 组 4 位的数据,每 4 位数据跟着 1 位奇偶校验位,最后一行由 4 位奇偶校验位和 1 位停止位 (停止位规定为 0)组成,详细结构如表 5-1 所示。

表 5-1　125kHz 只读 ID 卡存储器组成结构

1	1	1	1	1	1	1	1	1	9 header bits
8 version bits or customer ID				D00	D01	D02	D03	P0	
				D10	D11	D12	D13	P1	
32 data bits				D20	D21	D22	D23	P2	10 line parity bits (P0～P9)
				D30	D31	D32	D33	P3	
				D40	D41	D42	D43	P4	
				D50	D51	D52	D53	P5	
				D60	D61	D62	D63	P6	
				D70	D71	D72	D73	P7	
				D80	D81	D82	D83	P8	
				D90	D91	D92	D93	P9	
4 column parity bits				PC0	PC1	PC2	PC3	S0	1 stop bit set to logic 0

2. 可读可写卡

(1) 主要特征。

- 16 个 32 位的数据块组成 512 位 EEPROM。
- 32 位密码读写保护。

- 32 位唯一的 ID 码。
- 10 位客户码。
- 锁定位可以将 EEPROM 的数据块变成只读模式。
- 多种编码(Manchester、Bi-phase、Miller)。
- 多种速率。
- 工作频率范围为 100～150kHz。
- 工作温度范围为 -40～+85℃。

(2) 存储器结构。

512 位的 EEPROM 由 16 个 32 位的数据块组成,EEPROM 的块被编号为 0～15,每块的位被编号为位 0～位 31。访问总是从 LSB 开始的。这 32 位的 EEPROM 字段是以一个字段的写命令编程的。开始的两个块是被芯片制造商规划安排的只读块(块 0 和块 1)。它们被分别写入该芯片类型、版本,用户代码和唯一一序列号(UID),再往下的 3 个块(块 2～块 4),用来定义器件的操作选项,分别为密码字段、保护字段和配置字段。块 5～块 15 是用户可以自由使用的空间。详细结构如表 5-2 所示。

表 5-2　125kHz 可读写 ID 卡存储器组成结构

地址编号	描　　述	类型	B0…………………B31
0	芯片类型/谐振电容/用户代码	只读	Ct0……………Ct31
1	序列号 UID	只读	Uid0……………Uid31
2	密码字段	只写	Ps0……………Ps31
3	保护字段	OTP	Pr0……………Pr31
4	配置字段	读写	Co0……………C031
5	用户空间	读写	Us0……………Us31
6	用户空间	读写	Us0……………Us31
7	用户空间	读写	Us0……………Us31
8	用户空间	读写	Us0……………Us31
9	用户空间	读写	Us0……………Us31
10	用户空间	读写	Us0……………Us31
11	用户空间	读写	Us0……………Us31
12	用户空间	读写	Us0……………Us31
13	用户空间	读写	Us0……………Us31
14	用户空间	读写	Us0……………Us31
15	用户空间	读写	Us0……………Us31

注:OTP 表示该字段可以一次性编程写入数据,写入后的数据不能再更改。

5.6.2　Mifare one 卡

Mifare one 卡简称 M1 卡,系统 13.56MHz ISO 14443 使用 M1 卡。下面对 M1 卡进行简单介绍。

1. 主要指标

- 容量为 8Kb EEPROM。

- 分为 16 个扇区,每个扇区为 4 块,每块 16 字节,以块为存取单位。
- 每个扇区有独立的一组密码及访问控制。
- 每张卡有唯一序列号,为 32 位。
- 具有防冲突机制,支持多卡操作。
- 无电源,自带天线,内含加密控制逻辑和通信逻辑电路。
- 数据保存期为 10 年,可改写 10 万次,读无限次。
- 工作温度:-20~50℃(湿度为 90%),PET 材料封装的 M1 卡,温度可达 100℃。
- 工作频率:13.56MHz。
- 通信速率:106kb/s。
- 读写距离:10mm 以内(与读写器有关)。

2. 存储结构

(1) M1 卡分为 16 个扇区,每个扇区由 4 块(块 0、块 1、块 2、块 3)组成,将 16 个扇区的 64 个块按绝对地址编号为 0~63,存储结构如图 5-17 所示。

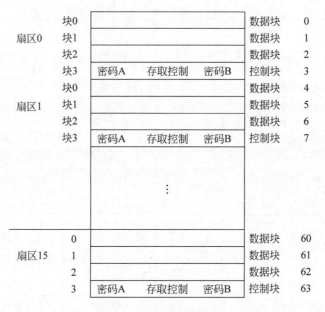

图 5-17 M1 卡存储结构

(2) 第 0 扇区的块 0(即绝对地址 0 块),它用于存放厂商代码,已经固化,不可更改。

(3) 每个扇区的块 0、块 1、块 2 为数据块,可用于存储数据。

数据块可作两种应用。

- 用作一般的数据保存,可以进行读、写操作。
- 用作数据值,可以进行初始化值、加值、减值、读值操作。

(4) 每个扇区的块 3 为控制块,包括了密码 A、存取控制、密码 B,具体结构如下。

A0 A1 A2 A3 A4 A5　　　　　　FF 07 80 69　　　　　　B0 B1 B2 B3 B4 B5

　密码 A(6 字节)　　　　存取控制(4 字节)　　　　密码 B(6 字节)

(5) 每个扇区的密码和存取控制都是独立的,可以根据实际需要设定各自的密码及存取控制。存取控制为 4 字节,共 32 位,扇区中的每个块(包括数据块和控制块)的存取条件是由密码和存取控制共同决定的,在存取控制中每个块都有相应的 3 个控制位,定义如下。

　　块 0：C10　　C20　　C30

　　块 1：C11　　C21　　C31

　　块 2：C12　　C22　　C32

　　块 3：C13　　C23　　C33

　　3 个控制位以正和反两种形式存在于存取控制字节中,决定了该块的访问权限(如进行减值操作必须验证 KEY A,进行加值操作必须验证 KEY B 等)。3 个控制位在存取控制字节中的位置,以块 0 为例,如图 5-18 所示。

对块0的控制：

bit	7	6	5	4	3	2	1	0
字节6				C20_b				C10_b
字节7				C10				C30_b
字节8				C30				C20
字节9								

(注：C10_b表示C10取反)

存取控制(4字节,其中字节9为备用字节)结构：

bit	7	6	5	4	3	2	1	0
字节6	C23_b	C22_b	C21_b	C20_b	C13_b	C12_b	C11_b	C10_b
字节7	C13	C12	C11	C10	C33_b	C32_b	C31_b	C30_b
字节8	C33	C32	C31	C30	C23	C22	C21	C20
字节9								

(注：_b表示取反)

图 5-18　存取控制字节的 3 个控制位

(6) 数据块(块 0、块 1、块 2)的存取控制如图 5-19 所示。

控制位(X=0 或 1 或 2)			访问条件(对数据块 0、1、2)			
C1X	C2X	C3X	Read	Write	Increment	Decrement,transfer, Restore
0	0	0	KeyA|B	KeyA|B	KeyA|B	KeyA|B
0	1	0	KeyA|B	Never	Never	Never
1	0	0	KeyA|B	KeyB	Never	Never
1	1	0	KeyA|B	KeyB	KeyB	KeyA|B
0	0	1	KeyA|B	Never	Never	KeyA|B
0	1	1	KeyB	KeyB	Never	Never
1	0	1	KeyB	Never	Never	Never
1	1	1	Never	Never	Never	Never

(KeyA|B 表示密码 A 或密码 B,Never 表示任何条件下不能实现)

图 5-19　数据块的存取控制

例如,当块 0 的存取控制位 C10 C20 C30＝１００时,验证密码 A 或密码 B 正确后可读;验证密码 B 正确后可写;不能进行加值、减值操作。

(7) 控制块块 3 的存取控制与数据块(块 0、块 1、块 2)不同,它的存取控制如图 5-20所示。

			密码 A		存取控制		密码 B	
C13	C23	C33	Read	Write	Read	Write	Read	Write
0	0	0	Never	KeyA|B	KeyA|B	Never	KeyA|B	KeyA|B
0	1	0	Never	Never	KeyA|B	Never	KeyA|B	Never
1	0	0	Never	KeyB	KeyA|B	Never	Never	KeyB
1	1	0	Never	Never	KeyA|B	Never	Never	Never
0	0	1	Never	KeyA|B	KeyA|B	KeyA|B	KeyA|B	KeyA|B
0	1	1	Never	KeyB	KeyA|B	KeyB	Never	KeyB
1	0	1	Never	Never	KeyA|B	KeyB	Never	Never
1	1	1	Never	Never	KeyA|B	Never	Never	Never

图 5-20　数据块 3 的存取控制

例如,当块 3 的存取控制位 C13 C23 C33＝００１时,表示:密码 A,不可读,验证 KeyA或 KeyB 正确后,可写(更改);存取控制,验证 KeyA 或 KeyB 正确后,可读、可写;密码 B,验证 KeyA 或 KeyB 正确后,可读、可写。

3. 工作原理

卡片的电气部分只由一个天线和 ASIC 组成。

天线:卡片的天线是只有几组绕线的线圈,很适于封装到 ISO 卡片中。

ASIC:卡片的 ASIC 由一个高速的 RF 接口,一个控制单元和一个 8Kb EEPROM组成。

工作原理:读写器向 M1 卡发一组固定频率的电磁波,卡片内有一个 LC 串联谐振电路,其频率与读写器发射的频率相同,在电磁波的激励下,LC 谐振电路产生共振,从而使电容内有了电荷,在这个电容的另一端,接有一个单向导通的电子泵,将电容内的电荷送到另一个电容内储存,当所积累的电荷达到 2V 时,此电容可作为电源为其他电路提供工作电压,将卡内数据发射出去或接收读写器的数据。

4. M1 射频卡与读写器的通信

M1 射频卡与读写器之间的通信如图 5-21 所示。

(1) 复位应答。M1 射频卡的通信协议和通信波特率是定义好的,当有卡片进入读写器的操作范围时,读写器以特定的协议与它通信,从而确定该卡是否为 M1 射频卡,即验证卡片的卡型。

(2) 防冲突机制。当有多张卡进入读写器操作范围时,防冲突机制会从其中选择一张进行操作,未选中的则处于空闲模式等待下一次选卡,该过程会返回被选卡的序列号。

(3) 选择卡片。选择被选中的卡的序列号,并同时返回卡的容量代码。

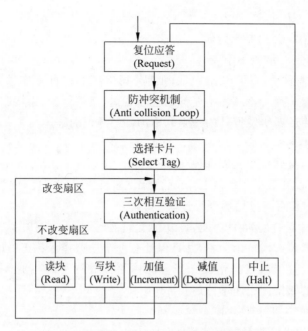

图 5-21 M1 与读写器间的通信

（4）三次相互确认。选定要处理的卡片之后，读写器就确定要访问的扇区号，并对该扇区密码进行密码校验，在三次相互认证之后就可以通过加密流进行通信。在选择另一扇区时，则必须进行另一扇区密码校验。

（5）对数据块的操作。

读（Read）：读一个块。

写（Write）：写一个块。

加（Increment）：对数值块进行加值。

减（Decrement）：对数值块进行减值。

存储（Restore）：将块中的内容存到数据寄存器中。

传输（Transfer）：将数据寄存器中的内容写入块中。

中止（Halt）：将卡置于暂停工作状态。

5.6.3 ISO 15693 标签

ISO 15693 标签使用 I CODE 2 电子标签，该标签支持 ISO 15693 标准协议。其主要性能指标如下。

- 存储容量：1024 位，16 个分区，64 位唯一 ID 序列号。
- 工作频率：13.56MHz。
- 读写距离：2.5～10cm。
- 读写时间：1～2ms。
- 工作温度：－20～85℃。
- 擦写寿命：>100 000 次。

- 数据保存：>10 年。
- 外形尺寸：根据客户要求定做。
- 封装材料：PVC、纸质不干胶。

1CSL2 1CS20(简称 I·CODE 2)是飞利浦公司生产的一种工作频率为 13.56MHz 的非接触式智能标签卡芯片。该芯片主要针对包裹运送、航空行李、租赁服务以及零售供应链管理等物流系统应用所新研发设计的一系列 RFID 射频识别芯片。

I·CODE 2 标签芯片符合 ISO 15693 的协议标准，是 Philips 智能标签产品系列的主要成员。其芯片简单连接到很少几圈印刷天线(接收或发射 13.56MHz 载频)上，被蚀刻或冲压的线圈可以被 I·CODE 2 芯片在 1.5m 的视距(如门禁闸道宽度)内操作，且无须使用电池，因此可用来作为长距离应用场合设计。

I·CODE 2 芯片具有防冲突功能，该功能允许在天线场中同时操作超过一张的标签卡。防冲突算法单独地选择每个标签，并且保证有一个被选择标签正确地执行数据交换，不会因其他在场中的标签引起数据错误。当智能标签被放置在读写器天线的电磁场中，RF 通信接口允许使用的数据传送速率可达到 53kb/s。

I·CODE 2 芯片主要特征如下。

- 数据和电能的供给非接触方式传输(无须电池供电)。
- 操作距离：可达到 1.5m(依赖天线几何尺寸和读写器功率)。
- 工作频率：13.56MHz(工业安全，许可世界范围自由使用)。
- 快速数据传送：达到 53kb/s。
- 数据高度完整性：16 位 CRC 校验。
- 真正防冲突。
- 电子物品监测(EAS)。
- 支持应用程序系列标识符(AFl)。
- 数据储存格式标识符(DS FID)。
- 附加快速防冲突读。
- 写距离与读距离相同。
- 1024 位的 EEPROM，共分为 32 块每块 4 字节(32b)。
- 较高的 12 块为用户数据块。
- 超过 10 年的数据保持能力。
- 擦写周期大于 10 万次。
- 每个芯片具有不可改变的唯一的标识符(序列号)，保证了每个标签的唯一性。
- 每个块具有锁定机制(写保护)。

内存与数据格式：64 位唯一的序列标识符(UID)根据 ISO/IEC15693-3 协议，在生产过程期间已经被规划，而且以后不能被修改。64 位标识符依据上述协议，以低位 UID0 开始，以高位 UID7 结束。其中"块-1"为用户可设置的访问控制块，"块-2"为其他特殊功能设置块。1024 位的 EEPROM，共分为 32 块每块 4 字节(32b)，最低的 4 个块包含序列号、读写条件及一些配置位。

I·CODE 2 电子标签典型应用如下。

- 身份识别卡。

- 只读存储的序列号鉴别。
- 自动化物流管理识别。
- 工业产品应答识别。
- 嵌入式标签。
- 移动型财物标签等。

由该芯片制作的射频感应卡可以是规范标准的 ISO 卡,也可以做成 0.1～0.2mm 超薄 PCB 柔性标签。

实际使用的 I·CODE 2 感应标签分为可粘贴的方形、长条形或圆形等多种。为满足每年高达上千万个标签需求的大众市场,I·CODE 2 采用了最新 RFID 射频识别技术的智能型标签融合了条码、EAS (Electronic Article Surveillance) 及传统射频识别解决方案的多功能优点,该芯片展现出现代科技在智能型电子标签上的先进水平,它让包装标签提供原始的安全签记(SOLIrce tagging)、自动数据读取、防窃及储存数据等功能,是一个低成本、可修改、抛弃式的解决方案。

换言之,I·CODE 2 让所有的物品几乎都可以因为贴上标签使得处理上更有效率。例如,全自动扫描程序无须瞄准物品,也可以同时扫描数张标签,它甚至可以数字签章的存储来识别真伪并防止仿冒。

I·CODE 2 智能型标签在广泛且多样的应用中展示了相当多的优点。例如,在航空行李及货运服务方面,智能型标签将有利于物品的分类及追踪;在供应链管理系统方面,智能卡标签则可克服条码技术的限制,提供改良的产销系统;在图书馆及租借应用方面,智能型标签则提供了自动化登入登出服务以及库存的多项目管理等。

5.6.4 900MHz 电子标签

1. 电子标签数据存储空间

根据协议规定,从逻辑上将标签存储器分为 4 个存储体,每个存储体可以由一个或一个以上的存储器组成,如图 5-22 所示。

这 4 个存储体为保留内存、EPC 存储器、TID 存储器和用户存储器。

(1) 保留内存。保留内存应包含杀死口令和访问口令。杀死口令应存储在 00H～1FH 的存储地址内。访问口令应存储在 20H～3FH 的存储地址内。

保留内存的 00H～1FH 存储电子标签的杀死口令,杀死口令为 1Word,即 2Bytes。电子标签出厂时的默认杀死口令为 0000H。用户可以对杀死口令进行修改。用户可以对杀死口令进行锁存,一经锁存,用户必须提供正确的访问口令,才能对杀死口令进行读写。

保留内存的 20H～3FH 存储电子标签的访问口令,访问口令为 1Word,即 2Bytes。电子标签出厂时的默认访问口令为 0000H。用户可以对访问口令进行修改。用户可以对访问口令进行锁存,一经锁存,用户必须提供正确的访问口令,才能对访问口令进行读写。

(2) EPC 存储器。EPC 存储器应包含在 00H～0FH 存储位置的 CRC-16、在 10H～1FH 存储地址的协议控制(PC)位和在 20H 开始的 EPC。PC 被划分成 10H～14H 存储位置的 EPC 长度、15H～17H 存储位置的 RFU 位和在 18H～1FH 存储位置的编号系统识别

(NSI)、CRC-16、PC、EPC 应优先存储 MSB(EPC 的 MSB 应存储在 20H 的存储位置)。

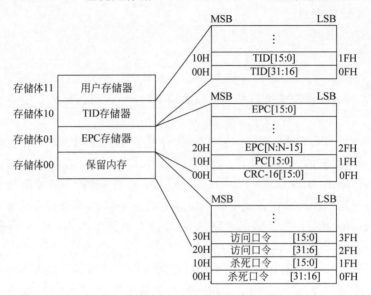

图 5-22　逻辑空间分布图

CRC-16：循环冗余校验位,16 比特,上电时,标签应通过 PC 前五位指定的(PC+EPC)字数而不是整个 EPC 存储器长度计算 CRC-16。

协议控制位(PC)：PC 位包含标签在储存操作期间以其 EPC 反向散射的物理层信息。EPC 存储器 10H~1FH 存储地址存储有 16PC 位,PC 位值定义如下。

- 10H~14H 位：标签反向散射的(PC+EPC)的长度,所有字为：

  000002：一个字(EPC 存储器 10H~1FH 存储地址)。

  000012：两个字(EPC 存储器 10H~2FH 存储地址)。

  000102：两个字(EPC 存储器 10H~3FH 存储地址)。

  111112：32 个字(EPC 存储器 10H~1FFH 存储地址)。

- 15H~17H 位：RFU(第 1 类标签为 0002)。

- 18H~1FH 位：默认值为 000000002 且可以包括如 ISO/IEC 15961 定义的 AFI 在内的计数系统识别(NSI)。NSI 的 MSB 存储在 18H 的存储位置。

- 默认(未编程)PC 值应为 0000H。

- 截断应答期间,标签用 PC 位代替 00002。

EPC：EPC 为识别标签对象的电子产品码。EPC 存储在以 20H 存储地址开始的 EPC 存储器内,MSB 优先。询问机可以发出选择命令,包括全部或部分规范的 EPC。询问机可以发出 ACK 命令,使标签反向散射其 PC、EPC 和 CRC-16。最后,询问机可以发出 Read 命令,读取整个或部分 EPC。

(3) TID 存储器。TID 存储器应包含 00H~07H 存储位置的 8 位 ISO 15963 分配类识别(对于 EPCglobal 为 111000102)、08H~13H 存储位置的 12 位任务掩模设计识别(EPCglobal 成员免费)和 14H~1FH 存储位置的 12 位标签型号。标签可以在 1FH 以上的 TID 存储器中包含标签指定数据和提供商指定数据(如标签序号)。

（4）用户存储器。用户存储器允许存储用户指定数据。该存储器组织为用户定义。

2. 数据锁存/解锁

为了防止未授权的写入和杀死操作，ISO18000-6C 标签提供锁存/解锁操作。例如，32 位的访问口令保护标签的锁存/解锁操作，而 32 位杀死口令保护标签的杀死操作。用户可以在电子标签的保留内存设定杀死口令和访问口令。

1）数据操作的两个状态

当标签处于 OPEN 或 SECURED 状态时，可以对其进行数据操作（读、写、擦、锁存/解锁、杀死）。当标签的访问口令为全零，或用户正确输入访问口令时，标签处于 SECURED 状态。当标签的访问口令不为零，且用户没有输入访问口令或输入的访问口令不正确时，标签处于 OPEN 状态。对标签的锁存/解锁操作只能在 SECURED 状态下进行。

当用户进行锁存/解锁操作时需要满足下列两种条件之一。

① 标签的访问口令为全零。

② 提供正确的访问口令。

2）各个存储区的锁存/解锁操作

对保留内存（reserved）区进行锁存后，用户对该存储区不能进行读写，这是为了防止未授权的用户读取标签的杀死口令和访问口令。而对其他 3 个存储区（EPC 存储区、TID 存储区和用户存储区）进行锁存后，用户对相应存储区不能进行写入，但可以进行读取操作。

3）锁定类型

标签支持以下 3 种锁定类型。

① 标签被锁定后只能在 SECURED 状态下进行写入（对保留内存时为读写），而不能在 OPEN 状态下进行写入（对保留内存时为读写）。

② 标签在 OPEN 和 SECURED 状态下都可以进行写入（对保留内存时为读写），且锁定状态永久不能被改写。

③ 标签在任何状态下都不能进行写入（对保留内存时为读写），且永久不能被解锁。此操作慎用，一旦永久锁存某个存储区，该存储区数据将不可再读写。

3. LOCK 指令

这里简单描述 LOCK 指令。

Lock 命令包含如下定义的 20 位有效负载。

（1）前 10 个有效负载位是掩模位。标签应对这些位值做如下解释。

① 掩模＝0：忽略相关的动作字段，并保持当前锁定设置。

② 掩模＝1：执行相关的动作字段，并重写当前锁定设置。

（2）后 10 个有效负载位是动作位。标签应对这些位值做如下解释。

① 动作＝0：取消确认相关存储位置的锁定。

② 动作＝1：确认相关存储位置的锁定或永久锁定。

LOCK 指令的有效负载和掩模位描述如图 5-23 所示。

各个动作字段的功能如表 5-3 所示。

Lock命令有效负载

0	1	2	3	4	5	6	7	8	9	10	11	12	13	14	15	16	17	18	19
杀死掩模		访问掩模		EPC掩模		TID掩模		用户掩模		杀死动作		访问动作		EPC动作		TID动作		用户动作	

掩模和相关动作字段

	杀死口令		访问口令		EPC存储器		TID存储器		用户存储器	
	0	1	2	3	4	5	6	7	8	9
掩模	跳过/写入	跳过/写入	跳过/写入	跳过/写入	跳过/写入	跳过/写入	跳过/写入	跳过/写入	跳过/写入	跳过/写入
	10	11	12	13	14	15	16	17	18	19
动作	读取/写入口令	永久锁定	读取/写入口令	永久锁定	写入口令	永久锁定	写入口令	永久锁定	写入口令	永久锁定

图 5-23　Lock 有效负载和使用

表 5-3　Lock 动作—字段功能

写入口令	永久锁定	描　述
0	0	在开放状态或保护状态下可以写入相关存储体
0	1	在开放状态或保护状态可以永久写入相关存储体,或者可以永远不锁定相关存储体
1	0	在保护状态下可以写入相关存储体但在开放状态下不行
1	1	在任何状态下都不可以写入相关存储体

读取/写入口令	永久锁定	描　述
0	0	在开放状态或保护状态下可以读取和写入相关口令位置
0	1	在开放状态或保护状态下可以永久读取和写入相关口令位置,并可以永远不锁定相关口令位置
1	0	在保护状态下可以读取和写入相关口令位置但在开放状态下不行
1	1	在任何状态下都不可以读取或写入相关口令位置

5.7　电子标签的发展趋势

在电子标签方面,电子标签芯片所需的功耗更低,无源标签、半无源标签技术更趋成熟。总体来说,电子标签具有以下发展趋势。

1. 作用距离更远

由于无源射频识别系统的距离限制主要是在电磁波束给标签能量供电上,随着低功耗IC设计技术的发展,电子标签的工作电压进一步降低,所需功耗可以降到 $5\mu W$ 甚至更低的程度。这就使得无源系统的作用距离进一步加大,在某些应用环境下可以达到几十米以上的作用距离。

2. 无源可读写性能更加完善

不同的应用系统对电子标签的读写性能和作用距离有着不同的要求,为了适应需要多次改写标签数据的场合,需要更加完善电子标签的读写性能,使其误码率和抗干扰性能达到可以接受的程度。

3. 适合高速移动物体识别

针对高速移动的物体,如火车、地铁列车、高速公路上行驶的汽车的准确快速识别的需要,电子标签与读写器之前的通信速度会提高,使高速物体的识别在不知不觉中进行。

4. 快速多标签读/写功能

在物流领域中,由于会涉及大量物品需要同时识别,因此必须采用适合这种应用的系统通信协议,以实现快速的多标签读/写功能。

5. 一致性更好

由于目前电子标签加工工艺的限制,电子标签制造的成品率和一致性并不令人满意,随着加工工艺的提高,电子标签的一致性将得到提高。

6. 强磁场下的自保护功能更完善

电子标签处于读写器发射的电磁辐射场中,有可能距离阅读器很远,也可能距离读写器的发射天线很近。这样,电子标签有可能会处于非常强的能量场中,电子标签接收到的电磁能量很强,会在电子标签上产生很高的电压。为了保护标签芯片不受损害,必须加强电子标签在强磁场下的自保护功能。

7. 智能性更强、加密特性更完善

在某些对安全性要求较高的应用领域中,需要对标签的数据进行严格的加密,并对通信过程进行加密。这样就需要智能性更强、加密特性更完善的电子标签,使电子标签在"敌人"出现的时候能够更好地隐藏自己而不被发现,并且数据不会因未经授权而被获取。

8. 带有传感器功能的标签

电子标签和传感器相连,将大大扩展电子标签的功能和应用领域。

9. 带有其他附属功能的标签

在某些应用领域中,需要准确寻找某一个标签,标签上会具有某种附属功能,如蜂鸣器或指示灯,当给特定的标签发送指令时,电子标签便会发出声光指示,这样就可以在大量的目标中寻找特定的标签了。

10. 具有杀死功能的标签

为了保护隐私,在标签的设计寿命到期或需要终止标签的使用时,读写器发送杀死命令或者标签自行销毁。

11. 新的生产工艺

为了降低标签天线的生产成本,人们开始研制新的天线印制技术,其中,导电墨水的研制是一个新的发展方向。利用导电墨水,可以将 RFID 天线以接近于零的成本印制到产品包装上。通过导电墨水在产品的包装盒上印制 RFID 天线,比传统的金属天线成本低、印制速度快、节省空间,并有利于环保。

另外,Coates Screen 和 QinetiQ 这两家英国公司联合向市场推出了一种新的 RFID 标签天线生产工艺。该工艺使用一种特殊的药水,通过特殊的工序,生产各种规格的金属天线。通过这种方式生产的金属天线可以大大降低 RFID 标签天线的生产成本,从而促进 RFID 技术的发展。

12. 体积更小

由于实际应用的限制,一般要求电子标签的体积比被标记的商品小。这样,体积非常小的商品以及其他一些特殊的应用场合,就对标签体积提出了更小、更易于使用的要求。日立公司制造出了带有内置天线的最小的射频识别芯片,其芯片厚度仅 0.1mm 左右,可以嵌入纸币。

13. 成本更低

从长远来看,电子标签,特别是高频远距离电子标签的市场在未来几年内将逐渐成熟,成为 IC 卡领域继公交、手机、身份证之后又一个具有广阔市场前景和巨大容量的市场。

另外,在其他一些方面,如新型的防损、防窃标签,可以在生产过程中将电子标签隐藏或嵌入物品或其包装,以解决超市中物品的防窃问题。

习题 5

5-1　填空题

(1) 根据工作原理的不同,电子标签可以划分为两大类,一类是＿＿＿＿＿＿＿＿的电子标签,一类是＿＿＿＿＿＿＿＿的电子标签。

(2) 当电子标签利用＿＿＿＿＿进行工作时,属于无芯片的电子标签系统。这种类型的电子标签主要有＿＿＿＿＿和＿＿＿＿＿两种工作方式。

(3) 当电子标签以＿＿＿＿＿＿＿＿为理论基础进行工作时,属于有芯片的电子标签系统。这种类型的电子标签主要分为＿＿＿＿＿的电子标签和＿＿＿＿＿的电子标签两种结构。

(4) 一位电子标签是最早商用的电子标签,主要应用在＿＿＿＿＿中。

(5) 声表面波器件可以实现＿＿＿＿＿的变换过程,并完成对电信号的处理过程,以获得各种用途的电子器件。

(6) 含有芯片的电子标签基本由＿＿＿＿＿、＿＿＿＿＿和＿＿＿＿＿三部分组成。

(7) 具有存储功能的电子标签,控制部分主要由＿＿＿＿＿和＿＿＿＿＿组成。

（8）含有微处理器的电子标签,控制部分主要由_____、_____和_____组成。

（9）具有存储功能的电子标签可以分为_____电子标签、_____电子标签、_____电子标签和_____电子标签。

（10）电子标签通过与读写器电感耦合,产生交变电压,该交变电压通过_____、_____和_____后,给电子标签的芯片提供所需的直流电压。

（11）Mifare one IC S50 卡的工作频率是_____。

（12）MIFARE(r)PRO 片内的微处理器是_____。

5-2　以射频法为例,简述一位电子标签的工作原理。

5-3　声表面波标签的主要特点是什么?

5-4　简述声表面波技术的发展方向。

5-5　什么是分级密钥? 简述分级密钥在公共交通中的应用。

5-6　什么是 IC 卡和 ID 卡? 比较它们的不同。

5-7　MIFARE 卡有哪些优点? 给出 Mifare one IC S70 的技术参数。

5-8　简述操作系统命令的处理过程。

5-9　电子标签的发展趋势是什么?

第 6 章
CHAPTER 6

RFID 读写器

学习导航

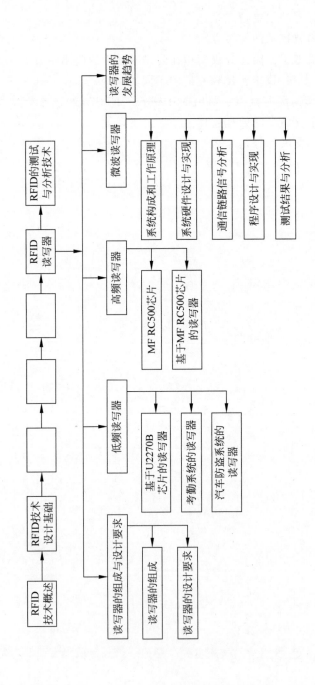

学习目标

- 了解读写器的组成与设计要求
- 掌握低频读写器
- 掌握高频读写器
- 掌握微波读写器
- 了解读写器的发展趋势

读写器是读取或写入电子标签信息的设备,具有读取、显示和数据处理等功能。读写器可以单独存在,也可以以部件的形式嵌入其他系统。读写器与计算机网络一起,完成对电子标签的操作。读写器的频率决定了 RFID 系统的工作频率,是 RFID 系统的主要部件。

6.1　读写器的组成与设计要求

各种读写器虽然在工作频率、耦合方式、通信流程和数据传输方式等方面有很大的不同,但在组成和功能方面是十分类似的。读写器的主要功能是将数据加密后发送给电子标签,并将电子标签返回的数据解密,然后传送给计算机网络。

6.1.1　读写器的组成

1. 读写器的软件

读写器的所有行为均由软件控制完成。软件向读写器发出读写命令,作为响应,读写器与电子标签之间就会建立起特定的通信。

读写器的软件已经由生产厂家在产品出厂时固化在读写器中。软件负责对读写器接收到的指令进行响应,并对电子标签发出相应的动作指令。软件负责系统的控制和通信,包括控制天线发射的开关、控制读写器的工作模式、控制数据传输和控制命令交换。

2. 读写器的硬件

读写器的硬件一般由天线、射频模块、控制模块和接口组成。控制模块是读写器的核心,一般由 ASIC 组件和微处理器组成。控制模块处理的信号通过射频模块传送给读写器天线,由读写器天线发射出去。控制模块与应用软件之间的数据交换,主要通过读写器的接口来完成。读写器的结构如图 6-1 所示。

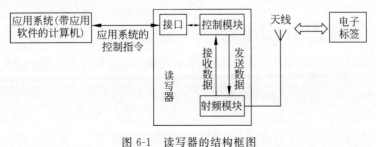

图 6-1　读写器的结构框图

（1）控制模块。控制模块由 ASIC 组件和微处理器组成。微处理器是控制模块的核心部件。ASIC 组件主要用来完成逻辑加密的过程，如对读写器与电子标签之间的数据流进行加密，以减轻微处理器计算过于密集的负担。对 ASIC 的存取，是通过面向寄存器的微处理器总线实现的。控制模块的构成如图 6-2 所示。

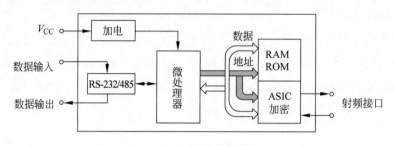

图 6-2　控制模块的构成

读写器的控制模块主要完成以下功能。

① 与应用软件进行通信，并执行应用软件发来的命令。

② 控制与电子标签的通信过程。

③ 信号的编码与解码。

④ 执行防冲突算法。

⑤ 对电子标签与读写器之间传送的数据进行加密和解密。

⑥ 进行电子标签与读写器之间的身份验证。

（2）射频模块。射频前端主要由发送电路和接收电路构成，用以产生高频发射功率，并接收和解调来自电子标签的射频信号。

发送电路的主要功能是对控制模块处理好的数字基带信号进行处理，然后通过读写器的天线将信息发送给电子标签。发送电路主要由调制电路、上变频混频器、带通滤波器和功率放大器构成。

接收电路的主要功能是对天线接收到的已调信号进行解调，恢复出数字基带信号，然后送到读写器的控制部分。接收电路主要由滤波器、放大器、混频器和电压比较器构成，用来完成包络产生和检波的功能。

（3）读写器的接口。读写器控制模块与应用软件之间的数据交换，主要通过读写器的接口来实现，接口可以采用 RS-232、RS-485、RJ-45、USB 2.0 或 WLAN 接口。

（4）天线。天线是用来发射或接收无线电波的装置。读写器与电子标签是利用无线电波来传递信息，当信息通过电磁波在空间传播时，电磁波的产生和接收要通过天线来完成。

6.1.2　读写器的设计要求

读写器在设计时需要考虑许多因素，包括基本功能、应用环境、电气性能、电路设计等。读写器在设计时需要考虑的主要因素如下。

1. 读写器的基本功能和应用环境

(1) 读写器分为便携式还是固定式。

(2) 它支持一种还是多种类型电子标签的读写。

(3) 读写器的读取距离和写入距离。一般来说,读取距离和写入距离不相同,读取距离比写入距离要大。

(4) 读写器和电子标签周边的环境,如电磁环境、温度、湿度、安全等。

2. 读写器的电气性能

(1) 空中接口的方式。

(2) 防碰撞算法的实现方法。

(3) 加密的需求。

(4) 供电方式与节约能耗的措施。

(5) 电磁兼容性能。

3. 读写器的电路设计

(1) 选用现有的读写器集成芯片或自行进行电路模块设计。

(2) 天线的形式与匹配的方法。

(3) 收、发通道信号的调制方式与带宽。

(4) 若是自行进行电路模块设计,还应设计相应的编码与解码、防碰撞处理、加密和解密等电路。

6.2　低频读写器

射频识别技术首先在低频得到应用和推广。低频读写器主要工作在 125kHz,可以用于门禁考勤、汽车防盗和动物识别等方面。下面以 U2270B 芯片为例,介绍低频读写器的构成和主要应用。

6.2.1　基于 U2270B 芯片的读写器

U2270B 芯片是 Atmel 公司生产的基站芯片,该基站可以对一个非接触式的 IC 卡进行读写操作。U2270B 基站工作的射频频率为 $100 \sim 150$kHz,在频率为 125kHz 的标准情况下,数据传输速率可以达到 5000b/s。基站的工作电源可以是汽车电瓶或其他的 5V 标准电源。U2270B 具有可微调功能,与多种微控制器有很好的兼容接口,在低功耗模式下低能量消耗,并可以为 IC 卡提供电源输出。U2270B 芯片如图 6-3 所示,U2270B 芯片的引脚如图 6-4 所示,U2270B 芯片引脚的功能如表 6-1 所示。

图 6-3　U2270B 芯片

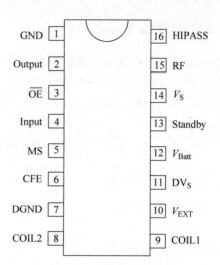

图 6-4　U2270B 芯片的引脚

表 6-1　U2270B 芯片引脚的功能

引脚号	名　称	功能描述	引脚号	名　称	功能描述
1	GND	地	9	COIL1	驱动器 1
2	Output	数据输出	10	V_{EXT}	外部电源
3	$\overline{OE}$	使能	11	DV_S	驱动器电源
4	Input	信号输入	12	V_{Batt}	电池电压接入
5	MS	模式选择	13	Standby	低功耗控制
6	CFE	载波使能	14	V_S	内部电源
7	DGND	驱动器地	15	RF	载波频率调节
8	COIL2	驱动器 2	16	HIPASS	调节放大器增益带宽参数

　　由 U2270B 构成的读写器模块，关键部分是天线、射频读写基站芯片 U2270B 和微处理器。工作时，基站芯片 U2270B 通过天线以约 125kHz 的调制射频信号为 RFID 卡提供能量（电源），同时接收来自 RFID 卡的信息，并以曼彻斯特编码输出。天线一般由铜制漆包线绕制，直径 3cm、线圈 100 圈即可，电感值为 1.35mH。微处理器可以采用多种型号，如单片机 AT89C2051、单片机 AT89S51 等。由 U2270B 构成的读写器模块如图 6-5 所示。

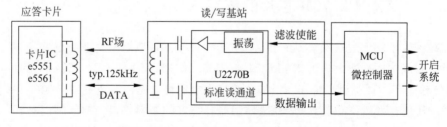

图 6-5　由 U2270B 构成的读写器模块

　　U2270B 芯片的内部由振荡器、天线驱动器、电源供给电路、频率调节电路、低通滤波电路、高通滤波电路、输出控制电路等部分组成，其内部结构如图 6-6 所示。

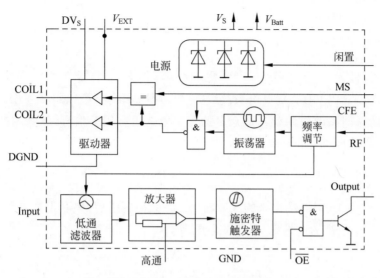

图 6-6　U2270B 芯片的内部结构

6.2.2　考勤系统的读写器

由 U2270B 构成的读写器,可以用于学生考勤系统。其中,标签由卡片构成,读卡器由基站芯片 U2270B 及其支撑电路、主控芯片 MCU 及其支撑电路、外围接口电路(键盘、液晶、时钟和串口模块)构成。

学生考勤系统的工作原理如下。

① 平时 MCU 工作于低功耗状态,标签因为没有能量而处于休眠状态。

② 当按下键盘上的工作按钮时,MCU 被唤醒,同时激活 U2270B 开始工作,U2270B 的两个天线端子通过线圈将能量传输给外界。

③ 当有标签靠近读写器的线圈时,标签获得能量开始工作,并将其内部存储的信息发送到 U2270B 的输入端。U2270B 经过转换后再将信息发送给 MCU,MCU 接收到信息后将其转换成可识别的数据,再将其送至液晶屏幕显示。

1. 射频模块

发射频率是 U2270B 输出的天线驱动频率。天线端子线圈的发射频率最终是由线圈回路的电阻、电容决定的,这个频率越接近发射频率,则发射功率越强。U2270B 的天线驱动频率可以自己设定,可设定的频率是由流入 RF 端的电流决定的,而 V_S 是由内部电源供给,所以可以通过改变 V_S 端和 RF 端之间的电阻值来进行设定。

可以将内部振荡频率固定在特定的频率上(典型为 125kHz),然后通过天线驱动器的放大作用,在天线附近形成特定频率的射频场。

当电子标签进入该射频场内时,由于电磁感应的作用,在标签内的天线会产生感应电势,该感应电势也是标签的能量来源。将数据写入电子标签采用间隙的方式,即由数据 0 和 1 控制振荡器的起振和停振,并由天线产生间歇的射频场,完成将基站发射的数据写入标签的过程。

2. 天线模块

天线部分只涉及一个电容、一个电阻和线圈,但是各个器件的值一定要精确。从 U2270B 的 COIL1 和 COIL2 端口出来,经过电容、电阻和线圈可以组成一个 LC 串联谐振选频回路,该谐振回路的作用就是从众多的频率中选出有用的信号,滤除或抑制无用的信号。串联谐振电路的谐振角频率为

$$f_0 = \frac{1}{2\pi \sqrt{LC}}$$

当从 COIL1 和 COIL2 端出来的脉冲满足这一频率要求后,串联谐振电路就会起振,在回路两端产生一个较高的谐振电压,谐振电压为

$$V_L = QV_S$$

其中,V_S 为 U2270B 芯片 COIL1 和 COIL2 端之间的输出电压;V_L 为线圈两端的谐振电压,一般值为 200~350V。所以,线圈两端的电容耐压值要高,热稳定性要好。Q 为谐振回路的品质因数,描述了回路的储能与它的耗能之比。

当谐振电压达到一定的值,就会通过感应电场给电子标签供电。当电子标签进入感应场的范围内,电子标签内部的电路就会在谐振脉冲的基础上进行非常微弱的幅度调制,从而将电子标签的信息传递回 U2270B 的天线,再由 U2270B 来读取。

3. 电源模块

U2270B 的 V_S(电源)为内部电路提供电源,V_{EXT} 为天线和外部电路提供电压。对于 U2270B 基站电源有 3 种设计模式:第一种是单电压供电,即 DV_S、V_{EXT}、V_S、V_{Batt} 使用一个 5V 的电源;第二种是双电压供电,即 V_S 使用 5V 电压,DV_S、V_{EXT}、V_{Batt} 使用 7~8V 电压;第三种是电池电压供电,V_{EXT} 和 V_S 由内部电池供给,DV_S 和 V_{Batt} 使用 7~16V 的外部电压,对于这种供电方式,U2270B 的低功耗模式是可供选择的。

4. 数据输入与输出模块

这里所讲的数据输入是指 U2270B 从天线回路读回的数据。基站从电子标签读入的是经过载波调制后的信号,通过电容耦合输入 Input 输入端,经过低通滤波器、放大器、施密特触发器等几个环节后,在 Output 端输出解调后的信号。需要注意的是,Output 端输出的信号只是经过了解调,并没有解码。解码任务要通过单片机编程来完成。

6.2.3 汽车防盗系统的读写器

汽车防盗装置应具有无接触、工作距离大、精度高、信息收集处理快、环境适应性好等特点,以便加速信息的采集和处理。射频识别以非接触、无视觉、高可靠的方式传递特定的识别信息,适合用于汽车防盗装置,能够有效地达到汽车防盗的目的。

1. 防盗系统的工作原理

汽车防盗装置的基本原理是将汽车启动的机械钥匙与电子标签相结合,即将小型电子标签直接装入钥匙把手内,当一个具有正确识别码的钥匙插入点火开关后,汽车才能用正确的方式进行启动。该装置能够提供输出信号控制点火系统,即使有人以破坏的方式进入汽车内部,也不能通过配制钥匙启动汽车达到盗窃的目的。

一个典型的汽车防盗系统由电子标签和读写器两部分组成。电子标签是信息的载体,应置于要识别的物体上或由个人携带;读写器可以具有读或读写的功能,这取决于系统所用电子标签的性能。

(1) 电子标签。电子标签是数据的载体,由线圈(天线)、用于存储有关标识信息的存储器及微电子芯片组成。

(2) 读写器。读写器用于读取电子标签的数据,并将数据传输给微处理器。

(3) 微处理器。微处理器是控制部分,用来给汽车防盗系统解锁。

2. 防盗系统的组成

本系统中的硬件电路主要选择了电子标签、读写电路(采用芯片 U2270B)、单片机(AT89S51)、语音报警电路、电源监控电路、存储接口电路和汽车发动机电子点火系统。汽车防盗系统的基本组成如图 6-7 所示。

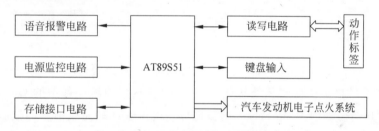

图 6-7　汽车防盗系统的基本组成

语音报警电路以美国 ISD 公司生产的语音合成芯片 ISD2560 为核心,该芯片采用 EEPROM 将模拟语音信号直接写入存储单元中,无须另加 A/D 或 D/A 变换来存放或重放。如果电子标签里面的密钥正确,单片机就发出正确的信号给汽车电子点火系统,汽车才可以启动,此时语音报警电路不工作;如果有人非法配置钥匙启动汽车,单片机就发出信号给语音系统,语音系统会立刻发出报警声音。

3. 硬件电路设计

系统中的硬件电路主要选择了射频识别基站芯片 U2270B、单片机 AT89S51、语音合成芯片 ISD2560 和双 RS-232 发送/接收器 MAX232 等。U2270B 是非接触识别系统中一种典型的低频读写基站芯片,是电子标签和单片机之间的接口。U2270B 一方面向电子标签传输能量、交换数据;另一方面负责电子标签与单片机之间的数据通信。汽车防盗系统的硬件电路如图 6-8 所示。

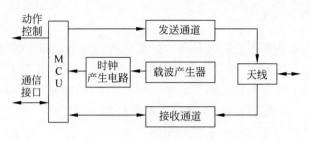

图 6-8　汽车防盗系统的硬件电路

（1）发送通道。发送通道对载波信号进行功率放大,向电子标签传送操作命令及写数据。

（2）接收通道。接收通道接收电子标签传送至读写器的响应及数据。

（3）载波产生器。采用晶体振荡器,产生所需频率的载波信号,并保证载波信号的频率稳定度。

（4）时钟产生电路。通过分频器形成工作所需的各种时钟。

（5）MCU。微控制器是读写器工作的核心,完成收发控制、向电子标签发命令及写数据、数据读取与处理、与高层处理应用系统的通信等工作。

（6）天线。天线与电子标签形成耦合交连。

4. 软件系统设计

软件系统设计包括读卡软件设计、写卡软件设计、语音报警程序设计和串行通信程序设计等。IC 卡发射的数据由基站天线接收后,由 U2270B 处理后经基站的 Output 引脚把得到的数据流发送给微处理器 AT89S51 的输入口。这里基站只完成信号的接收和整流的工作,而信号解码的工作由微处理器来完成。微处理器要根据输入信号在高电平、低电平的持续时间来模拟时序进行解码操作。

6.3　高频读写器

高频读写器主要工作在 13.56MHz,典型的应用有我国第二代居民身份证、电子车票、物流管理等。下面以 MF RC500 芯片为例,介绍高频读写器的构成和主要应用。

6.3.1　MF RC500 芯片

Philips 公司的 MF RC500 芯片主要应用于 13.56MHz,是非接触、高集成的 IC 读卡芯片。该 IC 读卡芯片利用先进的调制和解调概念,集成了在 13.56MHz 下所有类型的被动非接触式通信方式和协议。MF RC500 支持 ISO/IEC 14443A 所有的层,内部的发送器部分不需要增加有源电路,就能够直接驱动近距离的天线,驱动距离可达 1m；接收器部分提供一个坚固而有效的解调和解码电路,用于兼容 ISO/IEC 14443 电子标签信号。MF RC500 还支持快速 CRYPTO1 加密算法,用于验证 MIFARE 系列产品。MF RC500 的并行接口可直接连接到任何 8 位微处理器,给读卡器的设计提供了极大的灵活性。

1. MF RC500 芯片的特性

MF RC500 芯片的特点和主要应用如图 6-9 所示。

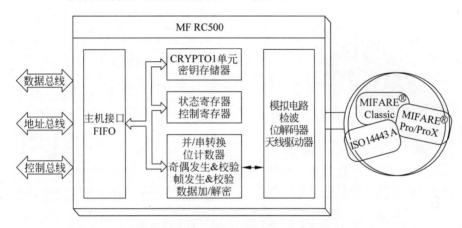

图 6-9　MF RC500 芯片的特点和主要应用

MF RC500 的内部包括并行微控制器双向接口、FIFO 缓冲区、中断、数据处理单元、状态控制单元、安全和密码控制单元、模拟电路接口及天线接口。MF RC500 的外部接口包括数据总线、地址总线、控制总线(包含读写信号和中断等)、电源等。

MF RC500 的并行微控制器接口自动检测连接的 8 位并行接口的类型。它包含一个易用的双向 FIFO 缓冲区和一个可配置的中断输出,为连接各种 MCU 提供了很大的灵活性,即使采用成本非常低的器件也能满足高速非接触式通信的要求。

数据处理部分执行数据的并行-串行转换,支持包括 CRC 校验和奇偶校验。MF RC500 以完全透明的模式进行操作,因而支持 ISO/IEC 14443A 的所有层。状态和控制部分允许对器件进行配置以适应环境的影响,并将性能调节到最佳状态。当与 MIFARE Standard 和 MIFARE 通信时,使用高速 CRYPTO1 流密码单元和一个可靠的非易失性密钥存储器。

模拟电路包含一个具有阻抗非常低的桥驱动器输出的发送部分,这使得最大操作距离可达 1m,接收器可以检测到并解码非常弱的应答信号。

由 MF RC500 构成的读写器如图 6-10 所示。

图 6-10　由 MF RC500 构成的读写器

2. MF RC500 芯片引脚的功能

MF RC500 芯片如图 6-11 所示。MF RC500 芯片的引脚如图 6-12 所示,芯片引脚的功能如表 6-2 所示。

图 6-11　MF RC500 芯片

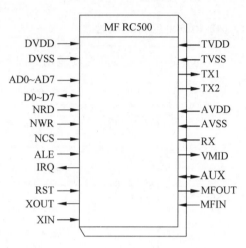

图 6-12　MF RC500 芯片的引脚

表 6-2　　MF RC500 芯片引脚的功能

引脚号	引脚名	类型	功 能 描 述
1	XIN	输入(I)	晶振输入端,可外接 13.56MHz 石英晶体,也可作为外部时钟(13.56MHz)信号的输入端
2	IRQ	输出(O)	中断请求输出端
3	MFIN	I	MIFARE 接口输入端,可接收带有副载波调制的曼彻斯特码或曼彻斯特码串行数据流
4	MFOUT	O	MIFARE 接口输出端,用于输出来自芯片接收通道的带有副载波调制的曼彻斯特码或曼彻斯特码流,也可以输出来自芯片发送通道的串行数据 NRZ 码或修正密勒码流
5	TX1	O	发送端 1,发送 13.56MHz 载波或已调制载波
6	TVDD	电源	发送部分电源正端,输入 5V 电压,作为 TX1 和 TX2 驱动输出级电源电压
7	TX2	O	发送端 2,功能同 TX1
8	TVSS	电源	发送部分电源地端
9	NCS	I	片选,用于选择和激活芯片的微控制器接口,低电平有效
10	NWR	I	选通写数据(D0～D7),进入芯片寄存器,低电平有效
	R/NW		在一个读或写周期完成后,选择读或写,写为低电平
	nWrite	I	在一个读或写周期完成后,选择读或写,写为低电平
11	NRD		读选通端,选通来自芯片寄存器的读数据(D0～D7),低电平有效
	NDS	I	数据读选通端,为读或写周期选通数据,低电平有效
	nDStrb		同 NDS
12	DVSS	电源	数字地

引脚号	引脚名	类型	功　能　描　述
13～20	D0～D7	I/O	8 位双向数据线
	AD0～AD7		8 位双向地址/数据线
21	ALE	I	地址锁存使能,锁存 AD0～AD5 至内部地址锁存器
	nAStrb		地址选通,为低电平时选通 AD0～AD5 至内部地址锁存器
22	A0	I	地址线 0,芯片寄存器地址的第 0 位
	nWait	O	等待控制器,为低电平时开始一个存取周期,结束时为高电平
23	A1	I	地址线 1,芯片寄存器地址的第 1 位
24	A2		地址线 2,芯片寄存器地址的第 2 位
25	DVDD	电源	数字电源正端,5V
26	AVDD	电源	模拟电源正端,5V
27	AUX	O	辅助输出端,可提供有关测试信号输出
28	AVSS	电源	模拟地
29	RX	I	接收信号输入,无线电路接收到 PICC 负载调制信号后送入芯片的输入端
30	VMID	电源	内部基准电压输出端,该引脚需接 100nF 电容至地
31	RST	I	Reset 和低功耗端,引脚为高电平时芯片处于低功耗状态,下跳变时为复位状态
32	XOUT	O	晶振输出端

6.3.2　基于 MF RC500 芯片的读写器

1. 基于 AT89S51 和 MF RC500 的读写器系统

根据 RFID 原理和 MF RC500 的特性,可设计基于 AT89S51 和 MF RC500 的 RFID 读写器系统,其结构如图 6-13 所示。

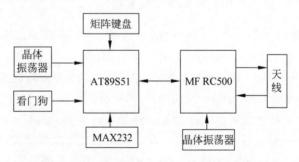

图 6-13　基于 AT89S51 和 MF RC500 的读写器系统

（1）系统硬件设计。系统主要由 AT89S51、MF RC500、晶体振荡器、看门狗、MAX232 和矩阵键盘等组成。系统先由 MCU 控制 MF RC500,驱动天线对 MIFARE 卡（即电子标签）进行读写操作,然后与 PC 通信,把数据传给上位机。主控电路采用 AT89S51,AT89S51 的开发简单、快捷,运行稳定。采用 Atmel 的 AT24C256 型,具有 I²C 总线的 EEPROM 存储系统的数据。为了防止系统死机,使用 MAX813 作为看门狗来实现系统上电复位、按键热重启、电压检测等。与上位机的通信采用 RS-232 方式,整个系统由 9V 电源供电,再由稳压模块稳压成 5V 的电源。

(2) 系统天线设计。为了驱动天线,MF RC500 通过 TX1 和 TX2 提供 13.56MHz 的载波。根据寄存器的设定 MF RC500 对发送数据进行调制来得到发送的信号。天线接收的信号经过天线匹配电路送到 MF RC500 的 RX 引脚。MF RC500 的内部接收器对信号进行检测和解调,并根据寄存器的设定进行处理,然后将数据发送到并行接口,由微控制器进行读取。

一般天线的设计要达到天线线圈的电流最大、功率匹配和足够的带宽,以最大限度地利用产生磁通的可用能量,并无失真地传送用数据调制的载波信号。天线是有一定负载阻抗的谐振回路,读写器又具有一定的源阻抗,为了获得最佳性能,必须通过无源的匹配回路将线圈阻抗转换为源阻抗,这样通过同轴线缆即可无损失地将功率从读写器传送出去。

(3) 系统工作流程。对 MF RC500 绝大多数的控制是通过读写 MF RC500 的寄存器实现的。MF RC500 共有 64 个寄存器,分为 8 个寄存器页,每页 8 个,每个寄存器都是 8 位。单片机将这些寄存器作为片外 RAM 进行操作,要实现某个操作,只需将该操作对应的代码写入对应的地址即可。当对应的电子标签进入读写器的有效范围时,电子标签耦合出自身工作的能量,并与读写器建立通信。系统的工作流程如图 6-14 所示。

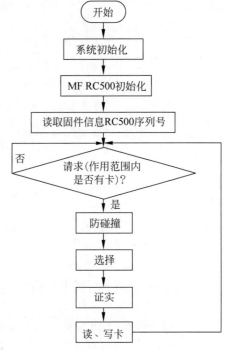

图 6-14　基于 AT89S51 和 MF RC500 的系统工作流程

2. 基于 P89C58BP 和 MF RC500 的读写器系统

根据 RFID 原理和 MF RC500 的特性,可以设计基于 P89C58BP 和 MF RC500 的 RFID 读写器系统。该系统由 MIFARE 卡、发卡器、读卡器和 PC 管理机组成,其中,MIFARE 卡存放身份号码(PIN)等相关数据,由发卡器将密码和数据一次性写入。基于 P89C58BP 和 MF RC500 的读写器系统如图 6-15 所示。

(1) 发卡器和读卡器。发卡器实际上是一种通用写卡器,直接与 PC 的 RS-232 串行口相连,或经过 RS-485 网络间接与 PC 相连。发卡器由系统管理员管理,通过 PC 设置或选择好要写入的数据,发出写卡命令,完成对 MIFARE 卡数据及密码的写入。

与读卡器不同,发卡器往往处于被动地位,不主动读写进入射频能量范围内的射频卡,而是必须接收 PC 的命令才操作,即必须联机才能工作。读卡器是主动操作的,读卡器往往可以脱离 PC 工作,只要有非接触式 IC 卡进入读卡器天线的能量范围,读卡器便可读写卡中相关指定扇区的数据。

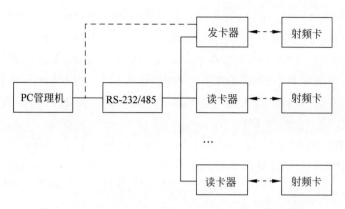

图 6-15　基于 P89C58BP 和 MF RC500 的读写器系统

（2）读卡器硬件系统。发卡器与读卡器在硬件设计上大同小异，都是由单片机控制专用读写芯片（MF RC500），再加上一些必要的外围器件组成。读卡器的硬件组成如图 6-16 所示。

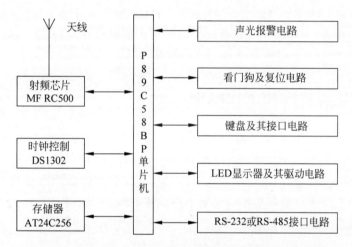

图 6-16　基于 P89C58BP 和 MF RC500 的读卡器硬件组成

读卡器用 P89C58BP 单片机作为主控制器，MF RC500 芯片作为单片机与射频标签通信的中介，74HC595 作为显示驱动器驱动 LED 数码显示器，PS/2 总线作为通用编码键盘接口，键盘与 LED 显示器作为人机交互接口，AT24C256 串行 EEPROM 作为数据存储器，DS1302 串行时钟芯片作为硬件实时时钟，MAX232 或 MAX485 作为串口信号转换，DS1302 作为看门狗定时器。当有卡进入并读卡成功时，指示灯闪动，喇叭鸣响。

MIFARE 卡进入距读卡器天线 100mm 的范围内，读卡器就可以读取 MIFARE 卡中的数据。读卡器读到 MIFARE 卡中的数据后，系统单片机要将所读的数据及刷卡的时间一起存入存储器 AT24C256，并在 LED 显示器上显示卡的数据。没有卡进入读卡器工作范围时，系统读出实时时钟芯片中的时间，在显示器上显示当前时间。主控器 P89C58BP 内部有 32KB 的 Flash 存储器，256 字节 RAM，可反复擦写、修改程序。同时，由于外部不用扩展程序存储器，可以简化电路设计，减小读卡器的尺寸，同时有较多的 I/O 口提供给系统使用。

（3）MF RC500。MF RC500 内部包括微控制器接口单元、模拟信号处理单元、ISO

14443 A规定的协议处理单元，以及MIFARE卡的CRYPTOI安全密钥存储单元。MF RC500可以与所有兼容Intel或Motorola总线的微控制器实现8位并行"无缝"接口（直接连接），其内部还具有64字节的先进先出（FIFO）队列，可以和微控制器之间高速传输数据。片内的模拟单元带有一定的天线驱动能力，能够将数字信号处理单元的数据信息调制并发送到天线中。片内的ISO 14443 A协议处理单元包括状态和控制单元、数据转换处理单元。

MF RC500的工作频率为13.56MHz，可以在有效的发射空间内形成一个13.56MHz的交变电磁场，为处于发射区域内的非接触式IC卡提供能量。从读卡器发射给射频卡的数据信息在调制前采用密勒编码，而从射频卡到读卡器的数据信息采用曼彻斯特编码。

6.4 微波读写器

微波RFID系统是目前射频识别系统研发的核心，是物联网的关键技术。微波RFID常见的工作频率是433MHz、860/960MHz、2.45GHz和5.8GHz等，该系统可以同时对多个电子标签进行操作，主要应用于需要较长的读写距离和高读写速度的场合。本节主要介绍一种基于ISO 18000-6B的远距离RFID读写器的设计。

6.4.1 系统构成和工作原理

读写器的组成原理如图6-17所示，整个读写器的硬件包括基带处理电路、射频发射电路和射频接收电路3部分。基带处理电路是整个硬件电路的控制中心，负责接收上位机的命令，解析编码后向射频发射电路发送指令，同时，把从射频接收电路接收到的标签返回信息解码后传送给上位机。射频接收和发射电路完成射频信号和基带信号之间的转换。射频接收电路还完成信号的解调和放大。

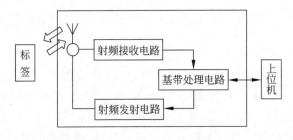

图 6-17 读写器的组成原理

6.4.2 系统硬件设计与实现

1. 射频发射电路

射频发射电路完成载波以及调制信号的发射。调制方式为ASK，调制深度选用100%，发射信号的输出衰减数字可控,使用 FPGA 进行配置。

2. 射频接收电路

射频接收电路主要实现标签返回信号的解调。为降低后端 DSP 的处理难度,采用 I、Q 两路直接下变频的方式进行解调,如图 6-18 所示。

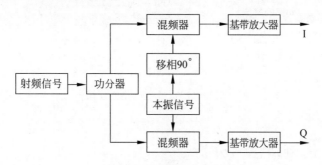

图 6-18　射频接收电路

读写器工作过程中存在的一个主要问题是载波泄漏干扰,可以从以下两方面解决该问题。首先,采用 1dB 截止点较高的无源混频器进行混频。在天线接收的射频信号中,除了标签返回信号外,还有发射电路泄漏过来的载波信号,而且标签返回信号远小于泄漏的载波信号的强度,在设计中采用 1dB 截止点较高的无源混频器进行混频,保证了后级谐波失真较小。

其次,采用移相反馈回路抵消或减弱泄漏的载波信号。利用载波对消理论,在接收电路中加上一个射频移相反馈回路,其原理是用定向耦合器耦合出部分发射载波信号,将此信号移相后反馈到接收电路中,与接收信号相加,改善电路的谐波失真,如图 6-19 所示。

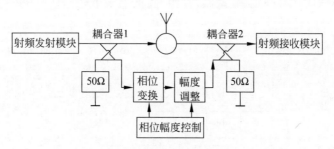

图 6-19　载波对消原理框图

3. 基带处理电路

基带处理电路是整个电路的控制中心,提供整个读写器硬件电路的控制信号,根据上位机的命令控制读写器的工作,包括编码、解码、CRC 校验和防碰撞处理等。为了保证电路的处理速度和可扩展性,在设计中采用了 DSP 芯片和 FPGA 芯片相结合的方式,如图 6-20 所示。DSP 芯片是整个电路的中心控制器,负责所有控制信号的产生和传输;内置的 12 位 A/D 模块最高转换速率达 12.5MHz,能满足基带信息采样的需求;内部 MAC 运算单元能满足信号运算的要求。FPGA 芯片提供系统时钟及部分控制时序逻辑;内置的锁相环 (Phase Lock Loop,PLL)通过编程产生稳定的时钟,能满足整个系统的要求;内部的逻辑阵列单元(Logic Array Block,LAB)能满足控制时序逻辑及部分复杂逻辑的要求。

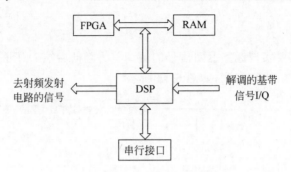

图 6-20 基带处理电路原理图

6.4.3 通信链路信号分析

1. 前向信号编码与调制

读写器发送到标签的信号称为前向信号。前向信号的编码方式为曼彻斯特编码,调制方式为 ASK,调制深度为 100%,位速率为 40kb/s。曼彻斯特编码是在一个位窗口内采用电平变化来表示逻辑 1(下降沿)和逻辑 0(上升沿)的,用双位逻辑表示分别为 10 和 01。数据 A3 的曼彻斯特编码如图 6-21 所示。因此,前向信号的编码格式为:在周期为 25μs 的时钟内,前 12.5μs 发送载波信号,后 12.5μs 不发送载波信号表示逻辑 1;反之,则表示逻辑 0。本系统采用 DSP 芯片内部的通用 I/O 口直接输出高低电平来控制射频发射电路载波的发送和停止,以实现前向信号的编码、调制,其中,高低电平由曼彻斯特编码序列决定,时间由 DSP 定时器控制。

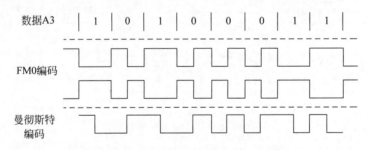

图 6-21 FM0 和曼彻斯特编码示意图

2. 后向信号的解调与解码

标签到读写器的信号称为后向信号。后向信号的编码方式为 FM0 编码,速率为 40kb/s。FM0 编码又称为差动双向码,是在一个位窗口内采用电平变化表示逻辑 1 和逻辑 0 的,如果电平只在位窗口的起始处翻转则表示逻辑 1;如果电平除了在位窗口的起始处翻转外,还在位窗口的中间翻转则表示逻辑 0。用位窗口内的双位逻辑表示,11 或 00 表示逻辑 1;10 或 01 表示逻辑 0。FM0 编码与前一位数据逻辑有关,根据前一位数据逻辑的不同,数据 A3 有两种不同的 FM0 编码。可以通过判断双位逻辑及前一位数据逻辑进行解码。

6.4.4 程序设计与实现

1. FPGA 程序

本设计中,FPGA 主要提供系统时钟、RAM 的读写控制逻辑以及调试过程中后向信号的逻辑仿真。内置 PLL 产生的稳定时钟供 DSP 使用;根据 DSP 读写逻辑及 RAM 的操作产生 RAM 的读写时序逻辑;根据应用环境的要求产生控制发射电路输出衰减的逻辑信号。另外,用 FPGA 生成调试过程中需要的标签返回的后向信号波形,以便于调试。

2. DSP 程序

DSP 主程序通过串口和上位机通信,接收并解析上位机指令,编码后发送给射频发射电路。从射频接收电路输出的 I、Q 两路信号,经 A/D 模块采样后,合成一路信号。主程序对此信号进行同步、FM0 解码、CRC 校验,得到最终数据,并将正确的数据上传到上位机中。如果 FM0 解码错误或 CRC 校验错误,则进行防碰撞处理。DSP 程序流程图如图 6-22 所示。

3. 防碰撞机制分析与实现

ISO 18000-6B 协议中使用的是一种类二进制树形的防碰撞算法,通过标签内随机产生 0、1 及内置计数器实现标签的防碰撞。

标签在工作过程中共有"掉电""准备""识别"和"数据交互"4 个状态,其状态转换如图 6-23 所示。

标签进入读写器的工作范围时,从离场"掉电"状态进入"准备"状态。读写器通过选择指令让处于"准备"状态的所有或部分标签进入"识别"状态。

当进入"识别"状态的标签多于一张时,就要通过碰撞仲裁实现标签的有效识别,其步骤如下。

(1) 所有处于"识别"状态且内部计数器为 0 的应答器发送它们的识别码。

(2) 当有一个以上的标签发送时,读写器因不能正确识别应答信号而发送 FAIL 指令。

(3) 所有接收到 FAIL 指令且内部计数器不等于 0 的标签计数器加 1。所有接收到 FAIL 指令且内部计数器等于 0 的标签将产生一个 1 或 0 的随机数。如果是 1,则标签计数器加 1;如果是 0,则标签计数器保持不变,并再次发送其识别码。

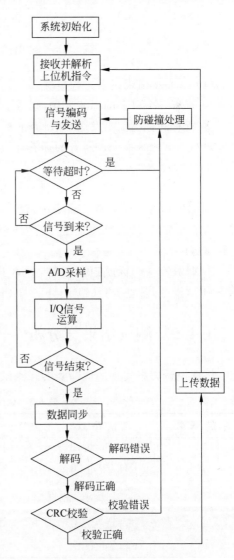

图 6-22 DSP 程序流程图

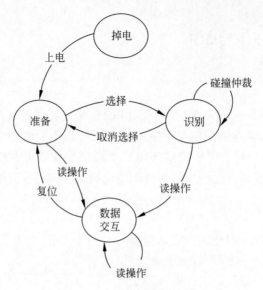

图 6-23　标签状态转换图

(4) 下面将出现以下 4 种情况。

① 若有一个以上的标签发送,则重复步骤(2)。

② 所有的标签都不发送,即所有的标签计数器都不为 0 时,读写器接收不到任何回答,将发送 SUCCESS 指令。所有的标签计数器减 1,然后计数器等于 0 的标签发送其识别码,返回步骤(2)。

③ 若只有一个标签发送,并且其识别码被正确接收,则读写器发送包含该识别码的 DATA_READ 指令,标签正确接收此指令后进入"数据交互"状态,与读写器进行一对一通信。通信完成后,读写器将发送 SUCCESS 指令,使处于"识别"状态的标签的计数器减 1,返回步骤(2)。

④ 若只有一个标签返回应答,并且其识别码没有被正确接收,则读写器将发送一个 RESEND 指令,重复步骤(4)。

6.4.5　测试结果与分析

根据设计方案实现的读写器实际测试结果如表 6-3 所示。

表 6-3　读写器的实际测试结果

标 签 张 数	通 信 协 议	标签与天线距离/m	阅读次数	阅读正确次数	阅读错误次数
1	ISO 18000-6B	1	100	100	0
1	ISO 18000-6B	2	100	100	0
1	ISO 18000-6B	4	100	100	0
1	ISO 18000-6B	8	100	100	0
1	ISO 18000-6B	8.5	200	195	5
10	ISO 18000-6B	3	200	200	0

可以看出,在单张标签情况下,标签与天线距离 8.5m 以内,读写器识别正确率为100％;在多张标签情况下,标签与天线距离 3m 时,读写器识别正确率为 100％。读写器工作稳定、可靠。

实现的读写器是基于 ISO 18000-6B 协议的,通过修改 DSP 和 FPGA 的程序可以实现其他 RFID 协议,如 EPC Class 1 Gen2 协议等。该设计方案具有良好的扩展性,读写器可配置性强。

6.5　读写器的发展趋势

随着射频识别技术的发展,射频识别系统的结构和性能也会不断提高。越来越多的应用,对射频识别系统的读写器提出了更高的要求。未来的射频识别读写器将会有以下特点。

1. 多功能

为了适应市场对射频识别系统多样性和多功能的要求,读写器将集成更多、更方便实用的功能。另外,为了适应某些应用方便的要求,读写器将具有更多的智能性和一定的数据处理能力,可以按照一定的规则将应用系统处理程序下载到读写器中。这样,读写器就可以脱离中央处理计算机,做到脱机工作时完成门禁、报警等功能。

2. 小型化、便携式、嵌入式、模块化

小型化、便携式、嵌入式、接口模块化是读写器市场发展的一个必然趋势。随着射频识别技术应用的不断增多,人们对读写器使用是否方便提出了更高的要求,要求不断采用新的技术减小读写器的体积,使读写器方便携带,方便使用,易于与其他系统进行连接,从而使得接口模块化。

3. 低成本

相对来说,目前大规模的射频识别应用,其成本还是比较高的。随着市场的普及以及技术的发展,读写器及整个射频识别系统的应用成本将会越来越低,最终会实现所有需要识别和跟踪的物品都使用电子标签。

4. 智能多天线端口

为了进一步满足市场需求和降低系统成本,读写器将会具有智能的多天线接口。这样,同一个读写器将按照一定的处理顺序,智能地打开和关闭不同的天线,使系统能够感知不同天线覆盖区域内的电子标签,增大系统的覆盖范围。在某些特殊应用领域中,未来也可能采用智能天线相位控制技术,使射频识别系统具有空间感应能力。

5. 多种数据接口

射频识别技术应用的不断扩展和应用领域的增加,需要系统能够提供多种不同形式的

接口,如 RS-232、RS-422/RS-485、USB、红外、以太网口、韦根接口、无线网络接口及其他各种自定义接口。

6. 多制式兼容

由于目前全球没有统一的射频识别技术标准,因此各个厂家的系统互不兼容,但是随着射频识别技术的逐渐统一,以及市场竞争的需要,只要这些标签协议是公开的,或者是经过许可的,某些厂家的读写器就会兼容多种不同制式的电子标签,以提高产品的应用适应能力和市场竞争力。

7. 多频段兼容

由于目前缺乏一个全球统一的射频识别频率,不同国家和地区的射频识别产品具有不同的频率。因此,为了适应不同国家和地区的需要,读写器将朝着兼容多个频段、输出功率数字可控等方向发展。

8. 更多新技术的应用

射频识别系统的广泛应用和发展,必然会带来新技术的不断应用,使系统功能进一步完善。例如,为了适应目前频谱资源紧张的情况,将会采用智能信道分配技术、扩频技术、码分多址等新的技术手段。

习题 6

6-1 填空题

(1) 读写器的硬件一般由_____、_____、_____和_____组成。

(2) 读写器控制模块与应用软件之间的数据交换,主要通过读写器的接口来实现,接口可以采用_____、_____、_____、_____ 或_____。

(3) 125kHz 低频读写器常用的基站芯片型号是_____。

(4) Philips 公司的 MF RC500 芯片主要应用于_____ MHz 的高频读写器。

(5) 微波读写器的硬件包括_____、_____和_____ 3 部分。

(6) 微波 RFID 系统遵循的通信协议一般是_____、_____。

6-2 简述读写器的硬件各部分的功能。

6-3 U2270B 芯片内部由哪些部分构成?画出由 U2270B 构成的低频读写器框图。

6-4 汽车防盗系统的基本组成包括哪些模块?并对各部分进行简要说明。

6-5 简述 MF RC500 芯片的特点。

6-6 画出基于 AT89S51 和 MF RC500 的读写器系统框图,说明该系统的工作流程。

6-7 给出基于 P89C58BP 和 MF RC500 的读写器系统框图,并对各部分进行简要说明。

6-8　简述微波读写器的组成和工作原理。

6-9　比较微波读写器前向信号和后向信号的编码方式。

6-10　简述微波读写器 DSP 程序流程。

6-11　分析微波读写器的防碰撞机制,并给出标签的状态转换图。

6-12　简述读写器的发展趋势。

第 7 章
CHAPTER 7

RFID 的标准体系

学习导航

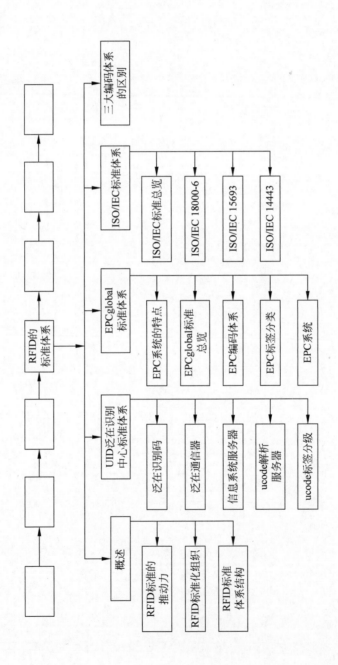

学习目标

- 掌握 UID 泛在识别中心标准体系
- 掌握 EPCglobal 标准体系
- 掌握 ISO/IEC 标准体系
- 了解三大编码体系的区别

标准化是指对与产品、过程或服务等有关的现实和潜在的问题做出规定,提供可共同遵守的工作程序,以利于技术合作和防止贸易壁垒。RFID 标准体系是将射频识别技术作为一个大系统,并形成一个完整的标准体系表。由于目前还没有正式的 RFID 产品(包括各个频段)国际标准,因此各个厂家推出的 RFID 产品互不兼容,造成 RFID 产品在市场和应用上的混乱与孤立,这势必对未来的 RFID 产品互通造成障碍。

通过对射频识别技术国际标准的研究,可以跟踪国际射频技术的最新发展动态及标准化进程,指导和推进射频识别技术在我国各领域中的应用,为我国制定射频识别技术的国家标准奠定坚实基础,为标准的实施提供咨询服务和技术资料。

7.1　概述

目前,国际上 RFID 技术发展迅速,并且已经在很多国际大公司中开始进入实用阶段。如同条形码一样,射频识别技术的应用是全球性的,因而标准化工作非常重要。相关的标准包括电气特性部分、通信频率、数据格式、元数据等。可以预见,射频标签国家标准的制定和实施将会引导新兴的射频识别产业走标准化、规范化、产业化的道路。

采用 RFID 最大的好处是可以对企业的供应链进行高效管理,以有效地降低成本。对于供应链管理应用而言,射频技术是一项非常适合的技术。但由于标准不统一等原因,该技术在市场中并未得到大规模的应用。因此,为了获得期望的效果,用户迫切要求开放标准,标准不统一已成为制约 RFID 发展的重要因素之一。由于每个 RFID 标签中都有一个唯一的识别码(ID),如果它的数据格式有很多种类且互不兼容,那么使用不同标准的 RFID 产品就不能通用,这对全球经济一体化的物品流通非常不利。预计世界各国从自身的利益和安全出发,倾向于制定不同的数据格式标准,由此带来的兼容问题和经济损失难以估量。如何让这些标准互相兼容,让一个 RFID 产品能顺利地在世界范围中流通,是当前亟待解决的重要问题。

7.1.1　RFID 标准的推动力

目前,射频标签已经成为 21 世纪全球自动识别技术发展的主要方向。射频标签黏附在商品等物品上,通过专门的设备以无线的方式进行信息读取。射频标签可广泛用于商品流通、制造业成品、零部件管理、物品和人员的跟踪等多个领域。在全球大型零售企业的推动下,可以预见,射频标签很快就将取代目前正在广泛应用的商品条形码。有关专家指出,不仅是射频标签本身,而且射频标签读取设备和相关的应用软件也将形成一个迅猛发展的大市场。正是由于微小的射频标签从设计、制作、应用上具有较高的技术含量和极为广阔的市场前景,美国、欧洲和日本等发达国家都看好这一新生事物。

据业内人士预测,RFID 市场在未来 5 年内能达到数千亿美元的市场空间。这一数字或许存在一定的水分,但 RFID 将膨胀为一个巨大的市场却毫无疑问。RFID 作为 21 世纪最具发展潜力的技术之一,其标准之争已进入白热化阶段。

事实证明,标准化是推动 RFID 产业化进程的必要措施。以 RFID 标签与读写器之间进行无线通信的频段就超过 5 种,分别是 135kHz 以下、13.56MHz、860～928MHz(UHF)、2.45GHz 及 5.8GHz。每种频段都各具特色,同时也都存在缺陷。前两种使用最广,但通信速度过慢,传输距离也不够长;后 3 种频段高,通信距离远,但耗电量大。标准的不统一是制约 RFID 推广的一个重要因素。物联网是跨地区和跨国家的全球统一的网络,如果标准不统一,对物联网方案的实现会是一个非常大的障碍。

1. RFID 相关标准的社会影响因素

标准能够确保协同工作的进行、规模经济的实现、工作实施的安全性及其他诸多方面。RFID 标准化的主要目标在于通过制定、发布和实施标准解决编码、通信、空中接口和数据共享等问题,最大限度地促进 RFID 技术及相关系统的应用。但是,如果标准采用过早,则有可能会制约技术的发展进步;如果采用过晚,则可能会限制技术的应用范围,导致危险事件的发生及不必要的开销。

RFID 的相关标准涉及许多具体的应用,如不停车收费系统、动物识别、货物集装箱标识、智能卡应用等,而 RFID 主要用于物流管理等行业,需要标签能够实现数据共享。目前,许多与 RFID 有关的 ISO 标准正在研究制定之中,主要包括可回收货运集装箱、可回收运输单品、运输单元、产品包装、产品标识及电子货柜封条等。从 EPCglobal 及 ISO 到国家与地方的众多组织(如日本 UID 等),以及 IEEE 和 AIM(Automatic Identification Manufacture,自动识别制造商协会)等,都已参与到 RFID 相关标准的研究制订中。

RFID 相关标准的社会影响因素包括无线通信管理、人类健康、个人隐私、数据安全等方面。

(1) 无线通信管理。例如,ETSI(欧洲电信标准协会)、FCC(美国联邦通信委员会)等提出的 RFID 相关要求。

(2) 人类健康。与此有关的国际组织主要是国际非电离辐射保护委员会(International Commission On Non-ionizing Radiation Protection,ICNIRP),为世界卫生组织及其他机构提供有关非电离放射保护建议的独立机构。目前,许多国家使用其推荐的标准作为本国的放射规范和标准。该组织主要职责是制订工作频率、功率和无线电波辐射对健康的影响标准。

(3) 个人隐私。隐私问题的解决基于同意原则,即用户或消费者能够容忍的程度。

(4) 数据安全。经济合作与发展组织(Organization for Economic Cooperation and Development,OECD)曾发布有关文件,规定了信息系统和网络安全的指导方针。与 ISO 17799(信息安全管理的实践代码)相似,并不强制要求遵从这些指导方针,但这些指导方针却为信息安全计划提供了坚实的基础。

2. RFID 相关标准的推动力

目前,RFID 还未形成统一的全球化标准,市场为多种标准并存的局面。随着 RFID 技术在全球物流行业的大规模应用,RFID 标准的统一已经得到业界的广泛认同。RFID 系统主要由数据采集和后台数据库网络应用系统两大部分组成。当前已经发布或正在制订中的标准主要是与数据采集相关的,其中包括射频标签与读写器之间的空中接口、读写器与计算机之间的数据交换协议、RFID 标签与读写器的性能和一致性测试规范、RFID 标签的数据内容和编码标准等。后台数据库网络应用系统目前并没有形成正式的国际标准,只有少数产业联盟制定了一些规范,现阶段仍在不断演变中。

推动 RFID 标准化进程的主要实体包括大零售商、美国国防部、ETSI 和 AIM 射频识别专家组。

(1) 大零售商。随着 RFID 标签价格下降,沃尔玛与其供货商继续商议,寻找在更多分店及分销中心接收供货商更多粘贴 RFID 标签货品的可行性。沃尔玛对于供货商应用 RFID 的要求表明沃尔玛对应用 RFID 和 EPC 标签充满信心。

世界第三大零售商麦德龙集团也计划在供应链上广泛采用射频识别技术,并在其德国莱茵博格市的一家"未来商店"里大量应用 RFID 技术。

英国大零售商 Tesco 也已将 RFID 技术应用于 Sandhurst 商店以跟踪 DVD 机的销售,并将这一类型的芯片尝试使用在 Cambridge 商店的吉列剃须刀的出售上。在最近的一次计划中,公司打算将 RFID 技术覆盖整个商店和所有产品,除了对单件产品的跟踪外,还要包括如茶杯、常用工具等普通产品。所有的产品,包括化妆品、电池、移动通信设备等,都会在英国范围内被 Tesco 的 RFID 技术跟踪。

(2) 美国国防部。美国国防部(Department of Defense,DoD)是 RFID 在军事国防应用上的主要推动力量。2005 年,美国国防部在 RFID 应用上公布了对其供应商的详细指导方针,计划在 2005 年年底前开始接收贴有 RFID 射频标签的物品。美国国防部也采用 EPC 编码作为其供应商军需物资的唯一标识。为了与民用系统的 EPC 标识相区别,EPCglobal 专为美国国防部分配了一个结构头。

(3) ETSI。2004 年 9 月,ETSI 就发布了 EN302208 标准,规定了 865～868MHz 波段中 UHF(欧洲 RFID 所用超高频段)段 RFID 设备的技术要求和测量方法。2005 年 3 月,第一次 RFID Plugtests 测试在 ETSI 总部进行,测试关注的焦点放在如何在码头、仓库等环境下做到多个读写器同时识读。

(4) AIM 射频识别专家组。2004 年 11 月,AIM(国际自动识别技术协会)和 CompTIA (美国计算器技术行业协会)宣布为发展 RFID 的第三方认证而合作。AIM 的射频识别专家组 (RFID Experts Group,REG)已经开始提供有着物理硬件安装和现有业务整合的认证和培训。

7.1.2　RFID 标准化组织

由于 RFID 的应用涉及众多行业,因此其相关的标准盘根错节,非常复杂。

RFID 标准争夺的核心主要集中在 RFID 标签的数据内容和编码标准这一领域。目前,国际上已经形成了五大标准组织,分别代表不同团体或国家的利益。EPCglobal 在全球拥有上百家成员,得到零售巨头沃尔玛,制造业巨头强生、宝洁等跨国公司的支持。AIM、ISO、UID 则代表了欧美国家和日本;IP-X 的成员则以非洲、大洋洲、亚洲等地的国家为主。比较而言,EPCglobal 由于综合了美国和欧洲厂商,因此实力相对占上风。

1. EPCglobal

EPCglobal 是由美国统一代码协会(UCC)和欧洲物品编码协会 EAN 于 2003 年 9 月共同成立的非营利性标准化组织,其前身是 1999 年 10 月 1 日在美国麻省理工学院成立的非营利性组织 Auto-ID 中心。

2003 年 11 月 1 日,国际物品编码协会(EAN/UCC)正式接管了 EPC 在全球的推广应用工作,负责管理和实施全球的 EPC 工作。EPCglobal 授权 EAN/UCC 在各国的编码组织成员负责本国的 EPC 工作,各国编码组织的主要职责是管理 EPC 注册和标准化工作,在当地推广 EPC 系统、提供技术支持及培训 EPC 系统用户。在我国,EPCglobal 授权中国物品编码中心作为唯一代表,负责我国 EPC 系统的注册管理、维护及推广应用工作。同时,EPCglobal 将 Auto-ID 中心更名为 Auto-ID 实验室,为 EPCglobal 提供技术支持。

2. 泛在识别中心

主导日本 RFID 标准与应用的组织是 T-Engineforum 论坛,该论坛已经拥有 475 家成员。值得注意的是,成员绝大多数都是日本的厂商,如 NEC、日立、东芝等企业,少数来自其他国家的厂商,如微软、三星、LG、SKT 等企业。

T-Engineforum 论坛下的泛在识别中心成立于 2002 年 12 月,具体负责研究和推广自动识别核心技术,即在所有的物品上植入微型芯片,组建网络进行通信。目前,泛在识别中心包括微软、索尼、三菱、日立、日电、夏普、富士通、NTT DoCoMo、KDDI、J-Phone、理光等重量级企业。

3. ISO/IEC

与 EPCglobal 相比,ISO/IEC 有着天然的公信力,因为 ISO 是公认的全球非营利工业标准组织。与 EPCglobal 只专注于 860~960MHz 频段不同,ISO/IEC 在每个频段都发布了标准。

ISO/IEC 组织下面有多个分技术委员会从事 RFID 标准研究。大部分 RFID 标准都是由 ISO/IEC 的技术委员会(TC)或分技术委员会 SC 制定的。

4. AIM 和 IP-X

AIM 和 IP-X 的实力相对较弱。AIDC(Automatic Identification and Data Collection,自动识别与数据采集)组织之前主要负责制定通行全球的条形码标准,该组织于 1999 年另外成立了 AIM(automatic identification manufacturers)协会,目的在于推出 RFID 标准。不过由于原先条形码的运用程度远不及 RFID,即 AIDC 未来是否有足够能力影响 RFID 标准的制定,将是一个未知数。AIM 全球有 13 个国家和地区性的分支,且目前的全球会员已经快速累积达 1000 多个。IP-X 的成员则以非洲、大洋洲、亚洲等地的国家为主,主要在南非国家推行。

7.1.3 RFID 标准体系结构

标准化的重要意义在于改进产品、过程和服务的适用性,防止贸易壁垒,促进技术合作。射频识别技术标准化的主要目标在于通过制定、发布和实施标准,解决编码、通信、空中接口和数据共享等问题,最大限度地促进 RFID 技术及相关系统的应用。由于射频识别技术主要应用于物流管理等行业,需要通过射频标签实现数据共享。因此,射频识别技术中的数据编码结构、数据的读取需要通过标准进行规范,以保证射频标签能够在全世界范围内跨地域、跨行业、跨平台使用。

　　RFID 标准体系基本结构如图 7-1 所示,主要包括 RFID 技术标准、RFID 应用标准、RFID 数据内容标准和 RFID 性能标准。其中,编码标准和通信协议(通信接口)是争夺比较激烈的部分,两者也构成了 RFID 标准的核心。

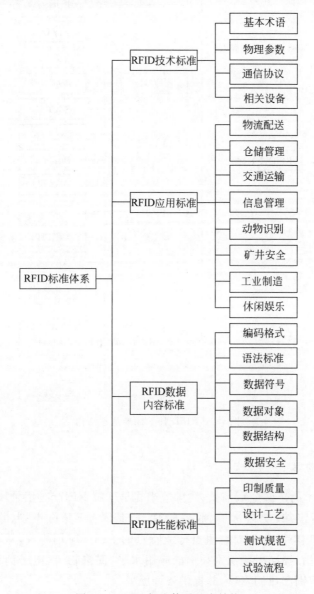

图 7-1　RFID 标准体系基本结构

1. RFID 技术标准

RFID 技术标准主要定义了不同频段的空中接口及相关参数,包括基本术语、物理参数、通信协议、相关设备等。例如,RFID 中间件是 RFID 标签和应用程序之间的中介,从应用程序端使用中间件所提供的一组应用程序接口(API),即能连接到 RFID 读写器,读取 RFID 标签数据。RFID 中间件采用程序逻辑及存储再传送功能来提供顺序的消息流,具有数据流设计与管理的能力。RFID 技术标准基本结构如图 7-2 所示。

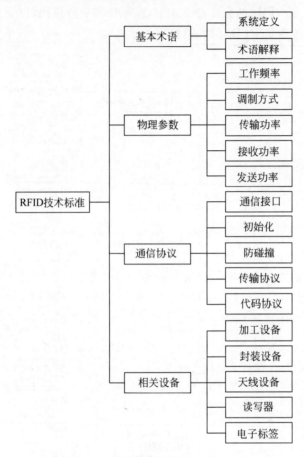

图 7-2　RFID 技术标准基本结构

2. RFID 应用标准

针对 RFID 技术的广阔应用前景,我国应当尽早了解 RFID 应用领域的现状(如动物识别、防伪防盗、产品跟踪、交通运输、收费管理、门禁考勤、身份识别、物流管理等),研究 RFID 技术应用标准体系,阐明符合重点行业特点的 RFID 应用模式,从而加快射频识别技术在重点行业的应用,提高射频识别技术的应用水平,促进物流、电子商务等信息技术的发展,推动我国自动识别产业的发展,并提供咨询服务。

RFID 应用标准主要涉及特定应用领域或环境中 RFID 的构建规则,包括 RFID 在物流配送、仓储管理、交通运输、信息管理、动物识别、矿井安全、工业制造、休闲娱乐等领域的应用标准与规范。RFID 应用标准基本结构如图 7-3 所示。

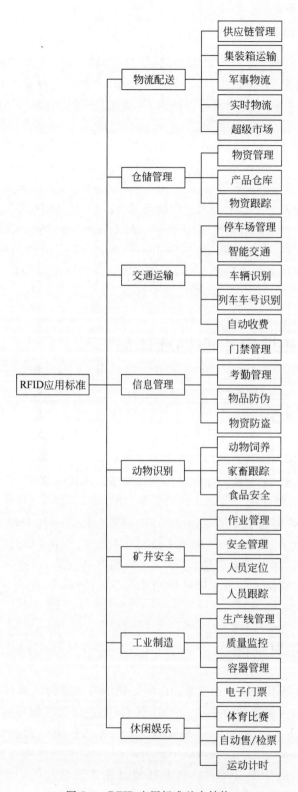

图 7-3 RFID 应用标准基本结构

3. RFID 数据内容标准

RFID 数据内容标准主要涉及数据协议、数据编码规则和语法,包括编码格式、语法标准、数据符号、数据对象、数据结构、数据安全等。RFID 数据内容标准能够支持多种编码格式,如支持 EPCglobal、DoD 等规定的编码格式,也包括 EPCglobal 所规定的标签数据格式标准。

4. RFID 性能标准

RFID 性能标准主要涉及设备性能及一致性测试方法,尤其是数据结构和数据内容(即数据编码格式及其内存分配),主要包括印制质量、设计工艺、测试规范、试验流程等。

由于 Wi-Fi、微波接入全球互通(Worldwide Interoperability for Microwave Access,WiMAX)、蓝牙、ZigBee、专用短程通信(Dedicated Short Range Communication,DSRC)协议及其他短程无线通信协议正用于 RFID 系统或融入 RFID 设备当中,这使得 RFID 标准所包含的范围正在不断扩大,实际应用变得更为复杂。

7.2 UID 泛在识别中心标准体系

泛在识别中心的技术体系架构由泛在识别码(ucode)、泛在通信器、信息系统服务器和 ucode 解析服务器四部分组成。

UID 规范由日本泛在识别中心负责制定。日本泛在识别中心由 T-engine 论坛发起成立,其目标是建立和推广物品自动识别技术并最终构建一个无处不在的计算环境。该规范对频段没有强制要求,标签和读写器都是多频段设备。能同时支持 13.56MHz 或 2.45GHz 频段。UID 标签泛指所有包含 ucode 码的设备,如条形码、RFID 标签、智能卡和主动芯片等,并定义了 9 种不同类别的标签。相关的 RFID 标签包括 Class 1 只读 RFID 标签、Class 2 可读写 RFID 标签、Class 5 带电源 RFID 标签。除了标签外,UID 网络还包含两个关键部分:一是读取标签的终端,称为泛在通信器,除了能和标签通信外,还可提供 3G、PHS、802.11 等多种接入方式与广域网上的信息服务器相连;二是 ucode 解析服务器,提供由 ucode 获取信息服务器地址的功能。

7.2.1 泛在识别码

ucode 是识别对象不可缺少的要素,ID 则是识别对象身份的基础。ucode 是在大规模泛在计算模式中识别对象的一种手段。eTRON ID 在全过程都能得到很好的安全保证,并能支持接触/非接触等多种通信方式,从嵌入泛在技术的机器到智能卡、RFID 等。所有与泛在计算相关的要素都包含于泛在网络中。ucode 是以泛在技术多样化的网络模式为前提的,它能对应互联网、电话网、ISO 14443 非接触近距离通信、USB 等多种通信回路,而且 ucode 本身还具有位置概念等特征。

ucode 采用 128 位记录信息,提供了 340×10^{36} 编码空间,并能够以 128 位为单元进一步扩展到 256 位、384 位或 512 位。ucode 能包容现有编码体系的元编码设计,可以兼容多种编码,包括 JAN 联合物品编码、UPC、ISBN、IPv6 地址,甚至电话号码。ucode 标签具有多种形式,包括条形码、射频标签、智能卡、有源芯片等。泛在识别中心把标签进行分类,设立了 9 个级别的不同认证标准。

1. 赋予每一个"物品"固有的 ID

最基本的泛在识别技术,就是为现实世界中的各种物品赋予固有的号码 ucode,且通过计算机极易从物品中读取,即计算机可以自动识别现实世界中的物品,并能够进行适当的数据处理。

当前,赋予物品号码的工作,已经以流通等领域为中心形成了各种体系。例如,有使用条形码的 JAN 代码、EAN 代码、UPC 代码和附在书籍上的 ISBN 代码。这些都是针对产品的不同种类,进行分配的代码。若以 ISBN 为例,此代码是附在某本书上的代码,而不能用来区分每一本书。但是,ucode 为每件物品都赋予唯一的固有号码。例如,对摆放在书店上的每本书,或者对酒店里每一瓶红酒,均可以赋予不同的 ucode 码。尤其是像食品、药品这样的商品,其食用期和有效期都各不相同,因而在提供这些信息服务时,分别赋予每件物品不同的号码就显得尤为重要。

2. ucode 的结构

ucode 的基本代码长度为 128 位,视需要能够以 128 位为单位进行扩充,最终形成 256 位、384 位、512 位的结构,如图 7-4 所示。若使用 128 位代码长度的 ucode,则其包含的号码数量约为 3.4×10^{38} 个。

编码类别标识	编码的内容(长度可变)	物品的唯一标识

图 7-4　ucode 编码规范

ucode 的最大特点是可兼容各种已有 ID 代码的编码体系。例如,通过使用 ucode 的 128 位这样一个庞大的号码空间,可将使用条形码的 JAN 代码、UPC 代码、EAN 代码、书籍的 ISBN 和 ISSN、在因特网上使用的 IP 地址、分配在语音终端上的电话号码等各种号码或 ID,均包含在其中。下面以 JAN 代码为例,来说明 JAN 代码是如何与 ucode 保持互换性的。

例如,JAN 代码中定义了一些代码的长度,标准上是十进制 13 位。若将十进制 1 位以 4 位表示,则 JAN 代码全部将可由 52 位表示。此时,可将 ucode 码的 128 位进行如图 7-5 所示的分配使用。这仅是一个说明事例,实际上可能并非按此进行规范化。

0～11 位:12 位,代码识别码。

12～63 位:52 位,JAN 代码域。

64～127 位:64 位,物品 ID 号。

图 7-5　JAN 代码的结构

JAN代码是赋予产品种类的号码,在个别ID的部分,有存储赋予同一产品中不同个体ID所需要的领域。在此例中,其个别ID为64位,因而对每种产品,具有1.8×10^{19}个物品ID可供分配。

在这些号码具有互换性的情况下,UID中心是将0~11位的12位的代码识别码分配给具有JAN代码指派权的组织(在JAN代码的情况下,该组织为财团法人流通开发中心)。同时,将116位的ucode领域分配权限委托给该组织。该流通开发中心对12~63位中52位的JAN代码域进行分配。受流通开发中心委托,分配JAN代码的组织再对64~127位中的64位物品ID进行分配。

此分配权限的委托模式,与因特网上IP地址的分配模式相近,是分层次分配。UID中心并不是集中性地对世界上所有产品的ID进行分配。

3. ucode标准的特点

ucode标准的主要特点包括确保厂商独立的可用性、确保安全的对策、ucode标识的可读性和使用频率不做强制性规定。

(1)确保厂商独立的可用性:在有多个厂商提供的多个ucode标签的环境下,使用任意厂商的ucode标准进行读写,都能保证获取正确的信息。

(2)确保安全的对策:在泛在计算和泛在网络的应用中,能够提供确保用户安全的技术和对策。

(3)ucode标识的可读性:接受ucode标准认定的标签和读写器,都能够通过ucode标识来确认。

(4)使用频率不做强制性规定:日本R/W(Read/Write,读/写)标准可使用13.56MHz、950MHz、2.45GHz等多种频率;在其他国家,可根据该国情况决定使用频率。使用频率问题不是本质性的技术问题。尤其是被动标签,原理上采用共振电路结构,因而经常与多种频率相对应。

关于读写距离,输出电波的影响较大;关于空中协议,基本上是独自开发;关于健康问题等,是否可输出高频电波尚存在疑问。

7.2.2 泛在通信器

泛在通信器主要由IC标签、读写器、无线广域通信设备等部分构成,主要用于将读取的ucode码信息传送到ucode解析服务器,并从信息系统服务器获取有关信息,如图7-6所示。

泛在实时操作系统应用数据总线(Ubiquitous TRON Application Databus,UTAD)是描述现实世界中带有ucode码的物品属性的数据形式。UTAD以泛在信息服务处理的标准数据形式存储在ucode标签和产品信息服务器中。TRON标准浏览器有两种等价的数据表现形式:一种是以XML(可扩展标识语言)为基础的半结构化数据形式,能够处理现实世界信息,由XML标签体系进行定义,可进行扩充,

图7-6 泛在通信器

以处理 TRON 多国语言文字,通常在将数据存储到服务器上时使用;另一种是二进制的表现形式(压缩表现形式),通常在将数据存储到容量较小的 RFID 芯片上时使用。

泛在通信器作为重要的泛在识别技术之一,是泛在计算环境与人进行交流所需的终端,简称泛在通(Ubiquitous Communication,UC)。顾名思义,它是随时随地进行交流所需的终端,具有丰富的多元通信功能。

1. 多元通信接口

泛在通信器具有与存储 RFID 或 IC 卡等 ucode 超小型芯片进行局域通信的功能,能够提供读写 RFID 时所需的读写功能,以及提供与 ISO/IEC 14443 等智能卡通信时所需的所有通信方式或某种通信方式。目前,UID 中心提供可同时读取多个公司不同种类的标签或卡的功能,因而在泛在通信领域,有望建立一个以 UC 支持多种通信方式、多种通信模式的局域通信系统。

泛在通信器能够存储物品 ucode 码相关信息,并具有为接受该物品的相关附加服务而连接宽带通信网的通信功能。泛在通信器可提供与宽带码分多址(Wideband Code Division Multiple Access,WCDMA)手机电话网或个人手持电话系统(Personal Hand-phone System,PHS)等公用电话线连接的功能。IEEE 802.11b 等局域网(Local Area Network,LAN)或蓝牙等个域网(Personal Area Network,PAN)都使用了多元通信接口的 ucode 信息服务。

在泛在识别中心,可以利用局域网和宽带两个通信手段,为具有 ucode 码的物品提供信息服务。整个信息服务过程是:RFID 标签或射频卡中存储有 ucode 码,将 UC 置于 RFID 射频标签或射频卡上,则通过 UC 的局域通信功能,读取 ucode 码相关信息。

泛在通信器将读取到的 ucode 信息发送到 UID 中心的 ucode 解析服务器,即可获得附有该 ucode 码的物品相关信息的存储位置,即宽带通信网上(如因特网)的地址。在泛在通信器检索对应地址,即可访问产品信息数据库,从而得到该物品的相关信息。

产品信息数据库的种类不同,对应的功能也不尽相同。有的数据库既可以取出信息,又可以写入信息或进行更改。如果在 RFID 标签或射频卡中具有可容纳该物品相关信息的存储容量,则 UC 可直接从 RFID 标签或射频卡中读取物品的相关信息。当然,也可与产品信息数据库相结合,将该物品的信息在 RFID 标签或射频卡及数据库中分别存储。

2. 无缝通信

UC 在提供多个宽带通信的接口时,不仅可使用两种通信方式,还可对此进行无缝处理。例如,UC 具有 IEEE 802.11b 的 WLAN 接口和使用 WCDMA 技术的第三代手机接口。在建筑物中通信时,利用 WLAN,可一边使用 UC,一边走出室外,这样在保持了通信质量的同时,又可以自动切换到使用 WCDMA 的通信,即用户可以不必介意通信接口的变化而继续使用。这种可自动切换通信接口的技术通常被称为无缝通信技术。

使用泛在识别结构,能够将由 RFID 或感应器等制成的泛在识别标签(ucode 标签)嵌入现实世界的各种物品。其基本思路是:ucode 标签虽然可以存储该物品的相关信息,但由于受到存储容量等方面的制约,不可能存储所有的信息。因此,在 ucode 标签中仅存储识别物品的 ID 代码(泛在识别),并在其容量范围内存储附加性的属性信息,而将 ucode 标签中不能存储的信息存储在网络数据库中。

UC 根据所获取的 ucode 代码访问信息服务器,接受信息服务。由于分散存在于现实世界的 ucode 标签或信息服务器的数量庞大,因此在泛在计算的环境下,使用 ucode 解析协议的巨大分散目录数据库与 ucode 码之间保持着信息服务的对应关系。

为了在通信过程中能够对个人隐私进行有效保护,使用泛在识别技术的通信需要认证机构。同时,在带有 ucode 标签的物品流出时,为了防止其信息不被恶意攻击者读取,需要在 ucode 标签的非接触通信界面,进行特别的识别保护通信。

ISO/IEC 18000 的空中协议,由于未涉及因 ID 标签的识别性而产生的个人隐私问题,因此不能直接应用于 UID 中心的泛在环境中。所以,UID 中心独自开发了可防止第三者通过数据挖掘进行物品跟踪,可保护标签所有者的个人隐私,且具有不可识别性的空中协议。该协议利用高速、轻量的安全技术,以实用的形式确立了不可识别性,主要包括访问 ucode 信息的控制功能等。

3. 安全性

关于泛在计算环境和泛在网络环境下的安全性及保护个人隐私,目前涌现出很多问题。UID 中心针对这些问题加以研究,并提出了多种防范措施。泛在环境下的安全威胁主要来自窃听和泄密。

(1) 由于窃听出现的问题。通过窃取泛在识别系统的通信基础设施,获得相应的通信内容,从而导致各种个人信息或秘密信息泄露的情况出现。例如,将 UID 技术应用于物流管理时,有可能会出现通过窃听通信内容以获取物流有关信息的危险情况;若在药剂中黏附上标签,并使用该标签进行信息服务时,则有可能会通过窃取通信内容,根据购买、付费和使用等通信记录,而推测到服药主体及身体健康状况。

(2) 通过读取 RFID 标签数据而出现的信息泄露问题。如果对 RFID 标签中存储信息的访问权限控制得不够充分,恶意攻击者则可能会通过无线通信,远程读取相关信息,从而出现信息泄露的危险情况。例如,顾客穿上具有 ucode 物流管理功能的商家所销售的西服,将 UC 靠近黏附在该西服上的 RFID 标签时,即可读取 ucode 相关信息,并通过检索产品数据库,了解西服的购买主体、成交价格和出售商家等信息,甚至能够推断出穿着此西装的人的具体位置。

泛在识别结构的构成要素、泛在识别技术和使用主体等构成泛在环境的所有要素,UID 中心均规定有安全策略,所有的泛在识别服务都必须在此安全策略上构筑。

7.2.3　信息系统服务器

信息系统服务器存储并提供与 ucode 相关的各种信息。出于安全考虑,采用 eTRON,从而保证具有防复制、防伪造特性的电子数据能够在分散的系统框架中安全地流通和工作。信息系统服务器具有专业的抗破坏性,使用基于 PKI 技术的虚拟专用网(Virtual Private Network,VPN),具有只允许数据移动而无法复制等特点。通过设备自带的 eTRON ID,信息系统服务器能够接入多种网络建立通信连接。利用 eTRON,信息系统服务器能实现电子票务和电子货币等有价信息的安全流通,以及离线状态下的小额付款机制费用的征收,同时还能保证各泛在设备间安全可靠的通信。

为保护通信过程中的个人信息，在 UID 技术中，使用密码通信和认证通信以保护系统安全的机制是不可或缺的。在 UID 技术中，作为安全技术，要使用 eTRON。使用 eTRON 的前提是要具有抗破坏性的硬件（eTRON 节点），主要用于存储需要保护的信息。这些需要保护的信息只存储于 eTRON 节点中，但可以在 eTRON 节点间进行信息交换。在 eTRON 节点间进行信息交换时，通信双方必须进行身份认证，且通信内容必须使用密钥进行加密。因此，即使恶意攻击者窃取了传输的数据，也无法看到具体的通信内容。

7.2.4　ucode 解析服务器

ucode 解析服务器确定与 ucode 相关的信息存放在哪个信息系统服务器上，其通信协议为 ucode RP 和实体传输协议（entity Transfer Protocol，eTP），其中 eTP 是基于 eTRON（PKI）的密码认证通信协议。

ucode 解析服务器是以 ucode 码为主要线索，具有对提供泛在识别相关信息服务的系统地址检索功能的、分散型轻量级目录服务系统。

ucode 解析服务器的主要特征如下。

1. 分散管理

ucode 解析服务器通常不是由单一组织实施控制，而是一种使用分散管理的分布式数据库，其方法与因特网的域名服务（Domain Name Service，DNS）类似。

UID 中心管理的是根服务器和用户所委托的解析服务器，主要业务包括需要由服务提供商出面进行的与解析服务相关的业务。

2. 与已有的 ID 服务的统一

在对提供泛在识别相关信息服务的系统地址进行检索的过程中，可以使用某些已有的解析服务器。

3. 安全协议

ucode 代码解析协议（Resolution Protocol，RP）规定，在 eTRON 结构框架内进行的 eTP 会话，需要进行数据加密和身份认证。

4. 支持多重协议

使用的通信基础设施的不同，检索出的地址种类也不同，而不仅仅局限于因特网协议（Internet Protocol，IP）地址。

5. 匿名代理访问机制

用户通过访问一般提供商的 ucode 解析服务器，可以获取相应的物品信息，但在此过程中，UID 中心需要提供访问所需的 ucode 解析代理业务。

信息系统服务器、泛在通信器、ucode 解析服务器等必须支持 eTRON。因此，数据库检索方面的通信需要认证对方的身份,并对待传输的数据进行加密,以保护个人信息或安全。此外,通过粘附在物品上的数据承载设备安装带有 eTRON 的智能芯片,可以保护存储在芯片中的信息。

7.2.5　ucode 标签分级

ucode 标签分级的前提条件是:没有超级芯片可以支持所有的应用,因为有些应用需要成本低廉,有些应用需要牺牲成本来保证较高的安全性。ucode 标签有多个性能参数,包括成本、安全性能、传输距离、可粘贴材料、可改写数据空间的工作状态(活化或失效)等。

在泛在识别技术中,通常把为识别物品而赋予物品唯一的固有识别码称为 ucode。为物品分配 ucode 码的目的在于构成泛在环境,并通过泛在网络与数据库自动识别物品。存储有 ucode 码的设备就是 ucode 标签,UID 中心可对条形码、RFID 标签、智能卡、主动性芯片等进行综合性处理。同时,UID 中心从安全策略的观点对这些标准标签进行了分区。在每个区域都设定了 ID 标签的认定标准。

ucode 标签分级主要是根据标签的安全性进行分类,以便于进行标准化。目前主要分为 9 类。

1. 光学性 ID 标签(Class 0)

光学性 ID 标签是指可通过光学性手段读取的 ID 标签,相当于目前在用的条形码、二维条形码等。

2. 低级 RFID 标签(Class 1)

低级 RFID 标签的代码在制造时已经嵌入在商品内,不可改变,因为受其形状、大小等限制而生产困难,所以是不可复制的标签。

3. 高级 RFID 标签(Class 2)

高级 RFID 标签是指具有简易认证功能和访问控制功能的标签。ucode 代码已通过认证,具有可写入功能,且可以通过指令控制工作状态。

4. 低级射频标签(Class 3)

低级射频标签具有抗破坏性,它通过身份认证和数据加密来提升通信的安全性等级,并具有端到端访问保护的功能。

5. 高级射频标签(Class 4)

高级射频标签具有抗破坏性,它通过身份认证和数据加密来提升通信的安全性等级,并具有端到端访问控制和防篡改的功能。

6. 低级主动性标签(Class 5)

低级主动性标签访问网络时能够进行简单的身份认证,ucode 代码已通过认证,具有可写入功能。同时,由于标签自带长寿命电池,因此可以进行主动通信。

7. 高级主动性标签(Class 6)

高级主动性标签具有抗破坏性,它通过身份认证和数据加密来提升通信的安全性等级并具有端到端访问保护的功能。同时,由于标签自带长寿命电池,因此可以进行主动通信且可以进行编程。

8. 安全盒(Class 7)

安全盒是可存储大容量数据的、安全可靠的计算机节点。从外形来看,它是具有抗破坏功能的框体,且具有线性的网络通信功能。安全盒备有 eTRON ID,实际安装有 eTP。

9. 安全服务器(Class 8)

安全服务器是可存储大容量数据的、安全且牢固的计算机节点,除具有 Class 7 的安全盒的功能外,还可以通过更加严格的保密手段运行工作。

7.3　EPCglobal 标准体系

EPCglobal 是由 UCC 和 EAN 联合发起并成立的非营利性机构,全球最大的零售商沃尔玛连锁集团和英国 Tesco 等 100 多家美国和欧洲的流通企业都是 EPCglobal 的成员。同时,EPCglobal 由美国 IBM 公司、微软公司、Auto-ID 实验室等进行技术研究支持。该组织除发布工业标准外,还负责 EPCglobal 号码注册管理。EPC 系统是一种基于 EAN/UCC 编码的系统,作为产品与服务流通过程信息的代码化表示,EAN/UCC 编码具有一整套涵盖贸易流通过程各种有形或无形产品所需的全球唯一标识代码,包括贸易项目、物流单元、服务关系、商品位置、相关资产等标识代码。EAN/UCC 标识代码随着产品或服务的产生在流通源头建立,并伴随着该产品或服务的流动贯穿全过程。

7.3.1　EPC 系统的特点

EPC 系统是一个全球性的大系统,供应链的各个环节、各个节点、各个方面都可从中受益,但低价值的识别对象(如食品、消费品等)对 EPC 系统引起的附加价格十分敏感。EPC 系统正在考虑通过革新相关技术,进一步降低成本,同时系统的整体改进将使得供应链管理得到更好的应用,以提高效益,抵消和降低附加价格。EPC 系统的主要特点包括开放的结构体系、独立的平台与高度的互动性及灵活的可持续发展的体系。

1. 开放的结构体系

EPC 系统采用全球最大的公用的 Internet 网络系统,从而有效地避免了系统的复杂性,同时也大大降低了系统的成本,并且还有利于系统的增值。

2. 独立的平台与高度的互动性

EPC 系统识别的对象是一组十分广泛的实体,因而不可能有哪种技术适用于所有识别对象,同时,不同地区、不同国家的射频识别技术标准也不尽相同。因此,开放的结构体系必须具有独立的平台和高度的互操作性。EPC 系统网络构建在 Internet 网络系统上,并且可以与 Internet 所有可能的组成部分协同工作。

3. 灵活的可持续发展的体系

EPC 系统是一个灵活的、开放的、可持续发展的体系,可在不替换原有体系的情况下进行系统升级。

由于 EPC 系统实现了供应链中贸易项信息的真实可见性,因此使得组织运作更具效率。确切地说,通过高效的、顾客驱动的运作,供应链中如贸易项的位置、数目等即时信息会使组织对顾客及其需求做出更灵敏的反应。

7.3.2　EPCglobal 标准总览

EPCglobal 是由 UCC 和 EAN 共同组建的 RFID 标准研究机构。EPCglobal 成立开始,就致力于建立一套全球中立的、开放的、透明的标准,并为此付出了艰苦的努力。

该机构于 2004 年 4 月公布了第一代 RFID 技术标准,包括 EPC 标签数据规格、超高频 Class 0 和 Class 1 标签标准、高频 Class 1 标签标准及物理标识语言内核规格。

EAN/UCC 标识代码是固定结构、无含义、全球唯一的全数字形代码。在 EPC 标签信息规范 1.1 中采用 64~96 位的电子产品编码;在 EPC 标签 2.0 规范中采用 96~256 位的电子产品编码。

EPC 系统是全球性、开放性的社会化大系统,信息交互与沟通需要协商一致的标准支持。EPC 系统的规划、建设及相关产业的形成也需要标准化支持。在 EPC 系统中,涉及的标准包括标签数据标准、第二代(Gen2)空中接口标准、读写器协议、读写器管理、数据传输协议、应用水平事件(Application Level Event,ALE)功能与控制、电子产品代码信息服务(Electronic Product Code Information Service,EPCIS)协议、应用程序接口(API)、安全规范和事件注册等。

对于标签数据标准,主要是关注不同编码系统标准如何在 EPC 标签上应用;第二代(Gen2)空中接口标准主要涉及读写器与标签之间的通信;读写器协议主要是关注中间件和读写器之间的通信协议;读写器管理主要涉及多个读写器如何协同工作;数据传输协议主要关注读写器如何将标签数据转换到网络兼容的格式;滤值与采集应用水平事件(ALE)主要关注多个读写器采集的 EPC 信息的统计与汇总;ONS(对象名解析系统)应用层接口主要关注 EPC 代码所涉及的信息;EPCIS 协议主要关注如何存储和恢复 EPC 信息;安全规范则主要关注如何保证 EPC 信息的安全;网络架构主要关注怎样发现某个 EPC 在哪里及曾经到过哪里等。

2004 年 12 月 17 日,EPCglobal 批准发布了第一个标准——超高频第二代(UHF Gen2)空中接口标准,从而迈出了 EPC 从实验室走向应用的里程碑意义的一步,符合 UHF

Gen2 标准的产品已于 2005 年第二季度问世。

从全球范围来说,EPC 的发展已经逐步走向实际应用,虽然还有不少问题(包括标准、技术、隐私、地区平衡发展等)有待解决,但其强劲的发展势头是不可阻挡的。

1. 体系框架活动

EPCglobal 体系框架包含 3 种主要活动,每种活动都是由 EPCglobal 体系框架内相应的标准支撑的,如图 7-7 所示。

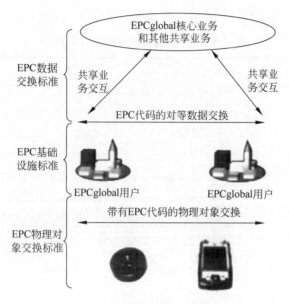

图 7-7　EPCglobal 体系框架

(1) EPC 物理对象交换。用户与带有 EPC 编码的物理对象进行交互。对于许多 EPCglobal 网络终端用户来说,物理对象是商品,用户是该商品供应链中的成员,物理对象交换包括许多活动,如装载、接收等。还有许多与这种商业物品模型不同的其他用途,但这些用途仍然包括对物品使用标签进行标识。EPCglobal 体系框架定义了 EPC 物理对象交换标准,从而能够保证当用户将一种物理对象提交给另一个用户时,后者将能够确定该物理对象有 EPC 代码,并能较好地对其进行说明。

(2) EPC 基础设施。为达成 EPC 数据的共享,每个用户开展活动时将为新生成的对象进行 EPC 编码,通过监视物理对象携带的 EPC 编码对其进行跟踪,并将搜集到的信息记录到组织内的 EPC 网络中。EPCglobal 体系框架定义了用来收集和记录 EPC 数据的主要设施部件接口标准,因而允许用户使用互操作部件来构建其内部系统。

(3) EPC 数据交换。用户通过相互交换数据,来提高自身拥有的运动物品的可见性,进而从 EPCglobal 网络中受益。EPCglobal 体系框架定义了 EPC 数据交换标准,为用户提供了一种点对点共享 EPC 数据的方法,并提供了用户访问 EPCglobal 核心业务和其他相关共享业务的机会。

在理解整个组织和 EPCglobal 体系框架时,对活动进行分类是有益的,但不要规定得过于严格。在许多情况下,前两种活动主要是指跨企业的交互过程;后一种活动则是指企业内部的交互,不过这也不完全正确。例如,一个组织可能使用 EPC 来跟踪内部资产的流动,在这种情况下,将在非跨企业交换的情况下应用物理对象交换标准。EPCglobal 体系框架设计用来为 EPCglobal 用户提供多种选择,通过应用这些标准满足其特定的商业运作。

2. EPCglobal 体系框架标准

所有的 EPCglobal 体系框架的标准如表 7-1 所示,这些标准与 EPC 物理对象交换、EPC 基础设施和 EPC 数据交换 3 种活动密切相关。表 7-1 主要是对于目前 EPCglobal 体系框架中所有的部件进行规范,而不是未来工作的目标。

表 7-1　EPCglobal 体系框架的标准

活 动 种 类	相 关 标 准
EPC 物理对象交换	UHF Class 0 Gen1 射频协议
	UHF Class 1 Gen1 射频协议
	HF Class 1 Gen1 标签协议
	Class 1 Gen2 超高频空中接口协议标准
	Class 1 Gen2 超高频 RFID 一致性要求规范
	EPC 标签数据标准
	900MHz Class 0 射频识别标签规范
	13.5MHz ISM 频段 Class 1 射频识别标签接口规范
	860~930MHz Class 1 射频识别标签射频与逻辑通信接口规范
EPC 基础设施	EPCglobal 体系框架
	应用水平事件规范
	读写器协议
	读写器管理范围
	标签数据解析协议
EPC 数据交换	EPCIS 数据规范
	EPCIS 查询接口规范
	对象名解析业务规范
	EPCIS 数据获取接口规范
	EPCIS 发现协议
	用户认证协议

(1) 900MHz Class 0 射频识别标签规范。本规范定义 900MHz Class 0 操作所采用的通信协议和通信接口,指明该频段的射频通信要求和标签要求,并给出了该频段通信所需的基本算法。

(2) 13.56MHz ISM 频段 Class 1 射频识别标签接口规范。本规范定义 13.56MHz ISM 频段 Class 1 操作所采用的通信协议和通信接口,指明该频段的射频通信要求和标签要求,并给出了该频段通信所需的基本算法。

(3) 860~930MHz Class 1 射频识别标签射频与逻辑通信接口规范。本规范定义 860~930MHz Class 1 操作所采用的通信协议和通信接口,指明该频段的射频通信要求和标签要求,并给出了该频段通信所需的基本算法。

(4) Class 1 Gen2 超高频 RFID 一致性要求规范。本规范给出 EPCglobal 在 860~960MHz

频段内的 Class 1 Gen2 超高频 RFID 协议，包括读写器和标签之间在物理交互上的协同要求，以及读写器和标签操作流程与命令上的协同要求。

（5）EPCglobal 体系框架。本文件定义和描述了 EPCglobal 体系框架。EPCglobal 体系框架是由硬件、软件和数据接口的交互标准及 EPCglobal 核心业务组成的集合，代表了所有通过使用 EPC 代码提升供应链运行效率的业务。

（6）EPC 标签数据标准。这项由 EPCglobal 管理委员会通过的标准给出了系列编码方案，包括：EAN/UCC 全球贸易项目代码（Global Trade Item Number，GTIN）；EAN/UCC 系列货运包装箱代码（Serial Shipping Container Code，SSCC）；EAN/UCC 全球位置码（Global Location Number，GLN）；EAN/UCC 全球可回收资产标识（Global Returnable Asset Identifier，GRAI）；EAN/UCC 全球单个资产标识（Global Individual Asset Identifier，GIAI）；EAN/UCC 全球服务关系代码（Global Service Relation Number，GSRN）；通用标识符（General Identifier，GID）增加了美国国防部结构头和 URI（Uniform Resource Identifier，统一资源标识）的十六进制表示方法。

（7）Class 1 Gen2 超高频空中接口协议标准。这项由 EPCglobal 管理委员会通过的标准定义了被动式反向散射、读写器先激励（Interrogator Talks First，ITF）、工作在 860～960MHz 频段内的射频识别系统的物理与逻辑要求。该系统包含读写器与标签两大部分。

EPCglobal 有 3 个工作组介入了 Gen2 的开发工作。商业工作组负责收集用户对新标准的要求，软件工作组（SAG）从事 Gen2 读写器软件的工作，硬件工作组（HAG）负责 Gen2 标准的技术方面。

Gen2 的特点是：开放的标准，符合全球各国超高频段的规范，不同销售商的设备之间将具有良好的兼容性；可靠性强，标签具有高识别率，在较远的距离测试具有将近 100% 的读取率；芯片将缩小到现有版本的 $1/3 \sim 1/2$，Gen2 标签在芯片中有 96 字节的存储空间，具有特定的口令、更大的存储能力及更好的安全性能，可以有效地防止芯片被非法读取，能够迅速适应变化无常的标签群；可在密集的读写器环境里工作；标签的隔离速度高，隔离率在北美可达每秒 1500 个标签，在欧洲可达每秒 600 个标签；安全性和保密性强，协议允许两个 32 位的密码，一个用来控制标签的读写权，一个用来控制标签的禁用/销毁权，并且读写器与标签的单向通信采用加密；实时性好，容许标签延时后进入识读区仍能被读取，这是 Gen1 所不能达到的；抗干扰性强，更广泛的频谱与射频分布提高了 UHF 的频率调制性能，以减少其他无线电设备的干扰；标签内存采用可延伸性存储空间，原则上用户可有无限的内存；识读速率大大提高，Gen2 标签的识读速率是现有标签的 10 倍，这使得通过应用 RFID 标签可以实现高速自动作业。

（8）应用水平事件规范。这项由 EPCglobal 管理委员会通过的标准定义了某种接口的参数与功能，通过该接口，用户可以获取过滤后的、整理过的电子产品代码数据。

（9）对象名解析业务规范。本规范指明了域名服务系统如何用来定位与给定电子产品码的 GTIN 部分相关的权威数据和业务，其目标群体是对象名解析业务系统的开发者和应用者。

EPCglobal 主要关注的是，物理对象系统标识的数据载体/内容；物联网自动识别基础架构最低性能；网络数据交换标准（如对象名解析系统）。其中，EPCglobal 的第二代（Gen2）

RFID标签标准已在2005年6月作为ISO/IEC 18000-6 Part C部分的提案修改稿在没有作任何大的技术改动的情况下通过了ISO委员会的第一轮投票,于2006年年初获得最后通过。

7.3.3 EPC编码体系

EPC编码是EPC系统的重要组成部分,是对实体及实体的相关信息进行代码化,通过统一、规范化的编码建立全球通用的信息交换语言。EPC编码是EAN/UCC在原有全球统一编码体系基础上提出的,是新一代全球统一标识的编码体系,是对现行编码体系的拓展和延伸。

EPC编码体系是新一代与GTIN兼容的编码标准,也是EPC系统的核心与关键。EPC的目标是为物理世界的对象提供唯一的标识,从而达到通过计算机网络标识和访问单个物体的目标,就像在互联网中使用IP地址标识和通信一样。

1. EPC编码规则

EPC编码是与EAN/UCC编码兼容的新一代编码标准。在EPC系统中,EPC编码与现行GTIN相结合,因而EPC并不是取代现行的条形码标准,而是由现行的条形码标准逐渐过渡到EPC标准或者是在未来的供应链中EPC和EAN/UCC系统共存。EPC是存储在射频标签中的唯一信息,且已经得到UCC和EAN两个主要国际标准监督机构的支持。

EPC中码段的分配是由EAN/UCC管理的。在我国,EAN/UCC系统中GTIN编码由中国物品编码中心负责分配和管理。同样,中国物品编码中心(ANCC)也已启动EPC服务来满足国内企业使用EPC的需求。

(1)唯一性。与当前广泛使用的EAN/UCC代码不同的是:EPC提供对物理对象的唯一标识。换句话说,一个EPC编码仅分配给一个物品使用。同种规格同种产品对应同一个产品代码,同种产品不同规格对应不同的产品代码。根据产品的不同性质,如重量、包装、规格、气味、颜色、形状等,赋予不同的商品代码。为了确保实体对象进行唯一标识的实现,EPCglobal采取了如下基本措施。

① 足够的编码容量。EPC编码冗余度如表7-2所示。从世界人口总数(大约60亿人口)到大米总粒数(粗略估计为1亿亿粒),EPC都有足够大的地址空间来标识所有对象。

表 7-2　EPC编码冗余度

比 特 数	唯一编码数	对　　象
23	6.0×10^6(年)	汽车
29	5.6×10^8 使用中	计算机
33	6.0×10^9	人口
34	2.0×10^{10}(年)	剃刀刀片
54	1.5×10^{16}(年)	大米粒数

② 组织保证。必须保证 EPC 编码分配的唯一性,并寻求解决编码碰撞的方法。EPCglobal 通过全球各国编码组织来负责分配本国的 EPC 代码,并建立相应的管理制度。

③ 使用周期。对于一般实体对象,使用周期和实体对象的生命周期一致。对于特殊的产品,EPC 代码的使用周期是永久的。

(2) 永久性。产品代码一经分配,就不再更改,并且是终身的。当此种产品不再生产时,其对应的产品代码只能搁置起来,不得重复使用或分配给其他商品。

(3) 简单性。EPC 的编码既简单同时又能提供实体对象的唯一标识。以往的编码方案很少能被全球各国和各行业广泛采用,原因之一是编码的复杂导致不适用。

(4) 可扩展性。EPC 编码留有备用空间,具有可扩展性。EPC 地址空间是可扩展的,具有足够的冗余,从而确保了 EPC 系统的升级和可持续发展。

(5) 保密性与安全性。与安全和加密技术相结合,EPC 编码具有高度的保密性和安全性。保密性和安全性是配置高效网络的首要问题之一。安全的传输、存储和实现是 EPC 能否被广泛采用的基础。

(6) 无含义。为了保证代码有足够的容量以适应产品频繁更新换代的需要,最好采用无含义的顺序码。

2. EPC 编码关注的问题

(1) 生产厂商和产品。目前世界上的公司估计超过 2500 万家,考虑今后的发展,10 年内这个数目有望达到 3900 万,EPC 编码中厂商代码必须具有一定的容量。对厂商来讲,产品数量的变化范围很大,如表 7-3 所示。通常,一个企业产品类型数均不超过 10 万种(参考 EAN 成员组织)。

表 7-3　生产厂商和产品数量的变化范围

领　　域	中　　值	范　　围
新兴市场经济领域	37	0～8500
新兴工业经济领域	217	1～83400
先进的工业国家	2080	0～100000

(2) 内嵌信息。在 EPC 编码中嵌入有关产品的其他信息,如货品重量、尺寸、有效期、目的地等。

(3) 分类。分类是指对具有相同特征和属性的实体进行管理与命名,这种管理和命名的依据不涉及实体的固有特征与属性,通常是管理者的行为。例如,一罐颜料在制造商那里可能被当成库存资产,在运输商那里可能是"可堆叠的容器",而回收商则可能认为它是有毒废品。在各个领域,分类是具有相同特点物品的集合,而不是物品的固有属性。

(4) 批量产品编码。给批次内的每一样产品分配唯一的 EPC 代码,同时也可将该批次产品视为单一的实体对象,为其分配一个批次的 EPC 代码。

(5) 载体。EPC 标签是 EPC 代码存储的物理媒介,对所有的载体来讲,其成本与数量成反比。EPC 标签要广泛采用,必须尽最大可能地降低成本。

3. EPC 编码结构

EPC 编码是由一个版本号加上另外 3 段数据(依次为域名管理、对象分类、序列号)组成的一组数字,如表 7-4 所示。其中,版本号用于标识 EPC 编码的版本次序,使得 EPC 随后的码段可以有不同的长度;域名管理是描述与此 EPC 相关的生产厂商的信息,如可口可乐公司;对象分类记录产品精确类型的信息,如美国生产的 330ml 罐装减肥可乐(可口可乐的一种新产品);序列号唯一标识货品,会明确 EPC 代码标识的是哪一罐 330ml 减肥可乐。

表 7-4　EPC 编码结构

编码方案	编码类型	版本号	域名管理	对象分类	序列号
EPC-64	Ⅰ 型	2	21	17	24
	Ⅱ 型	2	15	13	34
	Ⅲ 型	2	26	13	23
EPC-96	Ⅰ 型	8	28	24	36
EPC-256	Ⅰ 型	8	32	56	160
	Ⅱ 型	8	64	56	128
	Ⅲ 型	8	128	56	64

EPC 代码是由 EPCglobal 组织和各应用方协调制定的编码标准,具有以下特性。

(1) 科学性:结构明确,易于使用、维护。

(2) 兼容性:兼容了其他贸易流通过程的标识代码。

(3) 全面性:可在贸易结算、单品跟踪等各环节全面应用。

(4) 合理性:由 EPCglobal、各国 EPC 管理机构(中国的管理机构称为 EPCglobal 中国)、标识物品的管理者分段管理、共同维护、统一应用,具有合理性。

(5) 国际性:不以具体国家、企业为核心,编码标准全球协商一致,具有国际性。

(6) 无歧视性:编码采用全数字形式,不受地方色彩、语言、经济水平、政治观点的限制,是无歧视性的编码。

4. EPC 编码类型

目前,EPC 代码有 64 位、96 位和 256 位 3 种。为了保证所有物品都有一个 EPC 代码并使其载体——标签成本尽可能降低,建议采用 96 位,这样其数目可以为 2.68 亿个公司提供唯一标识,每个生产厂商可以有 1600 万个对象种类,并且每个对象种类可以有 680 亿个序列号,这对未来世界所有产品已经够用了。

鉴于当前不用那么多序列号,因此可采用 64 位 EPC,这样会进一步降低标签成本。但是随着 EPC-64 和 EPC-96 版本的不断发展,EPC 代码作为一种世界通用的标识方案已经不足以长期使用,因此出现了 256 位编码。迄今,已经推出 EPC-96 Ⅰ 型,EPC-64 Ⅰ 型、Ⅱ 型、Ⅲ 型,EPC-256 Ⅰ 型、Ⅱ 型、Ⅲ 型等编码方案。

(1) EPC-64 码。目前研制出了 3 种类型的 64 位 EPC 代码。

① EPC-64 Ⅰ 型。EPC-64 Ⅰ 型编码提供 2 位的版本号编码、21 位的管理者编码、17 位的库存单元和 24 位序列号。该 64 位 EPC 代码包含最小的标识码。21 位的管理者分区就

会允许 200 万个生产商使用该 EPC-64 码。对象种类分区可以容纳 131 072 个库存单元,远远超过 UPC 所能提供的库存单元数量,从而能够满足绝大多数公司的需求。24 位序列号可以为 1600 万件产品提供空间。

② EPC-64 Ⅱ型。EPC-64 Ⅱ型适合众多产品及对价格反应敏感的消费品生产者。

那些产品数量超过两万亿并且想要申请唯一产品标识的企业,可以采用方案 EPC-64 Ⅱ型。采用 34 位的序列号,最多可以标识 17、179、184 和 869 件不同产品。与 13 位对象分类区结合(提供多达 8192 个库存单元),每家工厂可以为超过 140 万亿个不同的单品编号。这远远超过了世界上最大消费品生产商的生产能力。

③ EPC-64 Ⅲ型。除了一些大公司和正在应用 UCC/EAN 编码标准的公司外,为了推动 EPC 应用过程,还可以将 EPC 扩展到其他组织和行业。希望通过扩展分区模式来满足小公司、服务行业和组织的应用。因此,除了扩展单品编码的数量,就像 EPC-64 Ⅱ型一样,也会增加可以应用的公司数量来满足要求。

EPC-64 Ⅲ型通过把管理者分区增加到 26 位,可以提供多达 67 108 864 个公司采用 64 位 EPC 编码。67 000 000 个号码已经超出世界公司的总数,因此目前已经足够用,并预留空间给更多希望采用 EPC 编码体系的公司。

采用 13 位对象分类分区。这样可以为 8192 种不同种类的物品提供空间。序列号分区采用 23 位编码,可以为超过 800 万($2^{23} = 8\ 388\ 608$)的商品提供空间。因此,对于这 67 000 000 家公司,每个公司允许超过 680 亿($2^{36} = 68\ 719\ 476\ 736$)的不同产品采用此方案进行编码。

(2) EPC-96 码。EPC-96 Ⅰ型的设计目的是成为一个公开的物品标识代码,其应用类似于目前的统一产品代码(UPC)或 UCC/EAN 的运输集装箱代码。

域名管理负责在其范围内维护对象分类代码和序列号。域名管理必须保证对 ONS 可靠的操作,并负责维护和公布相关的产品信息。域名管理的区域占据 28 个数据位,允许大约 2.68 亿家制造商。这超出了 UPC-12 的 10 万家和 EAN-13 的 100 万家的制造商容量。

对象分类字段在 EPC-96 代码中占 24 位,这个字段能容纳当前所有的 UPC 库存单元的编码。序列号字段则是单一货品识别的编码。EPC-96 序列号对所有的同类对象提供 36 位的唯一辨识号,其容量为 $2^{36} = 68719476736$。与产品代码相结合,该字段将为每个制造商提供 1.1×10^{28} 个唯一的项目编号,超出了当前所有已标识产品的总容量。

(3) EPC-256 码。EPC-96 和 EPC-64 是作为物理实体标识符的短期使用而设计的。在原有表示方式的限制下,EPC-64 和 EPC-96 版本的不断发展,使得 EPC 代码作为一种世界通用的标识方案已经不足以长期使用,更长的 EPC 代码表示方式一直以来就备受期待并酝酿已久。EPC-256 码就是在这种背景下应运而生的。

256 位 EPC 是为满足未来使用 EPC 代码的应用需求而设计的。由于未来应用的具体要求目前还无法准确获知,因此 256 位 EPC 版本必须具备可扩展性以便未来的实际应用不受限制。多个版本就提供了这种可扩展性。

当前,出于成本等因素的考虑,参与 EPC 测试所使用的编码标准大多采用 64 位数据结构,未来将采用 96 位或 256 位的编码结构。

7.3.4　EPC 标签分类

EPC 标签是电子产品代码的信息载体,主要由天线和芯片组成。EPC 标签中存储的唯一信息是 96 位或 64 位产品电子代码。为了降低成本,EPC 标签通常是被动式射频标签。根据其功能级别的不同,EPC 标签可分为 5 类,目前所开展的 EPC 测试使用的是 Class 1 Gen2 标签。

(1) Class 0 EPC 标签。满足物流、供应链管理(如超市的结账付款、超市货架扫描、集装箱货物识别、货物运输通道、仓库管理等)基本应用功能的标签。Class 0 EPC 标签的主要功能包括:必须包含 EPC 代码、24 位自毁代码及 CRC 代码;可以被读写器读取;可以被重叠读取;可以自毁;存储器不可以由读写器进行写入。

(2) Class 1 EPC 标签。Class 1 EPC 标签又称为身份标签,是一种无源、反向散射式标签。除了具备 Class 0 EPC 标签的所有特征外,还具有一个电子产品代码标识符和一个标签标识符。Class 1 EPC 标签具有自毁功能,能够使标签永久失效。此外,还有可选的密码保护访问控制和可选的用户内存等特性。

(3) Class 2 EPC 标签。Class 2 EPC 标签也是一种无源、反向散射式标签。它除了具备 Class 1 EPC 标签的所有特征外,还包括扩展的标签标识符(Tag Identifier,TID)、扩展的用户内存、选择性识读功能。Class 2 EPC 标签在访问控制中加入了身份认证机制,并将定义其他附加功能。

(4) Class 3 EPC 标签。Class 3 EPC 标签是一种半有源的、反向散射式标签。它除了具备 Class 2 EPC 标签的所有特征外,还具有完整的电源系统和综合的传感电路。其中,片上电源用来为标签芯片提供部分逻辑功能。

(5) Class 4 EPC 标签。Class 4 EPC 标签是一种有源的、主动式标签,除了具备 Class 3 EPC 标签的所有特征外,还具有标签到标签的通信功能、主动式通信功能和特别组网功能。

7.3.5　EPC 系统

EPC 系统是一个非常先进的、综合性的、复杂的系统,其最终目标是为每一单品建立全球的、开放的标识体系。它由全球电子产品代码(EPC)编码体系、射频识别系统及信息网络系统 3 部分组成,主要包括 6 个方面,如表 7-5 所示。

表 7-5　EPC 系统构成

系 统 构 成	名　　称
EPC 编码体系	EPC 编码标准
射频识别系统	EPC 标签
	读写器
信息网络系统	Savant(神经网络)
	对象命名解析系统
	物理标识语言

EPC 编码提供对物理世界对象的唯一标识,通过计算机网络标识和访问单个物体,就像在互联网中使用 IP 地址标识、组织和通信一样。通过 EPC 系统的发展,能够推动自动识别技术的快速发展;通过整个供应链对货品进行实时跟踪;通过优化供应链给用户提供支持,从而大大提高供应链的效率。

信息网络系统由本地网络和全球互联网组成,是实现信息管理和信息流通的功能模块。EPC 信息网络系统是在全球互联网的基础上,通过 Savant 管理软件及对象命名解析系统(Object Numbering System,ONS)和物理标识语言(Physical Markup Language,PML),实现全球"实物互联"。EPC 系统结构如图 7-8 所示。

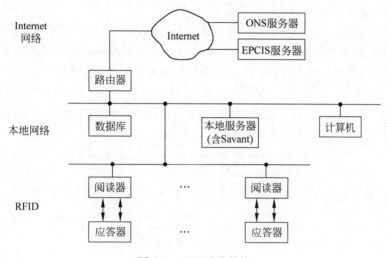

图 7-8　EPC 系统结构

1. EPC 编码标准

EPC 编码标准与现行的 GTIN 相结合,可以在 EPC 网络中兼容 EAN/UCC 系统。EPC 编码是由四部分组成的一串数字,依次为版本号、域名管理者、对象分类和序列号,可以为物理世界的每个对象提供唯一标识。其编码的分配由 EPCglobal 和各国的 EPC 管理机构分段管理,共同维护。

EPC 赋予物品唯一的电子编码,其位长通常为 64 位或 96 位,也可扩展为 256 位。对不同的应用规定有不同的编码格式,主要存放企业代码、商品代码和序列号等。最新的 Gen2 标准的 EPC 编码可兼容多种编码。

2. 射频识别系统

EPC 射频识别系统是实现 EPC 代码自动采集的功能模块,主要由 EPC 射频标签和 EPC 射频读写器组成。射频标签是产品电子代码(EPC)的物理载体,附着在可跟踪的物品上,可全球流通并对其进行识别和读写。射频读写器是用来识别 EPC 标签的电子装置,与信息系统相连以实现数据的交换。

读写器的基本任务就是激活标签,与标签之间建立通信,并在应用软件和标签之间传送数据。EPC 读写器和网络之间不需要 PC 作为过渡,所有读写器之间的数据交换可以直接通过一个对等的网络服务器进行。读写器的软件提供了网络连接能力,包括 Web 设置、动态更新、TCP/IP 读写器界面、内建兼容 SQL 的数据库引擎。当前,EPC 系统尚处于测试阶段,EPC 读写器技术也还在发展完善之中。Auto-ID 实验室提出的 EPC 读写器工作频率为 860~960MHz。

3. EPC 信息网络系统

信息网络系统由本地网络和全球互联网组成,是实现信息管理、信息流通的功能模块。EPC 系统的信息网络系统是在全球互联网的基础上,通过 EPC 中间件、对象解析服务(ONS)和 EPC 信息服务(EPCIS)实现全球"实物互联"。

(1) EPC 中间件。EPC 中间件具有一系列特定属性的"程序模块"或"服务",并被用户集成以满足他们的特定需求,EPC 中间件被称为 Savant。Savant 是连接阅读器和应用程序的软件,是物联网中的核心技术,可认为是该网络的神经系统,故称为 Savant。其核心功能是屏蔽不同厂家的 RFID 阅读器等硬件设备、应用软件系统及数据传输格式之间的异构性,从而可以实现不同的硬件(阅读器等)与不同应用软件系统间的无缝连接与实时动态集成。图 7-9 所示为 Savant 的组件与其他应用程序的通信。

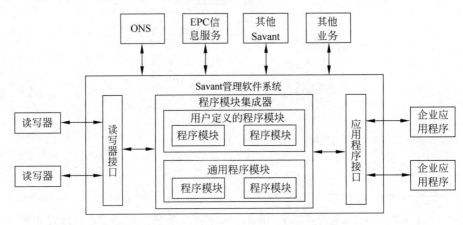

图 7-9　Savant 的组件与其他应用程序的通信

(2) 对象名解析服务。对象名解析服务是一个自动的网络服务系统,类似于域名解析服务,ONS 则为 Savant 系统指明了存储产品相关信息的服务器。系统中 EPC 信息描述采用实体标记语言(PML),PML 是在可扩展标记语言(XML)基础上发展而成,用于描述有关物品信息的一种计算机语言。

ONS 服务是联系 Savant 管理软件和 EPC 信息服务的网络枢纽,并且 ONS 设计与架构都以 Internet 域名解析服务为基础,因此,可以使整个 EPC 网络以 Internet 为依托,迅速架构并顺利延伸到世界各地。

(3) EPC 信息服务。EPC 信息服务(EPCIS)作为网络数据库来实现的,EPC 被用作数据库的查询指针,EPCIS 提供信息查询的接口,可与已有的数据库、应用程序及信息系统相连接。EPCIS 有两种数据流方式:一是阅读器发送原始数据至 EPCIS 以供存储;二是应用程序发送查询至 EPCIS 以获取信息。EPCIS 也曾称为 PML 服务,但现在并不是必须用 PML 来进行存储和标记。

EPC 系统的工作流程可简述为：读写器从 EPC 标签中读取 EPC 编码，Savant 处理和管理由读写器读取的一连串 EPC 编码，将 EPC 编码提供的指针传给 ONS，ONS 告知 Savant 保存该物品匹配信息的 EPCIS 服务器，保存该物品匹配信息的文件可由 Savant 复制，从而获得该物品的匹配信息。

7.4　ISO/IEC 标准体系

国际标准化组织(ISO)、国际电工委员会(IEC)及其他国际标准化机构(如国际电信联盟(ITU)等)都是 RFID 国际标准的主要制定机构。大部分 RFID 标准都是由 ISO(或与 IEC 联合组成)的技术委员会(Technical Committee，TC)或分委员会(Sub-Committee，SC)制定的。

7.4.1　ISO/IEC 标准总览

ISO/IEC 已出台的 RFID 标准主要关注基本的模块构建、空中接口、涉及的数据结构及其实施问题。RFID 作为一种信息技术，与其有关的标准可以分为技术标准、数据内容标准、性能标准和应用标准 4 个方面。

ISO/IEC 技术标准规定了 RFID 的有关技术特性、技术参数、技术规范等，是有关组织专门针对 RFID 制定的专业技术标准，主要包括 ISO/IEC 18000(空中接口参数)、ISO/IEC 10536(密耦合非接触集成电路卡)、ISO/IEC 15693(疏耦合非接触集成电路卡)和 ISO/IEC 14443(近耦合非接触集成电路卡)，如图 7-10 所示。

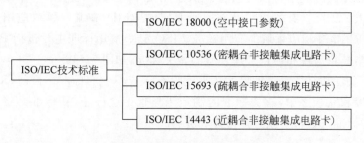

图 7-10　ISO/IEC 技术标准

RFID 技术的产生、发展和应用是建立在现代电子及信息等技术基础之上的。因此，RFID 技术同各类电子信息技术有着千丝万缕的联系，有关现代电子技术和信息技术的国际标准就成为 RFID 技术发展的基础，并构成了 RFID 技术的数据结构标准。ISO/IEC 数据结构标准包括 ISO/IEC 15424(数据载体/特征标识符)、ISO/IEC 15418(EAN/UCC 应用标识符)、ISO/IEC 15434(大高容量 ADC 媒体用的传送语法)、ISO/IEC 15459(物理管理唯一标识符)、ISO/IEC 15961(数据协议/应用接口)、ISO/IEC 15962(数据编码规则和逻辑存储功能协议)和 ISO/IEC 15963(射频标签的唯一标识)，如图 7-11 所示。

图 7-11　ISO/IEC 数据结构标准

RFID 技术的成熟与推广离不开性能指标和整机设备的测试,ISO/IEC 性能标准包括 ISO/IEC 10373(IC 卡的测试方法)、ISO/IEC 18046(RFID 设备性能测试方法)和 ISO/IEC 18047(RFID 设备一致性测试方法),如图 7-12 所示。

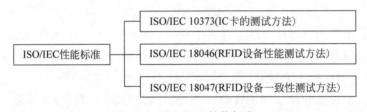

图 7-12　ISO/IEC 性能标准

RFID 作为一种实际的信息技术,可以广泛应用于许多行业领域(如金融、电信等)。不同领域均有各自不同的应用特点、应用环境、应用要求等,RFID 在某一领域的应用必须适应该领域的特点。国际上有关组织及部门所制定的 RFID,在某一领域应用所应参考或遵循的规范就是 RFID 在相应领域的应用标准。ISO/IEC 应用标准主要包括 RFID 在动物识别、交通管理、集装箱运输和项目管理领域的相关标准,如图 7-13 所示。

标准带有明显的时代特征,世界上从来就没有一成不变的标准。目前,RFID 技术及应用仍在不断发展和完善之中,有关标准的制定当然也不会停止,新标准必将不断出现。同时,一些已有的标准也必将不断地被修改和完善。

7.4.2　ISO/IEC 18000-6

ISO/IEC 18000 作为是目前相对较新的一系列标准,可用于商品的供应链,其中的部分标准也正在形成之中。其中,ISO/IEC 18000 系列包含了有源和无源 RFID 技术标准,主要规定了基于物品管理的 RFID 空中接口参数。ISO/IEC 18000 标准的内容如图 7-14 所示。

ISO/IEC 18000-6 基本上是整合了一些现有 RFID 厂商的产品规格和 EAN/UCC 所提出的标签架构要求而定出的规范。ISO/IEC 18000 只规定了空中接口协议,对数据内容和数据结构无限制,因而可用于 EPC。在目前已有的 RFID 技术标准中,ISO/IEC 18000-6 是最受关注的一个标准系列,本小节将对 ISO/IEC 18000-6 标准进行分析和讨论。

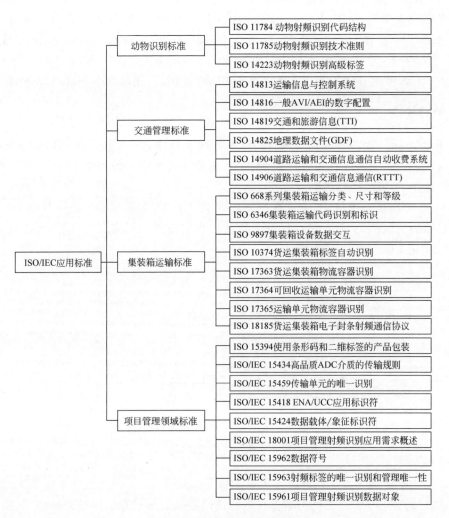

图 7-13　ISO/IEC 应用标准

图 7-14　ISO/IEC 18000 系列标准

ISO/IEC 18000-6 标准规定了频率为 860～960MHz 的射频识别系统的空中接口协议，该系列标准分为类型 A 和类型 B。2005 年 6 月，ISO/IEC 在新加坡会议上确定将 EPC Class 1 Gen2 标准做适当的修改，列为 ISO/IEC 18000 6 的类型 C，这样 UHF 频段 ISO/IEC 18000-6 系列标准包括了 ISO/IEC 18000-6A、ISO/IEC 18000-6B 和 ISO/IEC 18000-6C 3 种类型。下面将对 ISO/IEC 18000-6 标准的物理接口、协议和命令分别进行介绍。

1. 物理接口

标准 ISO/IEC 18000-6 规定，读写器需要同时支持 Type A 和 Type B 两种类型，而且能够在这两种类型之间进行切换；电子标签则需要支持至少一种类型。

（1）Type A 协议的物理接口。

Type A 协议是一种基于"读写器先发言"的通信机制，是读写器的命令与电子标签的回答交替发送的机制。Type A 协议将整个通信过程的数据信号定义为 4 种，即 0、1、帧开始 SOF 和帧结束 EOF，如图 7-15 所示。

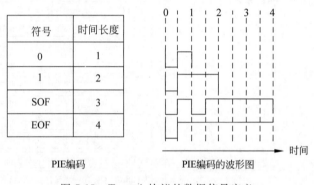

图 7-15　Type A 协议的数据信号定义

通信中数据信号的编码和调制方法定义如下。

① 读写器到电子标签之间的数据传输。读写器发送的数据采用载波振幅调制，调制深度为 30%（误差不超过 3%）。数据编码采用脉冲间隔编码（Pulse Interval Encoding，PIE），即通过定义下降沿之间的不同宽度来表示不同的数据信号。

② 电子标签到读写器之间的数据传输。电子标签通过反向散射给读写器传输信息，数据速率是 40kb/s。数据采用 FM0 编码（双相间隔编码 Bi-phase space），在一个位窗内采用电平变化来表示逻辑，如果电平从位窗的起始处翻转，则表示逻辑 1；如果电平除了在位窗的起始处翻转外，还在位窗的中间翻转，则表示逻辑 0。

（2）Type B 协议的物理接口。

Type B 是基于"读写器先发言"的传输机制，是读写器的命令与电子标签的回答相互交换的机制。

① 读写器到电子标签之间的数据传输。采用 ASK 调制，调制深度为 11% 或 99%，位速率规定为 10kb/s 或 40kb/s，采用曼彻斯特编码。具体来说，就是一种 on-off key 格式，射频场存在代表 1，射频场不存在代表 0。曼彻斯特编码是在一个位窗内采用电平变化来表示逻辑 1（下降沿）和逻辑 0（上升沿）的。

② 电子标签到读写器之间的数据传输。同 Type A 一样采用 FM0 编码,通过调制入射并反向散射给读写器传输信息。数据速率为 40kb/s。

2. 协议和命令

(1) Type A 的协议和命令。

Type A 的协议和命令包括命令格式、数据和参数、存储器寻址和通信中的时序规定。

① 命令格式。读写器发给电子标签的数据帧结构如图 7-16 所示,命令包含的各部分区域如图 7-17 所示。

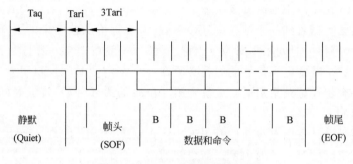

图 7-16　Type A 的数据帧结构

保留(RFU Flag)	命令码	命令标志	参数	数据区	CRC-16 或 CRC-5

图 7-17　Type A 中命令包含的区域

图 7-16 中各部分的说明如下。

- 开始的静默(Quiet)是一段持续时间至少 $300\mu s$ 的无调制载波。
- SOF 是帧开始标志。
- 在发送完 EOF 结束标志之后,读写器必须继续维持一段时间的稳定载波,提供电子标签回答的能量。

图 7-17 给出了 Type A 中命令包含的区域,说明如下。

- 命令中的 RFU 位作为协议的扩展。
- 命令码的长度是 6 位。
- 命令标志的长度是 4 位。
- 使用 CRC-16 编码或 CRC-5 编码取决于命令的位数,可在不同长度的命令中分别采取不同位数的 CRC 编码(循环冗余编码)。

电子标签的回答格式如图 7-18 所示,回答包括帧头区、标志位区、一个或更多的参数区、数据区和采用 16 位的 CRC 编码区。

帧头	标志(Flags)	参数(Parameters)	数据	CRC

图 7-18　Type A 中电子标签的回答格式

② 数据和参数。在 Type A 协议的通信中可能用到以下的数据内容和参数信号。

命令标志段是一个 4 位的数据标志,用来规定电子标签各数据段的有效性。其中,一位的标志用来定义命令是否在下面的防碰撞过程中使用,其他 3 位标志根据具体的情况有不同的定义。

数据段中定义了电子标签的识别码和数据结构,另外为了加快识别过程,还定义了一个较短的识别码。

③ 存储器寻址。Type A 的寻址最多可达 256 个 block,每个 block 最多可达 256 位的容量。所以,整个电子标签的容量最多可达 64Kb。

④ 通信中的一些时序规定。电子标签应该在无线电或电源不足的情况下保持它的状态至少 300μs,特别是当电子标签处于静默状态时,电子标签必须保持状态至少 2s,以便可以用复位(reset to ready)命令退出该状态。

电子标签从读写器收到一个帧结束(EOF)后,需要等待从帧结束的下降沿开始的一段时间后开始回发,等待的时间根据时隙延迟标志确定,一般在 150μs 以上。

读写器对于一个特定电子标签的回答必须在一个特定的时间窗口里发送,这个时间从电子标签最后一个传输位结束后的第 2 位和第 3 位时的边界开始,持续时间为电子标签发送数据比特时间的 2.75 倍。

电子标签在发送命令前至少 3 位时内不得停止发送未调制载波。读写器在电子标签最后一个传输位结束后的第 4 位时内发送命令帧的第一个下降沿。

(2) Type B 的协议和命令。

Type B 与 Type A 一样,协议和命令包括命令格式、数据和参数、存储器寻址和通信中的时序规定。

① 命令格式。Type B 中命令包含的区域如图 7-19 所示,电子标签的回答格式如图 7-20 所示。

| 帧头探测段 | 帧头 | 分隔符 | 命令 | 参数 | 数据 | CRC |

图 7-19 Type B 中命令包含的区域

| 静默 | 返回帧头 | 数据 | CRC |

图 7-20 Type B 中电子标签的回答格式

图 7-19 中各部分的说明如下。
- 帧头探测段是一个持续 400μs 的稳定无调制载波(相当于 16 位数据传输)。
- 帧头是 9 位曼彻斯特编码的逻辑 0。
- 分隔符用来区别帧头和有效数据,共定义了 5 种,经常采用的是第一种 5 位的分隔符(11 00 11 10 10)。
- 命令和参数段未做明确定义。
- CRC 编码采用 16 位的数字编码。

图 7-20 中各部分的说明如下。
- 静默是电子标签持续 2 字节的无反向散射(在 40kb/s 的速率下相当于 400μs 的持续时间)。

- 返回帧头是一个 16 位数据"00 00 01 01 01 01 01 01 01 01 00 01 10 11 00 01"。
- CRC 采用 16 位的数据编码。

② 数据和参数。在 Type B 协议的通信中可能用到以下的数据内容和参数信号。

电子标签有一个唯一独立的 UID 号,包含一个 8 位的标志段,即低 4 位分别代表 4 个标志,高 4 位是保留位(RFU),通常为 0。

③ 存储器寻址。电子标签通过一个 8 位的地址区来寻址,因此它共可以寻址 256 个存储器块,每个存储器块包含 1 字节数据,整个存储器最多可以保存 2Kb 的数据。

存储器的 0~17 块被保留用作存储系统信息。18 块以上的存储器用作电子标签中普通的应用数据存储区。

每个数据字节包含响应的锁定位,可以通过 Lock 命令将锁定位锁定,也可以通过 Query _lock(查询锁定)命令读取该锁定位的状态。电子标签的锁定位不允许被复位。

④ 通信中的一些时序规定。在电子标签向存储器写操作的等待阶段,读写器需要向电子标签提供至少 $15\mu s$ 的稳定无调制载波。在写操作结束后,读写器需要发送 10 个 01 信号。同时,在读写器的命令之间发生频率跳变,或者在读写器的命令和电子标签的回答之间发生跳变,在跳变结束后也需要读写器发送 10 个 01 信号。

电子标签将使用反向调制技术回发数据给读写器,需要在整个回发过程中读写器必须向电子标签提供稳定的能量,同时检测电子标签的回答。

在电子标签发送完回答后,至少需要等待 $400\mu s$ 才能再次接收读写器的命令。

7.4.3　ISO/IEC 15693

国际标准 ISO/IEC 15693 的全称是疏耦合非接触集成电路卡,主要定义了疏耦合卡 (Vicinity Integrated Circuit Card,VICC)的作用原理和工作参数。VICC 卡是指作用距离为 0~1m 的非接触 IC 卡,这种 IC 卡可广泛应用于门禁管理等领域。这种 IC 卡主要使用具有简单状态机的价格便宜的存储器组件作为数据载体。

1. 信号接口部分的性能

ISO/IEC 15693 标准规定的工作频率为 13.56MHz±7kHz;工作场强的最小值为 0.5A/m,最大场强为 5A/m。疏耦合设备(Vicinity Coupling Device,VCD)和 VICC 全部采用 ASK 调制原理,调制深度分别为 10% 和 100%,VICC 必须能够针对两种调制深度进行正确解码。

从 VCD 向 VICC 传输信号时,编码方式为两种:"256 选 1"和"4 选 1"。两者皆在固定时间段内进行脉冲位置编码(PPM)。这两种编码方式的选择与调制深度无关。当采用"256 选 1"编码方式时,10% 的 ASK 调制优先在长距离模式中使用。与载波信号的场强相比,调制波边带较低的场强允许充分利用许可的磁场强度对 IC 卡提供能量。与此相反,读写器的"4 选 1"编码模式可与 100% 的 ASK 调制进行组合,并在短距离模式中使用。

从 VICC 向 VCD 传送信号时,用负载调制副载波。电阻或电容调制阻抗在副载波频率的时钟控制下接通和断开,而副载波本身在曼彻斯特编码数据流的时钟控制下使用 ASK 或 FSK 进行调制。调制方法的选择通常是由读写器发送的传输协议中 Flag 字节的标记位来规定的。因此,VICC 支持两种调制方式:ASK(副载波频率为 424kHz)和 FSK(副载波频率为 424/484kHz)。数据传输速率的选择同样是由 Flag 字节的标记位来规定的,而且必须同时支持高速和低速两种速率。这两种速率依据采用的副载波频率的不同而略有不同,采用单副载波时低速为 6.62kb/s,高速为 26.48kb/s;采用双副载波时低速为 6.67kb/s,高速为 26.69kb/s。可见,ISO/IEC 15693 的应用较为灵活,通信距离比较远,而且它与 ISO/IEC 18000-3 兼容。

2. 防碰撞和传输协议

符合 ISO/IEC 15693 标准的防碰撞和传输协议主要包括数据元素、存储组织、射频标签状态和防碰撞等部分。

数据元素包括唯一标识符(Unique Identifier,UID)和应用标识符(Application Faintly Identifier,AFI)。UID 是 64 位的唯一标识符,在读写器与射频标签之间的信息交换过程中用来标识唯一的射频标签;应用标识符指明由读写器锁定的应用类型,在读写器工作时,仅选取符合应用类型的射频标签。

数据存储格式标识符(Data Storage Family Identifier,DSFID)指明了数据在 VICC 内存中的结构,它被相应的命令编程和锁定,其编码为 1 字节。假如 VICC 不支持 DSFID 的编程,则 VICC 以值 0 作为应答。

存储组织最多有 256 个块,最大块的尺寸为 256b,最大的存储容量为 64Kb。射频标签状态包括断电、就绪、退出和选择 4 种状态。

防碰撞序列的目的是使用唯一标识符(UID)来确定工作场中的唯一的射频标签。读写器通过设置槽数目标识来完成防碰撞功能。掩码的长度是指掩码值信号位的长度,当使用 16 槽时,为 0~60 的任何值;当使用 1 槽时,为 0~64 的任何值。

ISO/IEC 15693 标准共有 4 种指令类型:强制性的、可选的、自定义的和专用的。指令代码如表 7-6 所示。

表 7-6　指令代码

指　　令	指令代码(Hex)	类　　型
寻卡	01	强制的
静止	02	强制的
RFU	03~1F	强制的
读单一块	20	可选的
写单一块	21	可选的
锁定块	22	可选的
读多重块	23	可选的

指　　令	指令代码(Hex)	类　　型
写多重块	24	可选的
选择	25	可选的
重启准备	26	可选的
写 AFI	27	可选的
锁定 AFI	28	可选的
写 DSFID	29	可选的
锁定 DSFID	2A	可选的
获得系统信息	2B	可选的
获得多重块安全状态	2C	可选的
RFU	2D～9F	可选的
IC 生产厂家确定	A0～DF	自定义的
IC 生产厂家确定	E0～FF	专用的

如果在同一时间段内有多个的 VICC 或 PICC 同时响应,则说明系统发生碰撞。RFID 的核心内容之一就是防碰撞技术,这也是它与接触式 IC 卡的主要区别。ISO/IEC 14443-3 规定了 Type A 和 Type B 两种防碰撞机制。两者防碰撞机制的原理不同:Type A 采用位 检测防碰撞协议,碰撞算法采用基于序列号的二进制树形搜索算法;Type B 则是通过一组 命令来管理防碰撞过程,防碰撞方案以时隙为基础,防碰撞算法采用动态时隙 ALOHA 算 法。ISO/IEC 15693 采用轮询机制和分时查询的方式达成防碰撞的目标,防碰撞算法采用 时隙 ALOHA 算法。

防碰撞机制能够保证同时处于读写区域的多张射频卡正常工作。使用算法编程,读写 器可以自动选取其中一张卡进行读写操作,这样既方便了操作,又提高了工作效率。

如果与硬件配合,则可采用一些算法快速实现多卡识别。例如,德州仪器公司生产的 R6C 接口芯片中有一个解码出错指示引脚,利用它可以快速识别多卡。当碰撞发生时,引 脚电平发生变化,此时记录下用来查询的低 UID 位,然后在此低 UID 位基础上增加查询位 数,直到没有碰撞发生,这样就可以正确地识别出所有卡片。

7.4.4　ISO/IEC 14443

国际标准 ISO/IEC 14443 的全称是近耦合集成电路卡,主要定义了近耦合卡 (Proximity Integrated Circuit Card,PICC)的作用原理和工作参数。PICC 是指作用距离为 0～15cm 的非接触 IC 卡,主要应用于售票领域。PICC 作为数据载体,通常包含一个微处理 器,另外还可能有附加的触点供使用。

近耦合和疏耦合 IC 卡标准的制定工作(国际标准 ISO 14443 和 ISO/IEC 15693)是 1995 年开始的。在过渡时间里,这两项标准的物理接口技术规格(包括工作频率、外部场 强、调制方法等)可以看作是相互独立的,符合 ISO/IEC 15693 和 ISO/IEC 14443 两项标准 的单个系统于 1999 年开始进入市场。

ISO/IEC 14443 标准由物理特性、射频界面、初始化和防碰撞、传输协议四部分组成。

1. ISO/IEC 14443-1 物理特性

ISO/IEC 14443 的这一部分规定了近耦合卡的物理特性。PICC 是一种 ID-1 型卡,通常在其卡面上有集成电路和耦合工具。PICC 与集成电路之间的通信是通过与近耦合设备(Proximity Coupling Device,PCD)进行电感耦合完成的。

近耦合卡应具有 ISO/IEC 7810 中规定的 ID-1 型卡的规格和物理特性,其尺寸与国际标准 ISO/IEC 7810 中的规定相符,即 85.72mm×57.03mm×0.76mm±容差。此外,ISO 14443-1 还包括对弯曲和扭曲试验的附加说明,以及使用紫外线、X 射线和电磁射线进行辐射试验的附加说明。

2. ISO/IEC 14443-2 频谱能量和信号接口

ISO/IEC 14443 的这一部分规定了耦合场的性质与特征,以及 PCD 和 PICC 之间的双向通信,该耦合场需要外界提供能量。PCD 是指通过电感耦合为 PICC 提供能量,并控制数据交换进程的读写设备。

ISO/IEC 14443 的这部分并未规定产生耦合场的方法,也未规定如何使耦合场符合各国的电磁场辐射和人体辐射安全条例的方法。

PCD 和 PICC 之间的初始化对话通过如下连续操作进行:PCD 的射频工作场激活 PICC;PICC 等待来自 PCD 的指令;PCD 传输相关指令;PICC 回送响应。

PCD 产生一个射频工作场,该射频工作场能够通过耦合向 PICC 传送能量。射频工作场频率是 13.56MHz±7kHz。最小未调制工作场强的值是 1.5A/m,以 H_{min} 表示;最大未调制工作场强的值是 7.5A/m,以 H_{max} 表示;近耦合卡应持续工作在 $H_{min} \sim H_{max}$。从制造商的角度(工作容限)来看,PCD 需要产生一个大于 H_{min},但不超过 H_{max} 的工作场强。同时,PCD 应当能够将能量提供给任意的 PICC。

由读写器产生的磁场不允许超过或低于极限值,即 1.5A/m $\leqslant H \leqslant$ 7.5A/m。ISO/IEC 14443 标准在发展过程中没能定义出一个共同的通信界面。由于这个原因,国际标准 ISO 14443 定义了存在于 PCD 和 PICC 之间的两种完全不同的数据传输方式(Type A 和 Type B),PICC 只需支持一种传输方式即可。

(1) Type A 通信界面。PCD 向 PICC 通信时,载波频率为 13.56MHz,数据传输速率为 106kb/s(13.56MHz/128),采用修正密勒码的 100% ASK 调制。为了保证对 PICC 不间断地进行能量供应,载波间隙(Pause)的时间为 2~3μs,其实际波形如图 7-21 所示。

PICC 向 PCD 通信以副载波的负载调制方式实现,用数据曼彻斯编码的副载波调制信号进行负载调制。副载波频率为 $f_H = 847kHz(13.56MHz/16)$。

Type A 接口信号波形示例如图 7-22 所示。

(2) Type B 通信界面。对 PICC 来说,规定采用 10% 的 ASK 调制作为从 PCD 到 PICC 传输数据的调制方法。标准详细规定了高频信号在起振和停振时进入 0/1 的过渡状态,进而得出对发送天线的质量要求。

从 PICC 向 PCD 传输数据时,PICC 也使用了有副载波的负载调制。副载波频率为 $f_H = 847kHz$ (13.56MHz/16);副载波的调制是通过对 NRZ 编码数据流的副载波进行二进制相移键控(Binary Phase Shift Keying,BPSK)完成的。

在两个传输方向上,波特率 $f_{Bd} = 106kb/s(13.56MHz/128)$。

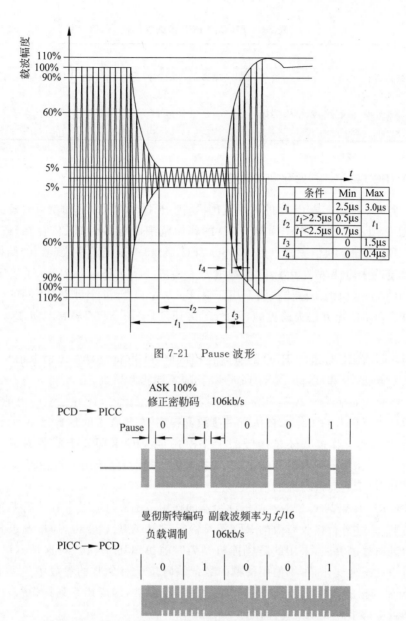

图 7-21　Pause 波形

ASK 100%
修正密勒码　106kb/s

PCD → PICC

Pause　0　1　0　0　1

曼彻斯特编码 副载波频率为 $f_c/16$
负载调制　106kb/s

PICC → PCD

0　1　0　0　1

图 7-22　Type A 接口信号波形示例

综上所述,根据国际标准 ISO/IEC 14443-2 可得到射频识别系统的 PCD 与 PICC 之间的物理接口的参数,如表 7-7 和表 7-8 所示。

表 7-7　PCD 到 PICC 的数据传输

参数	A 类	B 类
调制	ASK 100％	ASK 10％(键控度为 8％~12％)
位编码	改进的密勒码	NRZ 编码
同步	位级同步(帧起始、帧结束标记)	每字节有一个起始位和一个结束位
波特率	106kb/s	106kb/s

表 7-8　PICC 到 PCD 的数据传输

参数	A 类	B 类
调制	用振幅键控调制 847kHz 的负载调制的副载波	用相位键控调制 847kHz 的负载调制的副载波
位编码	曼彻斯特编码	NRZ 编码
同步	1 位帧同步(帧起始、帧结束标记)	每字节有一个起始位的一个结束位
波特率	106kb/s	106kb/s

3. ISO/IEC 14443-3 初始化和防碰撞

如果一个 PICC 处于某 PCD 的作用范围内,则 PCD 和 PICC 之间就可以建立起通信关系。此外,还必须考虑其他情况,如在 PCD 的作用范围内有多个 PICC 存在,或者 PCD 已与另外的 PICC 建立起通信关系。因此,ISO/IEC 14443-3 规定了协议(帧)的结构。该协议由数据位、帧起始标记和帧结束标记等基本要素构成。ISO/IEC 14443-3 还规定了为选择某个单独 PICC 而采取的防碰撞机制。由于对 Type A 和 Type B 来说,不同的调制方法是以不同的协议和防碰撞方法为前提的,因此 ISO/IEC 14443-3 将 Type A 和 Type B 分别进行了规定。

为检测是否有 PICC 进入 PCD 的有效作用区域,PCD 将重复发出请求信号,并判断是否有响应。Type A 卡和 Type B 卡的命令和响应不能相互干扰。

(1) A 类卡。如果某个 A 类卡位于读写器的作用范围内,且有足够的电能可供使用,则卡中的微处理器就开始工作。在执行一些预置程序(在复合卡的预置程序中,还必须测试 IC 卡是处于非接触工作模式还是接触的工作模式)后,IC 卡即处于所谓的闲置状态。此时,读写器可以同作用范围内的其他 IC 卡交换数据。然而,处于闲置状态的 IC 卡不能干扰读写器与其他 IC 卡之间进行的通信。

(2) B 类卡。如果某个 B 类卡位于读写器的作用范围内,则 IC 卡在执行些预置程序后即处于闲置状态,并等待接收有效的 REQB 命令。对 B 类 IC 卡来说,通过发送 REQB 命令可以直接启动防碰撞算法,采用的防碰撞机制为时隙 ALOHA 法。对这种方法来说,读写器的槽数可以动态地变化,可供使用的槽的数量编码位于命令 B 的参数中。为了能够在选 IC 卡时先行研究槽的数量,REQB 命令具有另外一个参数,即应用系列标识符,用这个参数作为检索指针能够事先规定某些应用。

4. ISO/IEC 14443-4 传输协议

ISO/IEC 14443-4 规定了非接触的、半双工的块传输协议,并定义了激活和停止协议的步骤。这部分传输协议同时适用于 A 类卡和 B 类卡。

7.5　三大编码体系的区别

RFID 编码体系存在 3 个标准体系,分别为 ISO/IEC 标准体系、EPCglobal 标准体系和 UID 标准体系。

RFID 领域的 ISO/IEC 标准可以分为四大类：技术标准（如射频识别技术、IC 卡标准等）、数据内容与编码标准（如编码格式、语法标准等）、性能与一致性标准（如测试规范等标准）和应用标准（如船运标签、产品包装标准等）。

EPCglobal 提出的物联网体系架构由 EPC 编码、EPC 标签及读写器、Savant 管理软件、ONS 服务器和 EPCIS 服务器等部分构成。EPC 是赋予物品的唯一的电子编码，其位长通常为 64 位或 96 位，也可扩展为 256 位。对不同的应用，规定有不同的编码格式，主要存放企业代码、商品代码、序列号等。最新的 Gen2 EPC 编码可兼容多种编码。Savant 管理软件对读取到的 EPC 编码进行过滤和容错等处理后，输入企业的业务系统中。它通过定义与读写器的通用接口实现与不同制造商的读写器的兼容。ONS 服务器根据 EPC 编码及用户需求进行解析，以确定与 EPC 编码相关的信息存放在哪个 EPCIS 服务器上。EPCIS 服务器存储并提供与 EPC 相关的各种信息。这些信息通常以 PML 的格式存储，也可以存放于关系数据库中。

UID 中心的泛在识别技术体系架构由泛在识别码（ucode）、信息系统服务器、泛在通信器和 ucode 解析服务器四部分构成。ucode 是赋予现实世界中任何物理对象的唯一的识别码，具有 128 位的充裕容量，并能够以 128 位为单元进一步扩展至 256 位、384 位或 512 位。ucode 的最大优势是能包容现有编码体系的元编码设计，可以兼容多种编码。ucode 标签具有多种形式，包括条形码、射频标签、智能卡、有源芯片等。泛在识别中心把标签进行分类，设立了 9 个级别的不同认证标准。信息系统服务器存储并提供与 ucode 相关的各种信息。ucode 解析服务器确定与 ucode 相关的信息存放在哪个信息系统服务器上。ucode 解析服务器的通信协议为 ucode RP 和 eTP，其中 eTP 是基于 eTRON(PKI) 的密码认证通信协议。泛在通信器主要由 IC 标签、标签读写器、无线广域通信设备等部分构成，用来把读到的 ucode 送至 ucode 解析服务器，并从信息系统服务器获得有关信息。EPCglobal 和 UID 中心编码体系的比较如表 7-9 所示。

表 7-9 EPCglobal 和 UID 中心编码体系的比较

类　　别		EPCglobal	UID 中心
编码体系		EPC 编码，通常为 64 位或 96 位，也可扩展为 256 位，对不同的应用，规定有不同的编码格式，主要存放企业代码、商品代码和序列号等。最新的 Gen2 标准 EPC 编码可兼容多种编码	ucode 编码，码长为 128 位。并可以用 128 位为单元进一步扩展至 256 位、384 位或 512 位，ucode 的最大优势是能包容现有编码体系的元编码设计，可以兼容多种编码
技术支撑体系	对象名解析服务	ONS	ucode 解析服务器
	中间件	Savant 管理软件	泛在通信器
	网络信息共享	PML 服务器	信息系统服务器
	安全认证	基于互联网的安全认证	提出了可用于多种网络的安全认证体系 eTRON

日本 UID 标准和欧美的 EPC 标准，主要涉及产品电子编码、射频识别系统及信息网络系统 3 个部分，其思路在多数层面上都是一致的。但在使用的无线频段、信息位数、应用领域等方面有许多不同点。例如，日本的射频标签采用的频段为 2.45GHz 和 13.56MHz，欧

美的 EPC 标准采用 UHF 频段,为 902~928MHz。日本的射频标签的信息位数为 128 位,EPC 标准的位数为 96 位。在 RFID 技术的普及战略方面,EPCglobal 将应用领域限定在物流领域,着重于成功的大规模应用;而 UID 中心则致力于 RFID 技术在人们生产和生活的各个领域中的应用,通过丰富的应用案例推进 RFID 技术的普及。

习题 7

7-1 填空题

(1) RFID 相关标准的社会影响因素包括_____、_____、_____、_____等方面。

(2) 推动 RFID 标准化进程的主要实体包括_____、_____、_____和_____。

(3) RFID 标准争夺的核心主要集中在 RFID 标签的_____这一领域。

(4) 目前,国际上已经形成了五大 RFID 标准组织,分别代表了不同团体或国家的利益,它们分别为_____、_____、_____、_____和_____。

(5) RFID 标准体系主要包括_____、_____、_____和_____。

(6) 泛在识别中心的技术体系架构由_____、_____、_____和_____ 4 部分组成。

(7) 泛在通信器主要由_____、_____和_____等部分构成。

(8) EPCglobal 体系框架包含的 3 种主要的活动分别为_____、_____和_____。

(9) EPC 代码是由一个版本号加上_____、_____、_____组成的一组数字。

(10) 目前,EPC 代码有_____位、_____位和_____位 3 种。

(11) EPC 系统由_____、_____和_____ 3 部分组成。

(12) EPC 系统的信息网络系统是在全球互联网的基础上,通过_____、_____和_____来实现全球"实物互联"。

(13) ISO/IEC RFID 技术标准主要包括_____、_____、_____和_____。

(14) ISO/IEC 18000-6 标准规定了频率为_____ MHz 的射频识别系统的空中接口协议。

7-2 RFID 标准体系包括哪几类标准? 各类请举出一个示例。

7-3 泛在识别中心的技术体系架构由哪些部分构成? 简述各部分的主要功能。

7-4 简述 ucode 标准的特点。

7-5 简述 ucode 标签分级情况。

7-6 给出 EPC 系统的组成架构,简述各部分的主要作用。

7-7 EPC 编码有几种形式? EPC 编码的作用是什么?

7-8 简述 EPC 标签分类。

7-9 ISO/IEC 18000 系列包括哪些标准并简要说明。

7-10 简述 ISO/IEC15693 的编码方式和防碰撞算法。

7-11 ISO/IEC 14443 标准由哪四部分组成? 并对各部分进行简要说明。

7-12 比较主流的三大编码体系的区别。

第 8 章
CHAPTER 8
RFID 中间件及系统集成技术

学习导航

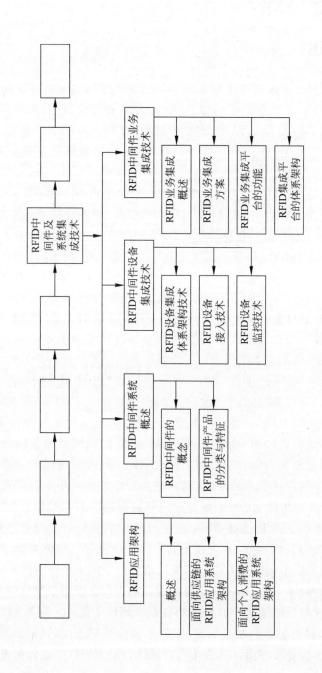

学习目标

- 了解 RFID 应用架构
- 了解 RFID 中间件系统概述
- 掌握 RFID 中间件设备集成技术
- 掌握 RFID 中间件业务集成技术

8.1 RFID 应用架构

8.1.1 概述

近年来,随着 RFID 技术的迅速发展,它在各个行业领域中的应用已初具规模。为了实现 RFID 应用系统与现有信息系统的整合,优化内部业务流程,提高企业的核心竞争力,RFID 信息系统的应用框架应当是一个灵活的架构,结合企业自身的需求,对其中的各部分进行定制与调整。采用 RFID 自动识别技术可以构成多种多样的企业应用系统,下面对几种典型的 RFID 应用架构进行讨论。

首先,从最简单的 RFID 应用系统的架构——信息采集与处理系统开始介绍。如图 8-1 所示,信息采集与处理系统由 RFID 标签、RFID 读写器、后端应用系统 3 部分组成。其中,通常把 RFID 标签和 RFID 读写器称为前端,把 RFID 信息处理软件系统称为后端。前端系统负责信息采集并将 RFID 编码信息提交后端系统。常见的采用该应用系统架构是门禁管理系统,通过对 RFID 标签的扫描和识别来实现对人员出入的管理。该应用系统架构的特点是结构简单、成本较低、安装方便。后端系统的需求较为简单,主要对所识别的信息进行记录;由于整个系统通常是针对特定型号的少量读写器和特定应用场景设计开发,因此执行效率较高。

图 8-1 RFID 信息采集与处理系统

其次,进一步考虑复杂些的 RFID 应用场景:企业已经部署和实施内部的管理信息系统。例如,企业资源规划 ERP 系统等,期望通过 RFID 技术实现对企业的生产物料以及产品的跟踪和管理。在这种场景和需求下,简单的 RFID 信息采集与处理系统的架构面临一些挑战:一方面,企业选用的 RFID 系统前端的标签和读写器的型号可能不同,而所产生的 RFID 编码数据量较大,为少量读写器定制开发处理的软件的可扩展性有限;另一方面,为节约重新开发和重新培训的成本,企业开发的 RFID 后端信息系统需要与已经部署的管理信息系统有效集成。为此,有必要在 RFID 应用系统中引入 RFID 中间件,即在前端和后端系统之间增加一个中间层,构成适用于企业级应用的 RFID 应用系统架构,如图 8-2 所示。

企业级 RFID 应用系统架构中的核心组件是 RFID 中间件。在与前端系统交互方面,RFID 中间件对所有读写器进行统一管理,屏蔽不同读写器之间的协议差异,过滤 RFID 标签数据;在与后端系统交互方面,RFID 中间件从大量的 RFID 标签数据提取出对后端应用系统有意义的 RFID 事件,通过多种集成方法与企业资源规划系统(ERP)、供应链管理系统(SCM)等实现系统集成。

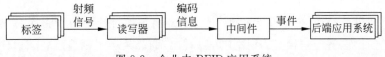

图 8-2　企业内 RFID 应用系统

最后,考虑更为复杂的 RFID 应用场景:在全球化物流采购的背景下,企业期望通过 RFID 技术获得的生产物料以及产品的具体信息存储在公共的 RFID 信息服务或合作企业的信息系统中。在这种需求下,需要对企业内 RFID 应用系统架构进行扩展,以支持对 RFID 标签的跨企业、跨行业的信息查询与交互,构成企业间 RFID 应用系统,如图 8-3 所示。

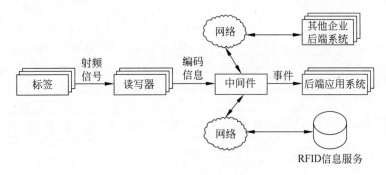

图 8-3　企业间 RFID 应用系统

企业间 RFID 应用系统架构需要开放的公共 RFID 服务体系的支持。例如,美国的 EPCglobal 和麻省理工学院的 Auto-ID 实验室所提出的"物联网"概念,建立了 RFID 信息服务(EPC Information Service,EPCIS)及对象名称服务等概念,可以实现全球物品信息实时共享,提供对全球供应链上贸易单元即时准确自动地识别和跟踪,提高供应链上贸易单元信息的透明度与可视性。

上述 3 种企业 RFID 应用系统框架的对比分析如表 8-1 所示。

表 8-1　企业 RFID 应用系统架构对比

序号	类型	结 构 组 成	架 构 特 点	应用场景举例
1	RFID 信息采集与处理	前端标签、读写器与后端应用程序	结构简单,安装方便,程序针对特定场景,效率较高	本地部署的 RFID 应用系统,如门禁系统
2	企业内 RFID 应用系统	前端标签、读写器,RFID 中间件,后端应用程序	支持与多种的 RFID 前端和多种的企业应用系统的集成	企业内闭环 RFID 应用系统,如基于 RFID 的仓储管理
3	企业间 RFID 应用系统	前端标签、读写器,RFID 中间件,后端应用程序,RFID 公共服务体系	支持与不同企业应用系统和 RFID 公共服务的集成	企业间开环 RFID 应用系统,如基于 RFID 公共服务的物资跟踪管理

8.1.2 面向供应链的 RFID 应用系统架构

在现代物流供应链中,产品从生产商到消费者的配送过程中包含多个环节。图 8-4 所示为一个基本的供应链配送模型,从图中可以看出,商品经历了制造、储存、运输、中转、销售等环节。处于物流供应链中各环节的厂家都需要得到物品的实时状态和位置来制订相应的调度策略,用以提高物资运转效率和物流信息透明化程度。目前的供应链信息管理系统主要采用条码采集产品信息,但这种方式存在信息有限、效率低下、出错率高、缺乏实时监控等问题。

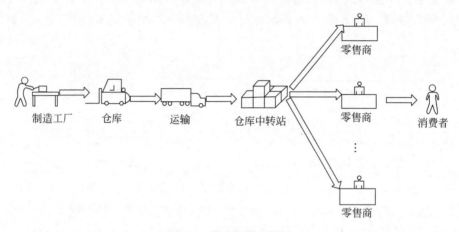

图 8-4 供应链流通模型

通过在供应链环节部署 RFID 系统可以提高供应链的管理效率,其应用系统架构如图 8-5 所示。其中,生产商将 RFID 标签附着在产品上,并将产品信息写入 RFID 信息服务器中;产品在物流链路上向下游流动,物流链路上的物流商(运输、仓库、中转站)、零售商等都可以有自己的 RFID 信息服务器,RFID 标签所附着的产品的物流处理信息被生产商、物流商、零售商提交到相应的 RFID 信息服务;借助于 RFID 公共服务(如 EPCglobal 提出的 ONS 服务等),消费者可以获取这些信息服务的地址,进而查询不同环节的供应链参与方维护的 RFID 信息,从而实现了供应链上的产品信息共享。

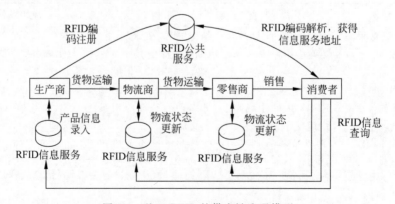

图 8-5 基于 RFID 的供应链流通模型

8.1.3　面向个人消费的 RFID 应用系统架构

目前,个人消费的热点是电子交易,涉及消费者、商家、银行等个体。基本电子交易流程如图 8-6 所示,购物者提供信用卡卡号给商家,商家通过支付网关与银行进行审查和确认,购物者、商家、支付网关的身份由认证中心提供认证,商家得到银行确认支付的回复后给予购物者确认,完成一次电子交易。在这个流程中,为了达到一定的安全性,电子交易的协议比较复杂,对消费者、商家、银行三方的要求都比较高,处理的速度慢,支持这种电子交易的系统费用比较高。

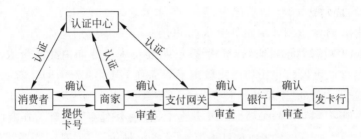

图 8-6　基本电子交易流程

RFID 技术应用在个人消费方面,可以在电子交易上为各方提供更智能和安全的服务。以个人手机与 RFID 的集成技术为例进行说明,RFID 在电子交易场景中的应用包括两种方式,第一种是将 RFID 读写器与个人手机集成;第二种是将 RFID 标签与个人手机集成。

第一种方式的 RFID 应用系统架构如图 8-7 所示,用户持有具有读写器功能的手机购物,通过手机可以读物货物上的 RFID 标签信息,并通过无线网络在信息服务器进行查询,从而获得具体的产品信息。

图 8-7　用手机进行货物查询

第二种方式的 RFID 应用系统架构如图 8-8 所示,RFID 标签被置入用户手机中,可以唯一标识用户的身份。用户购物完成后,销售终端的 RFID 读写器可以读取 RFID 手机中存储的银行卡账号等信息完成自动交易。这种应用方式也被称为手机钱包的应用,可以降低电子交易过程中传输信用卡号的风险,减少认证过程成本。

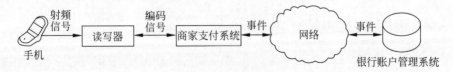

图 8-8　用手机进行电子支付

8.2 RFID 中间件系统概述

8.2.1 RFID 中间件的概念

RFID 中间件系统是负责将原始的 RFID 数据转换为一种面向业务领域的结构化数据形式发送到企业应用系统中供其使用,同时负责多类型读写器设备的即插即用、多设备间协同的软件,是连接读写器和应用系统的纽带,主要任务是在将数据送往企业应用系统之前进行标签数据校对、读写器协调、数据传送、数据存储和业务处理等。

从体系结构上来看,RFID 中间件分为边缘层与业务集成层两个部分。边缘层是一种位置相对靠近 RFID 读写设备的逻辑层次概念,主要负责过滤和消减海量 RFID 数据、处理 RFID 复杂事件,这样可以防止大量无用数据涌入系统,同时负责 RFID 读写设备的接入与管理,业务集成层是指与应用系统衔接部分;标签数据通过边缘层过滤和消减以一定的格式发送到业务集成层。在分布式系统部署方案中,边缘中间件可以部署在商店、本地配送中心、区域,甚至全国数据中心靠近 RFID 读写器设备的地方,以实现对海量标签数据的预处理,减少用户数据,生成业务数据,防止因大量无用数据进入系统而造成的整个系统性能降低,同时负责各种 RFID 读写设备的管理与维护。业务集成层是边缘层的父结点或上级,它收集从边缘中间件传递过来的 RFID 数据和事件,根据事件驱动业务流程,并对 RFID 数据进行进一步处理,也可包含部分业务流程的处理,提供多种方式与上层应用系统集成等。

边缘中间件与业务应用集成中间件形成的网络结构如图 8-9 所示。

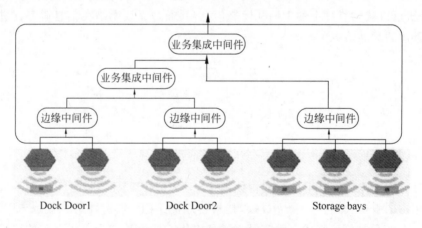

图 8-9 RFID 中间件网络结构

8.2.2 RFID 中间件产品的分类与特征

目前,市场上出现的 RFID 中间件产品分为非独立的中间件和独立的通用中间件两大类。

非独立的中间件产品将 RFID 技术纳入其现有中间件产品的软件体系中,RFID 作为可选子项,如 IBM 将 RFID 纳入 WebSphere 架构,SAP 在 NetWeaver 中增加 RFID 功能。这种在现有产品基础上开发 RFID 模块的方式,优点是开发工作量小、技术成熟度高,而且产品集成性好;缺点是使得 RFID 中间件产品变得庞大,推出"套餐"价格高,不便于中小企业低成本轻量级应用。

独立的通用中间件产品具有独立性,不依赖其他软件系统,各模块都由组件构成,根据不同的需要进行软件重构,灵活性高,能够满足各种行业应用的要求。优点是使得 RFID 中间件产品是轻量级的,价格较低,便于中小企业低成本快速集成;缺点是开发工作量大,技术仍处于走向成熟的过程中。

一般来说,RFID 中间件具有下列特点。

1. 独立于架构

RFID 中间件独立并介于 RFID 读写器与后端应用程序之间,并且能够与多个 RFID 读写器及多个后端应用程序连接,以减轻架构与维护的复杂性。

2. 数据流

RFID 中间件主要目的在于将实体对象转换为信息环境下的虚拟对象,因此数据处理是 RFID 中间件最重要的特征,RFID 中间件具有数据的收集、过滤、整合与传递等特性,以便将正确的对象信息传到企业后端的应用系统。在 RFID 读写器获取大量的突发数据流或连续的标签数据时,需要去除重复数据,过滤垃圾数据,或者按照预定义的数据采集规则对数据进行校验并提供可能的警告信息。

3. 过程流

RFID 中间件采用程序逻辑及存储再转送(Store-and-forward)的功能提供顺序的消息流,具有数据流设计与管理的能力。

4. 支持多编码标准

目前,国际上有关机构和组织提出多种编码方式,但尚未形成统一的 RFID 编码标准体系。RFID 中间件应具有支持各种编码标准并进行数据整合与集成的能力。

5. 状态监控

RFID 中间件还具有监控连接到系统中的 RFID 读写器状态等功能,并自动向应用系统汇报。该项功能非常重要,如分布在不同地点的多个 RFID 的应用系统,通过视觉或人工监控读写器状态都是不现实的。设想在一个大型的仓库中,多个不同地点的 RFID 读写器自动采集系统信息,如果某台读写器状态错误或连接中断,那么在这种情况下,及时准确地汇报将能快速定位出错位置。在理想情况下,监控软件还应该能够监控读写器以外的其他设备,如系统中同时应用的条码读写器或智能标签打印机等。

6. 安全功能

通过安全模块可完成网络防火墙功能,保证数据的安全性和完整性。

8.3　RFID 中间件设备集成技术

8.3.1　RFID 设备集成体系架构技术

将 RFID 设备接入中间件中的架构如图 8-10 所示。

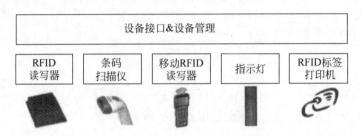

图 8-10　RFID 设备与中间件集成架构

在该架构中,各种规格的读写设备通过设备接口接入中间件中,在设备接口中通过适配器实现设备接入和控制,适配器是 RFID 中间件对设备的一个控制点,不同的读写设备拥有不同的适配器。当读写设备功能能够满足设备接口定义的接口时,设备接口仅实现读写设备与中间件数据的传输;当读写设备提供的功能不能够满足接口时,适配器将对读写设备进行封装,以满足上层的需求。

8.3.2　RFID 设备接入技术

RFID 边缘中间件系统会对多个用来完成不同目标的读写器进行参数设置,所以每个读写器作为单一的个体而言,必须拥有唯一的名称、序列号、IP 地址等。通过唯一的读写器名称,可以找到相应的物理读写器,对它的读写器 ID、读写器类型、位置号、读写器 IP 地址、读写器 IP 端口号、串口号、波特率等各项参数进行设定。

应用过程中可能会出现如下几个方面的问题。

(1) 读写器设备数量的更改。例如,原来安装在入货区的 3 个读写器不够用,而 4 个读写器才能覆盖这个入货区。

(2) 读写器设备的更换。如果使用硬编码的方式,将增加系统与设备的关联性,在硬件设备改变时,相应的代码就必须做出更改。对于上层而言,执行这一功能的是哪个具体的读写器并不重要,它关心的是接收到的事件是在指定位置扫描到的所有标签数据。

为了避免这些问题,可以通过使用逻辑读写器以降低系统与设备的关联性。逻辑读写器是客户端用来使用一个或多个读写器完成单一逻辑目的的抽象名称。

配置逻辑读写器信息,在于在逻辑上对读写器进行归类。例如,对执行的功能分类,将在同一个位置完成同一任务的多个读写器视为一个逻辑读写器。又如,将名称为 Ship-In001 的逻辑读写器与 Location 为 Dock Door42 处摆放的所有物理读写器设备之间建立联系。Ship-In001 在任何事件周期的详细描述中,都能够被识别为与名称相关联的物理读写

器设备 Alien001、Alien002 和 Intermec002。物理读写器与逻辑读写器之间的映射如表 8-2
所示。

表 8-2　物理读写器与逻辑读写器的映射表

Logic Reader Name	LocationID	Physical Reader Devices	
		Reader Name	Protocol
Ship-In001	Dock Door42	Alien001	UHF
		Alien002	UHF
		Intermec002	UHF
Ship-Out006	Dock Door43	Ruifu005	UHF
		Samsvs001	UHF
		Intermec003	UHF

从表 8-2 中可以看出,一个逻辑上的读写器是一个名称,用它来代表一个或多个原始的
标签数据事件源。来自一个逻辑读写器的一个事件周期,集合了所有指定的、关联到此逻辑
读写器的物理读写器读到的数据。

逻辑读写器与物理设备的映射表现在以下两方面。

(1) 一个逻辑读写器可能直接指向单个物理设备。例如,一个单天线的 RFID 读写器,
一个条形码扫描器,或者一个多天线的 RFID 读写器。

(2) 一个逻辑读写器可能映射到多于一个的物理设备上。

RFID 读写设备类型千差万别,读写设备开发商提供的开发包多种多样。为此,提供设
备连接构件,实现将各种各样的读写设备快速良好地接入中间件系统就显得尤为重要。针
对读写设备开发商提供的不同开发包,选择不同的连接形式,从而能够针对多种多样的硬件
设备与厂商提供的丰富开发形式,提供不同的连接技术。一方面,根据不同 RFID 读写设备
的硬件特征,设备连接构件将与读写设备的连接方式分为网口连接、串口连接和 USB 连接;
另一方面,针对不同读写器厂商提供的不同开发包,设备连接构件将与读写设备的接入方式
分为 jar 包开发、dll 开发和串口命令开发。通过屏蔽 RFID 设备的多样性和复杂性,能够为
后台业务系统提供强大的支撑,从而驱动更广泛、更丰富的 RFID 应用。

通过 RFID 设备接入技术,主要实现以下功能。

(1) 对 RFID 读写设备的发现和重新配置。

(2) 当有新的读写设备要加入网络中时,必须能够发现它们,如中间件等系统,它们能
够获得自己的任务将新的读写设备加入现有系统中,而不需要针对每个设备进行手工干预。

此外,当系统中读写设备出现问题时,底层系统还应动态地对读写设备进行重新配置,
从而完成对读写设备简单故障的恢复。

8.3.3　RFID 设备监控技术

系统应该能够对所接入的读写设备进行管理与监控,对每个具体的读写设备进行动态
的监控,将读写设备的工作状态等信息发送给上层系统。同时,设备能够向系统报告设备的
错误情况或设备状态的改变,系统能够为操作员提供类似仪表盘的工具来查看所有设备的

状态。当需要对问题进行分析时,系统能够提供查看设备以往状态的详细信息。下面简单介绍常见的 RFID 设备监控方法、监控状态及协调技术。

1. 监控方法

从读写设备中收集数据可以采用两种方法:一种是只轮询(Polling-only)的方法;另一种是基于中断(Interrupt-based)的方法。如果使用只轮询的方法,那么读写设备总是在控制之下,将会消耗很多的系统资源,而且这种方法的缺陷在于信息的实时性。基于中断的方法可以在有异常事件发生时,立即通知管理工作站,但这种方法会产生错误或自陷,耗费系统资源,导致系统总体性能下降。

2. 监控状态

设备监控构件通过对底层读写器的监控可以获得读写器的各种状态。读写器正常工作状态,表明所有读写器工作正常;繁忙工作状态,表明此刻该读写器的工作超出负荷,事务处理层根据收到的所有读写器状态进行处理,若在该繁忙读写器附近有正常工作的读写器,则事务处理器会通知上层利用正常的读写器分担任务,若在该繁忙读写器附近没有其他读写器,则通知上层减轻该读写器的工作量;出错工作状态,表明该读写器的读取异常,事件处理层会通知用户对该读写器进行检测。

3. 设备协调技术

在实际的 RFID 应用系统中,单个读写设备通常无法满足业务需要,需要将多个读写设备协调工作。针对以下两种读写设备,设备协调构件所采取的方法也不同。

第一种情况是读写设备支持互联。某些高端读写设备支持多个读写器互联,而且每个读写设备内部都有一个小型的 CPU,能够自动处理所获取的数据。采用这种读写设备时,设备协调构件能够方便地协调多个读写设备以保证读写器的读取率和读取的准确度。

第二种情况是读写器不支持互联。大部分读写器设备不支持多个读写器互联,每个读写设备只能完成各自独立的功能。采用这种读写设备时,设备协调构件将多个读写器通过网口或串口进行互联,将每个读写器读取到的数据进行合并,过滤重复的数据,保证读取率和读取准确度。

8.4 RFID 中间件业务集成技术

8.4.1 RFID 业务集成概述

实现 RFID 业务集成是基于各企业系统对 RFID 标签的数据处理过程,从而将其各自的业务流程关联在一起,形成的基于 RFID 技术的业务流程自动化,如通过 RFID 信息处理链将供应链管理、企业资源计划、客户关系管理等企业信息系统连接起来,使得各企业系统不仅能够实时、快速地获取物理信息,也能够在各企业系统业务流程之间高效的协同,从而使企业的信息系统有效地集成在一起,达到改进并提高企业运作效率的目的。概括地讲,通过 RFID 业务集成为企业带来的优势主要体现在以下两个方面。

1. 提高企业内部的管理水平

在企业内部使用 RFID 技术,可以实时地收集产品的物理信息融合到企业信息系统中,通过 RFID 的非接触、海量读取方式使得企业对信息的收集和处理速度明显加快,由于 RFID 读取数据的精准和快速使得企业信息系统对数据的利用更加实时和有效,RFID 技术的这些特性使得企业管理方式发生革命性的变化,特别在缩短企业管理的周期和降低管理成本方面更加突出,进而使其向一种实时企业管理的方向发展。

2. 提高整个供应链管理水平

RFID 技术的应用将加快整个供应链中从原料提供商、生产商到物流商,最终到零售商的实时准确信息的交换速度,使得企业与企业之间的信息沟通更为快捷和准确,有利于供应链中各个环节对市场的变化做出最快的响应。同时,也将降低供应链管理成本,改变原有滞后的业务管理模式,带来更多的商业机会。

目前存在的 RFID 应用集成模式主要包括闭环和开环两种。

(1) 企业闭环集成模式。企业闭环集成模式除主要实现了 RFID 技术的基本功能,如数据获取、过滤、汇集和存储转发外,基本上局限于企业内部生产管理、库存管理和销售管理,没有针对整个上下游企业之间的 RFID 实时数据共享,从而不能反映在整个市场环境下供应链各企业之间的实时需求。同时,企业内部的各系统之间的业务过程也缺少相应的面向 RFID 技术的集成模型,不能充分体现 RFID 技术的深层次功能。

(2) 企业开环集成模式。随着供应链企业协同技术的发展,要求各企业间实时的共享 RFID 数据,这种需求带来了基于 RFID 技术的企业开环集成模式,该模式借助 Web 服务和 RFID 中间件技术,通过服务封装的形式将各企业基于 RFID 技术的业务流程整合在一起,实现了企业在供应链范围内的信息集成。在面向服务体系集成的大框架下,企业开环集成模式尝试构建基于 RFID 技术的物联网,但这方面应用目前还存在很多问题,如业务流程的服务封装、服务编制和编排、服务协同等。总之,企业开环集成模式为 RFID 技术在整个供应链环境下实现各企业之间的实时数据共享、业务流程整合提供了有益思路。

8.4.2　RFID 业务集成方案

RFID 业务集成主要是将各企业系统中基于 RFID 技术的业务流程整合在一起,实现企业间的实时数据共享和业务流程的自动化。所以,RFID 业务集成方案是一种面向 RFID 技术的企业信息集成方案。企业信息集成已经发展了很多年,存在诸多问题,包括企业遗留系统,如企业资源计划系统、生产调度系统、库存系统、销售系统等封闭性和独立性高、扩展性差等问题。传统技术集成没有解决信息孤岛的问题,在这种情况下进行 RFID 技术同企业信息的集成将更加困难,所以需要新的软件体系结构和集成模式实现集成。这种新的集成体系需要考虑很多问题。例如,如何将 RFID 业务流程融合到企业现有流程中,如何将这种业务流程以服务的形式封装和组合,如何设计用于新的集成体系的基础设施,如中间件、集成服务总线、服务监控等。

除了考虑信息集成方面的问题外,还要考虑 RFID 技术的独特性,如海量 RFID 数据处理、异构 RFID 设备管理、RFID 复杂事件处理等。这些问题使得集成方案必须从整体上考虑,采用一体化的模型和理论,提供统一的 RFID 应用集成平台。应用集成平台采用面向服务体系的分层架构设计,在数据层、功能层、事件层、总线层、业务层和服务层多个层次上提出整体的集成参考模型,具备可伸缩、可定制、可扩展、可动态配置等多个特性,企业可以从 RFID 应用集成的实际需求出发对其进行定制和裁剪,进而能够有效地使用 RFID 信息,实现与企业现有系统的信息整合,以及内部业务流程的优化重组。下面从 RFID 应用集成平台的功能、RFID 集成平台的体系架构两个方面介绍 RFID 一体化集成方案。

8.4.3　RFID 业务集成平台的功能

RFID 集成平台是企业间基于 RFID 技术进行业务集成的公共基础设施,是高度可定制、可裁剪、可配置的综合性平台设计,通过灵活易用的平台配置消除了集成中繁杂的定制开发,为基于 RFID 业务流程的集成提供了必要的支撑环境,是整个 RFID 集成应用的核心。平台在多个层次上进行集成,包括数据层、功能层、事件层、总线层、业务层和服务层集成,通过企业服务总线、事件处理网络和基于 XML 的消息传输,为多标准多协议 RFID 设备和异构系统平台提供通用的数据格式和通信协议,为 RFID 技术在企业内部和企业外部的集成提供一种可靠灵活的基础。平台所具有的灵活升级、定制裁剪、按需扩展和协同等特性,从整体上保证了平台设计的灵活性和扩展性。

1. RFID 数据层集成

RFID 数据可以分为设备级原始数据和应用级数据,所以 RFID 数据层集成应从两个层面进行。第一个层面实现设备级原始数据的处理,主要完成的功能包括:统一不同标准和协议的 RFID 格式数据,解决原始数据中格式的多样性、数据组织,以及命名规则各异性、数值类型不一致等问题;过滤和消减 RFID 冗余数据,解决原始数据的不一致等问题。第二个层面是面向业务流程应用级数据处理,主要完成的功能是低层设备级数据向具有语义信息的业务数据转化。

(1) 传统的数据集成技术主要通过对关系数据库进行读写操作,或者对数据进行编码转换,主要有以下 4 类。

① 批处理程序:数据在不同系统之间定时或定量传送的批处理程序。

② 开放的数据连接技术:一种标准的 API,提供抽象化的方式对异构关系型数据库进行存取操作。

③ 数据库访问中间件:这种技术可以建立数据应用资源互操作的模式,对异构环境下的数据库或文件系统实现连接,并按使用者的要求进行读取。

④ 数据转换:通常配合数据库访问中间件使用。将从源数据库读来的数据转换为目的数据库可以接收的格式,或者将不同系统间的不同数据结构转换为相互可识别的格式。

(2) 针对 RFID 数据集成所要考虑的问题,并结合传统的和新出现的数据集成技术,集成平台在以下方面提供数据集成的功能。

① 多标准多协议 RFID 数据的封装、抽象、解析和转换功能：基于规则的多标准多协议的数据封装和抽象，将给出相应的公共标准术语、公共标准规则表达和规则封装，为 RFID 数据的描述、封装和传输提供公共的描述语言与方法，使得如 EPC、ISO、UID 等不同标准的 RFID 数据能够按照规则生成统一的数据格式，利用规则引擎提供规则的语义和语法的解析功能，为集成提供统一的数据语义信息，并通过语法和语义规则库提供对未来 RFID 标准数据集成的功能扩展。此项功能主要通过规则引擎、知识获取、知识表示、知识推理和多智能体等多种智能信息处理技术完成。

② 面向业务过程的 XML 数据转化与映射功能：在统一的多标准多协议 RFID 数据的基础上，提供基于 XML 数据的转化和映射功能，满足业务层数据集成需求，并提供自定义的 XML 数据标准模板库，针对不同业务需求提供自定义 XML 数据封装及转换，为面向服务体系的集成提供了必要的数据层支持。此项功能主要基于企业服务总线技术和 XML 数据表示、传输、存储、查询等技术。

2. RFID 功能层集成

目前，国内外多家厂商提供了 RFID 中间件系统，如 IBM、Oracle、Microsoft、SAP、Sun、Sybase、BEA 等，它们大多数是构建在其核心的软件基础之上，提供了丰富的功能，包括 RFID 的数据处理、消息处理、事件处理、业务集成、服务集成等。这些功能的实现大多依赖其厂商的应用服务器、消息服务器、数据库服务器等产品，软件依赖性较大，功能实现表现了较大的异构特征。因此，RFID 功能层集成需要从企业业务过程的功能需求出发，通过对异构 RFID 系统所提供的功能抽象和封装，为 RFID 应用集成提供统一功能访问接口、功能映射接口和功能转换接口。

功能层集成只是一种集成模式命名方法，不同于一般意义上软件设计中的功能概念。传统的管理信息系统提供了供外界访问的 API，如远程过程调用（Remote Procedure Call，RPC），通过在网络中使用远程过程调用实现计算机程序的相互调用，提高了程序的互操作性，但远程过程调用仅仅提供了程序间对数据存取的标准定义，程序间的沟通能力比较简单。

功能的集成不是原有功能的简单叠加，而是应根据对不同层次信息的具体需求，设计总体集成系统应具备的功能。功能集成所要达到的效果奠定了集成系统的框架结构。目前，RPC 已经被中间件取代。中间件在操作系统、网络和数据库之上，位于应用软件的下层。其主要作用是为处于自己上层的应用软件提供运行与开发的环境，帮助用户灵活、高效地开发和集成复杂的应用软件。中间件为程序间的互操作提供了数据访问、消息管理、对象集成、Web 服务、安全控制等多种功能。

RFID 功能层集成构建在中间件基础之上，是对 RFID 中间件所提供功能的更高层次的抽象，从各类 RFID 中间件所提供的数据处理、事件处理、消息处理等功能出发，抽象出以下通用的功能，如 RFID 事件驱动模型与引擎、RFID 事件和数据管理等，主要实现屏蔽下层由不同公司开发的 RFID 系统的种种差异，为多企业信息系统提供统一的访问接口及转换服务，方便企业内部、企业之间的多个信息系统可以对下层不同的 RFID 系统进行统一的数据转换及映射、数据容错与校正、事件处理及监控、消息处理及协议转换，并通过多维数据管理构建多维数据模型和数据仓库，开发面向各种业务主题与应用层次的在线分析处理和数据挖掘工具,为企业经营管理中的监控与决策分析提供支持,从而实现对多种 RFID 系统通用的支撑环境,达到不同企业信息系统与不同 RFID 系统集成整合的目的。

3. RFID 事件层集成

RFID 业务集成平台是一种事件驱动的信息交换平台,避免了单纯使用消息交换造成的平台性能不高效、缺乏语义信息等问题。事件是具有一定语义信息的消息载体,通过事件生产者、消费者、发布/订阅、基于内容的路由、事件触发等机制使得平台具有高效的处理性能,同时为事件驱动的业务流程集成提供了必要的支持。

RFID 事件层集成主要通过两个层面完成集成功能,第一个层面是基于事件驱动的基础设施的构建,主要包括设计分布式事件处理模式、发布/订阅代理结构、基于内容的事件路由算法、事件实时处理机制等,这些基础设施的建立保证了事件消息的传递和处理,为在此基础上进行深层次的事件处理提供必要的支持;第二个层面是 RFID 的语义事件处理,主要针对 RFID 中间件系统的底层事件、企业信息系统中过程事件及其他管理事件提供更高层次的复杂事件抽象和复杂事件处理。在 RFID 语义事件处理中引入复杂事件处理(Complex Event Process,CEP)机制,复杂事件处理是一项从基于分散信息的系统中提取信息的新技术,这项技术使系统的使用者能够从大量信息中提取自己所需要的信息,这种信息既可以是低层的网络处理数据,也可以是高层企业管理者的决策。复杂事件处理软件是新一代的基础设备软件,可以促进事件驱动的应用。例如,对 RFID 底层读取事件进行分析、处理,通过业务事件的关联,提供更加丰富的语义信息,方便业务过程和 RFID 系统在整个企业业务流程中进行集成。对于一个复杂系统,不同的人可能会对不同的层次感兴趣,通过复杂事件的时间模型、因果模型等,为不同管理者提供了不同的视图化管理。例如,在一个超市 RFID 系统中,一个系统设计或维护人员可能会关注在底层的数据采集或数据包的传送,超市的工作人员会更注意超市的货物移动、商品摆放位置、运送机器的位置状态等具体的内容,企业的管理者可能会查看在更高层的商品进货和销售情况统计。为了适应不同人的需要,在复杂事件处理技术中,把一个系统分为很多抽象层,这使系统使用人员可以随时在任何一个抽象层使用视图来查看系统的所有行为。

4. RFID 总线层集成功能及技术

RFID 总线层集成主要完成面向服务体系的接口设计,实现对各种消息协议的支持及转换,提供对请求/响应、点对点、发布/订阅、多播消息等多种交互模型和定制路由的支持,在对 HTTP、IIOP、JMS 等多协议消息转换和定制路由的基础上,RFID 总线层提供对 SOAP/HTTP、SOAP/JMS、WSDL 等协议之上的 Web 服务及相关的 Web 服务基础设施的支持,如 UDDI、注册、查询、动态服务选择等,RFID 总线层集成主要通过以下功能构件的设计来实现。

(1) 消息管理器构件:提供集成所需接口,包括 RFID 事件消息服务接口、数据转换接口、消息队列接口、应用程序消息接口、触发监控接口、消息信道接口、名称服务接口、安全接口等。

(2) 消息代理构件:基于消息的发布/订阅,实现消息的点对点路由,可以根据消息内容进行路由转发,并能对消息内容进行操作,提供消息格式的转换功能。

（3）Web 服务网关构件：为了更好地结合业务流程并将 RFID 系统服务安全地提供给供应链上的企业，在企业服务总线模式下，以桥接的方式提供 Web 服务调用期间因特网和内部网络环境的连接功能、服务调用协议转换功能、服务过滤器功能和服务访问控制功能，实现 Web 服务安全的外部化。

（4）服务适配器构件：支持多种消息协议下的 Web 服务调用和协议适配功能。

5. RFID 服务层集成功能及技术

RFID 服务层是所有服务使用者和服务提供者共同依赖的公共基础设施，定义所有的服务标准和运行时设施，以便这些服务能够以一致的、与下层技术无关的方式进行交互操作。该层主要由服务层模型构件、服务合同构件、服务注册与查找构件和服务层管理构件组成。

（1）服务层模型构件：由服务层数据模型、服务层通信模型和服务层交互模型组成，提供可视化的建模工具，实现应用 XML 数据库存储和管理业务层的数据表示模型，并联合数据验证工具、数据转换工具、模型映射工具实现服务层模型的转换。建立不同交互模型支持业务需求和 Web 服务平台的映射。

（2）服务合同构件：提供实现无歧义的 WSDL 服务接口，建立用于存储、查询和版本化服务合同的数据仓库，实现基于分类层次的查找组件搜索服务、定位服务和匹配服务。

（3）服务注册与查找构件：实现定位服务实例和运行时资源的名录服务功能。

（4）服务层管理构件：由服务质量组件、服务安全组件和服务运行管理组件组成。其中，服务运行管理组件实现服务的部署、启动、停止和监控的功能；服务质量组件通过实现集群、故障转移、负载平衡和自动重启功能保证服务高度的可用率，并提供定义和支持事务的执行与控制功能；服务安全组件应用 WS-Security 框架实现基于安全策略的控制，包括根据角色和上下文授权提供访问控制、单击登录等功能。

8.4.4 RFID 集成平台的体系架构

RFID 技术在企业中大规模应用的关键是同业务过程集成，在多企业间实时共享 RFID 数据信息，从而能够快速决策。将集成了 RFID 技术的业务流程以服务的形式在多企业间进行协同，并可以从统一的工作环境访问有价值的 RFID 信息，为企业应用系统提供了极大的灵活性和高效性，也使得集成系统具有极强的适应性、扩展性和灵活性。这些要求直接导致了面向服务的体系结构（Service-Oriented Architecture，SOA）、业务流程的管理服务（Business Activity Management，BAM）、多通道门户和商务智能技术（Business Intelligence，BI）在多企业集成系统中的应用，其中面向服务的体系结构是一种基于松耦合的服务或服务结果集成业务的系统方法，将业务单元以松耦合的方式组成应用的 IT 体系架构，同基于消息链路和数据总线的 EAI 集成相比，面向服务体系是新一代的集成架构，实现系统之间的松耦合及业务流程的随需应变，并且以较低的成本提供高服务质量、高性能、可伸缩性和高可用性。

面向服务体系的基本元素是服务，并指定一组实体作为服务提供者、服务消费者、服务注册、服务条款、服务代理和服务契约，这些实体详细说明了如何提供和消费服务。这些服务是可互操作的、独立的、模块化的、位置明确的、松耦合的，并且可以通过网络进行查询、注册和管理。图 8-11 所示为基本的 SOA 服务协议栈。

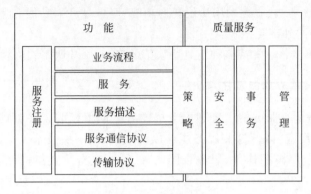

图 8-11　SOA 服务协议栈

Web 服务和 RFID 技术是目前信息领域中最为活跃的两个研究和应用主题。Web 服务技术是目前为止被最广为采纳的一组分布式计算标准。Web 服务是构建 SOA 的理想平台，同时各种 Web 服务技术为转向面向服务体系的开发也提供了支持。将 Web 服务应用于 RFID 系统，尤其可应用于面向服务体的多服务协同技术，以实现 RFID 系统中间件中负责企业与服务注册中心之间、企业与多个软件服务组成的动态协作系统之间的信息交互，几乎已经成为人们的共识。Web 服务体系结构的内容主要包括：Web 服务描述语言（WSDL，用于进行服务描述）；统一描述、发现和集成规范（UDDI，用户服务的发布和集成）；简单对象访问协议（SOAP，用于服务调用）。体系结构由角色和操作组成，角色主要有服务提供者（service provider）、服务请求者（service requestor）和服务注册中心（service registry）；操作主要有发布（publish）、查找（find）、绑定（bind）、服务（service）和服务描述（service description）。

基于 Web 服务的 SOA 可以促进封装了业务功能服务的开发，并允许在组合 Web 服务和创建新的应用能力时选择各种选项。Web 服务技术可用于解决多种集成难题，尤其可以用在快速且容易连接各种不同软件系统方面。Web 服务提供了基本的互操作框架，而且可以容易地扩展并用于企业集成架构中。图 8-12 所示为基于 Web 服务的 RFID 集成服务体系参考模型。

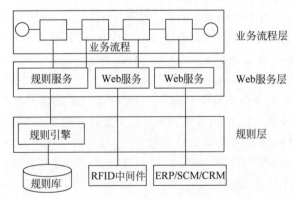

图 8-12　基于 Web 服务的 RFID 集成服务体系参考模型

图 8-12 中起核心作用的是 Web 服务支撑平台,它是所有的服务使用者和服务提供者共同依赖的公共基础设施,任何服务都能够以标准的方式找到并使用其他服务,而且新服务不必影响现有的服务领域、服务使用者或服务提供者即可加入该平台。Web 服务支撑平台的要素包括服务合同、服务合同库、服务注册与查询、服务层安全、服务层数据管理、服务层通信、多协议和多传输支持、服务层服务质量、服务层管理、对多种编程语言的支持、服务的编程接口等。

基于以上分析,给出整体的面向服务体系 RFID 应用集成体系结构参考模型,如图 8-13 所示。整个系统体系结构由三大部分组成,包括 RFID 应用集成通用支撑环境、Web 服务集成框架和 Web 服务管理平台。

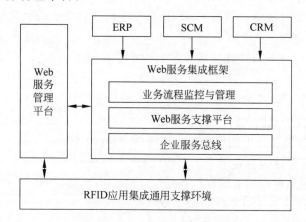

图 8-13　面向服务体系 RFID 应用集成体系结构参考模型

(1) RFID 应用集成通用支撑环境:由面向领域的 RFID 多维数据管理,RFID 事件驱动模型与引擎,以及 RFID 事件和数据管理组成,主要实现屏蔽下层由不同公司开发的 RFID 系统的种种差异,为多企业信息系统提供统一的访问接口及转换服务,方便企业内部、企业之间的多个信息系统可以对下层不同的 RFID 系统进行统一的数据转换及映射、数据容错与校正、事件处理及监控和消息处理及协议转换,并通过多维数据管理构建多维数据模型和数据仓库,开发面向各种业务主题与应用层次的在线分析处理和数据挖掘工具,为企业经营管理中的监控与决策分析提供支持,从而实现对多种 RFID 系统通用的支撑环境,达到了不同企业信息系统与 RFID 系统集成整合的目的。

(2) Web 服务集成框架:由业务流程管理与监控、Web 服务支撑平台和总线模型组成。主要在 Web 服务支撑平台公共基础设施之上,应用总线模型组合 BPM、SOA 和 Web 服务进行流程建模、服务合成、服务编制及服务编排,实现 RFID 中间件业务功能的封装、RFID 中间件业务流程执行全过程的自动化模型与定制、业务流程的优化、协调和调度算法和业务流程的追踪分析与冲突处理。

(3) Web 服务管理平台:针对在 RFID 系统同企业信息系统集成环境中 Web 服务应用的复杂性,以及其底层基础设施的动态性等多重作用下 Web 应用存在的问题,平台提供系列可视化的服务管理工具构建安全和操作策略、存储策略,并在运行环境中管理发布和更新策略,如访问策略、日志策略、内容认证等,实现对 Web 服务的全生命周期管理,并通过故障诊断管理工具收集统计信息,确保服务质量和服务安全。通过可视化的工具和基于浏览器的管理实现易部署、易配置和易使用的功能,为整个集成平台的运行提供安全的保障。

习题 8

8-1　填空题

(1) 企业 RFID 应用系统架构从简单到复杂分为三类是_____、_____和_____。

(2) RFID 中间件从体系结构上来看,分为_____与_____两个部分。

(3) RFID 集成平台是企业间基于 RFID 技术进行业务集成的公共基础设施,平台在多个层次上进行集成,包括_____、_____、_____、_____、业务层和服务层集成。

(4) 面向服务体系 RFID 应用集成体系结构参考模型由_____、_____和_____三大部分组成。

8-2　简述 RFID 中间件的作用。

8-3　简述中间件产品的特点。

8-4　给出 RFID 设备与中间件集成架构图,并简要说明。

8-5　RFID 业务集成为企业带来了哪些优势?

8-6　RFID 应用集成模式有哪些?

8-7　简述 RFID 业务集成平台的构成及特点。

8-8　简述 RFID 总线层集成功能及技术。

8-9　SOA 服务协议栈包含哪些内容?

8-10　给出基于 Web 服务的 RFID 集成服务体系参考模型。

8-11　面向服务体系 RFID 应用集成体系结构参考模型包含哪些部分? 简要说明各部分的功能。

第 9 章
CHAPTER 9 | RFID 应用系统的构建

学习导航

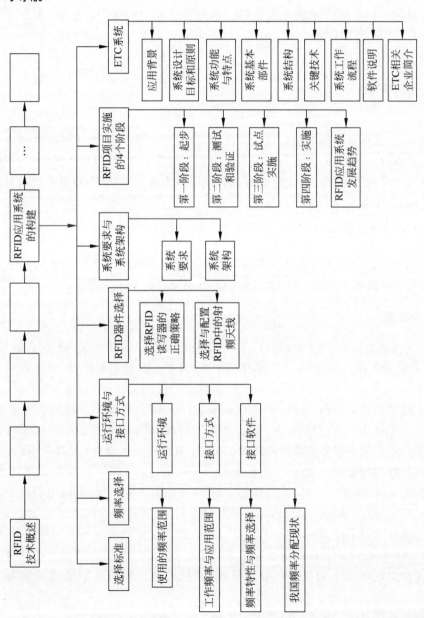

学习目标

- 掌握选择标准
- 掌握频率选择
- 了解运行环境与接口方式
- 掌握 RFID 器件选择
- 了解系统要求与系统架构
- 了解 RFID 项目实施的 4 个阶段
- 了解 ETC 系统

射频识别作为一种技术,具有特定的技术指标;作为一种产品,具有其本身的产品性能。近年来,射频识别系统的发展极其迅猛。构建灵活高效的 RFID 系统,充分发挥其功能,是目前业界较为关注的问题之一。

9.1　选择标准

一个完整的电子标签系统要能够正常工作,必须要有电子标签和读写器设备信号之间的通信协议、无线频率的选用、电子标签编码系统和数据格式、产品数据交换协议、软件系统编程架构、网络与安全规范等标准。这些标准具体归纳为四大类,分别是电子产品编码类标准、通信类标准、频率类标准和应用类标准。

1. 电子产品编码类标准

RFID 是一种只读或可读写的数据载体,它所携带的数据内容中最重要的是唯一标识号,目前主要包括产品电子代码 EPC、EAN/UCC、GB18937(CNPC)等。

2. 通信类标准

RFID 的无线接口标准中最受瞩目的是 ISO/IEC 18000 系列协议,涵盖了 125kHz～2.45GHz 的通信频率,阅读距离从几厘米到几十米,其中主要是无源标签,但也有用于集装箱的有源标签。

近距离无线通信(Near Field Communication,NFC)是一项让两个靠近的电子装置以 13.56Hz 频率通信的 RFID 应用技术。由诺基亚、飞利浦和索尼创办的近距离无线通信论坛(CNFC Forum)起草了相关的通信和测试标准,让消费类电子设备(尤其是手机)与其他的网络产品或计算机外设进行通信和数据交换。该标准还与 ISO/IEC 14443 和 ISO/IEC 15693 非接触式 IC 卡兼容。目前,已经有支持 NFC 功能的手机面世,可以用手机来阅读兼容 ISO/IEC 14443 Type A 或 Sony FeliCa 的非接触式 IC 卡或电子标签。

超宽带无线技术(Ultra Wide Band,UWB)是一种直接以载波频率传送数据的通信技术。以 UWB 作为射频通信接口的电子标签可实现 0.5m 以内的精确定位。这种精确定位功能可以方便地实现医院中的贵重仪器和设备功能、大楼或商场甚至奥运场馆内的人员管理。

无线传感器网络是另一种 RFID 技术的扩展。传感器网络技术的对象模型和数字接口已经形成产业联盟标准 IEEE 14510。

3. 频率类标准

RFID 标签与读写器之间进行的无线通信频段有多种,常见的工作频率有 135kHz 以下、13.56MHz、860~928MHz(UHF)、2.45GHz 及 5.8GHz 等。低频系统工作频率一般低于 30MHz,典型的工作频率有 125kHz、225kHz、13.56MHz 等。这些频点应用的射频识别系统一般都有相应的国际标准予以支持。高频系统一般指其工作频率高于 400MHz,典型的工作频段有 915MHz、2.45GHz、5.8GHz 等。高频系统在这些频段上也有众多的国际标准予以支持。

4. 应用类标准

RFID 在行业上的应用标准包括动物识别、道路交通、集装箱识别、产品包装、自动识别等。其中,ISO TC 23/SC 19 WG3 是应用于动物识别的标准,ISO TC 204 是应用于道路交通信息的标准,ISO TC 104 是应用于集装箱运输的标准,ISO TC 122 是应用于包装的标准,ISO/IEC JTC 1 SC 31 是自动识别应用标准,ISO/IEC 18000 是用于物品管理的射频识别技术序列标准,SC 17/WG 8 是识别卡非接触式集成电路标准。

9.2　频率选择

射频系统的工作频率是射频识别系统最基本的技术参数之一。工作频率的选择在很大程度上决定了射频标签的应用范围、技术可行性及系统成本。射频识别系统归根到底是一种无线电传播系统,占据一定的空间通信信道。在空间通信信道中,射频识别只能以电磁耦合或电感耦合的形式表现出来。因此,射频系统的工作性能必定要受到电磁波空间传输特性的影响,产品的生产和使用都必须符合国家的许可。

频率选择是 RFID 技术中的一个关键问题,频率标准直接影响 RFID 技术的应用。频率的选择既要适应各种不同应用需求,还需要考虑各国对无线电频段使用和发射功率的规定。

9.2.1　使用的频率范围

工作在不同频段或频点上的电子标签具有不同的特点。射频识别应用占据的频段或频点在国际上有公认的划分,即位于 ISM 波段之中。典型的工作频率有 125kHz、133kHz、13.56MHz、27.12MHz、433MHz、902~928MHz、2.45GHz、5.8GHz 等。

1. 低频段电子标签

低频段电子标签,简称为低频标签,其工作频率范围为 30~300kHz。典型工作频率有 125kHz、133kHz(也有接近的其他频率,如 TI 使用 137.2kHz)。低频标签一般为无源标签,其工作能量通过电感耦合方式从读写器耦合线圈的辐射近场中获得。低频标签与读写器之间传送数据时,低频标签需位于读写器天线辐射的近场区内。低频标签的阅读距离一般情况下小于1m。

低频标签的典型应用有动物识别、容器识别、工具识别、电子闭锁防盗(带有内置应答器的汽车钥匙)等。与低频标签相关的国际标准有 ISO 11784/11785(用于动物识别)、ISO 18000-2 (125～135kHz)。低频标签有多种外观形式,应用于动物识别的低频标签外观有项圈式、耳牌式、注射式、药丸式等。典型应用的动物有牛、信鸽等。

低频标签的主要优势体现在,标签芯片一般采用普通的 CMOS 工艺,具有省电、廉价的特点;工作频率不受无线电频率管制约束;可以穿透水、有机组织、木材等;非常适合近距离的、低速度的、数据量要求较少的识别应用,如动物识别等。

低频标签的劣势主要体现在,标签存储数据量较少;只能适合低速、近距离识别应用;与高频标签相比,标签天线匝数更多,成本更高一些。

2. 中高频段电子标签

中高频段电子标签的工作频率一般为 3～30MHz,典型工作频率为 13.56MHz。该频段的电子标签,从射频识别应用角度来说,因其工作原理与低频标签完全相同,即采用电感耦合方式工作,所以将其归为低频标签类中。另一方面,根据无线电频率的一般划分,其工作频段又称为高频,所以也常将其称为高频标签。

高频电子标签一般采用无源方式,其工作能量与低频标签一样,也是通过电感(磁)耦合方式从读写器耦合线圈的辐射近场中获得。标签与读写器进行数据交换时,标签必须位于读写器天线辐射的近场区内。中频标签的阅读距离一般情况下也小于1m,最大读取距离为 1.5m。

高频标签可方便地做成卡片形状,典型应用包括电子车票、电子身份证、电子闭锁防盗(电子遥控门锁控制器)等。相关的国际标准有 ISO 14443、ISO 15693、ISO/IEC 18000-3 (13.56MHz)等。

高频标准的基本特点与低频标准相似,由于其工作频率的提高,可以选用较高的数据传输速率。电子标签天线设计相对简单,标签一般制成标准卡片形状。

3. 超高频与微波标签

超高频与微波频段的电子标签,简称微波电子标签,其典型工作频率为 433.92MHz、862(902)～928MHz、2.45GHz、5.8GHz,微波电子标签可分为有源标签与无源标签两类。工作时,电子标签位于读写器天线辐射场的远场区内,标签与读写器之间的耦合方式为电磁耦合方式。读写器天线辐射场为无源标签提供射频能量,将有源标签唤醒。相应的射频识别系统阅读距离一般大于1m,典型情况为 4～7m,最大可达 100m。读写器天线一般均为定向天线,只有在读写器天线定向波束范围内的电子标签才可被读写。

9.2.2 工作频率与应用范围

由于阅读距离的增加,应用中有可能在阅读区域中同时出现多个电子标签的情况,从而提出了多标签同时读取的需求,进而将这种需求发展成为一种潮流。目前,先进的射频识别系统均将多标签识读问题作为系统的一个重要特征。

以目前技术水平来说,无源微波电子标签比较成功的产品相对集中在 902～928MHz 工作频段上。2.45GHz 和 5.8GHz 射频识别系统多以半无源微波电子标签产品面世。半无源标签一般采用纽扣电池供电,具有较远的阅读距离。

微波电子标签的典型特点主要集中在是否无源、无线读写距离、是否支持多标签读写、是否适合高速识别应用、读写器的发射功率容限、电子标签及读写器的价格等方面。对于可无线写的电子标签而言,通常情况下,写入距离要小于识读距离,其原因在于写入需要更大的能量。

微波电子标签的数据存储容量一般限定在 2KB 以内,再大的存储容量没有太大意义。从技术及应用的角度来说,微波电子标签并不适合作为大量数据的载体,其主要功能在于标识物品并完成无接触的识别过程。典型的数据容量指标有 1KB、128B、64B 等。由 Auto-ID Center 制定的产品电子代码 EPC 的容量为 90B。

微波电子标签的典型应用包括移动车辆识别、电子身份证、仓储物流应用、电子闭锁防盗(电子遥控门锁控制器)等。相关的国际标准有 ISO 10374、ISO 18000-4(2.45GHz)、ISO 18000-5(5.8GHz)、ISO 18000-6(860～930MHz)、ISO 18000-7(433.92MHz)、ANSI NCITS 256-1999 等。

不同频段电子标签的优缺点如表 9-1 所示。

表 9-1　不同频段电子标签的优缺点

工作频段	优　点	缺　点
低频	技术简单,可靠成熟,无频率限制	通信速率低,工作距离短(<10cm),天线尺寸大
高频	相对低频有较高的通信速度和较长的工作距离,此频段在公交等领域应用广泛	距离不够远(最大 75cm),天线尺寸大,受金属材料等的影响较大
超高频	工作距离长(>1m),天线尺寸小,可绕开障碍物,无须保持视线接触,可定向识别	各国都有不同的频段管制,对人体有伤害,发射功率受限制,受某些材料影响较大
微波	除具有超高频标签的特点外,还具有更高的带宽和通信速率,以及更长的工作距离和更小的天线尺寸	共享此频段产品多,易受干扰,技术相对复杂,对人体有伤害,发射功率受限制

9.2.3　频率特性与频率选择

当前 RFID 工作频率跨越多个频段,目前 RFID 使用的频率有 6 种,分别为 135kHz 以下、13.56MHz、433.92MHz、860～930MHz、2.45GHz 和 5.8GHz。

一般而言,低频频段能量相对较低,数据传输率较小,无线覆盖范围受限。为扩大无线覆盖范围,必须扩大标签天线尺寸。尽管低频无线覆盖范围比高频无线覆盖范围小,但天线的方向性不强,具有相对较强的绕开障碍物能力。低频频段可采用 1～2 个天线,以实现无线作用范围的全区域覆盖。此外,低频段电子标签的成本相对较低,且具有卡状、环状、纽扣状等多种形状。

高频频段能量相对较高,适合长距离应用。低频功率损耗与传播距离的立方成正比,而高频功率损耗与传播距离的平方成正比。由于高频以波束的方式传播,因此可用于智能标签定位。其缺点是容易被障碍物所阻挡,易受反射和人体扰动等因素影响,不易实现无线作用范围的全区域覆盖。高频频段数据传输率相对较高,且通信质量较好。

RFID 系统的工作频率既影响标签的性能和尺寸大小、读写器作用距离,又影响标签与读写器的价格,因此频率的选择至关重要。在选择频率时,除了考虑其特性和应用外,还需要符合不同的国家和地区标准。

RFID 的低频系统主要用于短距离、低成本的应用中,如多数的门禁控制、动物管理、防盗追踪等,此频段在绝大多数的国家属于开放,不涉及法规开放和执照申请的问题,因此使用最广;高频系统的代表性应用为证卡,非接触式 IC 卡发展快速;超高频系统应用于需要较长的读写距离和高读写速度的场合,其天线波束方向较窄且价格较高,可大幅提升现阶段的应用层次,通信品质佳,适合供应链管理,但有各国频率法规不一的问题,现有的使用者频率选择问题不可避免,否则跨区应用必然会出现管理的盲点。

目前,频率选择的主要问题是在供应链中的应用,EPCglobal 规定用于 EPC 的载波频率为 13.56MHz 和 860～960MHz 两个频段。其中,13.56MHz 频率采用的标准原型是 ISO/IEC 15693,已经收入 ISO/IEC 18000-3 中,这个频点的应用已经非常成熟;860～960MHz 频段的应用较复杂,ISO 18000-6 定义了超高频(UHF)RFID 系统的频率范围,它与 EPCglobal 协议 EPC Class 1 Gen2 给出的 RFID 系统频率范围均为 860～960MHz。RFID 系统将运用于全世界,在全球找不到一个 RFID 系统可以使用的共同频率,因此这两个组织定义了这样一个频带,期望全球各国的 RFID 工作频率都在这个范围以内。目前,国际上各国采用的频率不同。其中,美国为 915MHz,欧洲各国为 869MHz。

9.2.4　我国频率分配现状

在我国,明确规定了无线电频谱资源属国家所有。国家对无线电频谱实行统一规划、合理开发、科学管理、有偿使用的原则。研制无线电发射设备所需要的工作频率和频段应当符合国家有关无线电管理的规定,并报国家无线电管理机构核准。关于 RFID 在中国频段分配问题,将掀起更广泛的研究热潮。这将促使 RFID 中国标准中 RFID 频段分配建议的提出。

目前,我国 RFID 方面使用的主要频段有 HF(13.56MHz)、UHF、MW(2.45GHz)等。其中,HF 频段、MW 频段(2.446～2.454GHz)都可以使用;但 UHF 频段的问题比较复杂,我国在 UHF 频率范围内,已经存在多种无线通信的应用,其中包括 GSM 和 CDMA 的通信频段。

除已经公布的无线通信频段外,UHF 频段还被用于公共安全等其他通信领域。相对于其他无线通信方式来说,RFID 是后来者,如何在目前拥挤的 UHF 频谱范围内分配一个合适的频段,并保证与已有的无线通信方式之间不产生冲突是一个难题,需要经过一系列严格的测试和试验。目前,我国 UHF 频段相关的测试工作已经在积极进行中,UHF RFID 的频谱分配方案尚未正式公布,我国频率标准的确定仍有待时日。

9.3　运行环境与接口方式

9.3.1　运行环境

　　一个完整的射频识别应用系统应当包括读写器、电子标签、计算机网络等设备,不仅应当考虑到数据读取、处理、传输等问题,还应当考虑读写器天线的安装、传输距离的远近等问题。

　　无线射频识别技术的运行环境相对比较宽松,从应用软件系统的运行环境来看,可以在现有的任何系统上运行基于任何编程语言的任何软件。

　　计算机平台系统包括 Windows、Linux、UNIX 及 DOS 平台系统。

9.3.2　接口方式

　　接口方式主要指的是读写器和数据处理系统计算机的接口方式。RFID 系统的接口方式非常灵活,包括 RS-232、RS-485、以太网(RJ-45)、WLAN 802.11(无线网络)等接口,不同的接口具有不同的应用范围和性能特征。

1. RJ-45

　　RJ-45 和五类线配合使用在以太网络中。8 条线分成 4 组,分别由红白、红、绿白、绿、蓝白、蓝、棕白、棕共 8 种单一颜色或白条色线组成。RJ-45 的接法有两种,分别为 T-568A 和 T-568B。两种接法唯一的区别是线序不同。

　　RJ-45 传输信号较远,采用的是 TCP/IP 协议。

2. RS-232

　　RS-232 是目前比较流行的计算机串行接口,常用的 RS-232 接口有 DB9 和 DB25 两种形式。

　　RS-232 是电子工业联合会开发的实现广泛的串行传输接口,用来连接数据终端设备到数据通信设备。RS-232 指定线和连接器的类型、连接器的接法,以及每条线的功能、电压、意义与控制过程。RS-232 与 ITU 的 V.24 和 V.28 兼容。

3. RS-485/RS-422

　　RS-422 是使用平稳线的全双工接口,比 RS-232 抗干扰能力更强。RS-422 数据传输速率为 230kb/s～1Mb/s。RS-422 通常有 25 线,使用 DB37 或 DB9 插座,最大传输距离为 300m。在工业环境中,当有许多电子接口或超过两个设备需要连接时,RS-422 通常用在数据终端设备和数据通信设备之间。

　　RS-485 是使用三态驱动的比较稳定的多点串口通信 RS-422 的拓展。

4. 802.11 标准

　　所谓 802.11 标准,即 IEEE 无线 LAN 介质访问控制层(MAC)和物理层(PHY)标准,规定了局域内必须支持的网络广播协议,它是无线局域网领域内国际上第一个被认可的标准。像其他基于 802 的 IEEE 标准一样,IEEE 802.11 标准主要服务是发送两个同级 LLC 之间的 MSDU(MAC 服务数据单元)。典型的是无线电卡和接入点提供 IEEE 802.11 标准的功能。

IEEE 802.11 标准提供了 MAC 和 PHY 的功能,在局域网内为固定、便携和以步行或行车速度移动的移动站提供无线连接。IEEE 802.11 包括下列特征。

- 提供异步和限时发送服务。
- 通过分布式系统,在扩展域内连续服务。
- 调节适应 1Mb/s 和 2Mb/s 的传输速率。
- 支持大部分市场应用。
- 多点传送服务。
- 网络管理服务。
- 注册和认证服务。

为了保证与目前标准的互操作性,802.11 工作组发展了与目前其他 802 标准兼容的标准,具体如下。

IEEE 802:功能要求。

IEEE 802.2:MAC 服务要求。

IEEE 802.1-A:概述和结构。

IEEE 802.1-B:LAN/MAN 管理。

IEEE 802.1-D:透明桥接器。

IEEE 802.1-F:开发层管理标准的指导方针。

IEEE 802.10:安全数据交换。

5. Wiegand 接口

根据 Wiegand 协议制造的接口被称为 Wiegand 接口,包括了标准 Wiegand 26、Wiegand 34 等具体形式。

Wiegand 协议属于一个比较低级的协议,其通信速率与 RS-485/422 的通信速率相当,通信距离为 200m。与 RS-485/422 不同的是,Wiegand 协议的数据传输是以"包"的形式传送的,而 RS-485/422 则是以电平方式传送数据的协议。所以,在利用 Wiegand 协议设计产品的过程中,不用像 RS-485/422 一样考虑定义起始位、停止位等一些问题。这样,只要符合 Wiegand 协议的产品都可以相互兼容,根据不同的需要,有 Wiegand 26～55b 等多种形式可供选择。而不像 RS-485/422 一样,各厂商都对数据自行定义。

Wiegand 协议虽然被众多生产厂商所采用,十分普遍,但是很容易被破解。因此,对于安全系数要求较低的系统可以采用 Wiegand 协议,而对于安全系数要求高的系统,应该采用 RS-485 协议,因为 RS-485 更容易加密,Wiegand 则很难采用加密手段。

9.3.3 接口软件

无线射频识别设备制造厂商在向用户提供或销售自己的产品时,都会提供相应的接口软件,甚至是软件的源代码。通过这种接口软件,可以对设备进行测试,直接生产一定格式的数据文件,供用户分析使用,也可以向其他应用软件提供数据接口。并且,无论是有源产品还是无源产品,应该均可以设定电子标签的不同数据传输速率,同时对多个读写器传输的数据进行处理。

9.4 RFID 器件选择

9.4.1 选择 RFID 读写器的正确策略

购买 RFID 设备的企业除了要了解其所部署的 RFID 系统对读写器的要求外,还要了解通用读写器的特点。在分析了 RFID 的业务需求,并确认了 RFID 能够带来不菲的回报以后,下一步就应该考虑购买什么型号的读写器了。

每家企业都要根据自己在供应链中所处的位置,以及安装 RFID 读写器的目的和位置确定读写器的型号。选择正确的读写器对成功实施其他各项工作都很关键。

1. 选用智能读写器还是傻瓜读写器

首先,用户应该在智能读写器和傻瓜读写器之间做出选择,智能读写器可以在读取不同频率标签的同时具有过滤数据和执行指令的功能,而傻瓜读写器的功能较少但价格便宜。在具体操作中,有时需要多个读写器读取单一型号的标签信息,如读取传送装置上的标签信息,这时可以选用功能较简单的读写器。如果零售商的产品来自不同的供货商,这时就需要使用智能读写器获取不同标签中的货物信息。

随着数据处理的增多,使用智能读写器的终端用户数量也在增加,有些智能读写器不但可以过滤数据而且还可以储存数据。具有先进过滤能力的智能读写器将数据处理以后,保留有用的信息。例如,贴有标签的托盘通过读写器时,由于现场拥挤,必须不止一次地让读写器读取标签信息,但读写器向库存管理系统输入标签 ID 号的次数只有一次。

有的智能读写器具有通过运行应用软件执行过滤命令的功能。例如,有些零售商在收货区安装了具有声光报警的读写器,如果读写器读到刚购进货物上的标签信息,但是这些货物并不在销售货架上,那么读写器就会报警,店员听到报警后就会马上将货物放到销售货架上。

在购买读写器前,应考虑读写器需要采集哪些数据,考虑所在的供应链上的其他用户采用的 RFID 技术。此外,还要考虑何时购进带有 RFID 标签的货物,以及所用的标签采用的协议是哪一种。例如,当前读写器可以读取 Gen1 和 Gen2 标签上的信息,将来可能会读取 Gen2 和 Gen3 标签上的信息。

2. 频率

UHF 标签的工作频率为 860~960MHz,由于其阅读距离较长,因此在供应链中得到了广泛的应用。由于 HF 标签(工作频率为 13.56MHz)在短距离内工作性能较好,水和金属对它的影响也较小,因此 EPCglobal 不但为 UHF 制定了标准,同时还制定了 HF 标签的标准。这样,在购买读写器时还要考虑是否需要购买混合频率的读写器。

如果既要读取 HF 标签的信息又要读取 UHF 标签的信息,那么就需要考虑是购买 HF

读写器和 UHF 读写器,还是只购买一种混合频率读写器。尽管很多读写器生产商只生产 UHF 读写器,但是也不难买到混合频率读写器。由于大多数的供应链应用软件都工作在 UHF 频率,因此应以购买 UHF 读写器为主,必要时再购买 HF 读写器。这样做是因为购买单频率读写器要比购买混合频率读写器便宜。

用户制订部署全球性的 RFID 计划时,要确保所选读写器在全球的不同地区都能工作。全球 RFID 的工作频率不完全相同,如欧洲 UHF 读写器的工作频率为 865~868MHz,北美为 902~928MHz,日本为 950~956MHz。

3. 不同结构形式的读写器

当既在智能读写器和傻瓜读写器之间做出了选择,也在单一频率读写器和混合频率读写器之间做出了选择以后,就应该考虑是选择固定式读写器还是手持式读写器了。

固定读写器一般安装在货物流通量较大的地方,许多固定读写器都装在金属盒子中,可以安装在墙上。为了防止受损,固定天线一般由塑料或金属制品进行封装。

装在盒子中的读写器和天线可以免受叉车的损害和灰尘的污染,读写器制造商还生产了一种专门用在叉车上的读写器。各种各样的读写器扩大了 RFID 的应用范围。

手持式读写器主要有两种形式:一种是带条码扫描器的 RFID 读写器,这种读写器既可以扫描条码也可以读取 RFID 标签;一种是安装在 PC 卡上的 RFID 读写器,PC 卡嵌入在手提计算机或掌上计算机的 PCMCIA 中。

4. 天线

需要考虑在固定读写器上安装什么型号的天线及安装天线的数量,固定读写器上要么具有内部天线,要么具有供安装外部天线的多个天线接口。采用不同天线的读写器可以通用。

具有内部天线的固定读写器的优点是容易安装,信号从读写器到天线的传输过程中衰减也较少。但是,在相同的情况下,使用内部天线的读写器的数量要多于使用外部天线读写器的数量。

5. 输入输出装置

固定读写器与输入输出装置相连接,这些装置的作用要么是控制读写器,要么是被读写器控制。例如,电子眼就是一个输入装置,当标签进入读写器的工作区域后电子眼就开启读写器,使其进入工作状态。

6. 网络的选择

许多新装读写器一般通过以太网或 WiFi 与局域网或广域网进行连接。无线连接在降低安装难度的同时也节省了安装费用,因为这样不用铺设大量的电缆。手持式读写器要么需要通过有线方式,要么通过无线方式将数据下载到 PC 上。

7. 升级为 Gen2

为了使第一代读写器能读取 Gen2 标签的信息,必须对第一代标签的固件升级。为了充分利用 Gen2 标签的优点,最好再对第一代读写器的硬件进行升级。如果想在第二代读写器投放到市场上之前购买读写器,就应该询问生产商的硬件能否进行必要的升级,固件能否通过网络在远端升级。

8. 成本预算

必须计算需要投入的所有成本,除了设备费用外,天线、天线电缆和网络电缆的费用也应该计入安装费中。另外,许多用户为了向读写器供电,还要安装电源。当然,还需要购买对读写器起监控作用的软件。

9.4.2　选择与配置 RFID 中的射频天线

在 RFID 装置中,工作频率到微波波段时,天线与标签芯片之间的匹配问题变得更加严峻。采用天线的目标是传输最大的能量进入标签芯片,需要仔细设计天线与自由空间以及和其相连的标签芯片的匹配。在 435MHz、2.45GHz 和 5.8GHz 频段,天线必须满足的条件为:足够小以至于能够贴到需要的物品上;有全向或半球覆盖的方向性;提供最大可能的信号给标签的芯片;物品的任何方向,天线的极化都能与读写器的询问信号相匹配;具有鲁棒性;非常便宜。

选择天线时主要考虑:天线的类型、天线的阻抗、应用到物品上的 RF 性能、有其他物品围绕被贴标签物品时的 RF 性能。

天线有两种使用方式:一种方式是贴标签的物品被放在仓库中,有一个便携装置,可能是手持式设备,询问所有的物品,并且需要它们给予反馈信息;另一种方式是在仓库的门口安装读标签设备,询问并记录进出物品。还有一个主要的选择是有源标签还是无源标签。

1. 可选的天线

在使用 435MHz、2.45GHz 和 5.8GHz 频率的 RFID 系统中,可选的天线有几种。这样的天线的增益是有限的,增益的大小取决于辐射模式的类型,且增益大小影响天线的作用距离。全向天线具有峰值增益 0~2dBi;方向性天线的增益可以达到 6dBi。

2. 阻抗问题

为了实现最大功率传输,天线后芯片输入阻抗必须与天线的输出阻抗匹配。

几十年来,设计的天线要与 50Ω 或 75Ω 的阻抗相匹配,但是设计的天线可能具有其他的特性阻抗。例如,一个缝隙天线可以设计为具有几百欧的阻抗;一个折叠偶极子的阻抗可以是一个标准半波偶极子阻抗的 20 倍。印刷贴片天线的引出点能够提供一个很宽范围的阻抗(通常是 $40\sim100\Omega$)。

需要选择天线的类型,以便它的阻抗能够与标签芯片的输入阻抗匹配。另一个问题是其他的与天线接近的物体可以改变天线的返回损耗。对于全向天线,如双偶极子天线,这个影响是显著的。有人针对双偶极子天线和一听番茄酱的间距变化做了一些实际测量,结果显示一些变化。其他的物体也有相似的影响。

物体的介电常数会改变谐振频率。可以调整天线设计,使它与接近物体的情况相匹配,但是天线周围的参数对于不同的物体和不同的距离不同。这对于全向天线是不可行的,所以应设计方向性强的天线,使它们不受这个问题的影响。

3. 辐射模式

在一个无反射的环境中测试天线的模式,包括各种需要贴标签的物体,在使用全向天线时性能严重下降。圆柱金属所引起的性能下降是最严重的,在它与天线距离 50mm 时,返回的信号下降大于 20dB。天线与物体的中心距离达到 100~150mm 时,返回信号下降 10~12dB。在与天线距离 100mm 的情况下,测量几瓶水(塑料和玻璃)产生的影响,结果返回信号降低大于 10dB。对装入液体的蜡纸盒,甚至苹果上做试验也得到了类似的结果。

4. 局部结构的影响

在使用手持设备时,大量的其他临近物体使读写器天线和标签天线的辐射模式严重失真。以 2.45GHz 的工作频率计算,假设一个代表性的几何形状与自由空间相比,显示返回信号降低了 10dB,在双天线同时使用时,比预料的模式下降得更多。在仓库的使用环境下,一个物品盒子具有一个标签会有问题,几个标签贴在一个盒子上以确保任何时候都有一个标签是可以看见的。便携系统的使用有几个天线的问题。每个盒子两个天线足够适合门禁装置探测,这样局部结构的影响变得不再重要,因为门禁装置的读写器天线被固定在仓库的出入口,并且直接指向贴标签的物体。

5. 距离

RFID 天线的增益和是否使用有源的标签芯片将影响系统的使用距离。乐观地考虑,在电磁场的辐射强度符合 UK 的相关标准时,工作于 2.45GHz 的无源情况下,全波整流,驱动电压不大于 3V,优化的 RFID 天线阻抗环境(阻抗 200Ω 或 300Ω),使用距离大约是 1m。如果使用 WHO 限制,就更适合于全球范围的使用,但是作用距离下降了一半。这些限制了读写器到标签的电磁场功率。作用距离随着频率升高而下降。如果使用有源芯片,其作用距离可以达到 5~10m。

全向天线应该避免在标签中使用,使用方向性天线,具有更少的辐射模式并且返回损耗的干扰小。选择的天线类型必须使它的阻抗与自由空间和 ASIC 匹配。在仓库中使用天线是不可行的,在任何情况下,仓库内的天线辐射模式都将严重失真,除非使用有源标签。一个门禁系统的使用将是好的选择,可以使用短作用距离的无源标签。当然,门禁系统比手持设备昂贵,但是使用手持设备的工作人员需要到仓库搜寻物品,人员费用同样昂贵。

9.5 系统要求与系统架构

9.5.1 系统要求

1. 可伸缩性

随着 RFID 技术的应用日益广泛,企业需要处理分布在全球各个供应链中数以千计的读写器的输入信息,且需要处理的数据量庞大(读写器每秒可捕获 120～400 个信号)。

要处理这种级别的数据流量,需要使用非阻塞(Non-blocking)I/O 机制。当众多用户同时使用 RFID 访问一个应用程序时,大多数中间件解决方案是:为每个客户端打开一个插口,并为每个用户建立独有的线程。这种阻塞 I/O 技术严重限制了性能和可伸缩性。与此相反,非阻塞 I/O 可以使 BEA WebLogic Server 之类的中间件能够在多个并发用户中复用少量的读写器线程,以确保较高的性能和可伸缩性。

在处理读写器的大流量数据流和进行消息传递时,需要大量使用 I/O 和网络。边缘服务器的 CPU 利用主要用于边缘服务器的复本检测和模式匹配。在要处理的数据量确定的情况下,网络带宽也会成为一个问题。"批量数据传输"(Boxcarring,即将多个请求包装在一个数据包中)不仅可以舒缓网络堵塞问题,还可以减少多个请求通过安全层及其他代码层所需的时间。

最后,边缘层中央数据储存库的使用会产生系统瓶颈,影响可伸缩性。例如,如果将从一组 RFID 读写器捕获的数据全部写入数据库,进入数据库的巨大数据流会对性能产生严重影响。因此,应该在集成层处理数据库的交互,这样就可以大大减少需要处理的数据。

2. 可用性

为确保数据穿越整个基础架构和应用协议栈可靠地传递至正确的目的地,需要消除边缘层、集成层及二者之间所有端点的单点故障(Single Points Of Failure,SPOF)。

在捕获数据和过滤数据的边缘层,对中央数据库的依赖性会影响可伸缩性和可用性。另一种做法是,系统可以将事件暂时保留在内存中,在使用之后删除,如果需要,可以将其记录在文件系统中。该做法可以大大降低对数据库可用性的依赖。

在读写器层,搭接部分(如月台门处的多功能读写器或天线)可以提高在物理层准确捕获事件的可能性。边缘层可以管理此层中的读写器,打开一些读写器而关闭另外一些读写器,消除副本,等等。

由于边缘层不记录传递的事件,而业务逻辑包含在集成层中,因此集成层的可用性至关重要,必须将任何包含商业负载均衡系统的 RFID 解决方案的互操作性都考虑在内,因为需要负载均衡系统来分配负荷并保证故障转移。集成层也必须能够通过集群化的 JMS(Java Message Service)提供高度可用的消息传递功能。

为确保各层不会出现单点故障,客户可能希望使用集群化的数据库来辅助数据层。当然,在集成层使用数据库比在边缘层使用更有效。

3. 安全性

对于 RFID 来说,大量相关的潜在敏感数据使得安全性成为 RFID 系统至关重要的一个方面。RFID 最低级别的安全管理是防止读写器被关闭及记录项被窃取。因此,必须通过验证、授权或审计保护管理接口,也会通过安全套接子层(Secure Socket Layer,SSL)实现。

但是,大部分 RFID 中间件解决方案都无法使用 SSL。SSL"握手"机制牵涉 CPU 密集型的计算,而这会影响边缘层处理其他 CPU 密集型作业(如过滤)的能力。不使用 SSL,边缘层会不太安全。因此,整个堆栈包括读写器层、边缘层和集成层,通常应包装到一个防火墙中,所有对堆栈的远程访问都要经过许可端口和协议。然后就可以实施周边身份验证(Perimeter Authentication),通过一个 Web 应用程序或 Web 服务远程管理堆栈。

4. 互操作性

互操作性对于确保 RFID 的成功实现具有多重意义。或许,最迫切的需求是基于标准的 JCA 适配器要有效连接到诸如仓库管理系统或运输管理系统之类的应用程序。仅仅能够以私有格式发布 JMS 消息或事件是远远不够的。应用程序供应商,如 SAP、Yantra 和 Manhattan,要求事件以确定的格式呈现。适配器可以填平鸿沟,将信息以可接受的格式传播至恰当的应用程序。中间件解决方案应能够提供和支持适用于关键应用程序的适配器。

其他方面,开箱即用的互操作性同样至关重要。例如,中间件应能够与防火墙提供者、身份验证、授权和审计提供者、负载均衡系统和 JMS 供应商进行互操作。读写器的互操作性也非常重要。尽管读写器通信协议的标准化一直在进行,但在出现一个占据主导地位的标准之前,每个中间件供应商都必须提供一个读写器抽象层和互操作性解决方案。

设计良好的架构可以将读写器抽象层置于边缘层,使得集成层具有读写器无关性。也就是说,集成层无须考虑特定的读写器协议或格式。

在读写器抽象层,重要的一点是要公开所有特定于读写器的命令(可能通过动态读写器接口发现),而不是仅仅公开最不常见的命令。

5. 集成

需要进行某种形式的企业应用集成(Enterprise Application Integration,EAI)才能实现 RFID 事件的全部价值。仅仅将事件从边缘服务器分派至一系列的应用程序还不能成为完美的解决方案,因为它会产生与安全性、可靠消息传递、性能、可用性、适配器连接、业务流程界定等相关的问题。

比较而言,EAI 解决方案可提供对一个问题的全面概览。例如,一个在达拉斯和旧金山具有不同边缘服务器的组织,可以将事件发送至共同的 EAI 解决方案。涉及连接至不同边缘服务器的读写器或天线的事件需要组合并关联到一个统一的 EAI 层;而且,复杂的事件组合不适用于这种情况,因为边缘层需要占用 CPU 周期。随着业务流程涉及组织内部和外部越来越多的系统和人员,EAI 层变得更为关键。

其他方面也使得集成解决方案更为必要。要连接至后端应用程序,需要使用基于标准的适配器;在可视化环境下汇编、监控和管理流程的能力也非常重要。通过通用抽象层(如控件),在业务流程、门户、Web 服务、RFID 读写器和其他元素之间构成复杂交互的能力可以大大提高。最后,在传递事件时,必须在边缘层和实际集成层之间实现无缝集成。

6. 管理

随着 RFID 在各个供应链中的启用,管理整个架构的能力成为必然。以高级别来看,RFID 的监控和管理包括两个方面:设备管理和对读写器的配置。管理员需要一个管理整个架构的接口,该接口应该包含在一个集中式的门户框架中。

RFID 管理解决方案还应与现有的管理提供者(如 HP OpenView 或 Tivoli)无缝集成,需要支持 SNMP 和 JMX 之类的标准协议。理想的情况是,一个中央配置主机应能够将配置推行至边缘和整个供应链中的读写器。

当配置内部复杂的分布式环境时,还会出现一些其他挑战。例如,保护单元素服务和消除网络分区症状(Split-brain Syndrome)。要想 RFID 配置能够执行良好,必须解决这些问题。

7. 消息传递

保证的 exactly-once(只发送一次)消息处理语义非常难以实现,即使在干预式消息传输过程中,发送方和接收方也都存在着消息中断的可能性。大部分中间件解决方案没有考虑确保 exactly-once 消息语义的需求,但如果不考虑这个问题会产生一系列问题。例如,单次交付报告会被无意地交付多次。仓库管理员就会认为向合作伙伴发送了两份报告而非一份;在不同的时间和地点多次发生这种情况,其效果就会非常惊人。

另一个重要因素是确保对消息排队和出队的事务性保证。如果消息没有按事务顺序排队,队列就没有保证;类似地,出队的消息也无法保证是否经过完全处理。其他方面的考虑主要是围绕操作幂等性,即重新执行已部分完成的操作是否安全。

有时,需要进行连续的计算,特别是在发送方和接收方地理位置较远时。在这种情况下,如果一方依赖于另一方的同步响应,那么网络中断就会带来整个操作的终止。这种情况下应该设为异步通信。

通常使用 JMS 进行异步通信。如果 JMS 提供者在接收方,发送方如果无法对消息进行排队就会阻塞(或者引发错误并负责重新尝试发送)。因此,在发生这些问题的情况下,将 JMS 放在接收方不会对发送方有任何帮助。如果要使用存储-转发消息传递机制,其中的许多问题将都可以解决。这样,异步通信就可以恢复,因为存储-转发系统会负责继续发送消息、重试等。鉴于这些情况,JMS Bridge 或存储-转发技术就显得至关重要。

9.5.2　系统架构

根据选定的电子标签、读写器,加上中间件、数据集成环境和上层的应用系统,一个典型的 RFID 系统就构建好了,如图 9-1 所示。

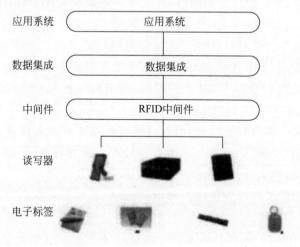

图 9-1　RFID 系统架构图

9.6　RFID 项目实施的 4 个阶段

RFID 项目的实施,可以分为起步、测试和验证、试点实施、实施 4 个可行阶段,逐步实现平稳缓慢的过渡。

即使沃尔玛超市和美国国防部并没有提出在 2005 年时必须使用 RFID 的要求,RFID 技术在未来的 10 年中也会毫无疑问地改变供应链的运作方式。使用编码智能标签(芯片嵌入式)使得供应链上的每一个环节——从最前端的生产厂商到存储仓库,再到商场的货架都能进行有效的物料跟踪,掌握是什么产品、产品的出厂时间、运输目的地是哪里。利用智能标签取得信息,会减少在接收货物和货物存储过程中发生的错误,减少货物的误放率,避免失窃和假冒伪劣,降低管理和劳动力方面的成本支出,从而提高效率。

RFID 技术的采用会带来巨大的收益前景,但随之而来的也会有实施这项新技术带来的挑战。除了关于标准化方面的考虑外,将正在使用的条形码转换为未来的电子标签,还有这些转换将会如何改变公司的运营活动,都需要经过审慎思考。

9.6.1　第一阶段:起步

1. 建立开发环境

在这个阶段用户将会建立一个开发环境,进行小范围的、受控的测试。如果这个阶段的集成和供应商合作伙伴成为长期的 RFID 团队成员,他们将不断发挥指导作用,直到项目成功实施。应该根据实际情况制订计划,以下的一些建议会对正确地选择合作伙伴有所帮助。

2. 选择精英合作伙伴

目前,正处于 RFID 应用的早期阶段,有大批制造商涌入该领域,他们都承诺拥有实施 RFID 的专业技术。这种情况下,把目光集中在那些在技术和解决方案上有优势的公司,就显得比任何时期都重要。只有这样的公司才能帮助你逐级适时地完成整个移植和升级过程。实施团队中的外部合作伙伴最好具有业界领导地位,并且是非营利性标准化组织 EPCglobal 的参与者,这一点非常关键,正是这个组织领导着 EPC 网络标准的采用和实现。EPCglobal 组织的成员和处于主流地位的零售商、供应商有着十分密切的合作关系。如果合作伙伴是 EPCglobal 组织的参与者,他就能够很好地理解业务需求,因而更有效地实现 RFID 系统。他们可以将技术、成本和性能方面的需求形成标准,影响技术的发展和进步。有了这样的合作伙伴,系统将会跟上技术进步的脚步,不致落伍。

要寻找的供应商除了可以提供完整的、价位合理的开发环境以外,还应具有以下几个特点。

(1)经验和核心能力。软硬件设备供应商应该是技术和市场驱动的公司,而不是产品驱动的;他们应该有为供应链提供专门设计的自动识别系统解决方案的成功先例。理想的合作伙伴不仅仅能够提供某个产品或 RFID 技术,而且应该具有更加深入的经验。另外要注意的是,他们是否较早地开始实施 RFID 技术,是否有沃尔玛和美国国防部项目要求的相关经验,并且是否参与过许多早期的 RFID 项目。

(2) 解决方案营造商的专注程度。成功始于上层管理。当分析未来的 RFID 合作伙伴时,要问一下:从管理层的角度,他们是怎样看待 RFID 解决方案的。RFID 是他们公司业务中的优先项目或重点吗? 是否有整个管理团队的支持并且有资金来支持这个业务的发展? 他们是否提供终端到终端的解决方案? 他们是否有一个专业的服务团队来帮助你在不妨碍正常业务的情况下将 RFID 系统无缝集成到你的企业网络中?

(3) 售后服务。在完成最初的实施之后,支持和维护是一个长期的任务。合作伙伴的产品和应用工程技术人员应该参与随时需要的对话沟通,并解答问题,帮助用户达到采用 RFID 系统的目标,并听取反馈意见。他们应该在实施使用 RFID 系统的整个过程中提供持续的技术支持,帮助解决各种技术问题。

(4) 制造、测试智能标签。标签中存储着包装箱进出仓库的通行密码,它是试点项目一个合理的起点。一旦在不需要 EPC 的情况下可以进行智能标签的编码,就有办法开始测试读取范围、读取速度和数据采集这些性能指标了,从而可以确定标签能被读取的距离、射频信号是否会受到产品本身的影响、标签在包装箱上的位置,以及读取角度和距离的变化范围。当逐渐熟悉了最优的读取速度,并且弄清了怎样采集和读取数据,就掌握了如何提高并达到最优系统准确性和效率的最重要的环节。

(5) 标签放置。标签的放置位置对实现 100% 的读取率很关键,有时甚至要达到 1/4 英寸以内的精度。在测试和校验过程中,要决定把该标签贴在包装箱的什么位置,以及当包装箱的体积增加时该怎样放置标签。

包装内的产品以及标签的结构、设计、空间距离和角度等因素都会对读取率造成影响,甚至可以使读取率从 100% 降为 0。在决定如何在包装箱或货盘上放置智能标签时要考虑以下几个因素。

① 包装设计。包装箱或包装袋上加智能标签时,可能只有有限的空间可用。面对已经定型的包装和固定尺寸的标签和图片,要决定怎样放置标签。

② 对标签的要求。对于大宗货物,如电器或机械设备等,应该在货运集装箱上加标签。智能标签可以识别出集装箱内的每一款货物,使识别信息达到每一件物品的水平。

③ 包装的内容。液体和金属可能吸收或反射无线电波。为诸如金属箔包装的产品、液体产品等货物加标签时要格外小心,通常在这种情况下能够有效放置标签的区域非常有限,需要做大量的实验来找出合适的位置。

(6) 标签:好标签、无效标签和不被读取标签。当一个标签符合以下 3 个条件时就被认为是好标签。

① RFID 数据被正确写入标签,信息被正确打印,标签上存储的数据内容经过写入方确认无误。

② 如果打印出来和经过编码的数据不能通过写入方的确认,这样的标签被认为是有缺陷的,对系统无效。

③ 为了确保信息不被丢失,打印机控制程序应该用相同的电子产品编码来打印另一个新的标签,替换原有标签并使其失效。

当一个已经通过写入方校验的标签在正常读取距离上不能被读出时,这个标签被称为不被读取标签。有些情况下,不被读取标签可能是在一卷好标签中某一个标签上的缺陷造成的。在排除可能造成这一错误的原因后,你的打印/编码系统应该能够区分出标签是否可被读取。如果想达到100%的读取率,就应该舍弃不被读取标签。

9.6.2 第二阶段:测试和验证

1. 引入系统集成合作伙伴

用户会需要一个有经验的向导,他了解目前的运作方法、作业程序和现有系统。这个负责集成的合作伙伴不仅要具备RFID的专业知识,而且应该具有工业生产方面的知识,能够帮助开发出一套实施计划。在这个计划中要定义所有工作流程中的任务、职责、重要事件和相关费用,还要建立一个切实可行的性能目标。这个集成伙伴是用户的合作领导人,所以一定要测试他们在供应链解决方案领域的背景知识,查看他们在技术方面的相关证书,并询问他们与项目相关的工作经验。

2. 集成多方面的应用软件

在测试和验证阶段,将RFID技术集成到你的现有企业资源计划(ERP)系统和仓库管理系统(WMS)的各个部分中,可以预览一下RFID将会使你的企业和供应链的能力增强到什么程度。通过提供广泛的、实时的、准确的信息,RFID支持业务中的不同领域,如资源计划、零配件采购、订单跟踪、客户服务、库存管理、运输管理和会计等。所以可以预期的是:你将会在效率方面获得重大提高。早在选择制造商时,就选择那些能够与主流WMS和ERP供应商提供的产品集成的设备。在软件方面,要寻找像Manhattan Associates'和RFID-in-a-Box一样能够提供成套解决方案的供应商。

3. 与存储仓库的基本设施集成

Printronix的智能标签开发者工具箱最早为典型的包装箱和货盘开发了标签样品,可以像那样模拟一个出入口和装有固定读取器的传送带。在这个初始阶段,也可能会选择在集成合伙人已经构建好的实验室中开始测试。这个阶段,借助类似Alien Technology's提供的包括了读写器、天线和开发系统软件的RFID开发工具,这样的辅助产品会加快进步的速度。

4. 对RFID合作伙伴的要求清单

在启动RFID试点项目时,要选择精英合作伙伴。选择系统集成伙伴和供应商时,要考虑以下要求。

- 是标准化组织EPCglobal的参与者。
- 曾经与其他有经验的RFID伙伴合作过。
- 能够提供升级完善的途径。

- 提供资产保护计划。
- 可升级的软硬件。
- 规模可调节的解决方案。
- 强大有效的工业设备。
- 曾参与过其他试点项目,能够清晰地阐述类似"实例研究"的例子。
- 有能力在不需要用户介入的情况下进行系统验证核实。
- 提供企业级的网络管理解决方案。
- 是正规的专业服务机构。
- 进行标签确认测试,为客户组织数据和文件。
- 提供培训、集成和实施咨询服务。
- 国际化的组织机构,能够满足跨国客户在不同地区发展的需要。
- 在有需求的时候,能够批量供应。
- 设备能与主流供应链软件和其他企业的项目集成。

5. 验证供应商人选

在进入项目实施阶段后,要对设备的工作情况进行评估。无论选择同哪一个厂家合作,对 RFID 来说都有一些必须坚持的预期性能。例如,选择的打印机供应商应该提供以下资料。

- 完整的编码解决方案。
- RFID 功能扩展和驱动程序。
- 有能力使系统扩充到不止一台打印机,以便支持 10 000～50 000 个智能标签的试点运行。
- 通过鉴定、没有数量限制的智能标签。
- 一支快速成长的团队能够满足对标签唯一性设计的要求。
- 打印机和标签与 RFID 设备协调性好,并能将信息传回 ERP 或 WMS 系统。

在发展过程中,读写器供货伙伴要有能力提供满足 RFID 国际化的要求,针对不同国家及地区所使用的不同频率提供解决方案。在实施阶段,根据用户的需求,读写器可以被安放在不同的位置,如码头的入货口和出货口、产品传送带、取货排序装置和升降机。手提式读写器便于厂商进行库存盘点、安放和调整货物,应该能够同时读取条码和 RFID。

6. 寻找供应商

应该寻找能够满足如下需求的读取器供货商。

- 提供满足国际化体系在不同国家、不同地区机构业务需求的解决方案。
- 提供永久的支持服务,满足不断地对产品文档编制和系统集成升级、维修、配件,以及提供技术支持的需求。

弄清所有的供货商的服务策略很重要。要询问他们是否已经和其他市场上的主流 RFID 供应商一起,就项目计划和实施策略问题建立了行业联盟。

9.6.3 第三阶段:试点实施

1. 大胆启动

试点项目的目标是开发出一个可预期、范围可调节的系统。这要求在标签放置、输出和性能方面达到一定的精度。在这个过程中小心测量、精心记录能从根本上减少错误,有助于同合作伙伴和客户一起建立最终的作业流程。要标记重要事件,以便详细规划系统实施情况。不要一味往前赶,要不时地停下来评估目前的解决方案:针对不同的产品,智能标签的放置方法是否已经公式化并且效果得到确认;由于业务流程的显著不同,是否应该在不同的业务部门并行运行多个试点项目;现在增加多台打印机的时机是否已经成熟。

试点阶段的任务是准备好必要的工具和经验,以便在真正的网络环境下用实际的标准来处理更大宗的货物。虽然只是在有限范围内进行测试,但在处理日常业务需求的过程中,能够积累对系统的知识和建立使用它的信心。

为了达到试点的预期目标,应该做到以下几点。

- 在其他的设备/部门中安装设备,以便发现和修正设备在应用时的异常情况。
- 检验在不同位置采集和传输数据的能力。
- 测试从具有多样混杂的 SKU 编码的产品中采集某个特定产品的数据。
- 对员工进行培训,让他们了解 RFID 系统的重要性,以及 RFID 系统将会给他们的工作带来怎样的影响(如果标签需要手工放置,这将是学习过程中的关键部分)。
- 与一个零售商合作测试,检测系统的兼容性。
- 将系统置于一个标准的典型生产/运输环境或设备中进行测试。
- 处理更大宗的货物(50 000 或更多)。
- 测试系统面临更大货物数目时的承受能力。
- 与合作伙伴协同努力,减少错误。
- 在完成第一次成功试验后,考虑把试点扩展到更多的产品或地域。可能会发现,在不同的业务部门或针对产品线需要不同的试点。

以下结果的取得标志着试点实施项目已完成。

- 实验测量结果,包括建立的性能度量标准。
- 集成 ERP/WMS 系统,从标签中取得数据并能够将信息传回系统进行操作管理。
- 针对不同 SKU 编码的需要,定义不同的标签和天线。
- 编制程序,使系统在装置检测数据和介质时,能检测出标签拣选和放置的人为错误,并且在错误发生时发出警报,这样系统就具有了纠错能力。
- 决定使用手工还是自动的方法放置智能标签,以及在生产工程中还是结束以后放置。

如果时间紧迫,可以考虑用一个独立的、在成品后再加智能标签的步骤放置标签,而不是把加标签的步骤作为生产过程的一个集成部分。成品过程完成后,先把包装打开,加上智能标签,然后再重新包装好,也许是一个可行的短期解决方案。做出这一决定的最安全也是最好的办法就是综合考虑 3 个因素:产品体积、需要符合 RFID 规范的 SKU 编码产品数目和百分比,以及目前流程的自动化程度。

2. 期望的解决方案

即便在第一年中只有一小部分的出货需要满足 RFID 的要求,解决 RFID 的实施问题也会为今后的业务打下坚实的基础。在第三阶段结束之前,将会建立确定的业务流程和步骤,而且在大宗货流和高处理速度的条件下测试软硬件设备,并验证系统的精确性。

9.6.4　第四阶段：实施

1. 真正的乐趣从现在开始

虽然目前的技术水平还不能达到完全的 RFID 技术实施,数以百计的公司都正在为此努力。技术仍需要发展,标准化的问题还没有解决,各种相关协议还会改变,智能标签会升级到第二代中的第一类。这些行业上的改变意味着设备的更换。所以要选择那些提供资产保护计划的供货商保护用户的投资,供货商还要提供可升级的固件(如符合已提出的 96 位标准)和可调整的解决方案,这样当技术更新时,就不必从头开始。

这里是一套需要思考的问题,找出它们的答案可以帮用户在选择产品和供应商时做出理性的抉择。

- 他们在进行着几个试点项目?
- 他们能从所经历的项目中选出与沃尔玛需求相关的实例和经验,并清晰地阐述它们吗?
- 他们有一群强有力的 RFID 伙伴吗?
- 他们是一个国际化的、能管理你在不同国家、不同地区业务的公司吗?
- 他们能在诸如标签设计和确认、实地评估、培训、集成和移植咨询等方面提供有组织的、专业化的服务吗?

2. 通往高投资收益率(ROI)的途径

在实施阶段,要寻求各种机会提高效率,并为流程建立起度量标准用以量化改进幅度,为实现高的 ROI 打下基础。在试点运行时选取的解决方案应该是可调节、有力、侧重于工业方面的低成本实施。例如,目前的流程中包括为运输而设置的手工粘贴标签步骤,此时就要考虑将来系统扩充时提高自动化程度的需求,这一点在选择打印方案时尤为重要。

(1) 整体质量控制:校验和确认——通过把校验集成到打印设备中,能够使 100% 的条码读取与 100% 的 RFID 读取率相关联,并且实现交叉引用。不需要通过手工操作,系统就能够逐一地检查标签,并与数据库核实,确认从标签读取到的信息正是所期望的。一旦发现错误,系统将立即退回到发生错误以前的状态,取消并覆盖该标签,打印新的替代标签。这种"打印而后读取"的质量控制手段,是为防止有缺陷的标签流入供应链而设计的。它也会防止打印速度减缓,减少劳动力成本,避免由于标签不可扫描而造成的退货和罚款。

(2) 数据采集:企业管理信息的归档会为运作带来最高程度的可视性。数据采集几乎是实时的。消费者活动可视性,为做出更精确的销售预测和采购决策提供了可能。当电子标签读取所获得的时间、位置和批处理信息被传回系统后,就可以在供应链上任意一点识别并定位特定的产品信息。

(3) 网络和设备管理：能够取得实时的信息和对设备的控制,可以提高效率和生产率,有助于用户做出理性的管理决定。网络打印管理系统提供所有在线设备的瞬时可视性,使用户可以同时配置数目不限的打印机。这些解决方案也支持对附加 RFID 编码器的管理功能。提供瞬时可视性,通过电子邮件警报和传呼以及远程诊断功能实现的即时信息通告,所有这些工具都可以在打印网络中发送测试结果,用以阅读和将信息存储在 XML(或其他格式)的文件中,以便将来和传送到打印机的数据流做比较。

(4) 智能介质管理：应用系统将会管辖自身并在出故障时发出报警。如果电子产品编码不能将产品和标签匹配,用户会立即得到通知。前置检测确保标签被正确放置,正确的标签类型被使用,并且天线的设计对于所用的标签来说是正确的。

(5) 工业设计：设备是对将来的投资。为了支持项目从测试阶段到试点阶段,再到实施阶段,打印机应该是抗干扰、可靠的,并能应付发展的需要。要记住,如果考虑到基础设施的投资成本、标签的耗费,以及那些可能由于标签不符合规范而造成不得不停工的时间、罚金和产品被退回造成的损失,选择一款性能优越的打印机的花费在整个框架中就显得微不足道了。

3. 智能标签将会更加智能化

RFID 技术的发展将会带来更大容量的存储器、更宽的读取范围和更快的处理速度。虽然不能预计未来芯片的耗费,但可以确定的是：它将会呈几何级成长,具有在未来几年内对供应链产生重大影响的能力。

9.6.5　RFID 应用系统发展趋势

随着应用的普及,射频识别系统在性能等各方面会有很大的提高,可以预见未来的射频识别系统将有以下的发展趋势。

1. 系统的高频化

由于超高频射频识别系统具有识别距离远、无法伪造、可重复读写、体积小巧等低频系统无可比拟的优点。因此,随着制造成本的降低,超高频系统的应用会越来越广泛。此外,由于双频系统兼有低频和高频的共同优点,因此双频系统的应用也会越来越广泛。

2. 系统的网络化

大的应用场合需要将不同系统(或多个读写器)所采集的数据进行统一的处理,然后提供给用户使用,需要射频识别系统的网络化管理,实现系统的远程控制与管理。

3. 系统的兼容性更好

目前,由于标准不统一,造成了多家厂商的产品之间互不兼容。这就要求系统具有很强的兼容性,能够处理多家厂商的产品。

4. 系统的数据量更大

未来射频识别系统将会处理大量数据,需要系统具有更强的数据存储能力及数据处理能力,要求数据库强有力的支持。

总而言之,射频识别技术未来在发展中,将再结合其他高新技术,如 GPS、生物识别等,由单一识别向多功能识别方向发展,同时将结合现代通信及计算机技术,实现跨地区、跨行业应用。RFID 的发展潜力是巨大的,它的前景非常诱人,也将是未来一个新的经济增长点。

9.7　ETC 系统

RFID 作为一种新兴的自动识别技术,由于具有远距离识别、可存储携带较多的信息、读取速度快、可应用范围广等特点,非常适合在智能交通和停车管理方面的使用。在智能交通领域,RFID 主要应用在以下方面:电子不停车收费系统、海关码头电子车牌系统、城市交通调度管理系统、电子注册管理、基于 RFID 的车辆智能称重系统、基于 RFID 的智能停车管理系统。本节以 ETC 系统为典型案例,来说明 RFID 应用系统的构建与使用。

9.7.1　应用背景

电子不停车收费系统(Electronic Toll Collection,ETC)是目前世界上最先进的路桥收费方式,通过安装在车辆挡风玻璃上的电子标签与在收费站 ETC 车道上的微波天线之间的专用短程通信,利用计算机联网技术与银行进行后台结算处理,从而达到车辆通过路桥收费站不需停车就能交纳费用的目的,如图 9-2 所示。

ETC 特别适于在高速公路或交通繁忙的桥隧环境下采用。实施不停车收费,一方面,可以允许车辆高速通过(时速可达几十公里至一百多公里),与传统的人工收费(Manual Toll Collection,MTC)8 秒出票相比较,不停车收费大大加快了高速公路收费道口的通行能力。据测算,较人工收费车道,ETC 车道通行能力将提高 4~6 倍,可减少车辆在收费口因交费、找零等动作而引起的排队等候。另一方面,也使公路收费走向电子化,可降低收费管理的成本,有利于提高车辆的营运效益,

图 9-2　电子收费车道

同时也大幅降低收费口的噪声水平和废气排放,并可以杜绝少数不法的收费员贪污路费,减少国家损失。与原来的人工收费和人工电脑收费方式相比,实行不停车收费后具有明显优势,不仅极大地改善了路上密集车辆所造成的环境污染,减少车辆阻塞现象,行车更加安全,更为主要的是将大大提高过桥收费效率。

智能交通系统(Intelligent Transportation System,ITS)是目前世界交通运输领域的前沿研究课题,也是我国交通科技发展的重点方向,其核心是针对日益严重的交通需求和环境保护压力,采用信息技术、电子通信技术、自动控制技术、计算机技术及网络技术等对传统交通运输系统进行深入的改造,以提高系统资源的使用效率、系统安全性,减少资源的消耗和

环境污染。

电子(不停车)收费系统(ETC)是 ITS 领域中的一个重要方面。我国交通部门已经把不停车收费系统的开发和应用列为我国 ITS 领域首先启动的项目,并列入交通科技的技术创新重点之一。

1. ETC 系统简介

ETC 系统是利用射频(红外或微波)技术、电子技术、计算机技术、通信和网络技术、信息技术、传感技术、图像识别技术等高新技术的设备和软件(包括管理)所组成的先进系统,以实现车辆无须停车即可自动收取道路通行费用。目前,大多数 ETC 系统均采用微波技术。

不停车收费系统通过路边车道设备控制系统的信号发射与接收装置(称为路边读写设备,简称 RSE),识别车辆上设备(称为车载器,简称 OBU)内特有编码,判别车型,计算通行费用,并自动从车辆用户的专用账户中扣除通行费。对使用 ETC 车道的未安装车载器或车载器无效的车辆,则视作违章车辆,实施图像抓拍和识别,会同交警部门事后处理。

ETC 系统按收费站收费方式,可分为开放式和封闭式;按收费站车道配置,可分为 ETC 专用车道、MTC 车道和 ETC/MTC 混合车道三类。鉴于我国道路实际情况,在较长的一段时间内,ETC 和 MTC 将共存。

2. ETC 系统的关键技术及标准制定

不停车收费的车道控制系统包括以下三大关键子系统:车辆自动识别技术(AVI)、自动车型分类技术(AVC)和违章车辆抓拍技术(VEC)。

车辆自动识别技术(AVI)主要由车载设备(OBU)和路边设备(RSE)组成,两者通过短程通信 DSRC 完成路边设备对车载设备信息的一次读写,即完成收(付)费交易所必需的信息交换手续。目前,用于 ETC 的短程通信主要是微波和红外两种方式,由于技术发展的历史原因,微波方式的 ETC 已成为各国 DSRC 的主流。

自动车型分类技术(AVC)是指在 ETC 车道安装车型传感器测定和判断车辆的车型,以便按照车型实施收费。也有简单的方式,即通过读取车载器中车型的信息。

违章车辆抓拍技术(VEC)主要由数码照相机、图像传输设备、车辆牌照自动识别系统等组成。对不安装车载设备 OBU 的车辆用数码照相机实施抓拍措施,并传输到收费中心,通过车牌自动识别系统识别违章车辆的车主,实施通行费的补收手续。

国际标准化组织于 1992 年设立了 TC204 技术委员会,从事 ITS 标准的制定。TC204 技术委员会下设 16 个工作组,其中第 5 工作组(WG5)负责收费技术标准的制定,第 15 工作组(WG15)负责 DSRC 标准的制定。国际电信组织无线电总会(ITU-Radio)的第 8 研究组(SG8)负责无线电频率资源的分配,其下设的工作组 WP8A 已在 1999 年 2 月 19 日举行的日内瓦会议上通过了提案,同意了日本 5.8GHz 全双工主动式、欧洲 CEN 的 5.8GHz 和意大利 5.8GHz 全双工被动式 3 种 DSRC 标准,接着 1999 年 11 月底 ITU-R/SG8 在日内瓦会议上又进行表决并通过上述 3 种 DSRC 标准。2000 年,5.8GHz 微波频率已正式成为被 ITU 确认的用于 ETC 的国际标准。由于历史的原因和各国国情的不同,目前国际上形成了以欧洲、北美为代表的 5.8GHz 被动式和以日本为代表的 5.8GHz 主动式两种 DSRC 通信标准;我国于 2002 年公布了《关于使用 5.8GHz 频段频率事宜的通知》(信部无〔2002〕

277 号)，也正向 5.8GHz 微波统一。

3. ETC 系统及其应用对比分析

目前，AVI 使用的微波 DSRC 通信规约主要存在主动式和被动式两种工作方式，其技术性能比较如表 9-2 所示。

表 9-2 DSRC 主动式和被动式技术性能比较

工作方式项目		全双工主动式 DSRC(Active)	半双工被动式 DSRC(Passive)
通信频率		5.8GHz	5.8GHz
载波间隔		10MHz	50MHz
通信速率	上行	1Mb/s	0.25Mb/s
	下行	1Mb/s	0.5Mb/s
通信效率		高	低
可靠性(抗干扰)		高	低
电波发射能力		自行发射电波	依赖接收的能量发射电波
对路边设备天线发射功率要求		小，10mW	大，2W
通信距离		约 30m	约 7m
可同时通信车辆数		最大 8 台	仅为 1 台
通信信息量(以 40km/h 行驶)		539Kb	46Kb
适用领域		ETC，提供交通信息、车辆管理	仅为 ETC
与 ITS 兼容		可以	不可以
标准		日本	欧洲(CEN)
车载器价格		高	低

就 ETC 系统应用来看，国内主要以上海和广东为代表，国际上以日本、欧美为代表，具体举例比较如表 9-3 所示。

表 9-3 ETC 系统应用比较

比较项	上海电子收费系统	广东电子收费系统	日本电子收费系统	法国电子收费系统
微波通信频段	5.8GHz	5.8GHz	5.8GHz	5.8GHz
车道天线通信模式	主、被动兼容	被动式	主动式	被动式
OBU 种类	主动双片式、被动双片式和被动单片式 3 种	被动双片式和被动单片式两种	主动双片式	被动单片式
IC 卡种类	双界面 CPU 卡	双界面 CPU 卡	CPU 卡	不需要卡
车辆通行速度	0～160km/h	不低于 50km/h	0～180km/h	不低于 50km/h
系统反应时间	单片：0.06s 双片账户：0.26s 双片储值：0.47s	≤0.3s	不详	不详
应用情况	在虹桥机场出口收费站已获得应用	在广东省高速公路联网收费系统获得应用	日本高速公路	法国高速公路

从系统应用来看，尽管单片式 ETC 系统技术先进、产品成熟，但与国内现有的收费系统是完全隔离的。也就是说，如果要使用 ETC 系统，必须进行收费站的大规模改造，投资巨大、建设周期长、风险大。这是经济并不十分发达的我国，尤其是中西部地区建设 ETC 系统的最大障碍。因此，国外现有的 ETC 技术方案及运营模式并不适合国内区域联网收费的客观形势要求。由于采用高安全性的预付卡方式开展公路收费的电子（非现金）支付业务是必然的发展趋势，因此将 IC 卡技术和 ETC 技术进行有机的兼容，发挥两者互补作用可能是一个最佳的选择。

一般来说，对于公路收费系统，车辆的大小和形状不同，需要大约 4m 的读写距离和很快的读写速度，也就要求系统的频率应该在 UHF 波段，即 902～928MHz。射频卡一般在车的挡风玻璃后面。现在最现实的方案是将多车道的收费口分为两个部分：自动收费口和人工收费口。天线架设在道路的上方。在距收费口 50～100m 处，当车辆经过天线时，车上的射频卡被头顶上的天线接收到，判别车辆是否带有有效的射频卡。读写器指示灯指示车辆进入不同车道，人工收费口仍维持现有的操作方式，进入自动收费口的车辆，通行费款被自动从用户账户上扣除，且用指示灯及蜂鸣器告诉司机收费是否完成，不用停车就可通过，挡车器将拦下恶意闯入的车辆。

9.7.2　系统设计目标和原则

1. 设计目标

高速公路收费系统的总体目标是能够为用户提供良好的通行能力，最大限度地减少费额的流失，并保障投资者的收益和回报。为了实现全国或某地区的自动收费，可采用两种付款方式，即预付方式和后付方式。但无论是哪一种付款方式，都必须通过银行定期或不定期地进行结算。

电子收费系统具体设计目标主要包括根据车辆类型、行驶里程，对车辆正确收取通行费，减少逃费现象的发生，最大限度地堵塞来自司机的财务漏洞；所有收费交易必须入账，所有收费原始数据的登记、记录必须完整、准确，最大限度地堵塞来自收费人员的财务漏洞；系统具有较高服务水平，减少因收费引起的交通延误；收费作业管理图像可视化，为收费管理人员对收费作业现场监督提供有效的辅助管理系统；通行费计算软件简单实用、安全可靠、精确无误；加强对军车、警车、公务车、冲卡车等特殊车辆的管理；系统具有高可靠性，具有防止人为（有意或无意）和自然灾害损坏的能力；系统具有备份功能，局部故障不会影响其他部分的正常工作，车道设备可降级使用；系统具备可扩展性，易于实现升级，兼容性强，可支持多种付费手段（如现金、记账卡、储值卡等）；统计报表准确及时，能够满足管理方面的需要；所有收费登录计算机化，办公自动化程度高；车道收费操作过程简明、实用，能大大减轻收费员的劳动强度；兼顾出口和入口交通管理，定时向交通监控系统提供交通量数据；对于重复使用的通行卡进行跟踪、清点、统计、检索、发放、调配等管理内容，使管理者能实时、准确掌握射频卡的分布情况以及每张射频卡当前的位置和状态。

2. 设计原则

电子收费系统的设计原则包括系统的先进性、可靠性和高效性。

（1）系统的先进性。系统具有成熟、完善的计算机网络体系；具有先进的故障诊断和自适应功能；当网络发生故障时，收费车道能独立工作。当网络恢复正常时，自动追加历史记录，保证数据的完整性；考虑收费系统未来联网和功能延伸需要，本系统的硬件及软件结构具有良好的扩展性和兼容性。

（2）系统的可靠性。系统具有高可靠性以及防止人为破坏和自然灾害的能力；系统具有处理系统故障的后备功能；系统以实用、可靠为目标，能够确保正确收费和最大限度地堵塞财务漏洞。

（3）系统的高效性。系统满足大交通量情况下实时响应时间的要求，具备较高的实时处理速度，车辆缴费平均服务时间为 8～14s。

9.7.3　系统功能与特点

射频识别系统在电子收费系统中的应用，实现了不停车自动缴费、免现金、免找兑、与银行联网结算、货币电子化、畅通高效的智能化收费管理，解决了因停车交费而产生的交通堵塞、资源浪费、空气污染、资金失控等问题。

1. 系统功能

（1）通行费征收功能。在保证车辆安全、快速和畅通的情况下，对使用公路的车辆正确收费。通过系统具有的功能，杜绝收费过程中的舞弊行为和各种漏洞。

（2）信息管理功能。系统运用先进的计算机网络技术，采用实时地将每辆车和每一时间段（从"上班"到"下班"）的处理数据上传给收费站计算机，使整个收费站的各种作业情况、收费数据、交通量数据等可以快速准确地统计出来。能够进行收费标准、口令和权限等设置。可以查询个人和班组某日、某月、某年的值班情况，也可以查询某一时刻的收费情况，并可将查询结果打印出来，但查询具有权限规定。同时，还具有下载数据功能，收费车道控制器在开机时并在运行之后定期（不少于一天一次）从收费站计算机获取日期和时间同步信息、费额表等数据，并根据该同步信息校正车道控制器时钟。

（3）闭路监控及报警功能。系统通过安装在收费亭、车道、广场等各作业点的摄像机，以及收费数据叠加功能，通过大屏幕监视器监视整个收费站的作业过程，并能通过实时录像机进行录像（工作方式可以是录像机磁带方式录像或计算机硬盘录像方式）。系统的车道控制处理单元采用工业控制系统中较为先进的分布式控制模式，选用工业级的专用控制设备和工业级的闭路电视（Closed Circuit Television，CCTV）监控系统，外场的电动道闸均采用技术先进、工作可靠的设备，适应公路环境条件下连续稳定可靠运行、抗干扰性强，可最大限度地减少维护工作量。同时，对每辆过往车辆进行车道图像抓拍，车道抓拍图像上传收费站或保存在本地计算机硬盘。当车辆违章时，会发出黄色声光报警，当收费员出现 3 次错误的登录时，也会出现声光报警，从而增强了系统的安全性和可靠性。

（4）智能道闸的自动控制功能。道闸的开启通过收费计算机控制，自动车辆识别系统确定车型后，费额显示屏显示车辆车型与收费金额，司机交费后，操作员按收费放行键，自动开启道闸，车辆通过后道闸自动回落，并向收费处理机发送车辆通过信号，收费处理机可据此信号判断有无逃费。在特殊情况下，可连续收费，并能控制道闸升起允许车队通过。

(5) 网络故障的处理。在异常情况下,当收费计算机不能连入收费站服务器时,收费处理机自动脱网运行,并将收费数据与图像临时保存于收费处理机,收费站的存储量可供系统脱网运行半年以上。当网络重新连接后,收费员可将数据与图像上传至系统服务器,并清除收费处理机临时数据库。如果当收费计算机长时间不能联入收费站服务器时,收费处理机自动脱网运行,并将收费数据与图像临时保存于收费处理机,需要汇总数据报表时,系统维护员可将收费站的数据通过移动存储设备从车道机复制到服务器,保证收费站数据的正常结算。

(6) 系统管理。系统分三级操作系统管理员:一级为最低级操作员,只能进行日常的收费;二级的权限大于一级,不但能进行收费操作,还可以进行收费站数据的上下传递,并可查询服务器报表;三级操作员为系统最高级操作员,可以进行系统一切操作,包括系统维护、数据库生成、数据备份等。每一级操作员都有各种数据字段,包括操作员姓名、工号、密码、权限级别等。

(7) 远程数据访问。系统留有数据远程访问接口,可通过电话线以拨号方式访问收费站数据库,包括查询数据、报表、图像等。

(8) 有线对讲功能。通过监控室内的对讲机与收费亭的对讲分机实现内部对讲功能。

高速公路电子收费系统实现了半自动和 ETC 两种收费方式。可选用射频卡作为通行券,支持现金、预付卡、储值卡等支付方式;上级能监控下级的操作异常事件;实时监测出入口车道的设备状态;各级系统可以自动统计交通量、通过量曲线图;实现了对路费、通行券、票据、设备等的严格管理,杜绝舞弊行为;能够提供独特的专家分析系统等。按照高速公路电子收费系统分级思想,从收费结算中心、收费站管理系统和收费车道子系统三方面来分析,其主要功能如图 9-3 所示。

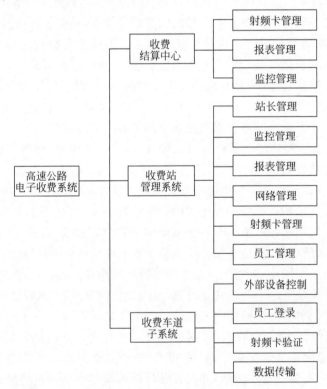

图 9-3　高速公路电子收费系统分级功能

2. 系统特点

电子收费系统是通过设置在收费站的读写器与通行车辆之间的装置实现通信与数据交换,自动接收和发送有关通行费支付信息的系统。采用该系统,通行车辆不必在收费站停车缴费即可通过,从而大大提高了收费站的处理能力。电子收费系统优势明显,它将彻底改变目前半自动收费的落后现状。

系统以最优化的设计和设备选型,设备配置实现了投资少、效能高的目标,能提高收费管理效益,能基本上消除车辆冲卡现象,有效地防止漏收和作弊行为发生。系统具有科学有效地防止作弊、堵塞经济漏洞的管理措施,能加强收费管理规范化,减小经济上违法事件发生的可能性,对促进公路收费管理两个文明的建设将产生明显的经济效益和社会效益。

(1) 系统先进性。系统设计应用先进的自动化系统工程技术,能适应目前征收公路车辆通行费管理的工作需要,做到收费作业流程控制自动化,管理信息化。

(2) 方便客户长途旅行。当多条高速公路开通形成公路网络时,区域收费势在必行,以车载射频标签作为通行证,可使客户持卡在路网内任何道路行驶都无须停车缴费。

(3) 提高收费车道通过率。与人工收费车道相比,通过率可提高 5~7 倍。

(4) 提高管理效率。能够大量减少收费人员,节省 25%~40% 日常管理费用。

(5) 费额流失减少。不需要为支付通行费而当场准备现金,减少车型判别和收费操作差错,并杜绝人为费额流失。

(6) 节约能源。与停车收费相比,车辆燃油消耗降低 15%。

(7) 改善收费站环境。由于不需要停车,通行车辆的加减速次数减少,进而可减少车辆在收费站附近产生的废气、噪声以及降低汽车的油耗,可大大地提高环境保护效果。

9.7.4　系统基本部件

系统基本部件主要包括射频标签、读写器、车辆分离器、天棚指示灯、专用键盘、道路监控摄像机、图像采集卡、智能道闸、费额显示牌、车道控制器、车辆检测器、交通灯、报警灯、雾灯、票据打印机等。

1. 射频标签

射频标签是一种安装在车辆上的无线通信设备,可允许在车辆高速行驶状态下与路旁的读写设备进行单向或双向通信,其结构、工作原理和功能与非接触式射频卡颇为相似,主要差别在于通信距离。它装有微处理器芯片和接收与发射天线,在高速行驶中(可达 50km/h)与相距 8~15m 的读写器进行微波或红外线通信,比接触射频卡的工作频率、通信速率高出很多。在通信过程中,单凭借读写器发射的微波或红外功率转换为射频标签的能源,在功率上难以满足通信距离和通信速率的要求,一般需配备电池或接装车辆电源,射频标签一般为有源器件。

车辆识别挡风玻璃标签是专用于粘贴在载重车辆挡风玻璃后面,配合以专用读写设备,可以实现对目标车辆远距离和移动中的自动识别,还可以读写用户自定义的数据。主要应用于大型生产制造单位自动计量和车辆识别管理、车辆防伪管理、车辆收费管理、其他远距离自动化车辆管理。

车辆识别挡风玻璃标签的特点：各种车型均适合，其独特设计更能保证在大型载重车辆上的应用；柔性材质可适用于挡风玻璃的圆弧面；专用胶使标签与玻璃黏合；长期牢固粘贴不变质；保持读取性能周期长；特殊封装导致标签表面应力不均匀，从而一经粘贴，再取下时便会被撕坏；专用的材质使标签有相当的防潮、防霜、防水、防擦洗功能；存储容量大，保证运动中读取；配合读写器可以实现读写硬件加密，保证数据安全性（根据需求采用此功能）；标签两面可以定制图案、文字。

（1）存储信息。标签的存储信息通常分为强制性信息和选择性信息。强制性信息是指标签应用中所必须具备的信息，一旦写入标签将不可更改，若要更改，需重新进行初始化，因而强制性信息一般是永久信息。选择性信息是指根据应用场景不同而变动的信息，选择性信息并非可有可无的信息。对于电子收费系统来说，强制性信息应该包括射频标签在 ETC 系统中应是唯一的，它自身的标识码是强制性信息；如果射频标签还用作车型识别依据，那么它与车辆是一一对应的，不允许换用，则车牌信息和车型信息也是强制性信息。选择性信息包括个人 ETC 用户的姓名、身份证号、联系人、电话等信息；单位 ETC 用户的名称、联系人、电话等信息；封闭式收费系统中，系统需要记录的入口车道编号和进入时间、出口车道编号和离开时间；ETC 用户的账户资金余额。

（2）工作频率。根据国家无线电管理委员会 1998 年 74 号文件，批准交通部"网络环境下不停车收费系统研究与推广应用"行业联合攻关项目关于 5.8GHz 频段使用的申请。射频标签工作的频率范围应为 5.795～5.815GHz，不响应系统工作频率之外的频率信号。该频段除用于中国电子收费业务外，还将作为未来 ITS 领域服务的业务频段。

（3）物理防护。物理防护是指标签需要进行必要的封装，从而具有一定的坚固性，不易损坏。射频标签用于车载用途时，需要考虑防碰撞及机械振动，因而标签应具有抗振动和抗冲击的明确技术指标。

（4）电子安全防护。电子安全防护是指，标签应设计成内部存储信息不能被普通电子器件发出的电磁信号误操作和故意改写，也就是说射频标签应具有抗电磁干扰的能力，不能被非电喷车的点火系统所辐射的电磁波触发。由于我国非电喷车还将使用较长一段时间，这就意味着汽车点火系统作为宽带干扰源在较长一段时间内仍然大量广泛地存在。

（5）标签的信号强度。被动式射频标签的信号强度是指，在规定的工作条件下，标签返回调制信号的强度。射频标签应当保证信号强度在规定范围内。主动式射频标签的信号强度也就是标签的发射功率，其数值应在国家无线电管理机构规定的范围内，并应在满足读写器接收灵敏度的情况下尽可能小。

（6）标签的响应时间。标签的响应时间是指，被动式标签被读写器发出的查询信号触发时进入正常工作状态所需要的时间，如唤醒时间小于 5ms。

（7）标签的安装。标签应安装在 ETC 用户的机动车上，应有统一的标签安装位置。例如，射频标签在轿车、客车、货车以及摩托车上应有明确的、统一的安装位置，如图 9-4 所示。

（8）标签的定向。被动式标签工作平面的法线应尽量与读写器的极化方向相一致，以确保最佳的识别性能，如图 9-5 所示。

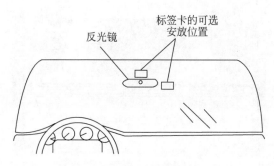

图 9-4　标签的可能安装位置

（9）标签的安装方式。对于 ETC 应用中的车辆识别，推荐采用固定安装方式。例如，可以将标签卡置于安装设备内并固定于车中，如图 9-6 所示。

图 9-5　标签的定向

图 9-6　标签的安装方式

（10）标签安装环境。射频标签安装的位置需保证其周围具有一定的"净区"，净区内不能被任何金属物或突出物遮挡，需特别注意的是防爆太阳膜（因为防爆太阳膜内含金属成分，可能对射频标签形成电磁遮挡，给通信带来障碍）；标签易受损坏的位置不应作为安装位置；安装位置不应对车辆造成损坏，同时不应对车辆的维修造成妨碍，更不能对驾驶员的视线造成妨碍，推荐的安装位置在车内后视镜对应的前挡风玻璃处；被动式标签安装时应考虑电磁波反射强度，必要时可使用金属板作衬板以增强电磁波反射。

2. 读写器

读写器的主要功能特点：天线外置；读写距离为 0～30m，可以调节，最大距离达 150m；可靠的下载机制，程序即时更新到最新版本；射频功率小于 1mW，待机状态无射频输出；具有方向性识别，相邻通道绝无干扰；读写速度 100kb/s；集成化程度高，成本更低；符合工业运用环境。

外置天线的功能特点：带有坚固的铝制安装片，具有多偶极天线阵及匹配系统；外部敷以纤维玻璃钢防护罩，能够适应各类恶劣的环境；外防护罩选用电气性能优良的材料，能有效抵御紫外线辐射；所有固定件采用不锈钢，防腐性能优良；厚度仅为 17.8cm，属于相对小型的应用天线；水平面至垂直面的半功波速幅面上具备 47° 可变调整区，以满足一个方向的识读区大于另一方向的识读区的应用安装要求，如图 9-7 所示。

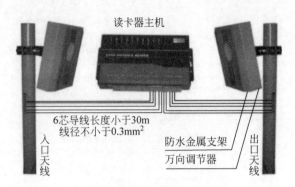

图 9-7　读写器和外置天线

3. 车辆分离器

车辆分离器是自动车型分类系统中的一个重要设备,其主要作用就是区分通过的每一辆车,正确地区分正常车辆和带拖车的车辆,给车型自动分类系统提供准确的信息,确保分类精度,如图 9-8 所示。

车高检测器一般与车辆分离器合并在一起。当车辆经过收费车道时,可根据红外光束被遮挡的情况,检测车头处或前轮处的高度,同时也可测出车辆底盘高度。为防止相互干扰,红外线发射源应采用几组发射频率并错位使用,以提高检测精度。

4. 天棚指示灯

作为交通指示标志,天棚指示灯主要适用于公路、街道、桥梁、收费站等交通控制场所,如图 9-9 所示。天棚指示灯为绿色箭头表示正在使用,为红色叉子表示该车道禁止使用。

天棚指示灯的产品特点:适用于公路指示标志;显示内容为红色叉子和绿色箭头;天棚信号指示灯采用 ϕ26 像素管,每个像素管封装 4 个纯红 LED 和 4 个纯绿 LED,在 1000m 以内能清晰地看到且不受外界光线变化影响,可与禁行标志灯配套使用。

图 9-8　车辆分离器

图 9-9　天棚指示灯

5. 专用键盘

高速公路收费系统专用键盘,通过 PS/2 标准键盘口和车道控制器相连。壳体颜色为黑色,由冷轧钢板作为材料,壳体钢板厚度 1.5mm,表面进行了喷塑处理,具有 53 个长寿命按键(可定制键帽、增减数量),采用标准键盘接口形式,每个按键依据通信协议定义,重量约为 2.5kg。专用键盘是收费员进行收费操作的输入设备,收费员通过键盘输入车型、车种等。

6. 道路监控摄像机

道路监控摄像机由摄像机镜头和防护罩组成,主要用于对车道通行情况进行监视。道路监控摄像机的特点是:适用于道路监控、公路收费抓拍、电子警察等智能交通领域;可直视强光,并可看见强光下的目标,可根据车速来调整摄像机的电子快门,以便准确捕获到相对静止的图像,避免一般摄像机的拖尾现象;双驱动、双电源;在低照明条件下具有转黑白功能,如图 9-10 所示。

7. 图像采集卡

图像采集卡支持两路复合视频输入和一路 S-Video 输入,分辨率为 768 像素×576 像素;能够采集 10b 的高画质高清晰图像;采用多层滤波,画面分辨率高,色彩更加丰富艳丽,图像采集的实时性能更强;采样频率更高;运动图像软件处理不拉毛、不拉丝、不托影,图像质量得到最大增强;性能更为稳定,它的性能价格比高、兼容性好,是智能交通、道桥收费、工业检测、生物识别、医疗影像、军事公安等各领域中监测及图像处理系统的理想选择,如图 9-11 所示。

图 9-10　道路监控摄像机　　　　　　图 9-11　图像采集卡

8. 智能道闸

智能道闸用于控制车道车辆的通行,它由车道控制器自动控制。智能道闸的特点是:采用专业的一体式机心,内部主要部件经过专业设计,模具成型,确保道闸机体部件完整性、可靠性与一致性;采用低功耗直流伺服电机、节能精密传动装置,保证了道闸运行低噪声、低功耗;具有开关闸指示灯提示功能,可方便地提示道闸开启和关闭的灯光效果;外形美观大方,结构小巧,箱体采用不锈钢等,坚固防水;集光、电、机械控制于一体,操作灵活、方便,使用安全、可靠;传动系统具有双重自锁功能,可防止人为抬杆;配上红外线检测保护装置或地感检测保护装置,以及先进的压力电波检测技术,可有效防止砸车现象发生;闸杆长度最长可达 4m;闸杆升降平缓,可靠升降时间为 1.5s,可以配胶条;机箱品种多样化,可适用不同环境与场所,如图 9-12 所示。

智能道闸主要应用于道路管理(严密封闭道路)、道路收费及停车场管理、花园或小区、行政单位等系统中。高速公路收费道闸适用于车流量大的交通干道,该设备动作快速准确、安全可靠,可以实现计算机管理。

9. 费额显示牌

费额显示牌用于显示正在通行车辆的车型和应收金额,供司机参考,费额显示器仅安装在出口车道。费额显示牌是专为公路与停车场收费系统设计的产品,可显示车型、金额、余额、汉字信息、语音提示等,同时具有控制通行指示灯、智能道闸、声光报警、集成的外设控制输出与外设状态检测输入等功能。费额显示牌设计先进,功能齐全,质量可靠,性能价格比高,被广泛应用于高等级公路收费站、停车场等收费系统的费额显示与外设控制,如图 9-13 所示。

图 9-12   智能道闸

图 9-13   费额显示牌

箱体采用大面积回形全密封防尘防水结构;材料为高强度电解板,整体下料,数控折弯成形,表面静电喷涂防锈处理,抗老化耐腐蚀;前面板采用哑光不锈钢或 PC 板,丝印橙色反光字;立柱式安装,±25°可调。

显示器件采用高亮度或超高亮度 LED 发光器件,数字及字符可视距离大于 30m;4 位半 16×16 点阵显示国标宋体汉字,内含国标二级字库共 16384 个汉字和字符,亮度自动三级可调、软件 15 级可调、超长自动左移滚屏;4 种显示方式(正常显示、闪烁显示、不显示,滚屏显示);环境光自动检测(LED 亮度自动三级可调或软件 15 级可调)。

8 字形 LED 数码管显示车型 1 位、金额 4 位、余额 4 位,亮度自动三级可调、软件 15 级可调;3 种显示方式(正常显示、闪烁显示、不显示);环境光自动检测(LED 亮度自动三级可调或软件 15 级可调)。

10. 车道控制器

多功能车道控制器是一种专为车辆出入口控制而设计的多功能控制器,集 8 路光电隔离输出、8 路继电器输出、4 路光电隔离输入、两路感应式车辆检测器、串行 LED 数码显示输出于一身,多功能车道控制器独特的功能配合 PC 可进行车辆的速度、方向、车长、道路占有率、车流量等数据的采集与统计,可连接图像抓拍系统实现图像实时采集,并可对外部设备(如自动道闸、各种交通指示灯)进行实时控制。多功能车道控制器具有硬件灵活的联动设置功能,PC 通过 RS-232/RS-485 通信接口可实时改变多功能车道控制器的配置参数,使多功能车道控制器的使用、操作与维护更加方便灵活,如图 9-14 所示。

车道控制器是高速公路电子收费系统的控制核心,柜内安装工业控制计算机和各种功能控制板,由它对外围设备进行控制操作。

11. 车辆检测器

车辆检测器主要用于检测车辆、摩托车、自行车等金属物,是一种专为车辆出入口控制而设计的单、双通道车辆检测器,适用于停车场、公路车辆收费站以及信号灯控制系统等。每个通道均有两种输出结构(光电隔离输出和继电器输出),双通道车辆检测器配有标准的RS-485 通信接口可与 PC 进行数据通信,如图 9-15 所示。适用于高速公路、桥梁、停车场等多种收费场所,主要用于实现高速公路车辆收费的管理和控制,并将收费数据和控制的外设状态上传到收费站和控制中心。

图 9-14　车道控制器

图 9-15　车辆检测器

车辆检测器采用专业化工业设计,体积小,质量轻,性能稳定,安装方便。专业化的设计使其功能更完善,便于各类控制场所的灵活使用。车辆检测器以其独特的功能配合 PC 数据采集系统可进行车辆的速度、方向、车长、道路占有率、车流量等数据的采集与统计,并可控制自动道闸和图像抓拍。车辆检测器具有硬件优先和软件优先两种设置方式,PC 通过RS-485 通信接口可实时改变车辆检测器的配置参数,使检测器的使用、操作与维护更加方便灵活,也使各种复杂的应用变得简单、方便。

车辆检测器将车道收费数据通过以太网上传至收费站或中心服务器以便统计、分析和处理,并实时地将车道的车型、收费金额、车道号等信息叠加在车道视频图像中上传至中心监视器;控制自动道闸起落;控制车道天棚灯以开闭车道;控制车道通行灯指示通行或禁行;外接车道报警灯,实现车辆逃费声光报警;脚踏报警,当车道有意外情况发生时,中心监控可自动激活报警系统;外接费额显示器为司机显示车型及金额,并实现语音报价;特殊车辆的图像抓拍。

12. 交通灯

采用超高亮度的 ϕ5mm LED 发光器件作光源,国际工业二级防静电(ESD-2000V)标准,内核耐温可达 350℃,能耗低,寿命长,维修成本低,直线可视距离大于 100m。特殊电路设计,使光线达到非常均匀的最佳效果,而且不会因有个别 LED 损坏而降低光强标准。采用宽电压范围的恒流电源,可在 180～280V 正常工作,具有过电压保护;抗浪涌电压冲击、低温度等功能。与现有交通控制逻辑、灯箱结构相匹配,安装简洁。交通灯严格密封,防潮防尘,结构严谨,外形美观。

交通灯为车道通行与禁止通行的标志,由车道控制器自动控制。

13. 报警灯

报警灯采用无传动装置(无齿轮、涡轮、皮带等传动装置)的特殊无刷直流电动机,因而无噪声,且寿命是永久性的,适用于高速公路收费系统、道路工程或特殊搬运车辆。

14. 雾灯

雾灯是高速公路收费管理系统的专用配套设备,能够适应室外全天候连续工作,半功率角超过 30°,可工作于大雾等恶劣环境中,如图 9-16 所示。

15. 票据打印机

票据打印机的功能特点:易装纸结构,方便简单;率先采用低功耗设计,降低成本的同时提高了产品的可靠性和稳定性;与各品牌 POS 机兼容,采用静音设计;可选红外接口,功能齐全;可在线更新程序,能方便快捷地满足全球每个角落的特殊需求,如图 9-17 所示。

图 9-16 雾灯

图 9-17 票据打印机

9.7.5 系统结构

电子收费系统具有网络体系结构,作为该体系前台的车道控制子系统,用于控制和管理各种外场设备,通过与安装在车辆上的射频标签的信息传输,记录车辆的各种信息,实时传送给收费站管理系统。收费站管理系统对收费车道子系统上传的数据进行整理后,通过网络系统上传至收费结算中心,结算中心将统计数据传至银行。银行进行划账和清费,并将欠费的名单传至结算中心、收费站和收费车道。电子收费系统类型有多种,设备配置略有不同,可从功能上进行划分,其组成如图 9-18 所示。

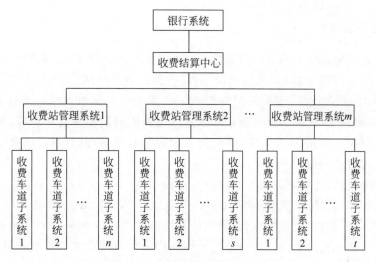

图 9-18 电子收费系统的组成

电子收费系统由收费结算中心、收费站管理系统和收费车道子系统组成。它使高速公路对外界呈封闭状态,使进出高速公路的车辆都受到控制,收费车辆在入口、出口均要进行车型判别、通行券领取、费额判定交费。该系统可以对营运收费进行严格监管,从而有效堵塞费款流失,及时掌握车流量、车型比例、营运收入等准确数据,对道路收费实行科学管理。

1. 收费车道子系统

收费车道子系统包含的主要设备有车道计算机、专用键盘、显示器、车道控制器、收费员操作台、票据打印机、智能道闸、车道摄像机、费额显示器、字符叠加器、闪光报警器、雾灯、车道红绿信号灯、天棚灯、红绿交通灯、射频卡读写器、入口发卡机和出口收卡机。收费车道子系统是一个独立完成收费作业处理、控制收费作业流程的系统。每个子系统相对独立,当系统网络发生故障和进行故障处理时,不影响各个车道计算机系统的正常收费作业;当系统中某个车道计算机系统发生故障和进行故障处理时,不影响其他车道计算机系统的正常收费作业,保障收费系统正常的收费作业。收费车道子系统各设备的连接如图 9-19 所示。

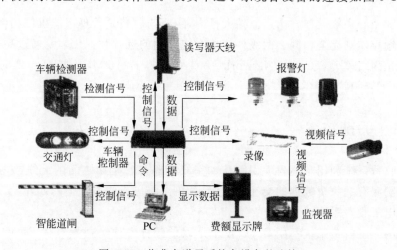

图 9-19 收费车道子系统各设备的连接

2. 收费站管理系统

收费站管理系统主要由收费站控制计算机和局域网两部分组成：收费站控制计算机包括服务器及功能各异的工作站，如监视计算机、数据处理计算机、图形计算机等；局域网采用星状以太网 100-BASE-T，传输线缆为 UTP-5。由于收费车道和收费控制室计算机距离较远，为保证传输质量，这两部分之间采用以太网交换机通过多模光纤连接，采用多模光纤主要是考虑到距离一般在 3km 以内，防止信号过强引起反射，同时也可以降低成本。收费站管理系统的网络结构如图 9-20 所示。

可用三台集线器(收费车道两台和收费站一台)构成 100-BASE-T 型快速以太局域网结构。所有车道计算机连接到两台 10M/100M 自适应共享式集线器；站内网络服务器、财务计算机、收费管理计算机、监视计算机、图像计算机连接到站内 10M/100M 自适应交换式集线器。车道集线器与站内集线器之间采用光纤连接。各收费车道计算机相互独立，无通信联系。

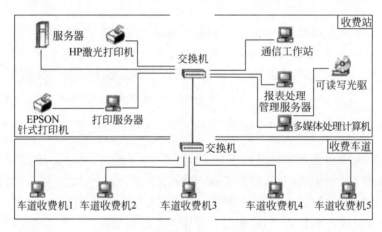

图 9-20　收费站管理系统的网络结构

3. 收费结算中心

收费结算中心一般设在各市局监控大楼内，组成与收费站管理系统机构相似，而网络结构形式和传输媒体则完全相同。两级计算机系统之间的远程数据传输是通过高速路由器接入通信系统光网络单元(Optical Network Unit，ONU)上的 2Mb/s 接口实现的，收费数据流向主要为由低到高。

9.7.6　关键技术

不停车收费系统利用车辆自动识别技术完成车辆与收费站之间的无线数据通信，进行车辆自动识别和有关收费数据的交换，通过计算机网络进行收费数据的处理，实现不停车自动收费的全电子收费系统。

与传统的人工收费系统不同，ETC 技术是以射频标签作为数据载体，通过无线数据交换方式实现收费计算机与射频标签的远程数据存取功能。计算机可以读取射频标签中存放的有关车辆的固有信息(如车辆类别、车主、车牌号等)、道路运行信息、征费状态信息,按照既定的收费标准,通过计算,从射频标签中扣除本次道路使用通行费。

在电子收费中,广泛地采用了现代的高新技术,主要是电子方面的技术,涉及无线电通信、计算机、自动控制等多个领域。在收费过程中,流通的不是传统的纸币现金,而是电子货币。因此,电子收费是以采用现代通信、计算机、自动控制等高新技术为主要特征,实现公路不停车收费的新型收费系统。

ETC 主要的关键技术为自动车辆识别(Automatic Vehicle Identification,AVI)系统、自动车辆分类(Automatic Vehicle Classification,AVC)系统及图像稽查系统(Video Enforcement System,VES)。此外,还需要数据处理的相关计算机设备及收费管理中心。

1. 自动车辆识别系统

自动车辆识别技术是电子收费系统的基础,是指当车辆通过某一特定地点时,可以不依赖人工而能将该车的身份识别出来的各种技术的通称。车辆的身份,泛指车辆本身的代表符号以及一切的属性,包括车辆车牌号码、车主及车籍等资料。但无论多少,车辆至少必须具有一个可供识别的标识,并且是唯一的。一般来讲,车牌号码通常作为车辆的最佳标识。从理论上讲,只要能够识别每个通过车辆的车牌号码,便足以达到车辆识别的目的,这对肉眼来说,是一件极容易的事,但对机器而言却是很难的事。

(1)自动车辆识别系统的组成。目前世界各国厂商所生产的 AVI 种类极多,且彼此之间大多难以兼容,每一家产品皆有其特色。即便如此,一些基本的系统架构却都基本相同,一般是由车载单元、路侧单元和数据处理单元 3 个主要组件组成的。

① 车载单元。车载单元(On-Board Unit,OBU)附属在车辆上,可以是固定式的,也可以是活动式的,作为车辆识别的标识,其本身拥有一种可供识别的信号,这种信号一般是唯一的,因而可以当作车辆的"身份证"。

② 路侧单元。路侧单元(Road-Side Unit,RSU)用以接收或识别车载单元发射出来的信号,并把接收到的信号解译为有意义且可以阅读的文字或数字资料,以供进一步分析计算使用。

③ 数据处理单元。数据处理单元(Data Processing Unit,DPU)把从路侧单元所解译出来的资料和计算机数据库中的使用者资料进行对比,验证身份,并进行数据处理工作,其中包括通行费的计算、交易时间、地点、流水号等资料的登录。

从信号或信息传递与处理的观点看,AVI 的基本运作流程大致可分为 3 部分:截取来自车辆发射出来的模块化电磁波信号;将电磁波信号译成有意义的信息;将解译出来的信息输入计算机中,进行资料对比。

(2)AVI 系统分类。

按 AVI 系统使用的工作频率分类,可分为 3 种,即 917MHz、2.45GHz 和 5.8GHz。从已建成的电子收费系统看,917MHz 系统主要用于北美地区,5.8GHz 系统主要用于欧洲和亚洲以及大洋洲地区,2.45GHz 系统主要用于实验,实际使用很少。5.8GHz 已成为国际电信联盟(ITU)划分给专用短程通信(DSRC)的频段。

按 AVI 系统的通信方式分类,可分为主动式和被动式。主动式射频标签一定含有电源,当车道读写器向射频标签发送询问信号后,射频标签利用自身的电池能量发射载波和数据给车道读写器。主动式通信方式的工作距离较远,大约 30m。在被动式系统中,由车道读写器发射电磁信号,射频标签被电磁波激活进入通信状态,上行载波来源于频率偏移后的下行载波,发射的能量来自存储的电磁波。被动式射频标签既可以是有源的,也可以是无源的。被动式射频标签的电源是供存储数据和处理数据用的,其工作距离较近。

按照系统的读写方式分类,AVI 可分为只读型和读写型。只读型 AVI 系统采用只读型射频标签。只读型射频标签的内容只能被读出,而不能被修改或写入,其内部存储器是只读型存储器。只读型 AVI 大多在早期应用于桥梁、隧道的开放式收费系统。读写型 AVI 系统采用读写型射频标签,其内容既可以被车道读写器读出,又可以由车道读写器写入或修改,内部存储器是 RAM 或 EEPROM。读写型射频标签内部通常还带有 ROM 存储区,供存放固定信息和初始化信息。读写型系统大多应用于封闭式收费环境。

按有无使用射频卡分类,不带射频卡的射频标签一般称为单片式 AVI,带射频卡接口并在使用时需插入射频卡的称为两片式 AVI。单片式 AVI 比较简单,价格低;两片式 AVI 价格较高,具有较多优点,系统功能极易扩展,是未来的发展方向。但两片式 AVI 涉及的技术规范较多,需考虑的问题也较多。如果系统方案设计较好,并遵从有关技术标准,单片式 AVI 系统可以比较容易地过渡到两片式 AVI 系统。

根据技术的发展趋势和国内应用情况以及国家无线电管理委员会关于 ETC 试验频点的批示,建议选择 5.8GHz 频段、全双工被动式通信方式、可读写的单片式或两片式射频标签的 AVI 系统构成不停车收费系统的车道系统。

2. 自动车型分类系统

自动车型分类系统就是利用硬件和处理程序确定车辆的类型,由测量车辆物理特征的各种车道传感器和利用这些装置输出的信息的处理器组成。车道传感器记录车辆的物理特征,处理器汇集各种传感器装置的输入信息,并根据这些信息对车辆进行分类,将确定了车型的车辆信息发送到相关系统,以确保按车型实施正确的收费。

车辆类别可从两条渠道获得,一是标签卡上存储车辆牌照和车型类别代码;二是对检测所得的车辆各种间接参数进行综合评判而确定的车型类别。第一种判别法由于卡存储的车型代码不可修改,无须增添新设施即可在通信过程得到准确度较高的车辆类型判别。但是,一旦用户将卡从原有车辆上拆卸下来,重新安装到与车类代码不符的另一类车辆上,单凭通信所获取的车类信息无法分辨其真伪。第二种判别法需要安装多种检测设备以检测车辆轴数、轮数和外部几何尺寸(或车重)等特征参数,还得用计算机配以专用软件进行综合(或图像)辨识,这不但提高了系统投资,也增加了管理维修费用。目前,常用的分类方法是双管齐下,但有主有次。以卡上获取车辆类别信息为主,再用检测所得的数据进行校核,加以确认。这种做法可大大降低差错率,同时也可节约设备投资。

依据车辆轴距、轴数和前轮处车高进行车辆自动分类的方法比较多,使用车辆分离器、车高检测器、轴距与轴数检测器和传感器进行测量,方法简单合理,主要用于收费站电子收费系统,我国部分高速公路目前已采用这种技术。

(1) 车辆分离器。车辆分离器由红外线发射器组和红外线接收器组构成,发射和接收一一对应,分别垂直地竖立在收费车道两旁,如图 9-21 所示。它发射出几十束平行的红外线光栅,凡是相连接的车辆(如拖车),其连接物(直径>40mm)都会遮挡部分光束(距地 500～1100mm),从而发出整车信号。

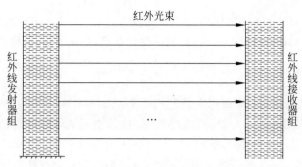

图 9-21　车辆分离器检测原理

（2）轴距与轴数检测器。轴距检测可以通过红外线或踏板式检测器测定,但这种轴距的检测不是真正测出轴距的实际尺寸,而是检测轴距属于哪个范围,轴距划分的范围由车型分类标准确定。

W1 和 W2 为两个压力检测器,埋设间距为 L。当车辆沿行车方向行驶时,由车辆分离器给出一辆车的信息;车辆通过轴距检测区域时,压力传感器检测到轮胎压力,通过计算便可知道车辆的轴距范围。当车辆分离器初始化后,W1 第一次检测到压力,而 W2 还没有检测到压力时,表示车辆还没有完全进入检测区;当 W2 第一次检测到压力,而 W1 还没有再次检测到压力时,表明车辆轴距大于 L,如果此时 W1 已经检测到第二次压力,表示车辆轴距小于 L。在分离器给出一个车辆信息期间,W1 和 W2 检测到的压力次数应该相同,这样可以检测出车辆的轴数。根据检测出的轴距范围和轴数以及车身高等参数,基本上可以确定车辆的类型。轴距与轴数检测原理如图 9-22 所示。

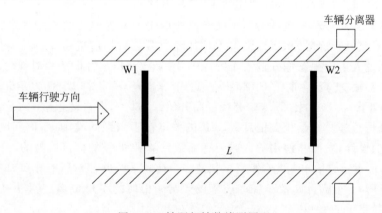

图 9-22　轴距与轴数检测原理

（3）传感器的选择。红外线检测属非接触测量,其优点是响应和恢复时间短,性能稳定,价格便宜,红外线方向性好,不绕射,具有一定的穿透能力和不可见性;缺点在于受外界影响较大,雾、雨、雪、灰尘、漂物、行人等都会对它产生影响。可以选择作用距离远远大于收费车道宽度的红外传感器来减少其受外界影响的程度。

踏板式车辆检测器的传感器使用特殊橡胶混合物制成,其特点是抗磨、抗腐蚀、抗老化以及防水,便于安装和更换,可方便地布置成多段踏板式来提高测量精度和可靠性;但这种检测器响应和恢复时间长,并且容易损坏。

激光检测不受大气、光线、车间距等因素影响,即使车速达到 250km/h,也有很高的测量精度,它是自动车型分类系统中很有前途的检测方式。目前,激光检测已在自动车型分类系统中得到应用,特别是在不停车收费系统中得到广泛使用,但这种传感器价格较贵。

3. 图像稽查系统

作为违规执法的依据,图像稽查系统利用摄影机拍摄并采用图像处理等技术,来加强取缔未按规定付费的执法功能。VES 不依赖于 ETC 的电子标签,而是以摄取车牌的图像来获得车牌号码、车主及车籍资料等信息,并将缴费通知寄给车主。大部分的电子收费系统均对此项作业征收费用,且收费标准不低,其主要目的在于防止驾驶者对于缴费习惯性的违规,并抵消此项作业的处理成本。VES 涉及的相关技术包括照相取像、录像取像、数字取像、车牌识别等。

(1) 照相取像。最早期的 VES 是使用照相机拍摄未缴通行费的车辆,由于通过相片来获得车牌的相关信息,因而需要耗费大量的人力。同时,照相机拍摄存在着激活时机、与车道相对位置的校正、拍摄的日期、时间及储存等问题,使得此种方法渐渐被淘汰。

(2) 录像取像。目前,有些地方已逐渐采用以录放机拍摄通过车道车辆的方式,录像带可在事后重新播放,以检视图像并获得车牌的相关信息。但目前此方式从图像摄取的定位到违规处理的定位,仍需耗费大量的人力和物力。

(3) 数字取像。VES 近年来所采用的方式,是以摄影机摄取数字图像并加以储存,数字化系统可将图像数字化、图像自动储存并可将其通过网络传送至任何地方。同时,车牌识别(License Plate Recognition, LPR)可提升数字化系统作业效率,并可使 VES 达到自动化作业,降低了对人工操作的需求,也降低了 ETC 系统的运作成本。但由于本身的若干限制因素(如识别率),使得其尚未普遍地应用于 VES 系统。

(4) 车牌识别。VES 系统的运行取决于其所取得的图像是否具有足够的品质,能够获得车牌的相关信息(车牌号码、车籍资料等),并经由既有数据库确定车辆持有人。目前,大部分系统是通过人工检视图像并输入车牌号码及其他资料,这种做法耗时耗力,并可能在人工读取图像或输入资料时产生错误。近年来,光学字符识别(Optical Character Recognition, OCR)技术已相当成熟,有些厂商开始计划将车牌自动识别与 OCR 结合起来,从图像信息获得车牌号码及相关信息。LPR 的关键在于识别的准确度,但问题不在技术本身,而是牌照的设计、发照和使用等因素:目前缺乏牌照统一的标准;脏的、受损的车牌及障碍物;车牌位置错误、临时的车牌或车牌遗失;补光系统并非对所有车牌都有效(如以塑料为表面的车牌);车辆设计及车牌的位置的差异;相似的字母或数字无法被完全地识别(如数字的 0 与字母的 O)。

VES 的运作可分为摄影激活、图像获取、图像确认、图像储存、图像处理和图像删除 6 项步骤。

① 摄影激活。埋设于车道的传感器测得车辆到达时,即通知 VES 激活摄影开关拍摄车辆。

② 图像获取。使用摄影机获取车辆车牌区域的模拟图像,并将其传送至数据转换与处理系统。而那些拖车的车牌位于牵引车前方的情形,也应当加以拍摄。

③ 图像确认。所有拍摄车辆牌照的图像仅被暂时性储存,若位于车道上的控制器判定其为违规车,车牌号码、道路服务区段、日期、时间、违规情形、摄影机的编号等信息将随图像资料被储存。

④ 图像储存。图像资料存储于车道上的控制器或传送至收费站上的处理系统,VES

系统与每个存储图像档案的服务器相连。

⑤ 图像处理。图像资料通常由检视系统进行处理，并与顾客服务中心的计算机连接，图像资料的传输是通过光学磁盘、磁带或网络完成的。

⑥ 图像删除。正常缴纳通行费的车辆图像资料将即刻被删除，而违规者图像资料将一直储存于收费站的图像档案服务器，并传送至顾客服务中心，直到通知违规者缴费，并完成行政作业或司法上的处理后，才将资料删除。

9.7.7　系统工作流程

不同的电子收费系统的收费业务过程基本相同，现以封闭式为例，说明电子收费系统的工作过程。当车辆进入收费车道入口读写器的工作区时，处于休眠的射频标签受到微波激励而苏醒，开始工作；射频标签响应读写器的请求，以微波方式发出标签标识和车型代码；读写器接收并确认射频标签有效后，以射频方式发出入口车道代码和时间信号，写入射频标签的存储器内；当车辆驶入收费车道出口读写器工作区域，经过唤醒、相互认证有效性等过程，读写器读出车型代码以及入口代码和时间，传送给车道控制器；车道控制器对信息核实确认后，计算此次通行费额，存储或指令读写器将费额写入射频标签；与此同时，车道控制器存储原始数据并编辑成数据文件，定时传送给收费站并转送收费结算中心。

如果持无效射频标签或驾驶无卡车辆，在收费车道上高速冲卡而过，读写器在确认无效性的同时，启动快速自动道闸，关闭收费车道，当场将冲卡车辆拦截。在无专用收费车道的自由流收费时，可启动逃费抓拍摄像机，将逃费冲卡车辆的车头及牌照号码摄录下来，随同出口代码和冲卡时间一并传送给车道控制器记录在案，以便事后依法处理。

银行收到汇总好的各收费结算中心的收费数据，从各个用户的账号中扣除通行费并计算出余额，转入相应公司账号。与此同时，银行核对备用账户剩余金额是否低于预定的临界阈值，如低于，应及时通知用户补交，并将此名单（黑名单）下发给全体收费站。如黑名单用户不补交金额，继续通行，导致剩余金额低于危险门限值，则应将其划归无效射频标签，编入黑名单，并通知各收费站，拒绝无效射频标签用户在高速公路电子收费车道通行。

收费结算中心应常设用户服务机构，负责向客户出售射频标签、补收金额和接待客户查询。显然，后台必须有一套金融运行规则和强大的计算机网络及数据库的支持，才能实现事后收费。

系统具有收费作业流程控制、收费作业的监控管理及收费数据信息的管理功能。信息的采集和传输功能主要存在于收费车道子系统中，因而本小节主要介绍收费车道子系统的工作流程，其余作业流程参考软件说明部分。

系统的车道收费处理单元设备控制收费作业流程，车道收费处理单元由车道计算机、显示收费作业信息的显示屏和收费作业台、收费费额显示器、语音报价器、收费票据打印机、收费放行智能道闸和车辆检测器所组成。

1. 入口部分

车辆驶进入口车道时，车辆检测器会自动判别车辆的车型、车种，并将其传送给车道控制器，车道控制器自动将相关信息及入口收费站代码，通过射频标签读写器记录在非接触式射频标签上，其流程如图 9-23 所示。

2. 出口部分

车辆驶入出口车道时，车辆检测器先判别车辆的车型、车种，再与读写器读取的非接触式射频标签记录的信息核对是否一致,并做出判断和依照车道控制器调出的该车型、车种及入口距离应收金额进行收费,语音报价器报出车型、收费金额等信息,然后传送收费台费额显示牌,费额显示牌显示收费金额等信息,经确认,控制票据打印机打印输出发票,通行车辆可以当场交费,也可以通过银行扣账。读写器向车载射频标签发送扣除通行费(次数或金额)以及出口信息。车道控制器控制智能道闸升起放行,车道交通灯亮绿色。当检测车辆通过后。控制智能道闸自动落下,关闭车道,车道交通灯亮红色。整个工作流程如图 9-24所示。

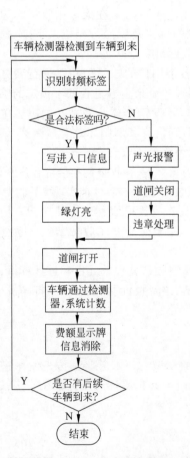

图 9-23　入口部分的工作流程

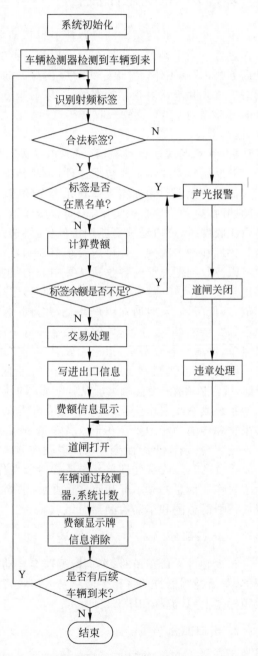

图 9-24　出口部分工作流程

9.7.8 软件说明

高速公路电子收费系统采用入、出口车辆检测判别车型和车种、人工收费、自动道闸控制、闭路电视监视、计算机管理的自动收费模式,收费业务主要以银行扣账为主,有较为完善、严密的非接触射频标签和收据管理系统。

收费系统应用软件根据功能及分布主要分为收费车道软件、收费站管理软件和收费结算中心软件。

1. 收费车道软件

收费车道软件的主要功能是完成入口射频标签识别或出口收费业务。收费车道设备完成一次正常的车辆处理业务后,由此而产生的车型、车种、入口时间、入口站名、通行标签卡号、车道号、收费员工号等信息将存储在车道控制器内,并实时上传给收费站计算机和收费中心计算机。如网络故障不能上传数据,车道控制器可连续存储 40 天的数据,等到网络连通后,系统自动将数据上传收费站计算机和收费中心计算机。车型、车种可由车道检测器检测传送到车道控制器后,由系统自动生成,费额可依据系统设定的收费标准自动生成。其他操作可根据系统提示并结合收费专用键盘完成。

车道控制器开启后,收费车道的初始状态是:天棚指示灯为红色叉子;智能道闸处于关闭状态;交通灯为红色;键盘除了"上班"键可操作外,其他键失效;车辆检测器处于工作状态,当有车辆通过车道时,车辆检测器向车道控制器发出信号,车道控制器控制声光报警器发出报警信号,同时向收费站计算机传送车道过车信息;除车辆检测器外的设备处于停止工作的状态。

收费车道软件的主要功能包括上班操作、打开车道、交费车处理、货车处理、欠款车处理、军车处理、公务车处理、月票车处理、优惠车处理、拖车处理、更改车型及车种处理、车队处理、违章处理、关闭车道、下班操作等功能。

收费员在下班时如网络有故障,可刷自己的身份卡下班,将数据写入自己的身份卡,下班后再到财务计算机上刷身份卡将数据读入财务计算机,以便财务统计当班表。

2. 收费站管理软件

收费站计算机系统的硬件设备包括网络服务器、财务管理工作站、监控工作站、打印机、射频标签读写器等。收费站软件的操作界面为 Windows 风格界面,操作方便简捷,操作员只需轻点鼠标和按数字键即可完成所有的操作。软件设备包括收费站财务软件、收费站监控软件和收费站网络管理软件。

(1)收费站财务软件。收费站财务软件主要功能是提供与收费站管理尤其是与财务管理有关的各种报表,主要包括出入口当班表、各种日报表、月报表、年报表等,其次是射频标签的管理,包括卡的调动、发放及回收。

收费员下班后到财务结算时,系统将根据车道上传的数据统计入、出口当班表,再由财务人员输入实发、实收数据,以检验收费员的操作是否有失误。当班表一经打印输出即转到历史当班表,可在历史当班表中查询已输出的当班表。系统可根据当班表统计各种日报表、月报表及年报表。

(2) 收费站监控软件。收费站监控软件的主要作用是实现监视和查询的功能。根据收费站服务器的数据,统计本站的交通量数据并显示出来,并显示站和车道的通信状况,并能够实时统计和显示收费业务以及实时显示车道使用的票号。

收费站监视计算机的软件主要由交通量统计模块、通信状态监视模块、收费状态监视模块和票据状态监视模块四大模块构成。

① 交通量统计模块:监视工作站定期从服务器提取车道上传的收费信息和车辆通过信息进行加工处理,按车型、车种及车道统计出交通量信息,并显示。

② 通信状态监视模块:监视工作站定期和车道控制器进行实时通信,以便确定通信线路是否正常,并显示。

③ 收费状态监视模块:监视工作站定期从服务器提取车道控制器上传的收费信息和车辆通过信息进行加工处理,统计出当前收费信息(车道号、收费员姓名、车型、车种等),并显示。

④ 票据状态监视模块:监视工作站通过通信模块,实时获取射频标签的使用情况,并显示射频标签卡号。

(3) 收费站网络管理软件。收费站网络管理软件的主要功能是管理各种收费站参数表,包括查看外存中的参数表、查看服务器中的参数表、清除服务器中的参数表、将外存中的相关参数复制到服务器。在网络出现故障时,可用外存将参数从中心服务器上复制出,再将外存中的相关参数复制到收费站服务器。

3. 收费结算中心软件

收费中心计算机系统安装在收费中心的管理大楼内,其主要硬件设备有网络服务器、网络管理工作站、监视工作站、财务工作站、POS 工作站(预付卡管理)、射频标签管理工作站、不间断电源(Uninterrupted Power Supply,UPS)管理计算机、打印机、射频标签读写器等。其主要功能包括:收集和处理各收费站计算机系统上传的数据;统计和查询各类报表并打印输出;建立全线统一时钟,统一车型分类参数和收费参数表、收费系统人员号码表等,并通过收费站计算机系统将有关运行参数下传到收费车道;射频标签编码管理(包括通行卡、公务卡、身份卡)和通行卡的调度;数据库的管理和数据备份;全线预付账户及预付卡的管理;对车道工作情况实时监视,处理入口、出口车道发生的特殊事件(如车型或车种不符、废票请求等);收费系统的网络管理等。

收费中心软件的操作界面为 Windows 风格,操作员同样只需点击鼠标和按数字键即可完成所有的操作。收费结算中心软件主要包括收费结算中心财务管理软件、收费结算中心监视软件、收费结算中心网络管理软件和收费结算中心射频标签管理软件。

（1）收费结算中心财务管理软件。收费结算中心财务管理软件的主要功能是提供与中心级管理尤其是与财务管理有关的各种报表，主要是各种收费站报表的汇总，如日报表、月报表、年报表等；其次是射频标签的管理及全线收费站财务软件运行参数的管理。

（2）收费结算中心监视软件。收费结算中心监视软件的主要功能是监视和查询。系统根据中心服务器的数据，统计出整个收费系统的交通量数据并显示出来；显示全线各站和车道的通信状况及车道的运行情况；对车道发生的特殊事件进行处理，并显示报警信息；实时查询射频标签所在的位置。收费结算中心监视软件主要由交通量监视模块、通信状态监视模块、收费业务监视模块、射频标签查询模块、参数设置模块和实时报警模块构成。

① 交通量监视模块：监视工作站定期从服务器提取各站上传的收费信息和车辆通过信息进行加工处理，统计出中心交通量信息，并显示。

② 通信状态监视模块：监视工作站定期和各站服务器进行实时通信，以便确定通信线路是否正常，并显示。

③ 收费业务监视模块：监视工作站定期从服务器提取各站上传的收费信息和车辆通过信息进行加工处理，统计当前收费信息，并显示。收费员可通过系统实时地查询全线各站各车道的收费情况。

④ 射频标签查询模块：当需要查询射频标签信息时，只需要输入要查询的射频标签的卡号，系统将检查所有已登录的射频标签，并显示该卡的信息。

⑤ 参数设置模块：通过参数设置，可以显示指定车道的报表。

⑥ 实时报警模块：通过实时通信模块获取车道报警信息，将其实时显示，并处理车道发生的特殊事件。

（3）收费结算中心网络管理软件。收费结算中心网络管理软件的主要功能包括对整个收费系统的参数表进行管理并实施系统所需要的辅助功能。网络管理程序负责维护收费系统所需要的各种系统参数表（如通行费率表、旅程时间表、授权员工表等），以及对系统参数的增加、修改和删除。网络管理系统所维护的系统参数表被保存在位于收费结算中心服务器上的数据库中，由收费站服务器接收，在各收费站和车道使用。系统的辅助功能主要包括运行参数的复制和收费数据的备份、恢复及整理。

（4）收费结算中心射频标签管理软件。收费结算中心射频标签管理软件的主要功能是对所有射频标签编码、存档和登记，然后发放非接触射频标签通行卡、射频身份卡、射频公务卡和射频月票卡，以及对非接触射频标签黑名单进行管理。

9.7.9　ETC 相关企业简介

随着各国对智能交通系统（Intelligent Transport System，ITS）的重视，涌现了很多从事 ETC 系统研发和建设的企业。

国内企业包括广州市埃特斯通信设备有限公司、广东路路通有限公司、深圳市武大数字交通技术有限公司、上海城建（集团）公司、北京速通电子科技有限公司、北京紫光捷通科技有限公司、北京握奇数据系统有限公司、瑞典康比特（中国）交通系统有限公司、四川新源现代智能科技有限公司等。其中，广州市埃特斯通信设备有限公司研制了两片式电子标签加双界面 CPU 卡电子不停车收费装置，已广泛应用于广东省不停车收费系统；深圳市武大数字交通技术有限公司重点开发以 3S(GPS、GIS、RS)和通信技术为核心、以全国地理数据为基础平台的 LBS 软件产品和 LBS 应用项目,包括 GPS 不停车收费系统等;上海城建(集团)公司设计的不停车收费系统在虹桥机场收费口已经获得成功应用;北京速通电子科技有限公司主要从事智能交通设备软件的技术开发、应用及生产和智能交通系统的运营管理等,承担了北京市高速公路电子收费"一卡通"不停车收费的运营、管理、服务。

美国企业包括 TransCore 公司、AMTECH 公司、TI 公司、MFS 公司等。其中,TransCore 公司在收费领域的历史可追溯到 20 世纪 30 年代,其客户在美国占 60% 以上,是 AVI 技术设计、集成和维护的供应商领导者。

日本企业包括 TOYOTA 公司、MATSUSHITA 电气公司、NISSAN 公司、MITSIJBISHI 电气公司等。其中,TOYOTA 公司是 ETC 读卡机的主要制造厂商。

欧洲企业包括挪威科瑞(Q-Free ASA)公司、奥地利卡普施(KAPSCH TraffieCom AB)公司(原瑞典康比特(Combiteeh AS)公司)、Kapsch、GEA、CS Route、Autostrade、FELA、Ascom Monetel、Efkon、Daimler Chrysler Services Mobility Management、Vodafone Pilot Entwicklung 等。其中,Q-Free ASA 是世界领先的提供智能交通系统与收费系统全面解决方案的供应商,其系统的主要部件包括符合 CEN 标准的电子标签、路边通信系统、视频识别系统、自动车型分类系统和收集与处理信息的中央管理系统。

习题 9

9-1 填空题

(1) 构建一个 RFID 系统,必须选择电子标签和读写器设备信号之间的标准,具体归纳为四大类,分别是_____、_____、_____和_____。

(2) 目前 RFID 使用的频率有 6 种,分别为 135kHz 以下、_____ Hz、433.92MHz、_____ Hz、2.45GHz 以及_____ Hz。

(3) EPCglobal 规定用于 EPC 的载波频率为_____ Hz 和_____ Hz 两个频段。

(4) 手持式读写器主要有两种形式,一种是_____的 RFID 读写器,另一种是_____的 RFID 读写器。

(5) RFID 项目的实施,可以分为_____、_____、_____和_____ 4 个可行阶段。

(6) ETC 的英文全称是_____。

(7) 不停车收费的车道控制系统包括三大关键子系统:_____、_____和_____。

(8) ETC 主要的关键技术为_____、_____及_____。

(9) 我国 ETC 系统的射频标签工作频率是_____ Hz。

9-2 简述 RFID 的工作频段及其应用场合。

9-3 RFID 系统有哪些常用接口?

9-4 如何选择 RFID 读写器?

9-5 选择与配置 RFID 射频天线需要考虑哪些因素?

9-6　RFID 应用系统有哪些基本要求？

9-7　RFID 应用系统包含哪些部件？给出 RFID 系统架构图。

9-8　简要说明 RFID 项目的实施的 4 个阶段。

9-9　简述 RFID 应用系统的发展趋势。

9-10　简要说明 ETC 系统的关键技术。

9-11　ETC 系统包含哪些基本部件？

9-12　给出 ETC 系统软件结构，并说明各部分功能。

第 10 章
CHAPTER 10

RFID 的测试与分析技术

学习导航

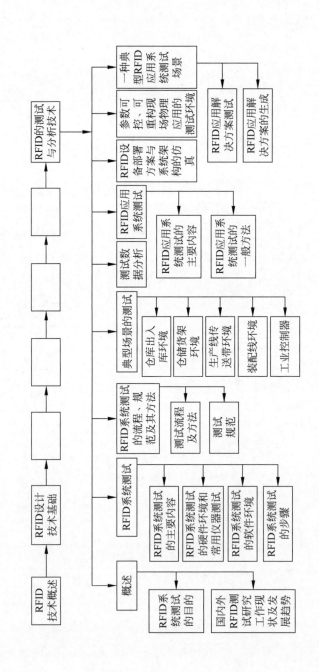

学习目标

- 了解 RFID 系统测试的流程、规范及方法
- 掌握频率选择
- 了解运行环境与接口技术
- 了解典型场景的测试
- 了解测试数据分析
- 了解 RFID 应用系统测试
- 了解 RFID 设备部署与系统架构仿真
- 了解参数可控、可重构现场物理应用的测试环境
- 了解一种典型 RFID 应用系统测试场景

10.1　概述

RFID 已经成为 IT 领域的热点,许多国家都在不遗余力地推广这种技术。然而,尽管 RFID 技术在各行各业中正逐步为人们所认识和重视,但它还是未能走向大规模应用,仍局限于小范围的示范应用。造成这种现状的根本原因在于:无论 RFID 技术本身还是基于这项技术所衍生的各种应用系统都还存在着尚未解决的问题。这些棘手的问题制约了 RFID 技术在众多行业中应用的全面展开。因此,在实际应用前对 RFID 系统和应用环境进行测试,就会减少 RFID 技术在企业中部署和应用的困难,从而有助于促进整个 RFID 产业链的形成和发展。

10.1.1　RFID 系统测试的目的

RFID 系统测试通过模拟应用环境,对国外、国内的 RFID 设备进行统一环境的测试。目的是为企业实施 RFID 技术提供参考依据,并为 RFID 产品和方案的设计提供指导,方便 RFID 生产和科研单位加速 RFID 科技成果的转化进程,完善我国已初步形成的 RFID 产业链,推动 RFID 技术、产业和应用的发展。

RFID 系统测试通过提出 RFID 技术的系列测试方法,建立开放式 RFID 软硬件产品的联合测试平台,制定系列 RFID 软硬件产品测试标准与规范,形成 RFID 技术的测试标准体系,满足 RFID 技术研究测试、应用测试等公共服务需求。

10.1.2　国内外 RFID 测试研究工作现状及发展趋势

1. 国外 RFID 测试研究工作现状

国外的企业界和政府机构充分认识到 RFID 系统测试的重要意义,纷纷涉足这一领域,如 IBM、Sun、英飞凌等厂商都建立了测试实验室,针对自己的产品进行性能测试;日本产品化工作进展较快,已推出的技术和产品均通过了测试;韩国也提出建设测试床计

划(test-bed building plan),该计划于 2005 年启动,建成 RFID 综合测试中心;我国的香港特别行政区和台湾省也在建立这样的测试中心,主要发展电子标签和读写器技术及标准检测。

发达国家和 IT 巨头(如 IBM、Sun、HP、UPS、Microsoft 等公司)为能抢先赢得 RFID 市场,均投入巨资进行 RFID 标准和检测方法的研究,尤其是在标准符合性测试和性能测试方面进行了大量的研究工作,一些关于 RFID 测试的区域性标准甚至国际标准正在制订中,如 EPC Class 1 Gen2 Conformance Requirements、ISO/IEC 18046、ISO/IEC 18047 等。

Sun Microsystems 公司是 EPCglobal 的前身——MIT 的 Auto-ID Center 的主要赞助者,先后参与过多项成功的测试与部署计划。在整合硬件、软件、服务和最佳的伙伴关系后推出阶层式的 Sun EPC Network Architecture,为使用者提供 RFID 技术最全面的端对端解决方案。部署在全球主要区域的 3 家 Sun 公司 RFID 测试中心涵盖了一系列可测试供货商的全面计划,以概念验证(Proof Of Concept,POC)的专业服务,希望降低企业投资 RFID 基础设施的风险,快速提升企业竞争力。其测试内容从商品电子标签、数据与后端系统整台、供应链伙伴的数据共享等都有涉足。其在美国达拉斯设立的 RFID 测试中心面积达 17 000 平方英尺(约 1580m²),可谓投入巨大。

美国联合包裹服务公司(UPS)近年来一直在密切跟踪 RFID 技术,并进行了多项 RFID 测试,还专门制订了 RFID 应用的 4 步战略计划。UPS 公司在亚特兰大附近的工厂进行了两项 RFID 试验:在空运中心使用电子标签识别包裹和使用电子标签跟踪及定位车辆。此外,UPS 公司还对两家 RFID 专业公司进行了投资:一家是生产 RFID 芯片和标签的 Impinj 公司;另一家是提供相关软件和解决方案的 Savi Technology 公司。这也表明 UPS 对 RFID 技术的信心。

IBM 公司在法国尼斯的 La Gaude、美国马里兰州的 Gaithersburg 及日本神奈川县大和市建立了 RFID 测试中心。位于美国的测试中心作为 Wal-Mart 等厂商将应用 RFID 之前的测试场地;位于欧洲的测试和互操作性实验室将测试 RFID 芯片、读写器和相关的应用软件以验证它们的相互配合情况;位于日本的 RFID 解决方案中心主要针对亚太客户,测试内容包括应用的设备和环境、外部噪声和其他不同无线信号对性能的影响、支持的服务和业务流程,以及系统性能和业务优势的实现等。

EPCglobal 也授权专业测试机构 MET Labs 对外颁发"EPCglobal 全球网络测试中心"认证标志。被授权的测试中心使用由 MET Labs 制定、EPCglobal 通过的性能测试资质和规范,模拟应用现场粘贴有 EPC 电子标签的产品开展读取率的测试。获得此项认证标志着该企业在 RFID 技术及 EPC 供应链应用测试的领先地位。目前,该测试分为性能测试和硬件测试两类,未来还将引入软件测试认证。

2. 国内 RFID 测试研究工作现状

在 RFID 产品与系统测试领域,国内最完备的是非接触卡(HF RFID)的测试与验证。目前,已经建立了一批权威的测试机构,并且已经形成了较为完善的测试流程和规范。在用于物品标识的电子标签性能测试和标准验证方面,国内刚刚起步,目前生产厂家测试不够系统,而且缺乏统一的测试环境,一般都是针对某一个具体应用项目而进行的。事实上,我国要在 RFID 领域保持与世界先进技术同步的地位,开展相应的研究势在必行。

目前，国内外对于测试技术方面的工作主要是从对产品的认证和评测的角度开展的，其特点是搭建理想化或典型化的 RFID 应用场景，对各种产品和数据标准进行测试和评估。一些大学和科研机构，如中国科学院自动化研究所、上海复旦大学、信息产业部中国标准化技术研究所、电子工业标准化研究所等相关机构开展了 RFID 应用评测中心的建设工作。

2004 年 10 月，中国科学院自动化研究所 RFID 研究中心与北京中交国科物流技术发展有限公司在国家 863 计划支持下建立了 RFID 测试实验室。目的是通过较为完善的实验条件和环境测试 RFID 关键技术的多项可靠性指标，最终总结可靠性测试的评测体系，为进一步的研究工作提供基本数据并引导研发方向。目前，实验室以 RFID 技术在物流行业为出发点，首先建立了一个面向物流应用的测试环境，包括物流领域中智能仓库、商品配送、运输管理等多个模拟环境。实验室的发展战略是：第一，通过测试，建立面向针对行业应用的测试平台和解决方案；第二，通过测试和对数据的剖析，了解最新的技术、产品和专利壁垒现状，为科技发展制定方向；第三，在测试中心形成一定规模以后，协助相关单位制定具有一定自主知识产权的 RFID 技术标准、应用标准和测试体系。

坐落在上海复旦大学专用集成电路与系统国家重点实验室的 Auto-ID 中国实验室联合上海其他高校和企业，也在 2004 年建立了一个开放的 RFID 演示平台，并结合应用中出现的问题进行理论分析和基础研究，为中国 RFID 标准提供参考依据，促进了 RFID 技术在中国的应用，并与国际接轨。整个演示系统包括一个完整的供应链业务场景所需的两个场所（制造商分销中心或发货仓、零售商分销中心或受货仓），每个场所具有一个通道和至少两个侧门，不同的样品将贴 RFID 标签通过这个通道。通过评估 RFID 标签和侧门的工作性能和样品材料之间的干扰，为标准制定和产品设计提供有效的参考。

2005 年 10 月 26 日，位于我国台湾新竹的工业研究院系统中心对外宣布启用"亚太 RFID 应用检测中心"，依据业务流程主要分为 RFID 静态性能测试、RFID 动态性能测试及 RFID 产业应用实验场三大部分。该中心可提供的服务项目包括标签最低开启功率与标签读取角度量测、标签类型/标签贴附位置最佳化选用方案、输送带闸门容器附贴标签的动态读取率量测、进出货闸门大型物箱或栈板贴附标签的动态读取率量测、标签类型/标签贴附位置的最佳化选用建议、RFID 系统架设最佳化方案、RFID 应用平台技术导入及系统整合服务等。

3. RFID 测试技术发展趋势

RFID 测试技术将由功能测试向性能测试发展。性能测试，如测试标签的一致性、物理特性、读取距离、读取角度、动态读取率、调制深度、可靠性、贴附强度、材料特性（阻燃性、扭曲特性、变形特性、温度稳定性、湿度等）、环境适应性（抗磁场、抗静电、抗紫外线、抗 X 射线、抗静电、交变磁场、交变电场、振动、波形失真）、使用寿命等；测试读写器的覆盖范围、发射功率、发射频谱、协议符合性、抗干扰特性、外观结构、电源适应能力、噪声、安全、EMC 无线电干扰、可靠性、工作温度、EMS 辐射敏感度、环境适应性（振动、冲击、碰撞、耐电强度等）、对标签的适应性、使用寿命等；测试读写器空间布局的合理性、系统动态性能（如传送带、分拣系统）及特殊环境（金属、液体）下系统性能、系统安全性、可靠性等。

10.2 RFID 系统测试

由于 RFID 系统的应用现场环境大多比较复杂,如需经历反复击打、高温或低温、油污影响等传统条码无法胜任的场合,因此必须要考虑 RFID 设备的故障率问题。在现实运行过程中,如多个物品堆积时相互干扰而造成读取率下降、读写器部署不当引起的重复信息读取、电子标签所附物品的介质对电磁信号的干扰、安全架构考虑不周造成非法读取等问题,都会影响系统整体的应用效果,甚至影响到最终用户对 RFID 技术本身的信心。通常在设备上线调试之初,一般把设备(包括电子标签、读写器、网络和软件)不能正常处理信号的概率保守地设为 5%左右。因此,在投资和实施 RFID 解决方案之前,按照测试方法和流程进行一定的测试及仿真试验是绝对有必要的。例如,确定物体表面电子标签的最佳粘贴位置及包装材料选择等测试项目,对于保证正式上线后系统读取率的准确性和连续性的作用是非常明显的。

10.2.1 RFID 系统测试的主要内容

RFID 技术需要测试的主要内容包括标签测试、读写器测试、空中接口一致性测试、协议一致性测试等多个方面。

1. 标准符合性测试

标准符合性测试是指测试待测目标是否符合某项国内或国际标准(如 ISO 18000 标准)定义的空中接口协议,具体内容如下。

(1) 读写器功能测试。读写器功能测试包括调制方式测试、解调方式和返回时间测试、指令测试等。

(2) 标签功能测试。标签功能测试包括标签解调方式和返回时间测试、反应时间测试、反向散射测试、返回准确率测试、返回速率测试等。

2. 可互操作性测试

可互操作性测试是指测试待测设备与其他设备之间的协同工作能力。例如,待测品牌的读写器对其他电子标签的读写能力,待测品牌的电子标签在其他读写器的有效工作距离范围内的读写特性,待测品牌的读写器读取其他读写器写入标签的数据等。测试又可分为单读写器对单标签、单读写器对多标签、多读写器对单标签、多读写器对多标签等不同的环境。

3. 性能测试

RFID 性能测试的典型环境如图 10-1 所示,包括静态测试和动态测试,以及无干扰情况下的测试和有干扰情况下的测试,具体内容如下。

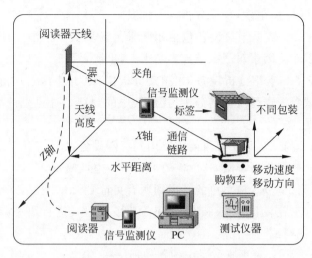

图 10-1　RFID 性能测试的典型环境

(1) RFID 标签测试。RFID 标签测试包括工作距离测试、天线方向性测试、最小工作场强测试、返回信号强度测试、抗噪声测试、频带宽度测试,以及各种环境下标签读取率测试、读取速度测试等。

(2) RFID 读写器测试。RFID 读写器测试包括灵敏度测试、发射频谱测试等。

(3) RFID 系统测试。RFID 系统测试包含电子标签和读写器,测试不同参数(改变标签的移动速度、附着材质、数量、环境、方向、操作数据,以及多标签的空间组合方案等)的系统通信距离、系统通信速率。

4. RFID 产品物理测试和质量认证

具有国家级认证资质的物理特性测试和质量验证,针对 RFID 标签、RFID 阅读器、天线、模块等 RFID 系统中的关键产品的技术指标进行质量验证与测试,主要内容如下。

(1) 电磁兼容(EMC)。

(2) 环境试验参数。

(3) 电气安全参数。

(4) RFID 标签的特殊技术指标。

(5) RFID 读写器的特殊技术指标。

10.2.2　RFID 系统测试的硬件环境和常用测试仪器

1. RFID 系统测试的硬件环境

RFID 系统测试中测试平台需要的硬件环境,包括以下几个方面。

(1) 测试场地。由于 RFID 系统性能参数不同,因此其读取范围也从几厘米到几十米、上百米不等。这就要求在针对不同 RFID 系统的测试中,选择合适的场地。

(2) 基本设备。基本设备有用于放置标签的货箱、托盘、叉车、集装箱等。由于 RFID 标签应用广泛,在实际使用过程中可能被设置在各种材料、规格的货物上,因此在测试阶段就应考虑到这一点,从应用出发,全面分析各种情况。

(3)数据采集设备。数据采集设备包括用于采集环境数据的温度计、湿度计、场强仪、测速仪等。因为很多环境因素对测试结果影响很大,也需要研究。

(4)数据分析设备。数据分析设备(如频谱分析仪、电子计算机及相关数据库、数据分析软件),用来对测试数据进行全面的分析,找出其中的规律。这也是产品测试报告中最重要的数据来源和依据。

除此之外,在部分测试过程中还可能需要用到特殊设备,如要研究产品在无干扰环境下的表现就需要对外界信号进行屏蔽,这就需要屏蔽室或电波暗室。

总之,一个好的测试环境,应尽可能考虑到所有可能遇到的情况,才能对产品进行全面的测试。而且,随着产品应用的深入和发展,还需要不断对其进行跟踪调研,对测试环境进行补充改造,防止出现测试与应用脱节的情况。

以某产品 RIDER 为例,对于测试系统的硬件环境做一些说明。RIDER(图 10-2)即 Radiofrequency IDentification TestER,用于对 Class 1 Gen2 UHF Tag 的一致性进行测试。

RIDER 是对阅读器和天线进行一致性测试的仪器,是可以对 Gen2 的 UHF Tag 进行一致性测试的系统,其功能齐全、灵活性高,从填 ICS/IXIT 表到生成测试报告,都可以非常方便地自动完成。

图 10-2 用于一致性测试的 RIDER

RIDER 系统要求在室温下进行,其具体参数为:温度为 15～30℃;相对湿度为 25％～85％;气压为 86～106kPa。

图 10-3 所示为 RIDER 一致性测试系统的架构。该系统是基于 PC 控制的架构(包括仪器的初始化、命令、用户图形界面、自动测试等)。实时频谱分析仪捕捉交换信息的特征并对信息进行处理。切换单元用于在被测仪器(EUT)和测试仪器之间建立连接。信号发生器和 RIDER 的信号单元为 EUT 产生需要的信号。

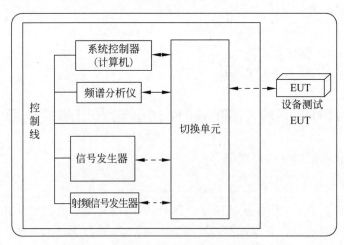

图 10-3 RIDER 一致性测试系统的架构

2. RFID 系统常用测试仪器

各测试仪器的简单说明如下。

（1）频谱分析仪。

功能：进行时域和频域的信号测量，如图 10-4 所示。

（2）信号发生器。

功能：与信号单元一起模拟阅读器和标签，如图 10-5 所示。

图 10-4　频谱分析仪

图 10-5　信号发生器

（3）信号单元。

功能：与信号发生器共同捕获 EUT 响应，并对其分析仿真。

（4）切换单元。

功能：自动建立测试路径，在不同测试情况下完成测试仪器和 EUT 的连接。

（5）射频信号发生器。

功能：产生干扰信号，如图 10-6 所示。

图 10-6　射频信号发生器

10.2.3　RFID 系统测试的软件环境

以 RIDER 为例，对于软件环境做一些说明。图 10-7 所示为 RIDER 软件的架构。

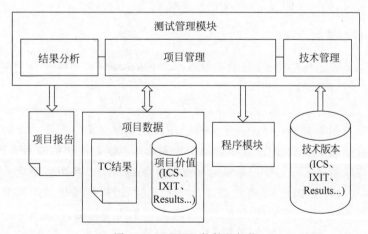

图 10-7　RIDER 软件的架构

测试方案的自动化和实施采用 Lab Window/CVI。Lab Window/CVI 是一种基于 C 语言的,并在数据获取、分析、展示和仪器控制的应用中提供迭代计算的平台。可以看出,该软件平台包括测试管理模块(分为结果分析、项目管理和技术管理)、项目报告、项目数据、程序模块、技术版本等。

10.2.4　RFID 系统测试的步骤

测试过程并不是自由的,对于不同产品的测试报告,其可比性是建立在相同的测试条件和测试程序基础上的。因此,应该有一套完整的测试规范控制整个测试过程。

针对 RFID 系统的测试应首先从应用出发,根据影响读取率的因素逐一进行测试,如速度、介质、环境、标签方向、干扰等。通过这样的测试,才能了解产品在实际应用过程中的表现,从中得出有用的结论,指导产品的使用。

举例来说,针对 RFID 标签读取率的静态测试流程如下。

1. 布置测试环境

选择一个合适的测试场地,首先应保证尽量减少外界干扰,如附近不能有会向外发射电磁信号的设备,避免在测试场地布置与测试无关的金属制品,因为它们对天线所发出的信号影响较大,可能改变天线所发出电磁波的分布,进而影响测试结果的准确性。

布置测试用标签、货箱及读写器。不同的测试需要用到不同材料的货箱。根据目前物流行业的应用,金属、塑料、木质和纸质货箱应用最广泛,这几种货箱对读取率的影响不同。在同一次测试中,应保证货箱材料的统一,最好使用相同的货箱。特别是在对不同厂家生产的标签和读写器进行测试的时候,这一点更加重要。因为从工艺角度出发,即使是相同规格的不同货箱从外形尺寸、材料分布上也不可能做到完全相同,而有些参数对于读取率的影响是不能忽视的,因此本着客观公正的原则,在这种情况下,应保证测试所用货箱、放置位置及外界环境的一致性。

2. 记录环境数据

记录测试时间、测试时的温度、湿度及外界场强。

3. 测试不同位置的读取率

改变标签与天线的相对位置,分别记录各个位置的读取率,并做记录。在每次测试过程中,最多只能改变一项参数。

例如,研究标签与天线距离对读取率的影响时,则把距离向量作为唯一的变量,将测试结果填入读取率与距离关系表格。用于计算读取率的读取结果应保证一定数量。目前所采用的是每个位置读取 500 次,用读取成功的次数和读取总次数的比值表示读取率。这样,就可以降低由于特殊情况造成的读取率变化对最终结果的影响。在距离变化上,一般以 10cm 为单位递增,但这并不是固定的,在读取率比较稳定时,可以适当增加距离变化的幅度;而在读取率变化剧烈时,为了更加准确地得到读取率随距离变化的规律,则应减小这一数值。测试范围应从读取率为 100% 开始直至读取率降为 0,其采样点应尽可能多,这样才能如实反映读取率与距离的关系。

此外,还应研究标签方向对读取率的影响。改变标签的方向,与前面所说的过程类似,记录下标签在不同放置方向时其读取率与距离的关系。由于实际应用中货箱的形状及摆放都是笔直的,因此在测试过程中也可以忽略标签倾斜的情况,而只研究标签与天线平行或垂直的情况。

这一测试过程只是最简单的流程,在实际测试中可根据情况增加测试项目,如在标签与天线之间放置木板、纸板、金属板,从而得到在有障碍情况下的读取率数据;也可以将标签与天线的位置固定,改变周围的环境来研究环境对读取率的影响。

4. 分析测试数据

测试所得到的数据可以输入计算机,使用相关软件对其进行分析,或者转换为图表,使结果更加直观。多次测试的结果还可以汇总起来,这样即可得到被测产品的全面特性。对这些数据和图表进行归纳和总结,可以得到影响读取率的众多因素中,哪些是最主要的,哪些影响相对小些。这对于进一步改善产品性能、指导产品的应用都是十分重要的。

实施 RFID 系统测试的流程有两种方法:手动测试和自动化测试。手动测试的挑战在于如何模拟系统中同时存在的多种行为、如何协调各组件的工作顺序,以及如何保持测试方法的客观并具有可重复性等;自动化测试通过行为分析和虚拟脚本,不仅可以解决上述问题,还可以最小化测试过程中可能产生的人为错误的风险,因此可以作为 RFID 系统测试的首选。

10.3　RFID 系统测试的流程、规范及方法

10.3.1　测试流程及方法

测试流程及方法的总体结构图如图 10-8 所示。

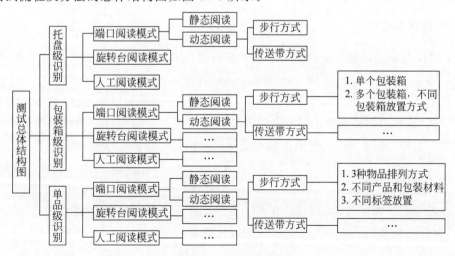

图 10-8　测试总体结构图

根据总体结构图设计流程及方法,具体如下。

首先,针对托盘级识别(pallet level)、包装箱级识别(case level)、单品级识别(item level)分别进行逐级测试。在逐级测试中,再展开不同阅读模式下的测试。在实际情况中,端口阅读模式是物流管理中最为有效和普遍的一种阅读模式,所以在测试中对端口阅读模式进行了较为细致的划分。端口阅读模式可分为动态和静态的阅读测试,而动态阅读中又可以分为步行速度下和速度可调的传送带两种不同情况。

3种阅读模式示意图如图10-9所示。

(a) 端口阅读模式　　　　(b) 旋转台阅读模式　　　　(c) 人工阅读模式

图 10-9　3种阅读模式示意图

1. 托盘级识别

每个托盘都贴上具有唯一编码的射频标签,用阅读器识别各个托盘。需要说明的是,在端口阅读模式中,静态阅读方式是指端口天线固定,由远及近调整托盘到端口的距离,在某位置上端口天线可以识别出射频标签时,端口天线到托盘的距离即为端口天线的阅读距离(read range);而动态阅读方式则是指端口天线固定,以人工步行速度或传送带上可调速度通过端口时,端口天线对托盘的识别性能(如是否可读? 如果可读,阅读距离的变化等)。

2. 包装箱级识别

(1) 单个包装箱识别。包装箱贴上具有唯一编码的射频标签,放置于托盘上面,用阅读器识别包装箱。3种阅读模式均与托盘级识别相同。

(2) 多个包装箱识别。每个包装箱都贴上具有唯一编码的射频标签,将多个包装箱同时放置于托盘上面,用阅读器识别各个包装箱。可以识别出的包装箱的数目占所有包装箱数目的百分数称为阅读率。3种阅读模式是通过测试包装箱的阅读率衡量其性能。需要注意的是,每种阅读模式下,通过改变各个包装箱的摆放位置,来调整各个标签的摆放位置,并观测性能的变化(如图 10-10~图 10-12 所示)。在端口识别模式的静态识别中,端口天线固定由远及近调整托盘到端口的距离,在某一位置上端口天线对射频标签有 100% 的阅读率时,端口天线到托盘的距离即为端口天线的阅读距离。

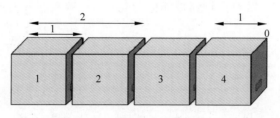

图 10-10　标签同向排列示意图

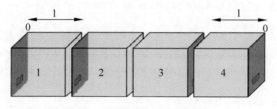

图 10-11　标签两向排列示意图

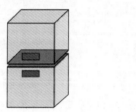 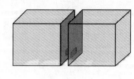

图 10-12　标签相邻示意图

图 10-10 与图 10-11 相比,标签离托盘外沿的平均距离较远,比较测试阅读器性能;在图 10-12 中,两个包装箱上的标签相邻,测试阅读器性能。

3. 单品级识别

托盘上有"均匀的货品排列""复合的货品排列"和"异质的货品排列"3 种货品排列形式。这 3 种货品排列形式互补而又呈现复杂度上的递增,比较它们在下述各种测试情况下阅读器的性能,如图 10-13 所示。

图 10-13　3 种物品排列形式

包装箱中的各个单品均贴上具有唯一编码的射频标签,并用阅读器识别单品,可以识别出的单品数目占所有单品数目的百分数称为阅读率。此外,分别在 3 种阅读模式阅读中通过测试单品的阅读率来衡量其性能。需要注意的是,每种阅读模式下,通过使用不同材料和包装的单品,观测阅读器性能的变化;通过改变标签的放置,观测阅读器性能的变化。

10.3.2　测试规范

测试中需要对标签测试、读写器测试、空中唯一致性测试、协议一致性测试、中间件测试等进行规范。

对于标准符合性测试,测试待测目标是否符合某项国内或国际标准(如 ISO 18000 标准)定义的空中接口协议,具体内容包括读写器功能测试(读写器调制方式测试、读写器解调方式和返回时间测试、读写器指令测试)和标签功能测试(包括标签解调方式和返回时间测试、标签反应时间测试、标签反向散射测试、标签返回位准确率测试、标签返回速率测试等)。

对于可互操作性测试,测试待测设备与其他设备的协同工作能力。例如,待测品牌的读写器对其他电子标签的读写能力,待测品牌的电子标签在其他读写器的有效工作距离范围内的读写特性,待测品牌的读写器读取其他读写器写入标签的数据等。测试又可分为单读写器对单标签、单读写器对多标签、多读写器对单标签、多读写器对多标签等不同的环境。

对于性能测试的具体内容有 RFID 标签测试、RFID 读写器测试和 RFID 系统测试。RFID 标签测试包括工作距离测试、标签天线方向性测试、标签最小工作场强测试、标签返回信号强度测试、抗噪声测试、频带宽度测试、各种环境下标签读取率测试、标签读取速度测试等;RFID 读写器测试包括灵敏度测试、发射频谱测试等;RFID 系统测试包括电子标签和读写器,测试不同参数(改变标签的移动速度、附着材质、数量、环境、方向,以及多标签的空间组合方案等)的系统通信距离、系统通信速率。

10.4　典型场景的测试

在实际测试中,包括各种典型测试,如门禁单元、货架单元、出入库单元、生产线单元等的测试。下面以基于 RFID 技术的仓库管理为例做简要说明。

基于 RFID 技术的仓库管理首先要求实现对仓库平面、仓库货位、托盘的定位、对托盘的跟踪和对叉车的跟踪,其三维空间定位原理图如图 10-14 所示。然后要求对现有仓库管理业务和供应链管理业务进行分析、业务流程再造(BPR)及系统的开发,主要业务改造内容有收货业务、上架业务、分拣业务、发货配送业务等。对于具体实现这里不再展开。

为了构建具有多种典型自动化设备的综合测试环境平台,本课题结合已有的面向物流应用的测试平台研究基础,在实验室中使用包括仓储设备、生产线传送带、装配机器人和工业控制系统等设备建立测试场地和模拟环境,对集成方案测试方法进行研究。

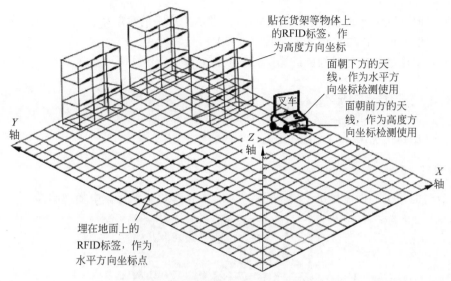

图 10-14　仓库管理中三维空间定位原理图

10.4.1　仓库出入库环境

仓库出入库环境如图 10-15 所示。

1. 目的

建立读取托盘经过一个门口或入口时的情形及性能标准。

2. 测试内容

图 10-15　仓库出入库环境

（1）托盘中有各种不同货物及不同摆放结构的情形，如图 10-16 所示。例如，全为纸或全为金属，或者装在同一个托盘中的金属产品和盛有液体的产品之间又有其他物品，图 10-16 中黑色标记为电子标签粘贴位置。

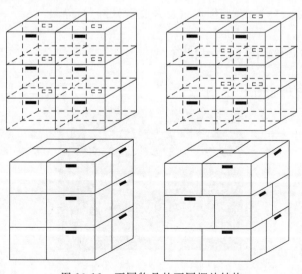

图 10-16　不同物品的不同摆放结构

(2) 读取托盘中所装载的物品时达到使用者期望水平的读取率。

(3) 其他的可发出电波设备的干扰。

(4) 叉车通过的速度对性能的影响。

10.4.2　仓储货架环境

仓储货架环境如图 10-17 所示。

1. 目的

在给定的情况和性能标准下,能够测定堆放在仓库货架上货盘中货物的详细状况。

图 10-17　仓储货架环境

2. 测试内容

(1) 在毗邻的货架中读写器的部署与其他设备的干扰。

(2) 在货架中各种类型的货物,如全为纸或全为金属,或者金属物品之间有其他的物品情况下的读取效果。

(3) 区域内其他来源的无线电设备与射频干扰。

(4) 不同的读写器部署形式引申的问题,如每个货架都安装读写器(可对货架商品流通信息详细记录,但需要较多的读写器)、移动式读写器(较简单且低成本实现,但需要设相应的行走机构)、仓库地板标签(存储地理信息并驱动升降臂)等。

10.4.3　生产线传送带环境

生产线传送带环境如图 10-18 所示。

图 10-18　生产线传送带环境

1. 目的

能够动态读取传送带上的货物信息。

2. 测试内容

(1) 传送带装置参数的定义,如电机位置、传送带宽度、在传送带上方或侧面的读取范围、传送带的速度等。

(2) 在传送带上的物品的放置,如摆放一致、无间隔、方向不同、货物重叠等。

(3) 区域内其他来源的无线电设备与射频干扰。

(4) 电力设备的干扰和噪声,特别是传送带电机发出的噪声对射频信号的影响。

10.4.4　装配线环境

装配线环境如图 10-19 所示。

图 10-19　装配线环境

1. 目的

在给定的情况和性能标准下,能可靠地辨别传送带上的货物并准确抓取。

2. 测试内容

(1) 读写器读取范围和定位精度。

(2) 装配线上有各种不同货物的情形,如全为纸或全为金属,或者金属物品之间有其他的物品。

(3) 装配线电力设备的干扰和噪声。

(4) 标准货物大小和尺寸的确定。

(5) 使用者期待达到的目标。

10.4.5　工业控制器

工业控制器如图 10-20 所示。

图 10-20　工业控制器

1. 目的

控制工业现场的多台读写设备协同工作。

2. 测试内容

(1) 工业控制器的接口类型。
(2) 读写器的部署与其他设备的干扰。
(3) 区域内其他来源的无线电设备与射频干扰。
(4) 工业控制器的操作上限和控制范围。

10.5　测试数据分析

RFID 系统性能指标评价体系中系统性能指标包括确认范围(identification range)、确认率(identification rate)、读取范围(read range)、读取率(read rate)、写入范围(write range)、写入率(write rate)、标签数量(tag population)、每秒可读出标签的数目(tags per second)。

对于测试数据的分析,可以通过采用软件(如 Matlab)对绘制图表进行分析,找出杂乱数据中的规律性。例如,在单品级标签性能测试中,对于标签贴在不同单品上其性能的对比,可以通过先分别对标签在各种单品进行测试,再用软件绘图进行对比。例如,可以清楚地对电子标签贴在不同介质材料表面阅读性能进行对比分析。电子标签贴在纸质材料上、塑料泡沫上和空矿泉水瓶子上时,正对阅读器天线,阅读距离大于 2m 接近 3m,阅读性能很好;当电子标签贴在液体材料上时,阅读距离只有 10cm,阅读性能变得很差;电子标签贴在金属材料上时,阅读性能则更差,阅读距离接近于零。从标签贴在空矿泉水瓶子和装满水的矿泉水瓶子上的对比可以看出,液体材料对于单品的阅读性能影响很大,而金属材料对于单品的阅读性能削弱的影响则更大。

10.6　RFID 应用系统测试

企业或 RFID 系统集成商在进行 RFID 系统现场实施之前,需要对所制定的 RFID 系统方案进行测试,校核方案的可行性,降低 RFID 项目的实施风险。有别于对 RFID 芯片、读写器、天线等产品进行的性能测试,这种测试是一种应用测试,是在接近实际应用环境的场景下,对 RFID 实施方案进行测试。RFID 系统实施者可以根据测试结果不断修改和完善方案,并积累 RFID 项目实施经验,尽可能减少在企业现场实施时出现问题的可能性,这样可以增强企业对 RFID 技术的信心,有利于 RFID 技术的应用推广。

根据系统架构在测试服务器上同时运行多个虚拟终端,支持多种环境,自动计算服务响应时间,重复负载场景,可以验证系统的调整是否对整体性能产生有利的影响,以节省设计时间和系统资源。使用这种方法测试整个应用的系统架构,分析问题并给出可能的解决方案,帮助中间件和信息网络优化应用性能,可应用于基于 RFID 的企业 MES、CRM、ERP 系统,或者供公众查询信息的公共信息服务平台。这种 RFID 服务负载测试方法为 RFID 系统架构和服务质量提供了理想的上线前验证手段,通过虚拟终端来降低由系统复杂性提高所带来的测试难度上,节省了宝贵的时间和资源,并可以重复进行测试,进一步通过预先配置的典型场景和典型用户行为简化配置过程,并通过自动分析测试图表为使用者提供计算机辅助决策的手段。

国外的一些公司,如 IBM、HP 等都斥巨资建立了规模庞大的应用测试环境,为形成优化的、可行的 RFID 解决方案做了大量工作。这种模式在国内不可能复制,如果每家公司都建立这样一个应用测试环境,会带来整个社会资源的极大浪费。为此,建立一个具有公共服务功能的 RFID 应用解决方案测试与生成中心,或者将应用测试功能作为整个 RFID 测试平台的组成部分是十分重要的。

10.6.1　RFID 应用系统测试的主要内容

RFID 应用系统测试还处于初期的探索研究阶段,主要内容包括以下部分。

1. RFID 应用中不同材质对电磁信号的影响及其解决方法

这里主要讨论 RFID 应用场景不同材质影响射频信号的电磁学模型,对不同材质所产生的影响进行数值仿真的方法,利用电磁学数值模拟方法对不同材质的影响进行初步估算,系统地对应用环境中介质影响进行测试。测试主要针对金属、塑料、玻璃和水 4 种基本材料,测试指标包括射频信号强度、损耗、匹配频率、方向特性、读取范围等,从而给出不同材质对射频信号所产生影响的测试分析报告。

2. RFID 应用流程与解决方案的测试验证

这里主要讨论 RFID 典型应用模式和流程的模型化分析方法、面向对象建模方法、RFID 应用流程的系统分解方法,以及应用流程关键场景的基准测试方法等。

3. RFID 设备部署方案的测试验证技术

(1) RFID 设备部署方案的测试验证。它主要包括 RFID 设备部署方案的系统化分析方法、RFID 设备部署方案的建模方法、对 RFID 设备部署方案无线性能测试指标综合评估方法、RFID 设备的虚拟仿真方法、对 RFID 底层无线通信协议的仿真方法、RFID 无线设备网络的仿真等方法。

(2) RFID 设备部署方案仿真测试平台开发。它主要包括基于组件技术,通用的 RFID 设备部署方案仿真测试平台,以实现 RFID 设备部署方案的图形化组态、仿真运行,开展 RFID 设备部署方案的无线性能仿真测试。

4. RFID 系统架构的测试验征

(1) RFID 系统架构的测试验证。它主要包括 RFID 系统网络架构的模型化分析方法、RFID 系统网络架构基于离散事件的建模方法、RFID 系统架构网络性能指标综合评估等方法。

(2) RFID 系统架构仿真测试平台。它主要包括基于离散事件仿真和面向对象技术、RFID 系统网络架构仿真测试平台,以及实现 RFID 系统网络架构的图形化建模、仿真模拟等。

5. 参数可控、可模拟现场物理应用的测试平台

本平台主要包括:分析各种 RFID 应用场景的受控物理特性和环境参数、不同环境特性,如温度、湿度、电磁干扰等对 RFID 应用系统的性能测试影响;环境特性对 RFID 应用系统性能影响的测试方法。

典型应用场景包括物流企业运输系统、仓储系统、邮政系统、制造企业物流系统、酒类等物品防伪系统、票证管理系统、物品安全追溯管理系统及超市零售系统等。

6. RFID 与无线网络技术

RFID 在复杂工业环境中的应用或企业实施跨区域、跨网络 RFID 应用时将会遇到很多组网问题,主要包括 RFID 与无线传感器网络技术与系统、以实现多种接入方式相结合的层次式异构通信系统,以及为具有不同服务质量(Quality of Service,QoS)要求的各种无线通信业务需求提供灵活、可靠、及时的接入服务。通过搭建这一网络平台,对复杂工业环境中的 RFID 的组网应用进行模拟,并可在此平台上进行测试。

RFID 设备与传感设备通信组网技术通过 RFID、Sensor 和无线网络相结合,扩大 RFID 应用领域,使 RFID 具备感应传递的功能,进一步扩展人类对外界环境感知的功能。

10.6.2　RFID 应用系统测试的一般方法

1. RFID 应用中不同材质对电磁信号的影响度及其解决方法

在 RFID 的进一步深入应用中,不同材质对系统性能的影响是必须解决的问题之一。首先需要对应用环境中不同材质对电磁信号的影响进行分析评估,基于天线及标签的仿真采用天线性能的测试方法,因为无论是从理论上分析还是体现在具体的测试结果中,不同材质对 RFID 系统电磁信号的影响最直接的体现就是天线性能的下降。它主要从以下 4 个方面进行测试分析。

(1) 阻抗匹配。主要测试在不同的距离下不同的材质对天线匹配特性所产生的影响,主要参数为天线的谐振频率。

（2）方向特性。在无反射的环境中,测试在不同距离下不同材质时天线返回信号的强度,从而获得不同材质的天线方位角辐射模式。

（3）鲁棒性。测试在不同距离下不同材质之间混合时天线的返回信号强度。

（4）读取范围测试。测试在不同的标准下,不同材质所能达到的读取距离。

基于上述测试,给出不同材质对电磁信号影响的测试分析报告。

对介质影响解决方案进行性能测试,给出测试分析报告和应用指导。例如,基于铁氧体薄膜的射频信号增强方法,由于其通过排除环形天线与金属之间的干扰,增加了磁通量集中效果,可改进金属介质时的射频性能,因此,对此方法可进行验证测试,测试方向性能和读取范围等指标,并分析其性能裕度。

2. RFID 应用流程与解决方案的测试验证

应用领域不同,RFID 应用模式和解决方案也会有所不同,但是从应用框架和设备层次上来看,这些解决方案还是有共同的模型特征,这是构建可重构的 RFID 系统解决方案测试验证平台的基础。首先通过对各种应用模式的共性分析,对 RFID 应用流程与解决方案进行建模。建模可以从设备实体和应用框架两个层次来进行,如从设备实体级来看,系统由标签、读写器、后端系统、标准、性能等实体所描述,而从应用框架级来看,可分为环境层、采集层、集成层和应用层 4 个层次,如图 10-21 所示。

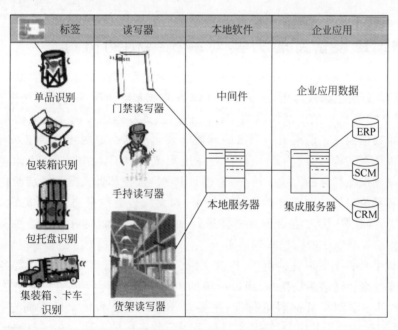

图 10-21　RFID 系统架构

（1）环境层。RFID 应用环境构造,包括贴有电子标签的物品、天线、读写器、传感器、仪器仪表、计算机硬件、服务器、网络设备、终端设备等。

（2）采集层。基于 RFID 的信息采集,通过读写器采集 RFID 电子标签的信息,进行简单的信息预处理(如解码、防碰撞、多通道信息去重、信息过滤、分类)后将信息传送到集成层。

（3）集成层。RFID 应用支撑平台,支持 RFID 信息的输入、获得、传输、处理及协同,包括资源目录服务、RFID 中间件、集成平台、信息系统及信息传输。

（4）应用层。RFID 后端软件系统及应用系统界面,形成可定制的应用系统,包括企业信息管理软件,分析统计及报表生成;专用领域应用软件,满足行业应用的个性业务需求;网站平台,方便供应链节点信息的注册、查询及交互等信息服务;协同工作平台,实现应用中 RFID 与其他系统的协同工作。

在上述模型的基础上,对 RFID 应用流程及解决方案进行工程化的测试验证过程,对 RFID 应用解决方案进行分解,即按应用框架的采集层、集成层、应用层进行分解,得到若干 RFID 应用的关键场景。

对各个关键场景进行需求分析,明确关键场景需要测试的性能指标,这需要结合应用领域专家的知识。

分别对每个关键场景进行独立性能测试,测试的标准是对应于每类关键场景的基准测试。这里,基准测试是 RFID 应用解决方案测试工作的基础,每一类基准测试都对应于某种关键场景,由基准行为目的和需考虑事项及假设组成,描述了这类关键场景的最基本性能标准。

在每个关键场景均通过基准测试的前提下,进行集成测试,集成测试主要测试各场景之间的信息传递过程是否顺畅。

10.7　RFID 设备部署方案与系统架构的仿真

随着 RFID 系统的深入应用,对于 RFID 设备部署方案和系统架构的测试验证已成为重要需求。RFID 系统一般由两级网络组成,由标签、读写器组成的无线通信网络,连接后端应用的信息通信网络。前端设备网络的部署涉及无线网络组网和协调技术,而 RFID 系统复杂的硬件体系架构和数据的海量性都对系统测试提出了新的挑战。为此,采用虚拟测试与关键实物测试相结合的方法。首先,通过对 RFID 设备部署方案和系统架构的分析,确定部署方案和系统架构的主要性能指标和约束,如无线覆盖约束、信号干扰约束、RFID 性能指标等;然后,对 RFID 设备和网络实体进行抽象,建立其面向对象的组件模型,进而构建 RFID 设备部署和系统架构仿真测试平台。

仿真测试平台提供图形化的组件,提供虚拟读写器、标签、TCP/IP 连接等各种组件,生成 RFID 部署方案和网络系统架构,通过内置的 RFID 协议、无线组网和网络仿真功能,对 RFID 设备部署方案测试其部署可行性,主要从 RFID 性能和约束两方面进行分析。对 RFID 网络系统架构分析其服务性能,主要是采用负载测试的方法。在虚拟测试的基础上,对关键性能节点再进行场景实物测试,以保证测试结果的可信度。

仿真测试平台内容包括 RFID 读写器、天线、标签及网络节点的仿真模型,图形化设备部署组态界面的开发,虚拟 RFID 环境的开发,RFID 协议仿真的开发,RFID 与传感网络、无线网络的仿真开发。

仿真的基本步骤如下。

（1）采用 RFID 标签建模工具,对电子标签单独建模,分析标签的各种属性(回波损耗、方向性等),选择部分最优设计待用。

(2) 对 RFID 读写器和天线建模,分析读写器和天线的各种属性(读取范围、最快响应时间等),选择部分最优设计待用。

(3) 建立 RFID 应用环境的仿真,通过测试和经验数据给出该环境下多种材质的电磁反射与吸收情况,给出应用所能使用的部分最佳布局。

(4) 使用步骤(3)所选择的布局在应用环境中部署步骤(1)和步骤(2)所选择的 RFID 读写器、天线和定义标签的参数、运动方向、速度、数量等。

(5) 建立网络模型和通信协议的位置,使得设备与设备之间、设备与业务逻辑模块之间、业务逻辑模块与上层应用系统之间交互,完成对整个应用的仿真。

(6) 对仿真进行分析,评价该应用模型的性能、效果、可能产生的瓶颈。

10.8　参数可控、可重构现场物理应用的测试环境

客观性、可控性、可重构和灵活性是建设可模拟现场物理应用的测试环境的关键需求,配置先进的测试仪器、辅助设备可在一定程度上保证测试结果的客观性。通过为实验室配置温、湿度控制器可实现对温度、湿度的控制。通过配置速度可调的传送带,可实现物体移动速度对读取率的影响。通过配置各种信号发生器、无线设备,可产生可控电磁干扰信号和检查无线网络和 RFID 设备协同工作的有效性。测试实验室由多个测试单元组成,测试单元可灵活组合,动态地实现多种测试场景。

实验环境的基本单元如下。

(1) 门禁测试单元。门禁测试单元由 RFID 读写器、可调整天线位置的门架等组成,可模拟物流的进库、出库、人员进出控制等场景。

(2) 传送带综合测试单元。传送带综合测试单元由可调速传送带、传送带附属天线架、天线架屏蔽罩、配套控制软件系统等组成,可模拟生产领域的流水线、邮政的邮包分拣等所有涉及传送带的应用场景。

(3) 机械手测试单元。机械手测试单元主要由四自由度机械手组成,在机械手上粘贴电子标签可模拟各种标签在一定空间范围内的移动。

(4) 高速测试单元。高速测试单元主要由高速滑车组成,用于测试高速运动标签的读取性能,可模拟高速公路上的不停车收费等应用。

(5) 复杂网络测试单元。复杂网络测试单元主要由服务器、路由器、无线 AP 等网络设备组成。通过对这些设备的不同组合和设置,可模拟多种网络环境,以验证实际网络是否可以承受 RFID 的海量数据。

(6) 智能货架测试单元。智能货架测试单元主要由货架、RFID 设备、智能终端等组成,可测试仓库中货物的定位技术,零售业商品的自动补货、智能导购系统。

(7) 集装箱货柜测试单元。集装箱货柜测试单元由温、湿度可调的集装箱、传感器、GPRS、智能终端等组成,用于测试供应链可视化系统,模拟监测陆运、海运过程中运用 RFID 技术对集装箱内货物的监控。

例如,在基本的供应链场景下,运用门禁测试单元、传送带综合测试单元、复杂网络单

元、机械手测试单元组合成一个完整的测试场景，如图 10-22 所示。

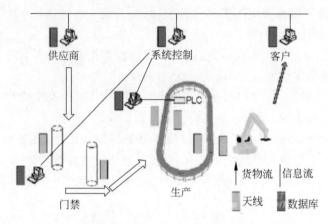

图 10-22　一个完整的测试场景

一系列测试平台软件的主要功能有测试场景的组态、测试仪器的连接和组态、测试数据的自动获取和图形化展示、测试报告的自动生成，从而进一步减少人为因素对测试过程和结果的干扰，提高测试的自动化程度。

10.9　一种典型 RFID 应用系统测试场景

10.9.1　RFID 应用解决方案测试

设计若干典型的接近实际运营环境的场景，进行不同目的的测试，下面是实际案例的主要内容。

RFID 应用于传输带的性能测试，如图 10-23 所示，用于测试输送速度、天线距离与布置方式、天线信号强度对 RFID 标签识读率的影响。

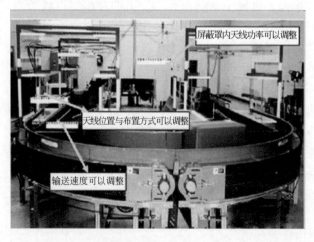

图 10-23　传输带应用测试

测试 RFID 标签在具体应用时的粘贴位置、粘贴方式对 RFID 标签识读率的影响,可用不同颜色区域代表不同的信号强度等级,图 10-24 和图 10-25 所示的天线设计和粘贴方式使货箱 3 个面都可以感知信号,提高标签识读率。

图 10-24　天线设计和粘贴方式 1　　　　　图 10-25　天线设计和粘贴方式 2

10.9.2　RFID 应用解决方案的生成

在进行应用测试的过程中,以及在企业现场实施 RFID 的过程中,不断积累 RFID 系统实施经验,形成一套包括系统需求分析、详细设计、产品选型、应用测试、现场实施、成本效益分析等在内的中国企业实施 RFID 系统的方法论,将在应用实施过程中形成的一些成功的案例进行标准化和规范化,制作成对企业或行业实施 RFID 系统有指导和示范意义的解决方案,教育和引导企业进行 RFID 应用。

习题 10

10-1　填空题

(1) RFID 技术需要测试的主要内容包括_____、_____、_____、_____等多个方面。

(2) RFID 系统常用测试仪器有_____、_____、_____、_____ 和_____。

(3) RFID 系统的测试方案的自动化和实施采用_____。

(4) RFID 标签读取率的静态测试步骤可分为_____、_____、_____、_____。

10-2　RFID 系统测试的目的是什么?

10-3　简述国外 RFID 系统测试研究工作现状。

10-4　国内 RFID 系统测试研究工作现状如何?

10-5　RFID 系统测试平台需要的硬件环境包括哪几个主要方面?

10-6　简述 RFID 系统测试的流程及方法。

10-7　RFID 应用系统测试的主要内容是什么?

10-8　简述 RFID 应用系统测试的一般方法。

10-9　RFID 系统架构的仿真包含哪些基本步骤?

10-10　能实现多种测试场景的测试实验室一般包含哪些基本单元?

附录 A
APPENDIX A | ISO 15693 通信协议

ISO 15693 是一系列针对近距离(vicinity) RFID 的国际化、独立于厂商的标准。它工作于 13.56MHz,并使用磁场耦合读卡器(VCD)和卡片(VICC)。读取距离为 1~1.5m 非接触智能卡,使用的频率为 13.56MHz,设计简单,并且生产读卡器的成本比 ISO 14443 低,常用来做出入控制、出勤考核等,现在很多企业使用的门禁卡多使用这一类的标准。

由于这类卡可以以较大距离工作,因此所需的场强(1.15~5A/m)小于接近式卡片(1.5~7.5A/m)。

ISO 15693-1 部分描述了物理层。

ISO 15693-2 部分描述了射频的电源和信号界面。

ISO 15693-3 部分描述了防冲突和传输协议。

这里主要介绍 ISO 15693-3 部分,其他两部分参照 ISO 15693 的协议。

下列缩略语适用于本部分。

ASK:移幅键控。

EOF:帧结束。

LSB:最低有效位。

MSB:最高有效位。

PPM:脉冲位置调制。

RF:射频。

SOF:起始帧。

VCD:附近式耦合设备。

VICC:附近式集成电路卡。

1. 调制

采用 ASK 的调制原理,在 VCD 和 VICC 之间产生通信。使用两个调制指数:10% 和 100%。VICC 应对两者都能够解码。VCD 决定使用哪种调制指数。

根据 VCD 选定的某种调制指数,产生一个如图 A-1 和图 A-2 所示的"暂停(pause)"状态。

2. 数据速率和数据编码

数据编码采用脉冲位置调制。VICC 应能够支持两种数据编码模式。VCD 决定选择哪一种模式,并在帧起始(SOF)时给 VICC 指示。

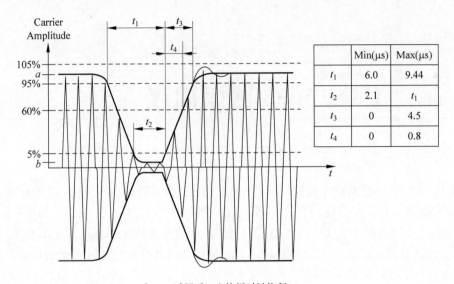

在$t_{4\,\text{Max}}$时间后，应执行时钟恢复

图 A-1　100％ASK 调制

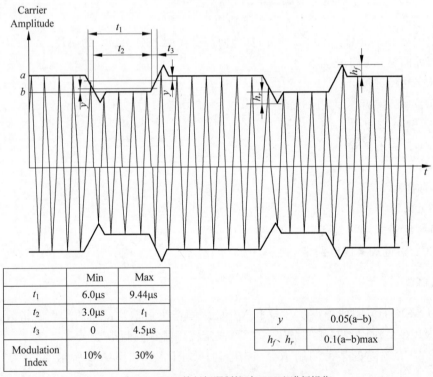

在10%～30%的任何调制值时VICC应进行操作

图 A-2　10％ASK 调制

1）数据编码模式：256 取 1

一个单字节的值可以由一个暂停的位置表示。在 $256/f_C$（约 $18.88\mu s$）的连续时间内 256 取 1 的暂停决定了字节的值。传输一字节需要 4.833ms，数据速率为 1.54kb/s（$f_C/8192$）。最

后一帧字节应在 VCD 发出 EOF 前被完整传送。

图 A-3 所示为该脉冲位置调制技术。

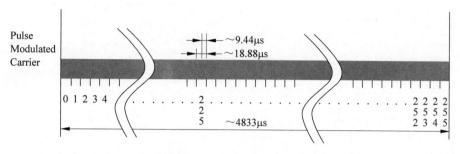

图 A-3　256 取 1 编码模式

在图 A-3 中数据'E1'=11100001b=225 是由 VCD 发送给 VICC 的。

暂停产生在已决定值的时间周期的后一半，如图 A-4 所示。

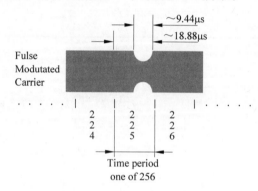

图 A-4　一个时间周期的延迟

2）数据编码模式：4 取 1

使用 4 取 1 脉冲位置调制模式，这种位置一次决定 2 个位。4 个连续的位对构成一字节，首先传送最低的位对。

数据速率为 $26.48\mathrm{kb/s}(f_{\mathrm{C}}/512)$。

图 A-5 所示为 4 取 1 脉冲位置技术和编码。

例如，图 A-6 所示为 VCD 传送'E1'=11100001b=225。

3. VCD 到 VICC 帧

选择帧为了容易同步和不依赖协议。帧由帧起始（SOF）和帧结束（EOF）来分隔，使用编码违例来实现此功能。ISO/IEC 保留未使用项以备将来使用。

在发送一帧数据给 VCD 后，VICC 应准备在 $300\mu\mathrm{s}$ 内接收来自 VCD 的一帧数据。

VICC 应准备在能量场激活的情况下，在 1ms 内接收一帧数据。

1）SOF 选择 256 取 1 编码

图 A-7 所示为 SOF 序列选择 256 取 1 的数据编码模式。

2）SOF 选择 4 取 1 编码

图 A-8 所示为 SOF 序列选择 4 取 1 的数据编码模式。

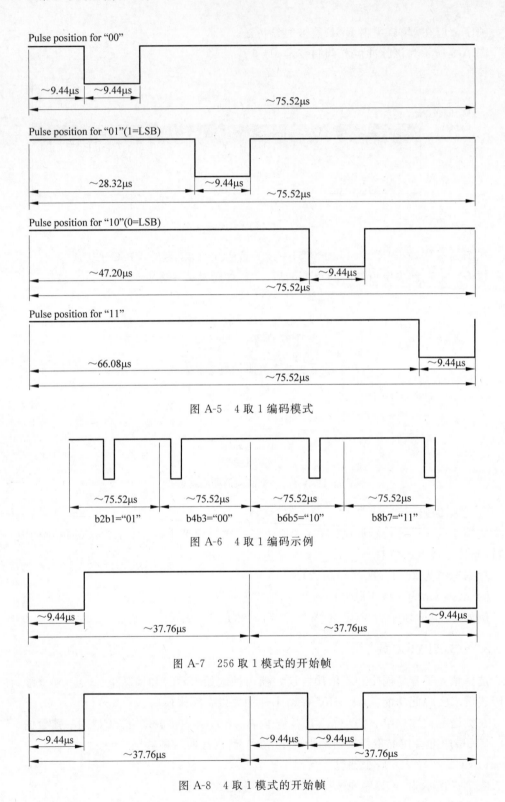

图 A-5　4 取 1 编码模式

图 A-6　4 取 1 编码示例

图 A-7　256 取 1 模式的开始帧

图 A-8　4 取 1 模式的开始帧

3）EOF 满足两者中任意一种数据编码模式

图 A-9 所示为 EOF 序列选择任意一种数据编码模式。

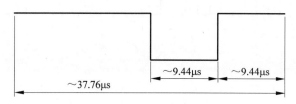

图 A-9　任意模式的结束帧

4. VICC 到 VCD 通信接口

对于一些参数定义了多种模式，以满足不同的噪声环境和不同的应用需求。

1）负载调制

VICC 应能经电感耦合区域与 VCD 通信，在该区域中，所加载的载波频率能产生频率为 f_s 的副载波。该副载波应能通过切换 VICC 中的负载来产生。

按测试方法描述进行测量，负载调制振幅应至少 10mV。

VICC 负载调制的测试方法在国际标准 ISO/IEC 10373-7 中定义。

2）副载波

由 VCD 通信协议报头的第一位选择使用一种或两种副载波。VICC 应支持两种模式。

当使用一种副载波，副载波负载调制频率 f_{S1} 应为 $f_C/32$（约 423.75kHz）。

当使用两种副载波，频率 f_{S1} 应为 $f_C/32$（约 423.75kHz），频率 f_{S2} 应为 $f_C/28$（约 484.28kHz）。

若两种副载波都出现，它们之间应有连续的相位关系。

3）数据速率

使用低或高数据速率。由 VCD 通信协议报头的第二位选择使用哪种速率。VICC 应支持表 A-1 所示的数据速率。

表 A-1　数据速率

数据速率	单副载波	双副载波
低	6.62kb/s（f_C/2048）	6.67kb/s（f_C/2032）
高	26.48kb/s（f_C/512）	26.69kb/s（f_C/508）

4）位表示和编码

根据以下方案，数据应使用曼彻斯特编码方式进行编码。所有时间均参考了 VICC 到 VCD 的高数据速率。对低数据速率使用同样的副载波频率，因此脉冲数和时间应乘以 4。

（1）使用一个副载波时的位编码。

逻辑 0 以频率为 $f_C/32$（约 423.75kHz）的 8 个脉冲开始，接着是非调制时间 $256/f_C$（约 18.88μs），如图 A-10 所示。

逻辑 1 以非调制时间 $256/f_C$（约 18.88μs）开始，接着是频率为 $f_C/32$（约 423.75kHz）的 8 个脉冲，如图 A-11 所示。

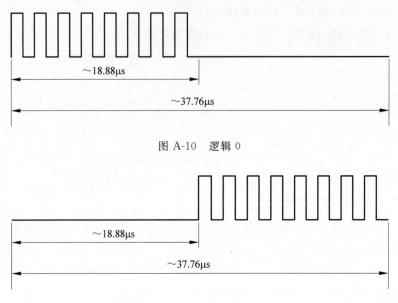

图 A-10　逻辑 0

图 A-11　逻辑 1

(2) 使用两个副载波时的位编码。

逻辑 0 以频率为 $f_C/32$(约 423.75kHz)的 8 个脉冲开始,接着是频率为 $f_C/28$(约 484.28kHz)的 9 个脉冲,如图 A-12 所示。

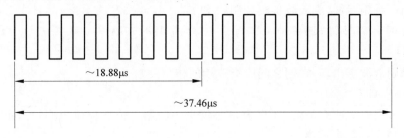

图 A-12　逻辑 0

逻辑 1 以频率为 $f_C/28$(约 484.28kHz)的 9 个脉冲开始,接着是频率为 $f_C/32$(约 423.75kHz)的 8 个脉冲,如图 A-13 所示。

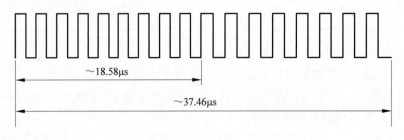

图 A-13　逻辑 1

5) VICC 到 VCD 帧

选择帧为了容易同步和不依赖协议。

帧由帧起始(SOF)和帧结束(EOF)来分隔,使用编码违例来实现此功能。ISO/IEC 保留未使用项以备将来使用。

所有时间参考了 VICC 到 VCD 的高数据速率。

对低数据速率,使用同样的副载波频率,因此脉冲数和时间应乘以 4。

在发送一帧数据给 VCD 后,VICC 应准备在 $300\mu s$ 内接收来自 VCD 的一帧数据。

(1) 使用一个副载波时的 SOF。

SOF 包含三部分:一个非调制时间 $768/f_C(56.64\mu s)$;频率为 $f_C/32(423.75kHz)$ 的 24 个脉冲;逻辑 1 以非调制时间 $256/f_C(18.88\mu s)$ 开始,接着是频率为 $f_C/32(423.75kHz)$ 的 8 个脉冲。

单副载波 SOF 如图 A-14 所示。

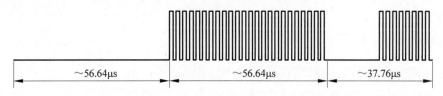

图 A-14　使用单副载波时的 SOF

(2) 使用两个副载波时的 SOF。

SOF 包含三部分:频率为 $f_C/28$(约 484.28kHz)的脉冲;频率为 $f_C/32$(约 423.75kHz)的 24 个脉冲;逻辑 1 以频率为 $f_C/28$(约 484.28kHz)的 9 个脉冲开始,接着是频率为 $f_C/32$(约 423.75kHz)的 8 个脉冲。

双副载波时的 SOF 如图 A-15 所示。

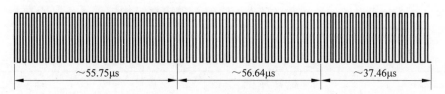

图 A-15　使用双副载波时的 SOF

(3) 使用一个副载波时的 EOF。

EOF 包含三部分:逻辑 0 以频率为 $f_C/32$(约 423.75kHz)的 8 个脉冲开始,接着是非调制时间 $256/f_C$(约 $18.88\mu s$);频率为 $f_C/32$(约 423.75kHz)的 24 个脉冲;一个非调制时间 $768/f_C$(约 $56.64\mu s$)。

单副载波时的 EOF 如图 A-16 所示。

图 A-16　使用单副载波时的 EOF

（4）使用两个副载波时的 EOF。

EOF 包含三部分：逻辑 0 以频率为 $f_c/32$（约 423.75kHz）的 8 个脉冲开始，接着是频率为 $f_c/28$（约 484.28kHz）的 9 个脉冲；频率为 $f_c/32$（约 423.75kHz）的 24 个脉冲；频率为 $f_c/28$（约 484.28kHz）的 27 个脉冲。

双副载波时的 EOF 如图 A-17 所示。

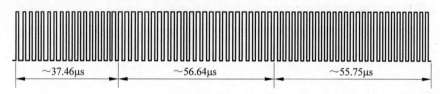

图 A-17　使用双副载波时的 EOF

5. VICC 内存结构

标准中规定的命令假定物理内存以固定大小的块（或页）出现。

（1）达到 256 个块可被寻址。

（2）块大小可至 256 位。

（3）这可导致最大的内存容量达到 8KB（64b）。

注意：该结构允许未来扩展至最大内存容量。

6. 块安全状态

块安全状态编码成一字节。

块安全状态是协议的一个元素。在 VICC 的物理内存结构中的 8 位是否执行，这里没有暗示或明示的规定，如表 A-2 所示。

表 A-2　块安全状态

位（bit）	标 志 名 称	值	描　　述
B1	Lock_flag	0	非锁定
		1	锁定
B2～B8	RFU	0	

7. 全部协议描述

1）协议概念

传输协议定义了 VCD 和 VICC 之间指令和数据双向交换的机制。

（1）协议基于一个交换。

① 从 VCD 到 VICC 的一次请求。

② 从 VICC(s) 到 VCD 的一次响应。

（2）每次请求和每次响应包含在一帧内。帧分隔符（SOF、EOF）在 ISO/IEC 15693-2 中有规定。

（3）每次请求包括的域有标志、命令编码、强制和可选的参数域（取决于命令）、应用数据域、CRC。

（4）每次响应包括的域有标志、强制和可选的参数域（取决于命令）、应用数据域、CRC。

（5）协议是双向的。一帧中传输的位的个数是 8 的倍数，即整数字节。

（6）一个单字节域在通信中首先传输最低有效位（LSbit）。

（7）一个多字节域在通信中首先传输最低有效字节（LSByte），每字节首先传输最低有效位（LSbit）。

（8）标志的设置表明可选域的存在。当标志设置为 1，这个域存在；当标志设置为 0，这个域不存在。

（9）RFU 标志应设置为 0。

2）模式

条件模式参考了在一次请求中，VICC 应回答请求的设置所规定的机制。

（1）寻址模式。当寻址标志设置为 1（寻址模式），请求应包含编址的 VICC 的唯一 ID（UID）。

任何 VICC 在收到寻址标志为 1 的请求，应将收到的唯一 ID（地址）和自身 ID 相比较。假如匹配，VICC 将执行它（假如可能），并根据命令描述的规定返回一个响应给 VCD；假如不匹配，VICC 将保持沉默。

（2）非寻址模式。当寻址标志设置为 0（非寻址模式），请求将不包含唯一的 ID。

任何 VICC 在收到寻址标志为 0 的请求，VICC 将执行它（假如可能），并根据命令描述的规定返回一个响应给 VCD。

（3）选择模式。当选择标志设置为 1（选择模式），请求将不包含 VICC 唯一 ID。

处于选择状态的 VICC 在收到选择标志为 1 的请求时，VICC 将执行它（假如可能），并根据命令描述的规定返回一个响应给 VCD。

VICC 只有处于选择状态，才会响应选择标志为 1 的请求。

3）请求格式

请求包含的域有标志、命令编码、参数和数据、CRC，如图 A-18 所示。

SOF	标志	命令编码	参数	数据	CRC	EOF

图 A-18　通用请求格式

请求标志。在一次请求中，标志域规定了 VICC 完成的动作及响应域是否出现，如表 A-3 至表 A-5 所示。

表 A-3　请求标志 1～4 的规定

位	标志名称	值	描　述
B1	副载波标志	0	VICC 应使用单个副载波频率
		1	VICC 应使用两个副载波频率
B2	数据速率标志	0	使用低数据速率
		1	使用高数据速率

位	标志名称	值	描述
B3	目录标志	0	标志5~8的意思根据附表 A-4
		1	标志5~8的意思根据附表 A-5
B4	协议扩展标志	0	无协议格式扩展
			协议格式已扩展,保留供以后使用

注① 副载波标志参考 ISO/IEC 15693-2 中规定的 VICC-VCD 通信。
② 数据速率标志参考 ISO/IEC 15693-2 中规定的 VICC-VCD 通信。

表 A-4　当目录标志没有设置时请求标志 5~8 的规定

位	标志名称	值	描述
B5	选择标志	0	根据寻址标志设置,请求将由任何 VICC 执行
		1	请求只由处于选择状态的 VICC 执行 寻址标志应设置为 0,UID 域应不包含在请求中
B6	寻址标志	0	请求没有寻址,不包括 UID 域,可以由任何 VICC 执行
		1	请求有寻址,包括 UID 域,仅由自身 UID 与请求中规定的 UID 匹配的 VICC 才能执行
B7	选择权标志	0	含义由命令描述定义,如果没有被命令定义,它应设置为 0
		1	含义由命令描述定义
B8	RFU	0	

表 A-5　当目录标志设置时请求标志 5~8 的规定

位	标志名称	值	描述
B5	AFI 标志	0	AFI 域没有出现
		1	AFI 域有出现
B6	Nb_slots 标志	0	16 slots
		1	1 slot
B7	选择权标志	0	含义由命令描述定义,如果没有被命令定义,它应设置为 0
		1	含义由命令描述定义
B8	RFU	0	

4) 响应格式

响应应包含的域有标志、一个或多个参数、数据、CRC,如图 A-19 所示。

SOF	标志	参数	数据	CRC	EOF

图 A-19　通用响应格式

(1) 响应标志。在一次响应中,响应标志指出 VICC 是怎样完成动作的,并且相应域是否出现。

响应标志由 8 位组成,响应标志 1~8 定义如表 A-6 所示。

表 A-6   响应标志 1～8 定义

位	标 志 名 称	值	描　　述
B1	出错标志	0	没有错误
		1	检测到错误,错误码在"错误"域
B2	RFU	0	
B3	RFU	0	
B4	扩展标志	0	无协议格式扩展
		1	协议格式被扩展,保留供以后使用
B5	RFU	0	
B6	RFU	0	
B7	RFU	0	
B8	RFU	0	

（2）响应错误码。当错误标志被 VICC 置位,将包含错误域,并提供出现的错误信息。错误码在表 A-7 中定义。假如 VICC 不支持表 A-7 中列出的规定错误码,VICC 将以错误码'0F'应答（"不给出错误信息"）。

表 A-7   响应错误码定义

错　误　码	意　　义
'01'	不支持命令,即请求码不能被识别
'02'	命令不能被识别,如发生一次格式错误
'03'	不支持命令选项
'0F'	无错误信息或规定的错误码不支持该错误
'10'	规定块不可用(不存在)
'11'	规定块被锁,因此不能被再锁
'12'	规定块被锁,其内容不能改变
'13'	规定块没有被成功编程
'14'	规定块没有被成功锁定
'A0'～'DF'	客户定制命令错误码
其他	RFU

5）VICC 状态

一个 VICC 可能处于断电、准备、静默和选择 4 种状态中的一种。

这些状态间的转换在图 A-20 中有规定。断电、准备和静默状态的支持是强制性的。选择状态的支持是可选的。

（1）断电状态。当 VICC 不能被 VCD 激活的时候,它处于断电状态。

（2）准备状态。当 VICC 被 VCD 激活的时候,它处于准备状态。选择标志没有置位时,它将处理任何请求。

（3）静默状态。当 VICC 处于静默状态,目录标志没有设置且寻址标志已设置情况下,VICC 将处理任何请求。

（4）选择状态。只有处于选择状态的 VICC 才会处理选择标志已设置的请求。

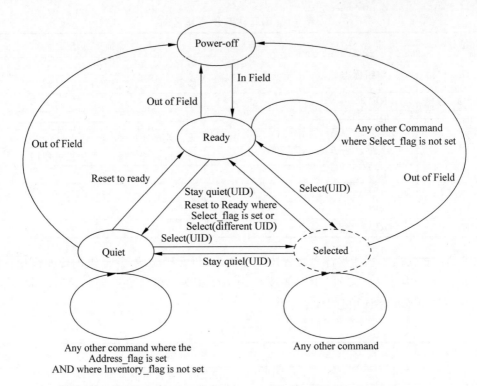

注：① 状态转换方法的意图是某一时间只有一个VICC应处于选择状态。
② VICC状态转换图只图示出有效的转换。在所有的其他情况下，当前的VICC状态保持不变。当VICC不能处理一个VCD请求(如CRC错误等)，它将仍然处于当前状态。
③ 虚线表示的选择状态图示出VICC支持的选择状态是可选的。

图 A-20　VICC 状态转换图

8. 防冲突

防冲突序列的目的是在 VCD 工作域中产生由 VICC 的唯一 ID(UID)决定的 VICCs 目录。

VCD 在与一个或多个 VICCs 通信中处于主导地位。它通过发布目录请求初始化卡通信。

在终止或不响应的间隙，VICC 将发送其响应。

1) 请求参数

在发布目录命令时，VCD 将 Nb_slots 标志设置为期望值，然后在命令域后加入 Mask 长度和 Mask 值。

Mask 长度指出 Mask 值的高位数目。当使用 16 slots 时请求参数为 0~60 的任何值，当使用 1 slot 时请求参数为 0~64 的任何值。首先传输低位(LSB)。

Mask 值以整数字节的数目存在。首先传输最低有效字节(LSB)。

假如 Mask 长度不是 8 的倍数，Mask 值的最高有效位(MSB)将补 0，使得 Mask 值是整数字节。

目录请求格式如图 A-21 所示。

SOF	标志	命令	Mask 长度	Mask 值	CRC16	EOF
	8 位	8 位	8 位	0～8B	16b	

图 A-21　目录请求格式

在图 A-22 的例子中,Mask 长度是 12 位。Mask 值高位(MSB)补了 4 个 0。

假如 AFI 标志已设置,将出现 AFI 域。根据 EOF 在 ISO/IEC 15693-2 中的定义,将产生脉冲。在收到请求 EOF 后,第一个 slot 马上开始启动。接通至下一 slot,VCD 发送一个 EOF。

MSB		LSB
0000		0100 1100 1111
Pad		Mask 值

图 A-22　Mask 补齐的例子

2)VICC 处理请求

收到一次有效的请求,VICC 将通过执行以下斜体部分文本规定的操作流程处理请求。流程步骤也在图 A-23 中表示了出来。

```
      NbS is the total number of slots (1 or 16)
      SN is the current slot number (0 to 15)
      SN_length is set to 0 when 1 slot is used and set to 4 when 16 slots are used
      LSB (value, n) function returns the n less significant bits of value
      "&" is the concatenation operator
      Slot_Frame is either a SOF or an EOF
      SN = 0
   If Nb_slots_flag then
      NbS = 1 SN_length = 0
      else NbS = 16 SN_length = 4
endif
Label1: if LSB(UID, SN_length + Mask_length) = LSB(SN, SN_length)&LSB(Mask, Mask_length)
then transmit response to inventory request
   endif
   wait (Slot_Frame)
   if Slot_Frame = SOF then
      Stop anticollision and decode/process request
      Exit
   endif
   if SN < NbS - 1 then
      SN = SN + 1
      Goto label1
      Exit
   endif
   exit
```

3)防冲突过程的解释

图 A-24 在 slots 为 16 的情况下,在一次典型的防冲突序列中,总结了可能发生的主要案例。

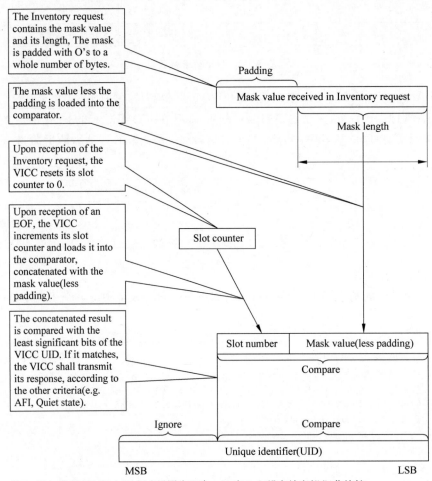

注：当slot数量是1(Nb_slots标志设置为1)时，只对Mask(没有补齐部分)作比较。

图 A-23　Mask 值、slot 数量和 UID 比较的原理

防冲突过程如下。

(1) VCD 发送一次目录请求，在一帧内，由 EOF 结束。slots 的数量是 16。

(2) VICC 1 在 slot 0 发送其响应。它是唯一发送响应的 VICC，因此不会发生冲突，VCD 收到它的 UID 并为其注册。

(3) VCD 发送一个 EOF，意思是接通到下一 slot。

(4) 在 slot 1，两个 VICCs 2 和 3 传输它们的响应，产生一次冲突。

(5) VCD 发送一个 EOF，意思是接通至下一个 slot。

(6) 在 slot 2，没有 VICC 传输响应。因此 VCD 不检测一个 VICC SOF，而是通过发送一个 EOF 接通至下一个 slot。

(7) 在 slot 3，来自 VICC 4 和 5 的响应会引起另一次冲突。

(8) VCD 决定发送一个寻址请求(如一个读块请求)给 VICC 1，其 UID 已被正确接收。

(9) 所有的 VICCs 检测到 SOF，将退出防冲突序列。它们处理这个请求，因为请求地址是分配给 VICC 1 的，只有 VICC 1 可传输其响应。

Continued...

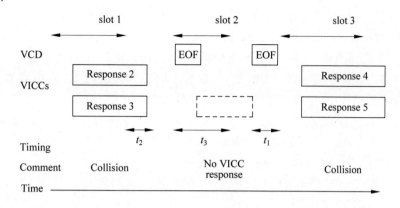

Continued...

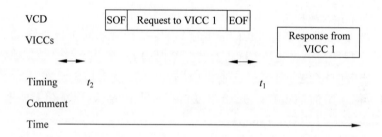

NOTE　　t_1、t_2 and t_3 are specified in clause 9.

图 A-24　一次可能的防冲突序列的描述

（10）所有的 VICC 准备接收下一个请求。假如它是一个目录命令，slot 编写序列号方式从 0 开始。

注释：中断防冲突序列的决定权在 VCD。它可以持续发送 EOF，直到遍历至 slot 15，然后发送请求给 VICC 1。

9. 时间规范

VCD 和 VICC 应遵循以下的时间规范。

1）在收到来自 VCD 的一个 EOF 后，VICC 传送响应前的等待时间

当某一 VICC 检测到一个有效 VCD 请求的 EOF，或者这个 EOF 存在于一个有效 VCD 请求的普通序列中，在开始传输响应给 VCD 请求以前，或处理目录过程转换到下一个 slot 以前，它将等待一个时间 t_1。

t_1 开始于检测到 VCD（见 ISO/IEC 15693-2：2000，7.3.3）发送的 EOF 的上升沿。

注意：为确保 VICC 响应的同步要求，VCD-to-VICC EOF 上升沿同步是必须的。

t_1 的最小值是 $t_{1min}=4320/f_C$（318.6μs）

t_1 的名义值是 $t_{1nom}=4352/f_C$（320.9μs）

t_1 的最大值是 $t_{1max}=4384/f_C$（323.3μs）

t_{1max} 不使用于写类似请求。写类似请求的时间条件定义在命令描述中。

假如 VICC 在这个 t_1 时间内检测到一个载波调制,在开始传输响应给 VCD 请求之前,或当处于一个目录处理过程转换到下一个 slot 之前,它将复位其 t_1 计时器,并等待超过 t_1 更长的时间。

2)在收到来自 VCD 的一个 EOF 后,VICC 调制空闲时间

当某一 VICC 检测到一个有效 VCD 请求的 EOF,或者这个 EOF 存在于一个有效 VCD 请求的普通序列中,它将不理睬任何在 t_{mit} 时间内接收到的 10% 调制。

t_{mit} 开始于检测到 VCD(见 ISO/IEC 15693-2:2000,7.3.3)发送的 EOF 的上升沿。

$$t_{mit} \text{的最小值是} \ t_{mitmin} = 4384/f_C (323.3\mu s) + t_{nrt}$$

此时,t_{nrt} 是一个 VICC 的名义响应时间。

t_{nrt} 依赖于 VICC-to-VCD 数据速率和副载波调制模式(见 ISO/IEC 15693-2:2000,8.5,8.5.1,8.5.2)。

注意:为确保 VICC 响应的同步要求,VCD-to-VICC EOF 上升沿同步是必需的。

3)VCD 在发送后续请求前的等待时间

(1)当 VCD 收到来自 VICC 的响应,响应是针对不同于目录和 Quiet 的前一个请求,在发送一个后续请求以前,VCD 将等待一个时间 t_2。t_2 开始于 VICC 收到 EOF。

(2)当 VCD 发送一个 Quiet 请求(导致 VICC 没有响应),在发送一个后续请求以前,VCD 将等待一个时间 t_2。t_2 开始于 Quiet 请求的结束 EOF(EOF 上升沿 + 9.44μs,见 ISO/IEC 15693-2:2000,7.3.3)。

$$t_2 \text{的最小值是} \ t_{2min} = 4192/f_C (309.2\mu s)$$

注意:①保证了 VICC 可以准备接收这个后续请求(参见 ISO/IEC 15693-2:2000,7.3);②VCD 在激活电源场后,发送第一个请求之前,将等待至少 1ms,保证 VICC 可以准备接收它(参见 ISO/IEC 15693-2:2000,7.3)。

(3)当 VCD 已发送一个目录请求,它就处于目录过程。

4)VCD 在一次目录过程中,接通下一个位置前的等待时间

当 VCD 发送一个目录请求,一个目录过程就开始启动了。

为了接通至下一 slot,VCD 会发送出一个 10% 或者 100% 的调制 EOF,这个 EOF 不依赖于 VCD 用于传输其请求给 VICC 的调制索引。

(1)当 VCD 开始接收一个或多个 VICC 响应。在一个目录过程中,当 VCD 开始接收一个或多个 VICC 响应(即它已检测到一个 VICC SOF 和/或一次冲突),它将等待对 VICC 响应的完整接收(即当一个 VICC EOF 已被接收,或当 VICC 名义响应时间 t_{nrt} 已超过)。

等待一个额外时间 t_2,然后发送一个 10% 或者 100% 的调制 EOF,接通至下一 slot。

时间 t_2 开始于已收到来自 VICC 的 EOF(见 ISO/IEC 15693-2:2000,8.5.3,8.5.4)。

$$t_2 \text{的最小值是} \ t_{2min} = 4192/f_C (309.2\mu s)$$

t_{nrt} 依赖于 VICC-to-VCD 的数据速率和副载波调制模式(见 ISO/IEC 15693-2:2000,8.5,8.5.1,8.5.2)。

(2)当 VCD 已接收到无 VICC 响应。在一个目录过程中,当 VCD 已接收到无 VICC 响应,在发送一个后续 EOF 接通至下一 slot 前,它将等待一个时间 t_3。

时间 t_3 开始于 VCD 已产生最后发送的 EOF 的上升沿。

① 假如 VCD 发送一个 100% 调制 EOF，则

$$t_3 \text{ 的最小值是 } t_{3\min} = 4384/f_C (323.3\mu s) + t_{sof}$$

② 假如 VCD 发送一个 10% 调制 EOF，

$$t_3 \text{ 的最小值是 } t_{3\min} = 4384/f_C (323.3\mu s) + t_{nrt}$$

此处，t_{sof} 为 VICC 传输一个 SOF 给 VCD 的持续时间；t_{nrt} 为一个 VICC 的名义响应时间；t_{sof} 和 t_{nrt} 依赖于 VICC-to-VCD 的数据速率和副载波调制模式（见 ISO/IEC 15693-2：2000，8.5，8.5.1，8.5.2）。

10. 命令

1）命令类型

定义了 4 种命令：强制的、可选的、定制的和私有的。

（1）强制的。

命令码范围从 '01' 到 '1F'。

所有 VICCs 都支持强制命令码。

（2）可选的。

命令码范围从 '20' 到 '9F'。

VICCs 可以有选择地支持可选的命令码。假如支持，请求和响应格式都将遵循这份标准给出的定义。

假如某个 VICC 不支持一个可选的命令，并且寻址标志或选择标志已设置，它可能会返回一个错误码（"不支持"）或保持静默。假如既没有设置寻址标志，也没有设置选择标志，VICC 将保持静默。

假如一个命令有不同的可选性解释，它们应该由 VICC 支持，否则返回一个错误码。

（3）定制的。

命令码范围从 'A0' 到 'DF'。

VICCs 支持定制命令，在它们的可选范围内，执行由制造商规定的功能。标志的功能（包括保留位）将不会被修改，除非是选择标志。可以被定制的域仅限于参数和数据域。

任何定制命令都会把 IC 制造商编码包含在参数的首要位置。这允许 IC 制造商在执行定制命令时不需冒命令编码重复的险，当然也就不会有误译了。

假如某个 VICC 不支持一个定制的命令，并且寻址标志或选择标志已设置，它可能会返回一个错误码（"不支持"）或保持静默。假如既没有设置寻址标志，也没有设置选择标志，VICC 将保持静默。

假如一个命令有不同的可选性解释，它们应该由 VICC 支持，否则返回一个错误码。

（4）私有的。

命令码范围从 'E0' 到 'FF'。

这个命令方便 IC 和 VICC 制造商用于各种目的的应用，如测试、系统信息编程等。它们在这个标准中没有做规定。IC 制造商根据其选择对私有命令做记录或不做记录。在 IC 和/或 VICC 被制造完成后，这些命令被允许关闭掉。

2）命令编码

命令编码如表 A-8 所示。

表 A-8　命令编码

命令编码	类　　型	功　　能
'01'	强制的	目录
'02'	强制的	保持静默
'03'～'1F'	强制的	RFU
'20'	可选的	读单个块
'21'	可选的	写单个块
'22'	可选的	锁定块
'23'	可选的	读多个块
'24'	可选的	写多个块
'25'	可选的	选择
'26'	可选的	复位准备
'27'	可选的	写 AFI
'28'	可选的	锁定 AFI
'29'	可选的	写 DSFID
'2A'	可选的	锁定 DSFID
'2B'	可选的	获取系统信息
'2C'	可选的	获取多个块安全状态
'2D'～'9F'	可选的	RFU
'A0'～'DF'	定制的	ICMfg 决定
'E0'～'FF'	私有的	ICMfg 决定

3) 命令集

(1) 目录。

命令编码＝'01'

当收到目录请求命令,VICC 将完成防冲突序列。

请求包含标志、目录命令编码、AFI(假如 AFI 标志已设置)、Mask 长度、Mask 值、CRC。

目录标志被设置为 1。

标志 5～8 根据表 A-5 定义。

目录请求格式如图 A-25 所示。

SOF	标志	目录	可选择的 AFI	Mask 长度	Mask 值	CRC16	EOF
	8b	8b	8b	8b	0～64b	16b	

图 A-25　目录请求格式

响应包括 DSFID、唯一的 ID。

如果 VICC 发现一个错误,它将保持静默。

目录响应格式如图 A-26 所示。

SOF	标志	DSFID	UID	CRC16	EOF
	8b	8b	64b	16b	

图 A-26　目录响应格式

（2）保持静默。

命令编码＝'02'

当收到保持静默命令，VICC 将进入保持静默状态并且不返回响应。保持静默状态没有响应。

当保持静默时：

- 当目录标志被设置，VICC 不会处理任何请求；
- VICC 将处理任何可定位的请求。

在以下情况，VICC 将跳出静默状态：

- 重新设置（断电）；
- 收到选择请求，如果支持将进入选择状态，如果不支持将返回；
- 收到重置或者准备请求，将进入准备状态。

保持静默请求格式如图 A-27 所示。

SOF	标志	保持静默	UID	CRC16	EOF
	8b	8b	64b	16b	

图 A-27　保持静默请求格式

（3）读单个块。

命令编码＝'20'

当收到读单个块命令，VICC 将读请求块，并且在应答中返回它的值。

假如在请求中选择标志已设置，VICC 将返回块安全状态，接着是块值。

假如在请求中选择标志没有设置，VICC 将只返回块值。

读单个块请求格式如图 A-28 所示。

SOF	标志	读单个块	UID	块数量	CRC16	EOF
	8b	8b	64b	8b	16b	

图 A-28　读单个块请求格式

（4）写单个块。

命令编码＝'21'

当收到写单个块命令，VICC 将包含在请求中的数据写入请求块，并且在应答中报告操作成功与否。

假如可选择标志没有设置，当它已完成写操作启动后，VICC 将返回其响应：$t_{1nom}[4352/f_C(320.9\mu s)]+4096/f_C(302\mu s)$ 的倍数，总误差 $\pm32/f_C$，并且最近一次检测到 VCD 请求的 EOF 的上升沿以后的 20ms。

假如可选择标志已设置，VICC 将等待收到来自 VCD 的 EOF，然后基于该接收信息将返回其响应。

写单个块请求格式如图 A-29 所示。

SOF	标志	写单个块	UID	块数量	数据	CRC16	EOF
	8b	8b	64b	8b	块长度	16b	

图 A-29　写单个块请求格式

(5) 锁定块。

命令编码＝'22'

当收到块锁定命令,VICC 将永久锁定请求块。

假如可选择标志没有设置,当它已完成锁定操作启动后,VICC 将返回其响应: $t_{1\text{nom}}[4352/f_C(320.9\mu s)]+4096/f_C(302\mu s)$ 的倍数,总误差 $\pm 32/f_C$,并且最近一次检测到 VCD 请求的 EOF 的上升沿以后的 20ms。

假如可选择标志已设置,VICC 将等待收到来自 VCD 的 EOF,然后基于该接收信息将返回其响应。

锁定单个块请求格式如图 A-30 所示。

SOF	标志	锁定块	UID	块数量	CRC16	EOF
	8b	8b	64b	8b	16b	

图 A-30　锁定单个块请求格式

(6) 读多个块。

命令编码＝'23'

当收到读多个块命令,VICC 将读请求块,并且在响应中发送回它们的值。

假如选择标志在请求中有设置,VICC 将返回块安全状态,接着返回一个接一个的块值。

假如选择标志没有在请求中有设置,VICC 将只返回块值。

块编号从'00'到'FF'(0 到 255)。

请求中块的数目是一个,比 VICC 在其响应中应返回的块数目要少。

例如,“块数量”域中的值'06'请求读 7 个块。值'00'请求读单个块。

读多个块请求格式如图 A-31 所示。

SOF	标志	读多个块	UID	首个块序号	块数量	CRC16	EOF
	8b	8b	64b	8b	8b	16b	

图 A-31　读多个块请求格式

(7) 写多个块。

命令编码＝'24'

当收到写多个块命令,VICC 将包含在请求中的数据写入请求块,并且在响应中报告操作成功与否。

假如可选择标志没有设置,当它已完成写操作启动后,VICC 将返回其响应: $t_{1\text{nom}}[4352/f_C(320.9\mu s)]+4096/f_C(302\mu s)$ 的倍数,总误差 $\pm 32/f_C$,并且最近一次检测到 VCD 请求的 EOF 的上升沿以后的 20ms。

假如可选择标志已设置，VICC 将等待收到来自 VCD 的 EOF，然后基于该接收信息将返回其响应。

写多个块请求格式如图 A-32 所示。

SOF	标志	写多个块	UID	首个块序号	块数量	数据	CRC16	EOF
	8b	8b	64b	8b	8b	块长度	16b	

图 A-32　写多个块请求格式

(8) 选择。

命令编码＝'25'

当接收到选择命令：假如 UID 等于其自身的 UID，VICC 将进入选择状态，并将发送一个响应；

假如不一样，VICC 将回到准备状态，并将不发送响应。选择命令在寻址模式下将总是被执行(选择标志设置为 0，寻址标志设置为 1)。

选择请求格式如图 A-33 所示。

SOF	标志	选择	UID	CRC16	EOF
	8b	8b	64b	16b	

图 A-33　选择请求格式

(9) 复位准备。

命令编码＝'26'

当收到复位准备命令，VICC 将返回至准备状态。

复位请求格式如图 A-34 所示。

SOF	标志	复位准备	UID	CRC16	EOF
	8b	8b	64b	16b	

图 A-34　复位请求格式

(10) 写 AFI。

命令编码＝'27'

当收到写 AFI 请求，VICC 将 AFI 值写入其内存中。

假如可选择标志没有设置，当它已完成写操作启动后，VICC 将返回其响应：$t_{1\text{nom}}[4352/f_{\text{c}}(320.9\mu s)]+4096/f_{\text{c}}(302\mu s)$ 的倍数，总误差 $\pm 32/f_{\text{c}}$，并且最近一次检测到 VCD 请求的 EOF 的上升沿以后的 20ms。

假如可选择标志已设置，VICC 将等待收到来自 VCD 的 EOF，然后基于该接收信息将返回其响应。

写 AFI 请求格式如图 A-35 所示。

SOF	标志	写 AFI	UID	AFI	CRC16	EOF
	8b	8b	64b	8b	16b	

图 A-35　写 AFI 请求格式

(11) 锁定 AFI。

命令编码 = '28'

当收到锁定 AFI 请求,VICC 将 AFI 值永久地锁定在其内存中。

假如可选择标志没有设置,当它已完成写操作启动后,VICC 将返回其响应: $t_{1\text{nom}}[4352/f_{\text{C}}(320.9\mu s)]+4096/f_{\text{C}}(302\mu s)$ 的倍数,总误差 $\pm 32/f_{\text{C}}$,并且最近一次检测到 VCD 请求的 EOF 的上升沿以后的 20ms。

假如可选择标志已设置,VICC 将等待收到来自 VCD 的 EOF,然后基于该接收信息将返回其应答。

锁定 AFI 请求格式如图 A-36 所示。

SOF	标志	锁定 AFI	UID	CRC16	EOF
	8b	8b	64b	16b	

图 A-36　锁定 AFI 请求格式

(12) 写 DSFID 命令。

命令编码 = '29'

当收到写 DSFID 请求,VICC 将 DSFID 值写入其内存中。

假如可选择标志没有设置,当它已完成写操作启动后,VICC 将返回其响应: $t_{1\text{nom}}[4352/f_{\text{C}}(320.9\mu s)]+4096/f_{\text{C}}(302\mu s)$ 的倍数,总误差 $\pm 32/f_{\text{C}}$,并且最近一次检测到 VCD 请求的 EOF 的上升沿以后的 20ms。

假如可选择标志已设置,VICC 将等待收到来自 VCD 的 EOF,然后基于该接收信息将返回其应答。

写 DSFID 请求格式如图 A-37 所示。

SOF	标志	写 DSFID	UID	DSFID	CRC16	EOF
	8b	8b	64b	8b	16b	

图 A-37　写 DSFID 请求格式

(13) 锁定 DSFID。

命令编码 = '2A'

当收到锁定 DSFID 请求,VICC 将 DSFID 值永久地锁定在其内存中。

假如可选择标志没有设置,当它已完成写操作启动后,VICC 将返回其响应: $t_{1\text{nom}}[4352/f_{\text{C}}(320.9\mu s)]+4096/f_{\text{C}}(302\mu s)$ 的倍数,总误差 $\pm 32/f_{\text{C}}$,并且最近一次检测到 VCD 请求的 EOF 的上升沿以后的 20ms。

假如可选择标志已设置,VICC 将等待收到来自 VCD 的 EOF,然后基于该接收信息将返回其响应。

锁定 DSFID 请求格式如图 A-38 所示。

SOF	标志	锁定 DSFID	UID	CRC16	EOF
	8b	8b	64b	16b	

图 A-38 锁定 DSFID 请求格式

（14）获取系统信息。

命令编码＝'2B'

这个命令允许从 VICC 重新得到系统信息值。

获取系统信息请求格式如图 A-39 所示。

SOF	标志	获取系统信息	UID	CRC16	EOF
	8b	8b	64b	16b	

图 A-39 获取系统信息请求格式

信息标志定义如表 A-9 所示。

表 A-9 信息标志定义

Bit	标 志 名 称	值	描 述
B1	DSFID	0	不支持 DSFID，DSFID 域不出现
		1	支持 DSFID，DSFID 域出现
B2	AFI	0	不支持 AFI，AFI 域不出现
		1	支持 AFI，AFI 域出现
B3	VICC 内存容量	0	不支持信息的 VICC 内存容量，内存容量域不出现
		1	支持信息的 VICC 内存容量，内存容量域出现
B4	IC 参考	0	不支持信息的 IC 参考，IC 参考域不出现
		1	支持信息的 IC 参考，IC 参考域出现
B5	RFU	0	
B6	RFU	0	
B7	RFU	0	
B8	RFU	0	

VICC 内存容量信息如表 A-10 所示。

表 A-10 VICC 内存容量信息

MSB					LSB
16	14	13	9	8	1
RFU		块容量的字节数		块数目	

块容量以 5 位的字节数量表达出来，允许定制到 32 字节，即 256 位。它比实际的字节数目要少 1。

例如，值'1F'表示 32 字节，值'00'表示 1 字节。

块数目是基于 8 位，允许定制到 256 个块。它比实际的字节数目要少 1。

例如,值'FF'表示 256 个块,值'00'表示 1 个块。

最高位的 3 位保留做未来使用,可以设置为 0。

IC 参考基于 8 位,它的意义由 IC 制造商定义。

(15) 获取多个块安全状态。

命令编码＝'2C'

当收到获取多个块安全状态的命令,VICC 将发送回块的安全状态。

块的编码从'00'到'FF'(0 到 255)。

请求中块的数量比块安全状态的数量少 1,VICC 将在其响应中返回块安全状态。

例如,在"块数量"域中,值'06'要求返回 7 个块安全状态。在"块数量"域中,值'00'要求返回单个块安全状态。

获取多个安全块状态的请求格式如图 A-40 所示。

SOF	标志	获取多个块安全状态	UID	首个块序号	块的数量	CRC16	EOF
	8b	8b	64b	8b	16b	16b	

图 A-40 获取多个安全块状态的请求格式

4) 定制命令集

定制命令格式是普通的,允许 VICC 制造商发布明确的定制命令编码。

定制命令编码是一个定制命令编码和一个 VICC 制造商编码之间的结合。

定制请求参数定义是 VICC 制造商的职责。

定制请求格式如图 A-41 所示。

SOF	标志	定制	IC 制造商编码	定制请求参数	CRC16	EOF
	8b	8b	64b	客户定义	16b	

图 A-41 定制请求格式

5) 私有命令

这类命令格式在 ISO/IEC 15693 的本部分没有定义。

附录 B
APPENDIX B | **RFID 典型应用案例**

B.1 地沟油处理监控系统

1. 系统介绍

地沟油处理监控系统如图 B-1 所示。

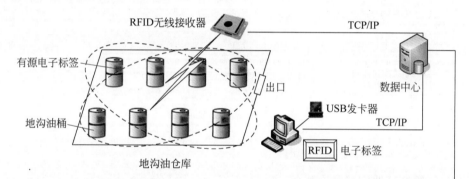

地沟油装桶进入仓库前由PC连接USB 2.45GHz发卡器给各个油桶配发电子标签，将油桶信息及电子标签信息在系统登记并将电子标签固定在油桶上，油桶进入仓库后由无线接收器实时监测油桶(电子标签)信息，如果发现油桶无法识别，则立即发送报警

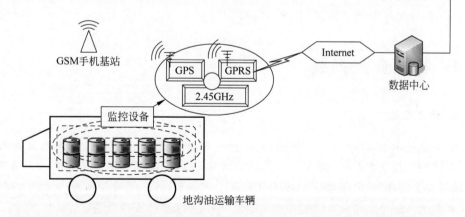

地沟油运输车辆安装RFID监控设备(包括2.45GHz RFID接收器、GPS定位及GPRS通信器)系统分配(签核流程)可出库的地沟油桶清单，当油桶进入运输车辆后即开始处于监控状态，并将该车辆内的信息(油桶清单、当前车辆位置)发送至系统数据中心，实现运输监控、出现异常状况及时处理

图 B-1　地沟油处理监控系统

2. 系统流程

地沟油处理监控系统流程如图 B-2 所示。

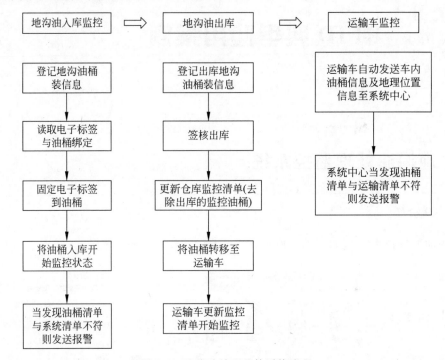

图 B-2　地沟油处理监控系统流程

3. 系统优势

(1) 实时监控地沟油仓库状况。

(2) 全程监控地沟油运输安全。

(3) 出现异常及时定位运输车辆位置。

(4) 系统可扩展至地沟油加工生产阶段。

B.2　物品查找系统

1. 系统介绍

本系统适用于大型仓库、转运仓、模具仓库等,物流行业如快递公司将物品放入仓库后当需要回头查找此物品时,经常发生无法找到的问题,这样需要消耗大量的人力整理物品清单,执行人工查找工作,浪费人力成本并降低工作效率,甚至无法找到而造成更大损失。

系统由 3 部分组成:系统监控中心、RFID 电子标签和查找设备。

(1) 系统监控中心为计算机服务器及系统应用程序,负责接收标签实时回传的电子标签信息及所在区域。

(2) RFID 电子标签具有唯一 ID 标识功能,并根据配置,定时发送本身的 ID 与电量等相关信息，使用前需要将电子标签 ID 录入系统后并与物品绑定。

（3）查找设备可使用 CMC191 无线接收器或者使用 CMC168 RFID 手持终端。

2. 系统特点

（1）定时发送信息，时间间隔等参数可无线配置。

（2）接收到查找指令时，标签具备声、光提示功能。

（3）软件支持单个查找、批量查找功能。

3. 系统操作流程

（1）给电子标签分配批号，如图 B-3 所示。

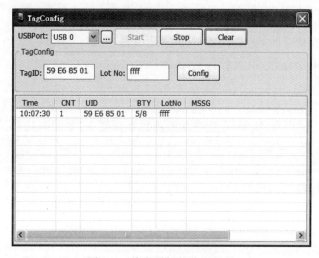

图 B-3　给电子标签分配批号

（2）接收电子标签信息：唯一 ID 和电量信息，如图 B-4 所示。

（3）可使用系统远端查找或使用手持机近距离查找，如图 B-5 所示。

（4）查找方式支持单个标签、一个批号和多组批号查找。

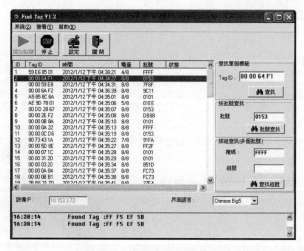

图 B-4　接收电子标签信息

图 B-5　使用系统远端查找或使用
手持机近距离查找

4. 2.45GHz 查找标签

1）产品介绍

查找标签具有唯一 ID 标识功能,并根据配置,定时发送本身的 ID 与电量等相关信息,同时获取读写器(CMC191)或手持移动终端(CMC168)的指令。

标签收到查找指令后,就会相应地发出声光提示信号,用户可以通过声、光提示信号找到标签和物料。

查找标签支持区域掩码、群呼查找等功能,确保能够在大量物资频繁调配时准确无误,在货物流动、仓储管理等领域中发挥重要作用。

2）产品特点

（1）定时发送信息,时间间隔等参数可无线配置。

（2）接收到查找指令时,标签具备声、光提示功能。

（3）软件支持单个查找、批量查找功能。

技术参数

• 规格参数

工作频率：2.4～2.5GHz ISM 微波段协议标准自定义(非公共协议)。

调制模式：GFSK。

通信模式：双向通信速度 2Mb/s。

防冲突性：可同时识别 200 张。

识别距离：60m。

• 电气性能

工作电流/电压：$12\mu A/3V$(1s 发送间隔)。

射频功率：0dBm(可设置)。

电池寿命：1 年(可更换)与查找的频率有关。

• 物理特征

外形尺寸：96mm×65mm×8mm。

封装材料：抗 UV、耐酸碱、高强度的工程塑料质量 42g。

颜色：深蓝色。

• 环境参数

工作温度：$-20\sim +60℃$

存储温度：$-20\sim +60℃$

3）产品应用

（1）快递多级分拣中心、码头中转仓库物资分发、飞机或赛车零配件快速调配。

（2）军备物资、救灾物资的快速调配、分装管理、快速清点。

5. CMC168 2.45GHz 手持终端

CMC168 2.45GHz 手持终端如图 B-6 所示。

CMC168 是一款基于 Windows CE6.0（标配不含系统 License）

图 B-6　手持终端

的 RFID 手持读写器,本产品具有低功耗、多种数据接口、简易的人机交互界面等优点,可广泛地应用于 RFID 系统中,如表 B-1 所示。

表 B-1　CMC168 产品参数

规格参数	
操作系统	支持 Microsoft Windows Embeded CE 6.0
CPU	高速 ARM 平台,主频 450MHz
内存	128MB RAM
存储卡	2GB Micro SD 卡(标配),最大支持 32GB Micro SD 卡
屏幕	3.2 英寸 TFT 液晶屏(240×320) 电阻式触摸屏 背光可调
声音	内置 0.5W 喇叭
键盘	3 大功能键、全数字键盘、5 导航键、5 个快捷键,共 27 按键
WIFI 模块	WLAN 802.11 b/g(标配)
无线通信	GPRS 无线通信(选配)
蓝牙	2.1 Class 2 标准(选配)
RFID 模块	配置高频(选配)、有源 2.4GHz 模块(选配)
条码模块	一维模组:Symbol SE955 二维模组:Honeywell 5180,可选
GPS 模块	GPS 全球定位(选配)
供电电池	可充电式锂聚合物电池(3.7V@3000mA·h)
配件	5V/0.5A 充电器,USB 数据线
RFID 参数	
2.4GHz 模组	工作频率:2.4GHz 作用距离:最大 10m(与标签有关)
高频模组	工作频率:13.56MHz　支持协议:ISO 14443A,ISO 15693 作用范围:3～5cm
物理参数	
外形尺寸	180mm×75mm×40mm
整机重量	335g
环境参数	
工作温度	−20～+50℃
存储温度	−30～+70℃
存储湿度	5%～95%无凝露

产品特点:

(1) PDA 与 RFID 数据采集的超完美组合。

(2) 功能全面,可选带蓝牙、Wi-Fi、GPS、GPRS、条码等功能,高端 RFID 模组(HF,2.4GHz),满足不同需求。

B.3　证书文件管理系统

1. 系统介绍

RFID 证书文件管理系统使用超高频 RFID 技术,在文件柜中安装超高频 RFID 读取器及数据采集终端(配备人员卡片读取器),在每张文件上贴附超高频 RFID 电子标签,当人员刷卡验证权限后打开文件柜,文件被取出或放回时,数据采集终端实时获取文件异动信息及操作人员,使用 3G/GPRS 无线网络传送至后端系统数据中心,达到文件实时监控、智能管理的目的,如图 B-7 所示。

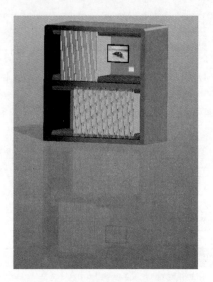

图 B-7　证书文件管理系统实物

系统可应用于政府机关单位机密文件管理、车辆营销文件管理、保密学术资料管理、房地产销售文件等高价值或高保密要求的文档管理。

2. 系统架构

其系统架构如图 B-8 所示。

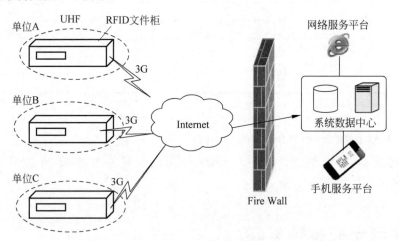

图 B-8　证书文件管理系统架构

(1) 各个单位安装 RFID 文件柜(配市电),含具备 3G 无线传输功能的数据采集终端。

(2) 文件柜开关使用刷卡管制,人员卡片支持 ISO 14443A/ISO 15693 卡片(该功能可选配)。

（3）文件柜可监控 300 份文件，每份文件（文件袋）贴附 UHF 标签。

（4）文件柜实时监测柜内的 RFID 电子标签，异动信息通过 3G 网络无线发送至系统数据中心。

（5）文件柜打开时拍照记录，与文件取放记录关联。

（6）操作语音提示，忘记关门提醒。

文件柜组成如图 B-9 所示。

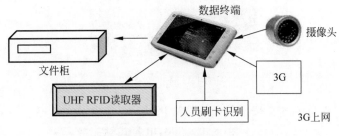

图 B-9　文件柜组成

3. 系统流程

证书文件管理系统流程如图 B-10 所示。

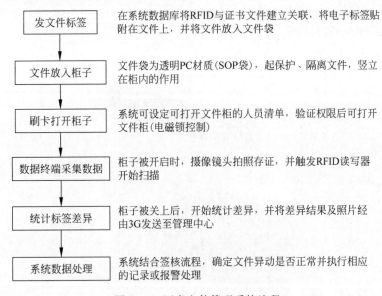

发文件标签	在系统数据库将 RFID 与证书文件建立关联，将电子标签贴附在文件上，并将文件放入文件袋
文件放入柜子	文件袋为透明 PC 材质（SOP 袋），起保护、隔离文件，竖立在柜内的作用
刷卡打开柜子	系统可设定可打开文件柜的人员清单，验证权限后可打开文件柜（电磁锁控制）
数据终端采集数据	柜子被开启时，摄像镜头拍照存证，并触发 RFID 读写器开始扫描
统计标签差异	柜子被关上后，开始统计差异，并将差异结果及照片经由 3G 发送至管理中心
系统数据处理	系统结合签核流程，确定文件异动是否正常并执行相应的记录或报警处理

图 B-10　证书文件管理系统流程

4. 规格参数

证书文件柜，如图 B-11 所示。

尺寸大小：66cm(L)×69cm(H)×35cm(T)，内部上下两层结构。

柜体材质：高密度防火板。

图 B-11　证书文件柜

开关门控制：人员卡片支持 ISO 14443A/ISO 15693 协议。

触控屏幕：7″ TFT LCD，分辨率 800×600，电容式触控屏。

电源输入：200～240V AC。

工作温度：0～55℃。

工作湿度：5%～95% RH 非凝结状态。

文件容量：300 份。

标签协议：EPC Class 1 Gen 2(ISO 18000-6C)。

工作频率：902～928MHz。

文件标签，如图 B-12 所示。

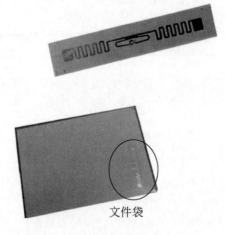

文件袋

图 B-12　文件标签

频率：902～928MHz。

支持协议：EPC Class 1 Gen 2，ISO 18000-6C。

用户存储容量：96 位 EPC。

功能：读/写。

数据存储：超过 10 年。

大小：105mm×18mm。

颜色：透明。

材料：PET 含背胶。

工作温度：-40～+85℃。

湿度：≤95%。

B.4　停车场车位管理系统

1. 系统介绍

RFID 停车场车位管理系统基于 2.45GHz（有源）RFID 技术，将 RFID 技术应用于对车辆停车的识别与监控管理，如图 B-13 所示。

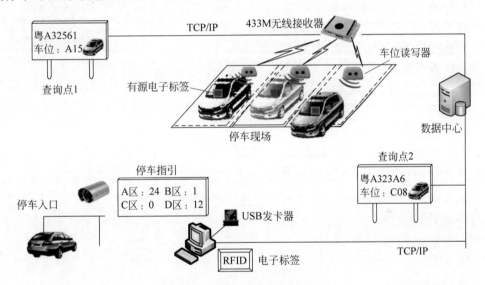

图 B-13　停车场车位管理系统

（1）在车辆进入停车场入口时，由管理人员登记车辆车牌号（键盘输入或摄像头 OCR 识别），并配发有源电子标签给车主，在系统中将车牌号与配发的电子标签使用 2.45GHz 发卡器绑定并对车辆整体拍照及记录入场时间。

（2）车主领到电子标签后将标签放置到仪表盘上靠近挡风玻璃处（方便车位读写器采集）。

（3）当车辆通过入口时，停车指引屏幕显示当前停车场空闲车位信息（各区域车位个数），车主可以快速找到空闲车位。

（4）当车辆停车入库时，车位上安装的 RFID 读写器自动判断车辆停靠信息，将车位信息加上车辆信息通过 RF 无线发送至系统数据中心，车位读写器可提供电池或者有线供电两种。

（5）当车主回来取车时可在场内任一查询点（可壁挂）刷卡或输入车辆车牌号即显示相关车辆车牌号、车位位置及车牌照片信息，即可快速找到自己的车辆停放位置。

（6）停车场管理人员通过计算机可实时一览当前停车场停车情况。

2. 系统优势

（1）一览停车场状况。

（2）引导车主快速停车。

（3）减少找车位导致的停车场空气污染。

（4）快速查找停车位置。

（5）数据无线传输，避免布线困扰。

3. RFID 车位监测器

RFID 车位监测器如图 B-14 所示。

产品规格

工作频率：2.45GHz＋433MHz。

2.45G 识别距离：0～10m 可调。

2.45G 调制模式：GFSK。

2.45G 通信协议：自定义（非公共协议）。

图 B-14　RFID 车位监测器

2.45G 通信模式：自动组网，自动路由，树形拓扑结构。

2.45G 通信速率：2Mb/s。

433M 发射距离：800m（可调）。

发送频率：网络心跳预设 10s，可修改，车位信息状态变化时根据需要发送。

工作电流：＜10μA。

射频功率：0dBm。

电池寿命：1000mAh 约 3 年。

工作温度：−20～60℃。

材质：塑钢/铸铁。

外观大小：长 50mm、宽 50mm、高 30mm。

强固等级：全封闭防水结构，IP66。

防潮性能：90％（非冷凝）。

车位侦测：使用超声波定位，可以准确探测车位状态。

B.5　仓储物品储位监控管理系统

1. 系统介绍

RFID 仓储物品储位监控管理系统基于 2.45GHz（有源）RFID 技术，将 RFID 技术应用于对仓储物品所在的储位监控管理，方便物品的快速定位查找，如图 B-15 所示。

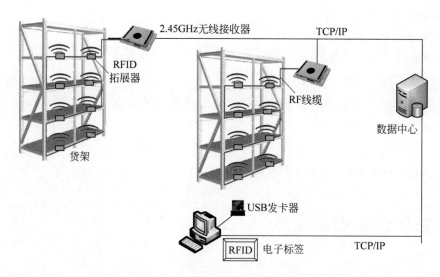

图 B-15　仓储物品储位监控管理系统

（1）在物品上安装 2.45GHz RFID 电子标签，在系统中将物品与电子标签使用 2.45GHz 发卡器绑定。

（2）在储物架上安装 2.45GHz RFID 读写器，并安装 RFID 拓展器分布到各个储位，用于读取 RFID 电子标签信息。

（3）RFID 读写器实时与系统中心的 RFID 数据采集程序通过网络通信，当物品取出或放置到储位时，系统中心即可获取物品的异动信息并更新物品的位置信息至系统数据库。

（4）仓储管理人员可登录系统查找物品信息快速定位到物品所在储位信息。

（5）仓储管理人员可登录系统实时盘点仓库物品信息。

2．系统优势

（1）一览仓库储位状况。

（2）快速定位物品位置。

3．CMC195 RFID 接收拓展器

CMC195 RFID 接收拓展器如图 B-16 所示。

接收拓展器规格：

工作频率：2.45GHz。

识别距离：1～30m（可调）。

调制模式：GFSK。

通信协议：自定义（非公共协议）。

防冲突性：可同时识别 200 张以上的卡。

图 B-16　CMC195 RFID
接收拓展器

通信速率：2Mb/s。

射频发射功率：≤15dBm(可调)。

射频接收灵敏度：−82dBm(可调)。

连接接头：航空接头。

工作电源：DC 12V。

工作电流：＜150mA。

大小：120mm×22mm×28mm。

安装方式：串接拓展、放置线槽或线管。

B.6　重要物品管制系统

1. 系统介绍

本系统使用 RFID 技术,将重要物品信息登入系统并写入防揭电子标签,在重要管制物品上贴附防揭电子标签,使用 RFID 读写器实时监控智能柜中的重要物品置入或取出情况,包括重要物品的置入/取出人员、操作时间、智能柜位置、物品编号、物品名称等,实现重要物品的实时监控、安全管制。

本系统分为以下六部分。

(1) 智能柜管理人员：包括人员卡号、工号、姓名、部门信息等,用于指定哪些人能打开哪些智能柜以及申请取出物品作业的签核权限管理。

(2) 智能柜基本资料管理：包括智能柜 ID、位置、通信参数(IP 地址等)。

(3) 登录重要物品资料：包括物品料号、名称、登记时间等,系统使用 RFID 读写器将此信息写入防揭电子标签。

(4) 智能柜中重要物品的实时监控及数据采集：人员在智能柜上刷卡(厂牌)智能柜验证人员身份后开门,人员对物品进行置入/取出,智能柜将重要物品的异动情况通过网络实时存储到系统资料库,系统可设定实时采集物品清单的频率。

(5) 系统报警：建议系统中定制报警条件。例如：

① 智能柜中的物品清单与规定的物品清单(序列号,数量)不符时;

② 物品取出后在规定的时间段中没有放入指定的智能柜时;

③ 报警机制包括手机短信、E-mail、报警灯。

(6) 提供重要物品出入库的历史资料查询。

注意：建议系统功能中在人员刷卡打开智能柜之前加入签核流程。

系统中用到的 RFID 电子标签规格为 ISO 15693 标准,13.56MHz 容量为 100B 的防揭电子标签。当防揭电子标签贴附在物品上被撕下时,标签本身已损坏,此时智能柜监测不到此物品信息即发出报警信息,这样防止物品与标签分离造成的判断错误。系统中用到的智能柜建议大小规格为宽 110mm×高 165mm×深 58cm/可分 5 层/每层间隔为 22cm/隔板厚度为 3cm(大小可定制)。

2. 系统架构

重要物品管制系统架构如图 B-17 所示。

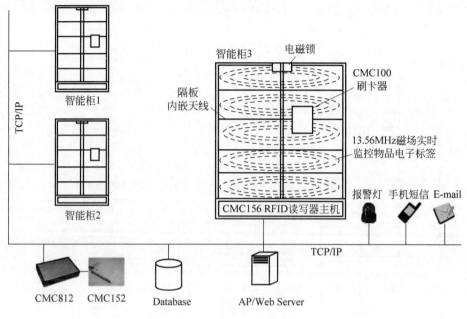

图 B-17　重要物品管制系统架构

(1) 智能柜支持 TCP/IP 网络传输。

(2) 资料管理员使用 CMC812 将重要物品信息登录系统并使用 CMC152 将物品信息写入防揭电子标签,在重要物品上贴附防揭电子标签,标签撕下时即损坏,此时智能柜监测不到此物品信息即发出报警信息,这样防止物品与标签分离造成的判断错误。

(3) CMC156 智能柜上配备 CMC100 刷卡器及电磁锁开关门设备。

(4) 当人员开/关柜门时系统采集智能柜中的物品清单(含序列号及数量),并传送到系统资料库比对库存。

(5) 智能柜可设定固定时间点自动采集物品清单(含序列号及数量),并传送到系统资料库比对库存。

(6) 当出现违反安全规则时由系统发送手机短信、E-mail、报警灯进行报警,建议报警条件:①智能柜中的物品清单与规定的物品清单不符时;②物品取出后在规定的时间段中没有放入指定的智能柜时。

3. 系统流程

重要物品管制系统流程如图 B-18 所示。

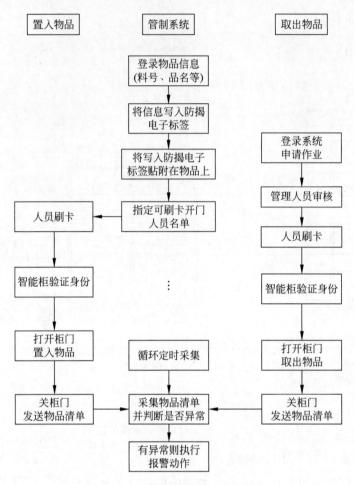

图 B-18 重要物品管制系统流程

B.7 智能洗衣应用系统

1. 系统介绍

RFID 智能洗衣应用系统将 RFID 技术应用于对衣物个体的识别与管理。基于超高频（UHF）RFID 技术,实现洗衣行业快速收衣、全自动盘点、取衣的高效工作平台,大大提高工作效率、降低出错率。

2. 系统架构

智能洗衣应用系统如图 B-19 所示。

3. 应用流程

(1) 将洗衣电子标签缝至衣物上,再将客户信息和衣物信息写入电子标签,在系统中建立关联。

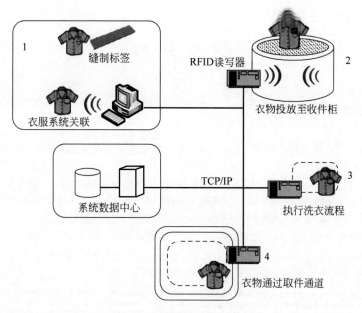

图 B-19 智能洗衣应用系统

（2）洗衣收件中心监视含电子标签的衣物。

（3）送洗衣物经过分类后进入洗衣流程，洗涤完毕，更新衣物当前状态。

（4）客户领取衣物时，收衣网点将客户领取单与电子标签信息核对，确认无误后，客户领取衣物。

4. 应用特点

（1）减少人工管理工作，使用方便快捷。

（2）提高工作效率和经济效益，节约人员费用支出，降低成本。

（3）全自动设计，提高服务质量。

（4）实时更新洗衣进度。

（5）记录并保存客户资料及洗衣记录，可随时查询和历史追踪。

（6）按部门统计洗衣次数及人数等信息。

参 考 文 献

[1] 张智文.射频识别技术理论与实践[M].北京:中国科学技术出版社,2008.

[2] Kenzeller K F.射频识别技术[M].吴晓峰,陈大才,译.北京:电子工业出版社,2006.

[3] 康东,石喜勤,李勇鹏.射频识别(RFID)核心技术与典型应用开发案例[M].北京:人民邮电出版社,2008.

[4] 周晓光,王晓华,王伟.射频识别(RFID)系统设计、仿真与应用[M].北京:人民邮电出版社,2008.

[5] 单承赣,单玉锋,姚磊.射频识别(RFID)原理与应用[M].北京:电子工业出版社,2008.

[6] 郎为民.射频识别(RFID)技术原理与应用[M].北京:机械工业出版社,2006.

[7] 董丽华.RFID技术与应用[M].北京:电子工业出版社,2008.

[8] 黄玉兰.射频识别(RFID)核心技术详解[M].北京:人民邮电出版社,2010.

[9] 赵军辉.射频识别技术与应用[M].北京:机械工业出版社,2008.

[10] 李圣全,刘忠立,吴里江.特高射频识别技术及应用[M].北京:国防工业出版社,2010.

[11] 谭民,刘禹,曾隽芳.RFID技术系统工程及应用指南[M].北京:机械工业出版社,2007.

[12] 张有光,杜万,张秀春,等.关于制定我国RFID标准体系框架的基本思路探讨[J].中国标准化,2006(2).

[13] ISO/IEC 14443:2001 Identification Cards-Contactless Integrated Circuit(s) Cards-Proximity Cards [S].

[14] ISO/IEC 18000:2004 Information Technology-AIDC Techniques-RFID for Item Management-Air Interface[S].

[15] 中华人民共和国科学技术部第十五部委.中国射频识别(RFID)技术政策白皮书[S],2006.

[16] 樊昌信,曹丽娜.通信原理[M].北京:国防工业出版社,2008.

[17] 张肃文.高频电子线路[M].北京:高等教育出版社,2004.

[18] Ludwig R,Bretchko P.射频电路设计——理论与应用[M].王子宇,张肇仪,徐承和,译.北京:电子工业出版社,2002.

[19] Pozar D M.微波工程[M].张肇仪,周乐柱,吴德明,译.北京:电子工业出版社,2007.

图书资源支持

❖❖

感谢您一直以来对清华版图书的支持和爱护。为了配合本书的使用,本书提供配套的资源,有需求的读者请扫描下方的"书圈"微信公众号二维码,在图书专区下载,也可以拨打电话或发送电子邮件咨询。

如果您在使用本书的过程中遇到了什么问题,或者有相关图书出版计划,也请您发邮件告诉我们,以便我们更好地为您服务。

❖❖

我们的联系方式:

地　　址: 北京市海淀区双清路学研大厦 A 座 701

邮　　编: 100084

电　　话: 010-83470236　010-83470237

资源下载: http://www.tup.com.cn

客服邮箱: 2301891038@qq.com

QQ: 2301891038(请写明您的单位和姓名)

用微信扫一扫右边的二维码,即可关注清华大学出版社公众号"书圈"。

资源下载、样书申请

书 圈

扫一扫,获取最新目录

课 程 直 播